物理化学

李元高　主编

復旦大學出版社

内 容 简 介

本书紧扣物理化学学科的基础性和交叉性两大特点，本着“由浅入深”和“深度适当”的原则，力求体现知识、能力、素质的统一。既注意全面系统地阐述物理化学的基本概念和基本规律，又注重结合高新技术的发展，力求内容简明扼要、通俗易懂，着重阐述了物理化学基本原理和方法，同时也介绍了物理化学在环境、材料、能源、生命科学等领域的应用和新成就。全书共分十章，内容包含了气体性质、热力学第一定律、热力学第二定律、溶液热力学、化学平衡、多相平衡、电化学、表面现象、胶体化学基础、化学动力学基础。各章都编写了习题，题末附有答案。

本书可作为高等院校环境、材料、能源及生物等专业物理化学课程的教材，也可作为医药、农林等其他相关专业的参考教材。

Preface

前　言

厚基础、宽专业、强能力已成为应用型本科人才知识结构的原则，人才培养的教学内容应围绕工程实际需要而设计和确定。环境、材料、能源类专业对化学基础课提出了新的要求，而物理化学是化学基础课的理论基础。为增强学生的工程实践应用能力，在编写本书时适当结合了一些化学理论在相关专业中的应用实例，旨在体现各专业对物理化学知识的需求。

本书在内容排序上，将热力学基础知识内容，即热力学第一定律、热力学第二定律和热力学第三定律等安排在先，其后安排溶液热力学；其目的是使学生首先建立起化学热力学的概念，在此知识基础上去学习化学平衡、多相平衡、电化学基础、表面现象等内容；化学动力学基础知识安排在最后。在编写时尽量做到加强基本理论，联系专业实际，概念表达准确而且清楚。

全书共分 10 章。李元高编写第 1 章气体、第 4 章溶液热力学以及负责全书的统稿；李岱霖编写第 2 章热力学第一定律、第 3 章热力学第二定律；廖文超编写第 5 章化学平衡和第 7 章电化学；阳立平编写第 8 章表面现象、第 9 章胶体化学和第 10 章化学动力学基础；曾孟祥编写第 6 章相平衡。

由于不同学校的教学时数不同，不同专业对物理化学教学内容的要求也不可能一致，所以，在教学过程中可选择性地讲解有关章节。标注 * 号的章节属于加深加宽的内容，不属于基本要求，可根据具体情况酌情选择。

本书除了作为环境工程、金属材料、能源等专业用的物理化学教材外，还可用于农林、医药等专业。

本书在编写过程中，参考和引用了一些文献和资料的有关内容。中南大学环境与能源化学系的张平民教授审阅了全书并提出许多宝贵意见，中南大学物理化学教研室刘士军教授和环境保护部华南环境科学研究所对本书的编写提供了很多帮助，在此一并向他们表示衷心的感谢。

由于编者水平所限，书中难免有许多疏漏和错误，不当之处在所难免，请专家和读者批评指正。

编者

2013 年 5 月

Contents

目 录

第7章 电化学 147

第 1 章

气　体

在常温常压条件下，自然界中物质的常见聚集状态通常有气、固、液三种。在气、固、液三种状态中，固体虽然结构较复杂，但粒子排布的规律性较强，对其的研究已有了较大的进展；液体的结构最复杂，人们对其认识还很不充分；气体的结构最简单，最容易用分子模型进行研究，故对它的研究最多也最透彻。许多生化过程和化学变化大都在空气中进行。在工业生产中，许多气体参与重要的化学反应，很多分子化合物在常温常压下都是气体。因此，从事科学研究的工作者和工程技术人员，必须了解气体物质的基本性质，掌握气体的基本知识。

本章重点讨论气体的压力、温度与体积间相互联系的宏观规律——理想气体的状态方程，并介绍理想气体和真实气体的性质。

1.1　理想气体状态方程

气体的物质的量 n 与压力 p 和温度 T 之间是有联系的。一定质量的气体在容器中具有一定的体积 V，并且气体的各部分具有同一温度 T 和同一压力 p，则该气体处于一定的状态。在研究气体的性质和规律时，人们常常用可以测定的物理量 p，V，T 来描述气体的状态。用来描述气体状态的这些物理量称为状态参变量。17 世纪中期开始，人们先后研究了气体的物质的量 n 与它们的 p，V，T 之间的关系，得出了对各种气体都适用的三个经验定律。

1.1.1　气体经验定律

1. 波义耳定律

1662 年，英国化学家波义耳(R Boyle)首先研究了气体压力和体积的关系，并得出了波义耳定律，该定律可表达为：在一定温度下，一定量气体的体积与压力成反比。即波义耳定律的数学表达式可写为：

$$V = K/p \quad 或 \quad pV = K \tag{1.1}$$

2. 盖·吕萨克定律

1808 年，法国科学家盖·吕萨克(J Gay-Lussac)首先研究了气体温度和体积的关系，并提出了盖·吕萨克定律，该定律可表达为：一定量气体的体积与热力学温度成正比。即盖·吕萨克定律的数学表达式可写为：

$$V = KT \quad 或 \quad V/T = K \tag{1.2}$$

3. 阿伏伽德罗定律

1811 年，意大利科学家阿伏伽德罗(Avogadro)从盖·吕萨克定律得到启发，提出了阿伏伽德罗假说，即：在相同温度和相同压强条件下，相同体积中的任何气体含有的气体分子数相同。在阿伏伽德罗假说的基础上，即可得出阿伏伽德罗定律，该定律可表达为：在一定温度和压力下，气体的体积与气体的物质的量成正比。阿伏伽德罗定律的数学表达式可写为：

$$V = Kn \tag{1.3}$$

1.1.2 理想气体状态方程的形式

综合上述气体的经验定律，归纳整理可得到各种低压气体都遵从的状态方程，即：

$$pV = nRT \tag{1.4}$$

严格地说，式(1.4)只适用于理想气体，故称为理想气体状态方程。式中：p，V，T，n 分别代表压力、体积、温度和气体的物质的量，它们的单位依次为帕斯卡(Pa)、立方米(m^3)、开尔文(K)和摩尔(mol)。

式(1.4)中的 R 叫作摩尔气体常数。已知在 273.15 K，101.3 kPa 的条件下，1 mol 的任何气体都占有 22.414 L 的体积。将相关数据代入式(1.4)可得出摩尔气体常数 R 的值：

$$R = \frac{pV}{nT} = \frac{101\,325\ \mathrm{Pa} \times 22.4 \times 10^{-3}\ \mathrm{m^3}}{1.0\ \mathrm{mol} \times 273.15\ \mathrm{K}}$$

$$= 8.314\ \mathrm{J \cdot mol^{-1} \cdot K^{-1}} = 8.314\ \mathrm{kPa \cdot J \cdot mol^{-1}}$$

若气体的物质的量为 1 mol，则所占体积为 V_m，理想气体状态方程可改写为：

$$pV_m = RT \tag{1.5}$$

此外，因气体的物质的量 n 是气体质量 m 与该气体的摩尔质量 M 之比，即 $n = m/M$，若将理想气体状态方程重排，可以得到如下表达式：

$$pV = \frac{m}{M}RT \tag{1.6}$$

$$M = \frac{mRT}{pV}$$

$$\rho = \frac{pM}{RT} \tag{1.7}$$

理想气体状态方程在实际工作中用途很多。当气体的压力不太高、温度不太低时，若已知 p，V，T，n 四个物理量中的任意三个，即可计算余下的未知物理量。

【例题 1】 在标准状况下，多少摩尔的 AsH_3 气体占有 0.004 00 L 的体积？此时，该气体的密度是多少？

〖解〗 根据阿伏伽德罗定律可知，在 0℃和 101.3 kPa 条件下，22.414 L 任何气体含有的气体分子数都为 6.022×10^{23} 个(即 1 mol)。则在标准状况下，0.004 00 L AsH_3 气体的物质的量为：$n = 0.004\,00 \times 1/22.414 = 1.78 \times 10^{-4}$ mol，$M_{AsH_3} = 77.92\ \mathrm{g \cdot mol^{-1}}$。

标准状况下，该气体的密度为：

$$\rho = \frac{m}{V} = \frac{0.000\,178\ \mathrm{mol} \times 77.92\ \mathrm{g \cdot mol^{-1}}}{0.004\,00\ \mathrm{L}} = 3.47\ \mathrm{g \cdot L^{-1}}$$

1.1.3 理想气体模型

理想气体状态方程是在研究低压下气体的行为时导出的，于是可以从极低压力下气体的行为出发，抽象出理想气体的概念，并假设理想气体具有如下的微观模型。

第一，气体分子间的平均距离比分子本身的直径要大得多，而且随着压力的减小，气体变得稀薄，分子间的平均距离更大，在这种情况下，气体的行为才更接近理想气体的行为。因此，对理想气体而言，其分子本身的大小与分子之间的距离相比可以忽略不计。

第二，由于气体分子间的距离很大，每个分子都在无规则地自由运动着。因此，可以认为理想气体除分子间相互碰撞或与器壁碰撞外，分子间没有其他相互作用力。

第三，气体分子总是处于永不停息的不规则运动(又称热运动)之中，温度越高，分子杂乱无章的运动越激烈。处于一定状态下的气体，其压力与温度都具有一定数值且不随时间改变。因此，可认为分子在碰撞时没有动能损失，即分子间的相互碰撞、分子与器壁间的碰撞都是完全弹性碰撞。

第四，充满一定体积的容器的气体，当处于一定状态时，其宏观性质，如温度、压力、密度等均具有确定的数值，不因其在容器中所处的位置而异。这说明做杂乱无章运动的大量分子沿各个方向运动的机会都是相等的，在容器中单位空间内的气体分子的数目也都是相同的。这一假定在统计上的意义就是:沿各个方向运动的分子数目相等，分子速度在各个方向的分量的平均值也相等。

概括起来，以上几条假设都是将气体分子看作相互间没有吸引力的完全弹性“小球”，而且“小球”的体积可以忽略。所以，将这种气体模型简称为无吸引力、无体积的完全弹性质点模型。这说明，当气体的分子之间相互作用力与分子本身所具有的体积都不存在时，不同气体才能表现出共同的行为，即在任何温度、压力下都能适应理想气体状态方程 $pV = nRT$。这样的气体才称为理想气体。实际上，理想气体是不存在的，因为没有一个真实气体能符合理想气体的要求。但是，理想气体状态方程用于计算低压高温下气体的 p, V, T, n，能取得非常吻合的结果，并能满足一般工程计算的需要。

1.2 气体混合物及分压定律

1.2.1 理想气体的混合

在自然界及工业生产中所遇到的气体，多数是混合气体，如空气就是由 N_2, O_2, CO_2 及惰性气体等组成。将几种不同的纯理想气体混合在一起，即形成了理想气体混合物。

在比较温和的条件下，理想气体状态方程不仅适用于单一气体，也适用于混合气体，这可从以下两个方面得到解释。

第一，气体可以快速地以任意比例均匀混合。当几种不同的理想气体在同一容器中混合时，相互间不发生化学反应，分子本身的体积和它们相互间的作用力都可以忽略不计。

第二，混合气体中的每一个组分在容器中的行为和该组分单独占有该容器时的行为完全一样。理想气体混合时，混合气体中每一组分气体都能均匀地充满整个容器的空间，而且不互相干扰，如同单独存在于容器中一样，任何一组分气体分子对器壁碰撞所产生的压力不因其他组分气体的存在而改变，与它独占整个容器时所产生的压力相同。

1.2.2 道尔顿分压定律

在理想气体的混合物中,各组分气体的物质的量、分压和体积之间存在下列关系。

1. 物质的量与摩尔分数

混合物中物质B的摩尔分数定义为:B的物质的量与混合物的总的物质的量之比,其量纲为1,用符号 x_B 表示,即:

$$x_B = n_B/n_{总} \tag{1.8}$$

式中:n_B 为B的物质的量;$n_{总}$ 为混合物的物质的量。

$$n_{总} = n_1 + n_2 + n_3 + \cdots + n_i$$

设一气体由A和B两种气体组成,则气体B的摩尔分数为:

$$x_B = n_B/(n_A + n_B)$$

式中:n_B 为气体B的物质的量;n_A 为气体A的物质的量。同理,气体A的摩尔分数为:

$$x_A = n_A/(n_A + n_B)$$

显然,$x_A + x_B = 1$。

通常,气体混合物的摩尔分数用 y 表示,液体混合物的摩尔分数用 x 表示,以便区分。

2. 分压力与道尔顿分压定律

实践表明,一般情况下气体都能以任意比例完全混合,混合物中任一气体都对器壁施以压力。常用分压来描述其中某一种组分气体所产生的压力,或者该组分气体对总压力的贡献。

(1) 分压力的定义。为了热力学计算方便,人们提出了一个既适用于理想气体混合物,又适用于真实气体混合物的分压力定义:在总压力为 p 的气体混合物中,其中任意组分B的分压力 p_B 等于其在混合物气体中的摩尔分数 y_B 与总压力 p 的乘积。

对于组分气体B在相同温度下占有与混合气体相同体积时所产生的压力,其理想气体状态方程可写成:

$$pV_B = n_B RT$$

假设在温度 T(K)时,将 n_A(mol)的A气体放在体积为 V(L)的容器中,压力为 p_A。然后,将 n_B(mol)的B气体引入该容器(T, V 不变),A, B两种气体不发生化学反应,且符合理想气体特征,则:

$$pV_A = n_A RT \quad 即 \quad p_A = \frac{n_A RT}{V} \tag{1.9}$$

$$pV_B = n_B RT \quad 即 \quad p_B = \frac{n_B RT}{V} \tag{1.10}$$

因为A, B两种气体占据相同的体积,具有同样的温度,所以每一组分产生的压力只取决于该组分的物质的量。因此,任意混合的气体中,总压力等于两种组分的压力(分压)之和,即:

$$p = p_A + p_B = \frac{n_A RT}{V} + \frac{n_B RT}{V} = \frac{(n_A + n_B)RT}{V} = \frac{n_{总} RT}{V} \tag{1.11}$$

式(1.9)和式(1.11)相除,得: $\frac{p_A}{p}=\frac{n_A}{n_A+n_B}=y_A$

即: $$p_A=y_A p \tag{1.12}$$

同理: $$p_B=y_B p \tag{1.13}$$

(2) 道尔顿分压定律的形式。1803年,道尔顿在研究空气的性质时观察到:在温度和体积恒定时,混合气体的总压力等于各组分气体的分压力之和,某组分气体的压力等于该气体单独占有该容器总体积($V_{总}$)时所产生的压力。这就是道尔顿分压定律。若气体混合物是由1,2,…,B种纯理想气体组成,则:

$$p=p_1+p_2+\cdots+p_B$$

或: $$p=\sum p_B=\sum n_B\left(\frac{RT}{V}\right) \tag{1.14}$$

式(1.14)为道尔顿分压定律的数学表达式,严格地说道尔顿分压定律只适用于理想气体混合物,对于低压下的真实气体混合物可以近似适用。

3. 分体积与阿马格分体积定律

在工业上常用气体各组分的体积分数(或体积百分数)来表示混合气体的组成。在一定温度、压力条件下,如果A气体的量为n_A,所占体积为V_A,B气体的量为n_B,所占体积为V_B。当这两种气体混合后,混合气体的总体积V等于V_A和V_B之和,即:

$$V=V_A+V_B \tag{1.15}$$

这就是气体的阿马格(Amage)分体积定律。这里V_A和V_B分别是A气体和B气体的体积,即A气体和B气体单独存在并具有与混合气体相同温度和压力时占有的体积。所以,理想气体混合物中某组分气体B的分体积等于该气体在总压力p条件下单独占有的体积,即:

$$V_B=\frac{n_B RT}{p}$$

也就是说,在相同温度和压力下,气体物质的量与其体积成正比,即:

$$\frac{n_B}{n}=\frac{n_B}{n_A+n_B}=\frac{V_B}{V_A+V_B}=\frac{V_B}{V} \tag{1.16}$$

因为混合气体中不发生化学反应,可设:

$$y_B=\frac{V_B}{V} \tag{1.17}$$

式中:y_B为组分B的体积分数;$\frac{V_B}{V}$为B的分体积与混合气体的体积之比。由式(1.16)和式(1.17)可得:

$$\frac{V_B}{V}=\frac{n_B}{n}=x_B=y_B \tag{1.18}$$

即组分B的体积分数等于其摩尔分数。同理,由式(1.12)可得:

$$\frac{p_B}{p}=x_B=\frac{V_B}{V}=y_B \tag{1.19}$$

$$p_B = y_B p \tag{1.20}$$

即混合理想气体中组分 B 的分压 p_B 等于 B 组分的体积分数与总压的乘积。

严格地讲，阿马格分体积定律只适用于理想气体混合物，对于低压下的真实气体混合物可以近似适用。高压下，混合前后气体体积一般将发生变化，阿马格分体积定律不再适用，这时需引入偏摩尔体积的概念进行计算。

【例题 2】 学生在实验室中用金属锌与盐酸反应制取氢气。所得到的氢气用排水集气法在水面上收集。温度为 18℃时，室内气压为 753.8 mmHg，湿氢气体积为 0.567 L。用分子筛除去水分，得到干氢气。计算同样温度、压力下干氢气的体积以及氢气的物质的量。

〖解〗 用排水集气法收集气体时，通常将所收集气体中的水蒸气看作饱和蒸汽。在化学手册中查出 18℃时，$p(H_2O) = 15.477\ \text{mmHg}$。在湿氢气中，氢的分压为：

$$p_1(H_2) = (753.8 - 15.477)\text{mmHg} = 738.3\ \text{mmHg}$$

$$p_1(H_2) = \frac{738.3\ \text{mmHg}}{760\ \text{mmHg}} \times 101.325\ \text{kPa} = 98.43\ \text{kPa}$$

干氢气的 $p_2(H_2) = 753.8\ \text{mmHg} = 100.5\ \text{kPa}$，体积为 $V_2(H_2)$。

$$V_2(H_2) = \frac{p_1(H_2)V}{p_2(H_2)} = \frac{98.43\ \text{kPa} \times 0.567\ \text{L}}{100.5\ \text{kPa}} = 0.555\ \text{L}$$

$$n(H_2) = \frac{p_1(H_2)V}{RT} = \frac{98.43\ \text{kPa} \times 0.567\ \text{L}}{8.314\ \text{J} \cdot \text{mol}^{-1} \cdot \text{K}^{-1} \times (273 + 18)\text{K}} = 2.31 \times 10^{-2}\ \text{mol}$$

1.3 实际气体状态方程

实际上，所有真实气体都会在一定程度上偏离理想气体状态方程。这是因为真实气体分子都具有一定的体积，体积由气体分子中原子的大小、原子间键的长度和方向决定。而且，真实气体分子间存在一定的相互作用力。这就要求对理想气体状态方程进行适当的修正，使它能更好地反映实际气体的行为。

1.3.1 实际气体的行为

实际气体对理想气体的偏差决定于这种气体的物理性质和化学性质，但在很大程度上也与所处的温度和压力有关，实际气体只有在低压下才服从理想气体状态方程。温度较低或压力较高时，实际气体的行为往往与理想气体发生较大的偏差，此时 $pV \neq nRT$。为了定量地表示真实气体对理想气体的偏离程度，并描述实际气体的 p, V, T 的关系，定义压缩因子为 Z：

$$Z = \frac{pV}{nRT} \tag{1.21}$$

由上述定义可知，Z 反映了一定量的真实气体与理想气体偏离的程度。对于理想气体，在任何压力下，其压缩因子 $Z = 1$。对于真实气体，若 $Z > 1$，实测的 pV 值比由理想气体状态方程计算的 nRT 值大，则该实际气体比理想气体难以压缩；反之，若 $Z < 1$，pV 值比 nRT 值小，则该气体较易压缩。在高压下，不论温度多高，Z 值都是大于 1 的，因为在高压下，气体的体积小，分子间距离很小，故分子间排斥力持别显著；而在低温中压时，Z 值大多小于 1，这是因为

低温下分子的平动能(热运动)较弱,在分子间距离不是极小时,相互吸引作用占优势。

在同一温度 T 和压强 p 下,对不同的气体测定体积 V,计算其 Z 值,并将 Z 对 p 作图,如图 1.1 所示。由图 1.1 中看出,Z 值的变化有两种类型:一种是 H_2,Z 值始终随压力增加而增大;另一种是随压力的增加,Z 值先是变小,到达最低点之后开始转折,变为随着压力的增加而增大,如 C_2H_4,CH_4,NH_3。在高压时,各种气体对理想气体行为 $(Z=1)$ 的偏离很大,不同的气体偏离程度各不相同。显然,真实气体在高压时不是理想气体。而在低压时,各种气体对理想气体的偏离都很小。因此,理想气体状态方程只适用于低压时的真实气体。

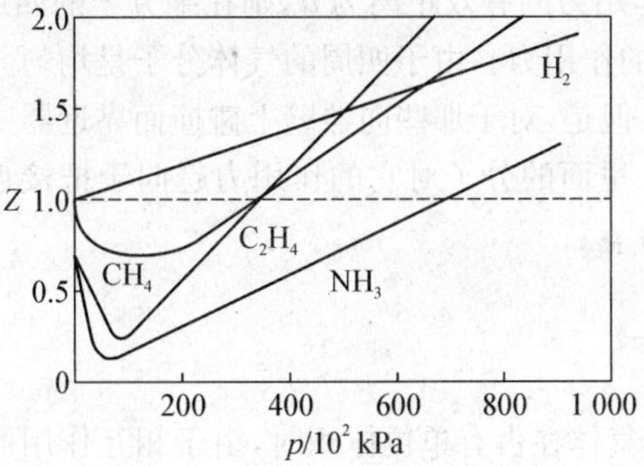

图 1.1 几种气体在 273.15 K 时 Z 对 p 的关系

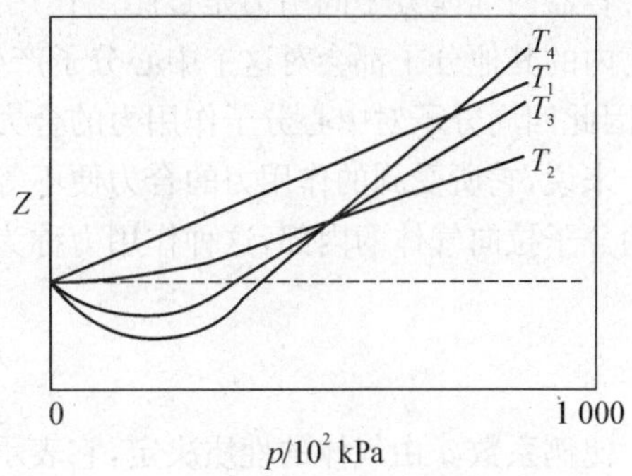

图 1.2 N_2 在不同温度下的 Z 对 p 的关系

事实上,对于同一种气体,在不同温度下,其 Z 值随压力的变化也不相同。随着温度条件不同,以上两种情况都可能发生。如图 1.2 所示,温度高于 T_1 时属于第一种类型,低于 T_1 时则属于第二种类型。当温度为 T_3,T_4 时,曲线上出现最低点。当温度升高到 T_2时,开始转变,此时曲线随 p 减小以较缓的趋势趋向于水平线 $(Z=1)$,并与水平线相切。此时在相当一段压力范围内 $Z\approx 1$,Z 值随压力的变化不大,说明在此压力范围内气体符合理想气体状态方程,常把这一温度称为"波义耳"温度 T_B。在波义耳温度 T_B 下,等温线的斜率为零,即气体在低压范围内 Z 值不随压力变化。其数学特征为:

$$\left(\frac{\partial Z}{\partial p}\right)_{T,\ p\to 0}=0 \tag{1.22}$$

波义耳温度相当于温度升高时曲线由第二种类型转变为第一种类型的转折温度。从已知状态方程,便可求得波义耳温度 T_B。若气体的温度高于 T_B,则可知道气体可压缩性小,难以液化。

由上面讨论可见,在低温低压时实际气体比理想气体易于压缩而高压时则比理想气体难于压缩。原因是在低温尤其是接近气体的液化温度的时候,分子间引力显著地增加;而在高压时气体密度增加,实际气体本身体积占容器容积的比例也变得不可忽略。

1.3.2 范德华方程

理想气体状态方程仅在足够低压力下适用于真实气体。产生偏差的主要原因是:①气体分子本身的体积的影响;②分子间引力的影响。

范德华从这两方面对理想气体状态方程进行了修正,提出了著名的范德华方程。

1. 对气体分子本身的体积所引起的偏差进行修正

若 1 mol 理想气体体积为 V_m,则 $pV_m=RT$。因为理想气体模型假设分子是没有体积的质点，所以 V_m 也就是每个分子可以自由活动的空间，它等于容器的体积。若考虑分子的体积时，分子所能活动的空间不再是 V_m，而必须从 V_m 中减去一个反映气体分子本身体积的修正量，则应将理想气体状态方程修正为：

$$p(V_m - b) = RT$$

式中：b 为 1 mol 气体分子自身的体积，是可用实验方法测定的修正量，其数值约等于1 mol 气体的分子真实体积的四倍。

2. 对气体分子间引力所引起的偏差进行修正

容器内气体分子间引力是近距离作用力，若作用力的有效距离为 d，则在某分子的四周 d 距离内的其他分子都会对这个中心分子产生一定的作用力。由于四周的气体分子是均匀分布的，因此四周分子对中心分子作用力的合力为零。但是，对于那些向器壁上碰撞而靠近器壁的分子来说，它所受到的作用力的合力便不等于零。里面的分子对它的作用力趋向于把接近器壁的分子拉向气体的内部，这种作用力称为内压力 p_i：

$$p_i = \frac{a}{V_m^2}$$

比例系数 a 由气体的性质决定，它表示 1 mol 气体在占有单位体积时，由于相互作用而引起的压力减小量。内压力的作用必然会降低运动着的分子对器壁所施加的碰撞力，所以实际气体的压力要比理想气体小，故气体施加于器壁的压力为：

$$p = \frac{RT}{V_m - b} - p_i$$

因此，1 mol 实际气体状态方程为：

$$\left(p + \frac{a}{V_m^2}\right)(V_m - b) = RT \tag{1.23}$$

对 n mol 实际气体而言，方程应为：

$$\left(p + a\frac{n^2}{V^2}\right)(V - nb) = nRT \tag{1.24}$$

式(1.23)与式(1.24)均称为范德华方程，式中 a，b 可由实验测定(参见表 1.1)。

表 1.1 某些气体的范德华常数

气体	$10\times a$ /(Pa·m^6·mol^{-2})	$10^4\times b$ /(m^3·mol^{-1})	气体	$10\times a$ /(Pa·m^6·mol^{-2})	$10^4\times b$ /(m^3·mol^{-1})
He	0.034 57	0.237 0	HCl	3.716	0.408 1
H_2	0.247 6	0.266 1	NH_3	4.225	0.370 7
Ar	1.363	0.321 9	NO_2	5.354	0.442 4
O_2	1.378	0.318 3	H_2O	5.536	0.304 9
N_2	1.408	0.391 3	C_2H_6	5.562	0.638 0
CH_4	2.283	0.427 8	SO_2	6.803	0.563 6
CO_2	3.640	0.426 7	C_2H_5OH	12.18	0.840 7

1.4 气体的液化和物质的临界状态

1.4.1 气体的液化

由于气体分子间存在相互作用力，降低温度和增加压力都可使气体的摩尔体积减小，即分子间距离减小，分子间引力增加，最终导致气体变成液体。

在一定温度下的密封容器中，当单位时间内某物质气体分子变成液体分子的数目与液体分子变成气体分子的数目相同，即气体的凝结速率与液体的蒸发速率相同时，气体和液体达成一种动态平衡，即气-液平衡。处于气-液平衡的气体称为饱和蒸气，液体称为饱和液体。在一定温度下，与液体形成平衡的饱和蒸气所具有的压力称为饱和蒸气压。

实验证明，饱和蒸气压由物质的本性所决定，不同物质在同一温度下可具有不同的饱和蒸气压；而对于同种物质，不同温度下具有不同的饱和蒸气压，即饱和蒸气压是温度的函数，随温度的升高而急速增大。当液体的饱和蒸气压与外界压力相等时，液体沸腾，相应的温度称为液体的沸点。液体的蒸发能在任何温度进行，但在外压一定时沸腾却只能在一定温度下发生，只有改变外压才能改变液体的沸点。习惯将 101.325 kPa 外压下液体的沸点称为正常沸点。如水的正常沸点为 100℃，乙醇的正常沸点为 78.4℃。很明显，外界压力越低，液体的沸点越低；反之，外界压力越高，液体的沸点会相应升高。

在一定温度下，在气、液共存的系统中，如果蒸气的压力小于其饱和蒸气压，液体将蒸发变为气体，直至蒸气压力增至该温度下的饱和蒸气压，达到气-液平衡为止；反之，如果蒸气的压力大于饱和蒸气压，则蒸气将部分凝结为液体，直至蒸气的压力降至该温度下的饱和蒸气压，达到气-液平衡为止。

1.4.2 气体的临界状态

液体的饱和蒸气压随温度的升高而增大，因而温度越高，使气体液化所需的压力越大。但随着温度的升高，气体分子的动能增加，分子扩散膨胀的趋势占优势，使气体越来越难以液化。实验证明，对于每一种气体都存在一个特定的温度，当温度升高到这个温度以上，无论给气体施加多大的压力都不能使气体液化。该温度称为临界温度 T_c。这就是说，气体的液化必须发生在临界温度以下。例如，水蒸气在低于 100℃时，常压(100 kPa)下就可以自动液化，但高于 100℃时，需加压才能使其液化。若将水蒸气的温度升高到 374.14℃(水蒸气的 T_c)以上，无论施加多大的压力都不能使水蒸气液化。这是因为，加压虽然可以使分子间距离缩小，吸引力增大，但吸引力的增加是有限度的。当加压使分子间距离缩小到一定程度仍然不能克服气体分子热运动导致的扩散膨胀趋势时，只靠加压是不能使气体液化的，只有同时降温(减少热运动)和加压(增加吸引力)，才能使气体液化。所以，临界温度是使气体能够液化所允许的最高温度。在临界温度 T_c 时，使气体液化所需要的最小压力称为临界压力 p_c。在临界温度和临界压力下，1 mol 气体物质的体积称为临界摩尔体积 $V_{c,m}$。在临界温度、临界压力下的状态称为临界状态。T_c，p_c 和 $V_{c,m}$ 统称为物质的临界参数。某些纯物质的临界参数列于表 1.2。

表 1.2　常见物质的临界温度和临界压力

气　体	p_c/MPa	$V_{c,m}$/($dm^3 \cdot mol^{-1}$)	T_c/℃
H_2	1.297	0.0650	−239.9
He	0.227	0.0576	−267.96
CH_4	4.596	0.0988	−82.62
NH_3	11.313	0.0724	132.33
H_2O	22.05	0.0450	373.91
CO	3.499	0.0900	−140.23
N_2	3.39	0.0900	−147.0
O_2	5.043	0.0744	−118.57
CH_3OH	8.10	0.1177	239.43
Ar	4.87	0.0771	−122.4
CO_2	7.375	0.0957	30.98
C_6H_6	4.898	0.2546	288.95

1869 年安得努(Andrews)由实验测得 CO_2 气体在不同的温度下压力 p 与体积 V 的关系，绘制了 CO_2 的等温线，如图 1.3 所示。

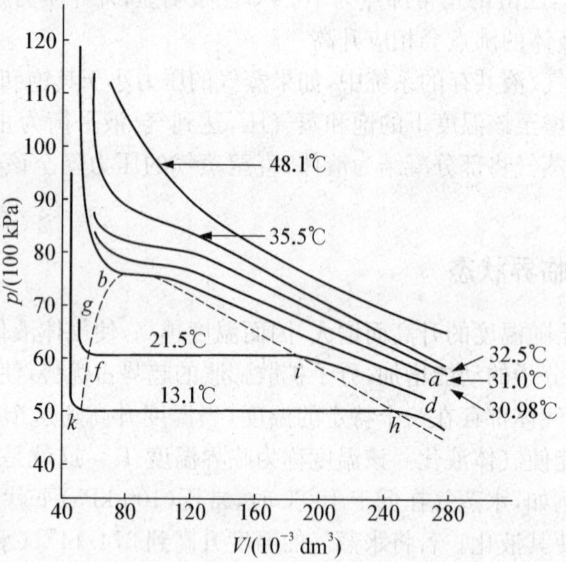

图 1.3　CO_2 的等温线

实践证明，CO_2 的等温线具有普遍性和典型性，每种气体都有类似的等温线。

当温度低于临界温度时，即 $T < T_c$，如在 13.1℃时，压缩 CO_2 气体，起初体积随压力增大而减小，到达 h 点后，其体积迅速减小，而压力不变。这时气体逐渐液化，直到 k 点。气体全部变成液体后，曲线几乎呈直线上升，要使体积略微减少也需极大的压力。由图 1.3 可见，30.98℃以下的任意一等温线形态相似，由三段组成。水平段表示气、液两相平衡共存，且在一定温度下，CO_2 压力为一定值，不随其体积改变而改变。

当温度升高至临界温度 30.98℃时，即 $T = T_c$，等温线的水平段逐渐缩短消失而缩成一点 b，等温线在此处出现拐点，此时蒸气与液体密度相等，蒸气与液体二者合二为一不可区分，在此温度以上无论使用多大压力也不会出现液相。

当温度高于临界温度 30.98℃时，即 $T > T_c$，所有的等温线均无水平线段。如 48.1℃时，CO_2 的等温线与理想气体的等温线相似，即气体的压力与其体积成反比。此时，CO_2 气体的行为接近理想气体行为。

1.4.3 对应状态原理

实验证明，任何物质在临界点处的饱和蒸气与饱和液体无区别，反映了各气体物质在临界点处的共同特性。以临界点为基准，将气体的 p, V_m, T 与临界压力、临界体积和临界温度分别相比，则：

$$p_r = p/p_c \qquad V_r = V_m/V_{c,m} \qquad T_r = T/T_c \tag{1.25}$$

式中：p_r, V_r, T_r 分别称为对应压力、对应体积和对应温度，又称为对应状态参数，表示气体离开各自临界状态的倍数。必须注意，对应温度必须使用热力学温度。三个量的量纲均为 1。

对大量真实气体实验数据用对应状态参数进行分析，若它们的 p_r, T_r 相等，则它们的对应摩尔体积基本相同。也就是说，对于各种不同的气体，只要有两个对应参数相同，则第三个对应参数必定（或大致）相同，这个关系称为对应状态原理。当两种真实气体对应状态参数相同时，表示此两种气体处于对应状态之下。

实验数据表明，组成、分子大小相近的物质能比较严格地遵守对应状态原理。当这类物质处于对应状态时，它们的许多性质（如压缩性、膨胀系数、折射率等）之间均具有简单的对应关系。当一种物质的某种性质的值已知时，往往可以应用这一原理比较精确地确定另一结构与之相近的物质的同种性质的值，它反映了不同物质间的内部联系，把个性和共性统一起来了。

对应状态原理在工程上有广泛的应用。许多流体的性质（如熟度等）都可以写成对应状态的函数。古根汗姆（Guggenhem）曾经说过："对应状态原理确实可以看作范德华方程最有用的副产品，它不仅在研究流体热力学性质方面取得了巨大的成功，而且在传递方面的研究中也同样有一席之地。"

1.4.4 普遍化压缩因子图

处于相同对应状态的气体对理想气体具有相同的偏差，因此可用下式表示压缩因子：

$$Z = \frac{pV_m}{RT} = \frac{p_c V_{c,m}}{RT_c}\frac{p_r V_r}{T_r} = Z_c \frac{p_r V_r}{T_r} \tag{1.26}$$

实验表明，大多数气体的临界压缩因子 Z_c 在 0.27～0.29，可近似作为常数处理。式(1.26)说明无论气体的性质如何，处在相同对应状态的气体，具有相同的状态时，它们偏离理想气体的程度也相同，即具有相同的压缩因子 Z。已知对应参数 p_r, T_r, V_r 中只有两个是独立变量，所以可将 Z 表示为两个对应参数的函数。通常选 p_r, T_r 为变量，则有：

$$Z = f(p_r, T_r) \tag{1.27}$$

霍根（Hongen）及华脱森（Watson）在 20 世纪 40 年代用若干种无机气体、有机气体实验数据的平均值，描绘出如图 1.4 所示的等 T_r 线，表达了式(1.27)的普遍化关系，称为双参数普遍化压缩因子图。该图适用于各种气体，虽然从图中查到的压缩因子的准确性并不高，但在工业上也有较大的实用价值。

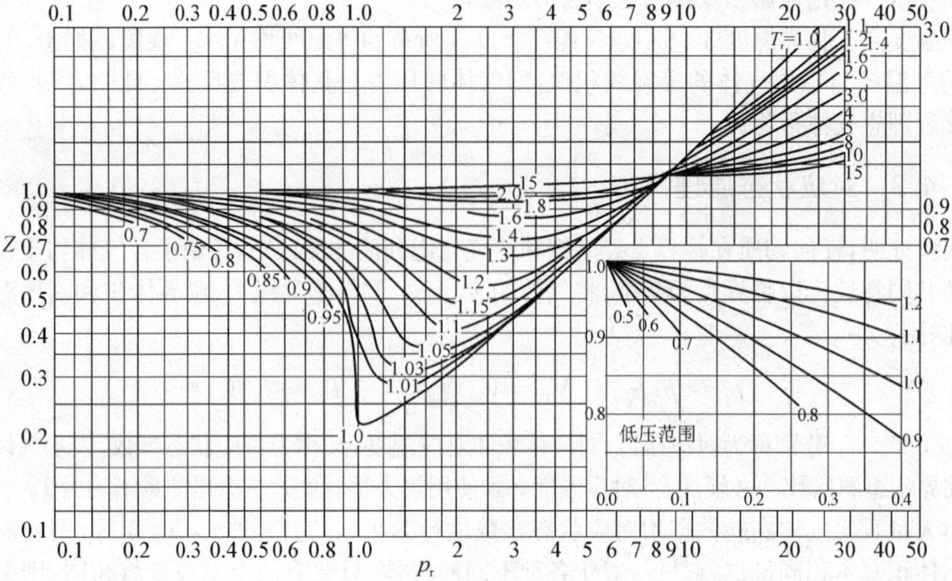

图 1.4　双参数普遍化压缩因子图

习　题

1. 4℃，101.325 kPa 的条件常称为气体的标准状况，试求甲烷在标准状况下的密度。

答案：0.716 kg · m^{-3}。

2. 气柜内储有 121.6 kPa，27℃的氯乙烯(C_2H_3Cl)气体 300 m^3，若以每小时 90 kg 的流量输往使用车间，试问储存的气体能用多少小时？

答案：10.15 h。

3. 一抽成真空的球形容器，质量为 25.000 0 g。充以 4℃的水之后，总质量为 125.000 0 g。若改充以 25℃，13.33 kPa 的某碳氢化合物气体，则总质量为 25.016 3 g。试估算该气体的摩尔质量。水的密度按 1 g · cm^{-3}计算。

答案：30.31 g · mol^{-1}。

4. 两个容积均为 V 的玻璃球泡之间用细管连接，泡内密封着标准状况下的空气。若将其中一个球加热到 100℃，另一个球维持 0℃，忽略连接细管中气体体积，试求该容器内空气的压力。

答案：117.0 kPa。

5. 由 0.538 mol He(g)，0.315 mol Ne(g)和 0.103 mol Ar(g)组成的混合气体在 25℃时体积为 6.00 L，试计算：(1)各气体的分压；(2)混合气体的总压力。

答案：$p_{He}=190.4$ kPa，$p_{Ne}=111.5$ kPa，$p_{Ar}=36.5$ kPa，$p_{总}=38.4$ kPa。

6. 在 76 m 深的水下，压力为 849.1 kPa，要使潜水员使用的潜水气中氧气的分压保持为 21.3 kPa(这是氧气在压力为 101.3 kPa 的空气中的分压)，潜水气中氧气的摩尔分数应是多少？

答案：0.025。

7. 氯乙烯(C_2H_3Cl)、氯化氢(HCl)及乙烯(C_2H_4)构成的混合气体中，各组分的摩尔分数分别为 0.89，0.09 及 0.02，于恒定压力 101.325 kPa 下，用水吸收其中的氯化氢。所得混合气体中增加了分压力为 2.670 kPa 的水蒸气。试求洗涤后的混合气体中氯乙烯及乙烯的分压力。

答案：96.487 kPa，2.168 kPa。

8. 25℃时，饱和了水蒸气的湿乙炔气体（该混合气体中水蒸气的分压力为同温度下水的饱和蒸气压）总压力为 138.7 kPa。在恒定总压下冷却到 10℃，使部分水蒸气凝结为水。试求每摩尔干乙炔气体在该冷却过程中凝结出的水的物质的量。已知 25℃及 10℃时水的饱和蒸气压分别为 3.17 kPa 及 1.23 kPa。

答案：0.014 4 mol。

9. 一密闭刚性容器中充满了空气，并有少量的水，当容器于 300 K 达到平衡时，容器内压力为 101.325 kPa。若把该容器移至 373.15 K 的沸水中，试求容器中达到新的平衡时应有的压力。设容器中始终有水存在，且可忽略水的任何体积变化。300 K 时水的饱和蒸气压为 3.567 kPa。

答案：2 225.85 kPa。

10. 用加热氯酸钾（$KClO_3$）的方法制备氧气，氧气用排水集气法收集，在 26℃，102 kPa 压力下收集到的气体体积为 0.250 L，计算：(1)收集到多少摩尔氧气？(2)有多少克 $KClO_3$ 发生分解？已知 26℃时水的蒸气压为 3.33 kPa。

答案：(1) 0.009 92 mol；(2) 0.81 g。

11. 30℃时，在 10.0 L 容器中，O_2，N_2 和 CO_2 混合气体的总压力为 93.3 kPa，其中 O_2 的分压为 26.7 kPa，CO_2 的质量为 5.00 g。计算 CO_2 和 N_2 的分压及 O_2 的摩尔分数。

答案：$p_{CO_2} = 28.7\ \text{kPa}$，$p_{N_2} = 37.9\ \text{kPa}$，$x_{O_2} = 0.286$。

12. CO_2 气体在 40℃时摩尔体积为 $0.381\ \text{dm}^3 \cdot \text{mol}^{-1}$，设 CO_2 为范德华气体，试求其压力并与实验值 5 066.3 kPa比较，求相对误差。

答案：5 187.7 kPa，2.4%。

13. 把 25℃的氧气充入 40 dm^3 的氧气钢瓶中，压力达 202.7×10^2 kPa。试用普遍化压缩因子图求钢瓶中氧气的质量。

答案：11 kg。

第2章

热力学第一定律

2.1 热力学简介

2.1.1 热力学的研究内容

热力学是研究各种形式的能量相互转化过程中所应遵循规律的科学。用热力学来分析物质进行的各种变化，把热力学的基本原理用于研究化学现象以及和化学有关的物理现象，就形成了化学热力学。化学热力学主要讨论、解决两大问题：

(1) 化学过程中能量转化的衡算问题；

(2) 判断化学变化与物理变化的方向和限度问题。

热力学在科学研究和生产实践中都具有重要的指导作用。例如，人们试图用石墨来制造金刚石时，无数次的实验都以失败而告终。后来通过热力学的研究指出，只有当压力超过大气压力 15 000 倍时，石墨才有可能转变成金刚石。人造金刚石的制造成功，充分显示了热力学在解决实际问题中的重要指导作用。

热力学经过一百多年的发展，在研究平衡态热力学方面已形成一套完整的理论和方法。但热力学也是一门不断发展中的科学，它已经从平衡态热力学发展到非平衡态热力学。特别是近几十年来，在远离平衡态的不可逆过程热力学的研究方面已取得了一些显著的成果。

2.1.2 热力学的研究方法和局限性

热力学的研究方法是采用严格的数理逻辑推理方法，研究大量微观粒子组成体系的宏观性质，对于物质的微观性质无法作出解答，所得结论只反映微观粒子的平均行为，具有统计意义。热力学无须知道物质的微观结构和反应机理，只需知道体系的始态和终态及过程进行的外界条件，就可进行相应的计算和判断。热力学的研究方法虽然只知道其宏观结果而不知其微观结构，但却可靠易行，这正是热力学能得到广泛应用的重要原因。此外，热力学只研究体系变化的可能性及限度问题，不研究变化的现实性问题，不涉及时间概念，不考虑反应进行的细节，因而无法预测变化的速率和过程进行的机理。

2.2 热力学基本概念

2.2.1 系统(体系)和环境

进行热力学研究，必须选定研究对象。人为选定的研究对象称为系统，也可以称之为体系；系统以外和系统密切相关的外界称为环境。系统和环境的确定以研究目的为依据进行划分，对同一事物进行不同目的的研究，可以划分出不同的系统和环境。例如，有一个加热装置对反应容器进行加热，如果研究反应容器中反应进行的情况，容器及其内部物质构成系统，加热装置和空气是环境；如果研究燃料消耗情况，加热装置就是系统。

根据系统和环境之间物质交换和能量交换的情况，把系统分为以下三种类型。

(1) 敞开系统，与环境之间既有能量交换，又有物质交换；

(2) 封闭系统，与环境之间只有能量交换，没有物质交换；

(3) 隔离系统，与环境之间既没有能量交换，又没有物质交换。

在一个开口容器中进行反应，就是敞开系统。这样的系统容易造成环境污染和资源浪费，实际生产中很少用到。而且这种系统比较复杂，物质数量不断变化，能量也不守恒，本章不研究敞开系统。在一个密闭容器中进行反应，就是封闭系统，封闭系统在生产中广泛使用，也是本书研究的重点，在没有指明为其他系统时，所说的系统都是封闭系统。不管绝热效果多好，系统与环境之间都不可能没有一点热量交换，因此不存在绝对意义上的隔离系统。在研究问题时，我们把封闭系统和环境合并起来，算作一个大系统，这样传热就在大系统内部进行，大系统就成为了隔离系统，这对于研究状态函数熵的应用问题有重要意义。

2.2.2　状态和状态函数

1. 状态

当热力学系统的宏观性质（如温度、压力、体积、黏度等）不随时间变化时，则系统处于一定的状态。

2. 状态函数

描述系统状态的宏观性质称为状态性质，也称状态函数。根据状态性质的数学特性，可以将其分为两类：

(1) 广度性质，又称容量性质。广度性质的数值与系统内物质的量成正比，具有加和性，即整个系统的某个广度性质的值是系统各部分该性质的总和，如质量、体积、物质的量等。

(2) 强度性质，此种性质的数值与系统中物质的量无关，不具有加和性，如温度、压力、黏度等。

系统的一个广度性质与另一个广度性质的比是强度性质。例如，体积(V)和物质的量(n)均是广度性质，但二者的比，即摩尔体积(V_m)就变成了强度性质。

2.2.3　过程

在一定环境条件下，系统从始态到终态所发生的变化，称为热力学过程，简称过程。过程可分为单纯 pVT 变化过程、相变化过程、化学变化过程三大类，下面分别进行简单介绍。

1. 单纯 pVT 变化过程

该过程中，系统没有相变和化学变化，只有压力、体积、温度的变化。气体的单纯 pVT 变化过程可以根据不同情况分成许多子过程。

(1) 等温过程。从始态到终态，系统的温度始终不变，且与环境温度相等，即：

$$T_{始} = T_{终} = T_{环境} = 常数$$

(2) 等压过程。从始态到终态，系统的压力始终不变，且与环境的压力相等，即：

$$p_{始} = p_{终} = p_{环境} = 常数$$

(3) 等容过程。从始态到终态,系统的体积始终不变,即:

$$V_{始} = V_{终} = V_{环境} = 常数$$

(4) 绝热过程。从始态到终态,系统与环境之间可以有功的传递,但没有热量传递,即:

$$Q = 0$$

(5) 循环过程。从始态出发,各状态函数可以有变化,但到终态时各状态函数要恢复到始态的数值,即所有状态函数变化都等于零。

2. 相变化过程

物质聚集状态的变化过程称为相变化过程,其主要形式有:液体的汽化、气体的液化、固体的液化、液体的凝固、固体的升华、气体的凝华、固体不同晶型之间的转化等。一般情况下,相变化是在等温等压条件下进行的。

3. 化学变化过程

系统中发生化学反应的过程称为化学变化过程。化学变化可以用通式表示:

$$a\text{A} + b\text{B} = d\text{D} + e\text{E}$$

2.2.4 热力学平衡态

当系统的性质不随时间而改变时,该系统就处于热力学平衡态。热力学平衡态应同时存在以下四个平衡。

(1) 热平衡,系统各部分的温度相等;

(2) 力学平衡,系统各部分之间没有不平衡的力存在;

(3) 相平衡,系统中各相的组成和数量不随时间变化;

(4) 化学平衡,系统中化学反应达到平衡时,系统的组成不随时间变化。

2.2.5 热和功

热和功是体系的状态发生变化时与环境交换和传递能量的两种形式。也就是说,仅当体系经历某种过程时才会以热和功的形式与环境交换能量。热与功均有能量单位,如焦耳(J)、千焦(kJ)等。

1. 热

由系统与环境之间的温度差引起的能量交换称为热(heat),用符号 Q 表示。通常规定,系统吸热为正,$Q>0$;系统放热为负,$Q<0$。由于物质的温度能反映其内部粒子无序运动的平均强度,因此热就是系统与环境之间因内部粒子无序运动强度不同而交换的能量。

系统进行不同过程所伴随的热,常冠以不同的名称。如均相系统单纯从环境吸热或向环境放热,使温度升高或降低,则根据体积或压力是否变化称为定(恒)容热或定(恒)压热,定容热与定压热又称为热效应;体系因发生化学反应过程而吸收或放出的热称为化学反应热,同样也有定容反应热与定压反应热,而且定容反应热与定压反应热又称为化学反应的热效应;体系因相态的变化与环境交换的热则称为相变热(如汽化热、熔化热、升华热等);物质在溶解过程产生的热则称为溶解热,等等。

2. 功

在热力学中，除热以外，在系统与环境之间其他一切形式的能量传递（或转换）称为功（work），用符号 W 表示。规定系统对环境做功为负，$W<0$；环境对系统做功（或者说系统得到功）为正，$W>0$。

热力学中涉及的功可以分为两类：由于系统体积变化而与环境交换的功称体积功（W）；除此以外的功就称为非体积功（W'），如电功和表面张力所做的功（表面功）等。对于发生化学反应的系统，常遇到的是体积功，因而体积功在化学热力学中具有重要的意义。

体积功的计算如图 2.1 所示。将一定量的气体置于横截面为 A 的气缸中，并假定活塞的重量、活塞与气缸壁之间的摩擦力均可忽略不计。气缸内气体的压力为 p_i，外压为 p_e，若 $p_i>p_e$，缸内气体膨胀，设活塞向上移动了 dl 的距离，则系统对环境所做的体积功可表示为：

$$\delta W = F\mathrm{d}l = -p_e A\,\mathrm{d}l = -p_e \mathrm{d}V \tag{2.1}$$

式中：$\mathrm{d}V = A\mathrm{d}l$，表示体系的体积变化。

若体积从系统的始态 V_1 变化到终态 V_2，则体系的总体积功为：

$$W = -\int_{V_1}^{V_2} p_e \mathrm{d}V \tag{2.2}$$

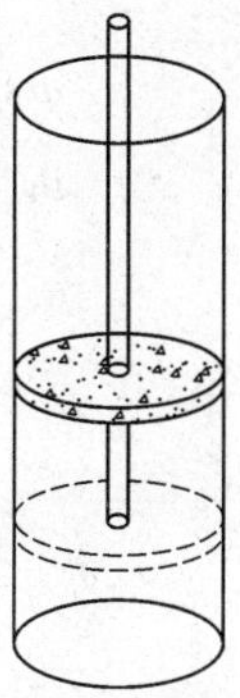

图 2.1　气体体积功

由上式可见，当气体膨胀时 $\mathrm{d}V>0$，则 $W<0$，即系统对环境做膨胀功；当气体受到压缩时 $\mathrm{d}V<0$，则 $W>0$，即环境对体系做压缩功。若外压为零，这种过程称为自由膨胀，$p_e=0$，所以 $W=0$，即系统对外不做功。

关于体积功应特别注意，不论系统是膨胀还是被压缩，体积功都用 $-p_e\mathrm{d}V$ 来计算，压力均采用外压。

应该指出，热和功是能量传递和转换的两种形式，它们都不是系统固有的性质，它们的数值与具体变化途径有关，即热和功不是状态函数，不具有全微分性质，为区别起见，它们的微小变化采用 δQ 和 δW 来表示。

2.2.6　过程功、可逆过程与不可逆过程

1. 过程功

功不是状态函数，是过程功，其数值与具体过程有关。一定量的气体从始态体积 V_1 膨胀到终态体积 V_2，若所经历的过程不同，则所做的功也不相同。

（1）定外压膨胀。若外压 p_e 保持恒定不变，体积从 V_1 膨胀到 V_2，体系所做的功为：

$$W_1 = -\int_{V_1}^{V_2} p_e \mathrm{d}V = -p_e(V_2 - V_1) \tag{2.3}$$

W_1 的大小相当于图 2.2(a)中阴影部分的面积。

（2）多次定外压膨胀。若体系先在恒定外压为 p'_e 时，体积从 V_1 膨胀到 V'，体积变化为 $(V'-V_1)$；然后在外压恒定为 p_e 时，体积从 V' 膨胀到 V_2，体积变化为 (V_2-V')，则整个过程体系所做的功即为两次膨胀的体积功之和：

$$W_2 = p'_e(V' - V_1) + p_e(V_2 - V') \tag{2.4}$$

W_2 相当于图 2.2(b)中阴影部分的面积。

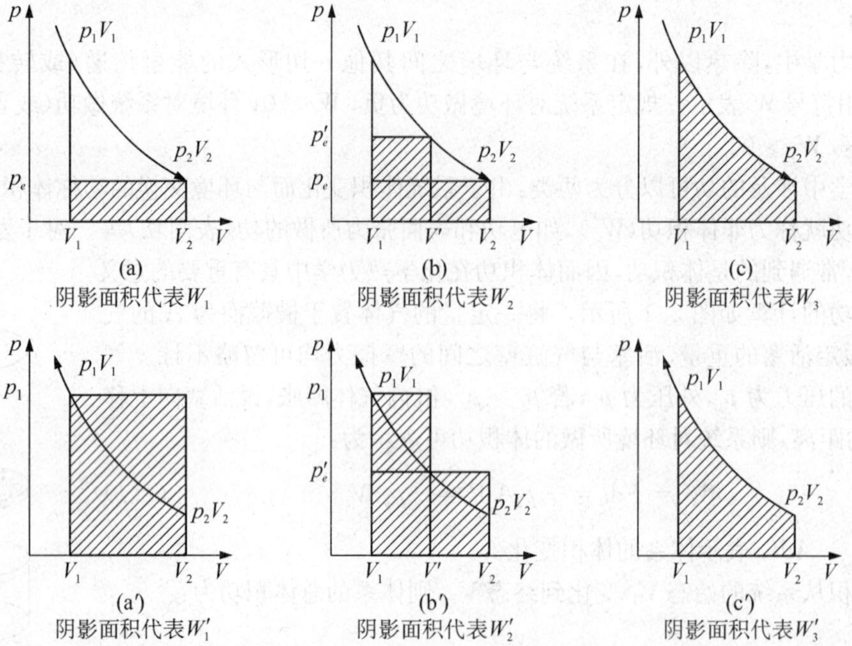

图 2.2　几种过程的体积功

显然，$W_2 > W_1$。依此类推，在相同始、终态间分步越多，体系对外所做的体积功就越大。

(3) 准静态膨胀过程。在整个膨胀过程中，若始终保持外压 p_e 比气体的内压小一个无限小量 $\mathrm{d}p$，即 $p_e = p_i - \mathrm{d}p$，则体积无限缓慢地从 V_1 膨胀到 V_2。如图 2.3 所示，这种情况相当于在活塞上放上一堆极细的细砂代表外压，若取下一粒细砂，外压就减少 $\mathrm{d}p$，则系统的体积就膨胀了 $\mathrm{d}V$，此时 p_i 降至 p_e；同样又取下一粒细砂，又使系统的体积膨胀了 $\mathrm{d}V$。如此重复，直至系统的体积膨胀到 V_2 为止。在整个膨胀过程中 $p_e = p_i - \mathrm{d}p$，所以在这无限缓慢的膨胀过程中，系统所做的功应该用积分求算，即：

$$W_3 = -\int_{V_1}^{V_2} p_e \mathrm{d}V = -\int_{V_1}^{V_2} (p_i - \mathrm{d}p)\mathrm{d}V = -\int_{V_1}^{V_2} p_i \mathrm{d}V \tag{2.5}$$

式中略去了二级无限小值 $\mathrm{d}p\mathrm{d}V$，即可用内压 p_i 近似代替外压 p_e。

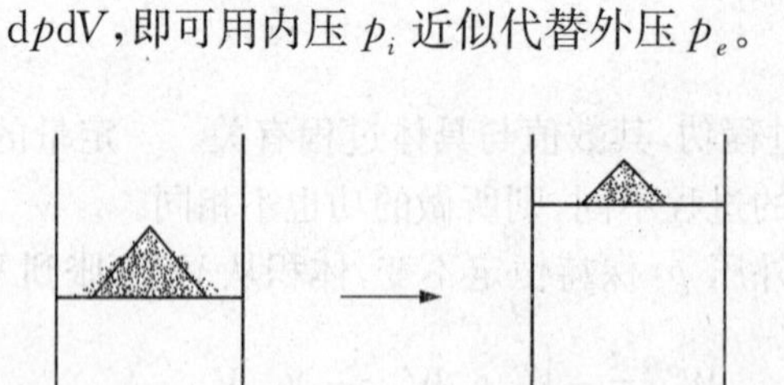

图 2.3　气体可逆膨胀

在上述这种无限缓慢的膨胀过程中，体系在任一瞬间的状态都极接近于平衡状态，整个过程可以看作是由一系列极接近于平衡的状态所构成。因此，这种过程称为准静态过程(quasistatic process)。

若气体为理想气体，且为定温膨胀过程，则：

$$W_3 = -\int_{V_1}^{V_2} p_i \mathrm{d}V = -\int_{V_1}^{V_2} \frac{nRT}{V} \mathrm{d}V = -nRT\ln\frac{V_2}{V_1} \tag{2.6}$$

W_3 相当于图 2.2(c)中阴影部分的面积。显然上述三种情况下功的绝对值为：

$$W_3 > W_2 > W_1$$

由此可见，即使始、终态相同，若过程不同，系统所做的功就不相同，即功与过程密切相关。显然，在准静态膨胀过程中，体系做功最大。

下面再考虑压缩过程，即采取与上述过程相反的步骤，将气体从 V_2 压缩到 V_1。同理，压缩过程不同，环境对系统所做的功也不相同。

(4) 定外压为 p_1 下的压缩过程。在恒定外压 p_1 下将气体从 V_2 压缩到 V'，环境所做的功为：

$$W_1' = -p_1(V_1 - V_2) \tag{2.7}$$

因为 $V_2 > V_1$，故 W_1' 为正值，表示环境对系统做功。功的绝对值相当于图 2.2(a′)中阴影部分的面积。

(5) 二次定外压的压缩过程。先在恒定外压 p_e' 下，使体积从 V_2 压缩到 V'。再在恒定外压 p_1 下，使体积从 V' 压缩到 V_1，则环境所做的功为：

$$W_2' = -p_e'(V' - V_2) - p_1(V_1 - V') \tag{2.8}$$

W_2' 相当于图 2.2(b′)中阴影部分的面积。

(6) 准静态下的压缩过程。如果将取下的细砂再一粒粒重新加到活塞上，使外压 p_e 始终比气体压力 p_i 大 $\mathrm{d}p$，即在 $p_e = p_i + \mathrm{d}p$ 的情况下，使体系的体积从 V_2 压缩至 V_1，则环境所做的功为：

$$W_3' = -\int_{V_2}^{V_1} p_e \mathrm{d}V = -\int_{V_2}^{V_1} (p_i + \mathrm{d}p)\mathrm{d}V = -\int_{V_2}^{V_1} p_i \mathrm{d}V \tag{2.9}$$

若气体为理想气体，且为定温压缩，则：

$$W_3' = -\int_{V_2}^{V_1} \frac{nRT}{V} \mathrm{d}V = -nRT\ln\frac{V_1}{V_2} \tag{2.10}$$

W_3' 相当于图 2.2(c′)中阴影部分的面积。显然，

$$W_1' > W_2' > W_3' \tag{2.11}$$

由此可见，压缩时分步越多，环境对系统所做的功越少。即在准静态压缩过程中，环境对系统所做的功最小。

2. 可逆过程与不可逆过程

由于系统膨胀过程及压缩过程所做的功有相应的符号(负及正)，因此，比较三种膨胀过程及其逆过程做功大小时取其绝对值，即为：

$$|W_1'| > |W_1|$$

$$|W_2'| > |W_2|$$

$$|W_{\min}| = |W_{\max}|$$

可以看出，对于前两类过程，当系统恢复原状后，由于膨胀与压缩过程做功不同，造成环境中有功的损失，没有恢复原状，这类过程称为不可逆过程。对于第三类过程，系统通过准静态过程恒温膨胀到终态，又通过准静态过程恒温压缩回始态，在整个循环过程中系统对环境做的功与环境对系统做的功完全抵消，系统和环境同时恢复原状，没有留下任何痕迹，这种过程在热力学中称为可逆过程。

由此概而言之，某过程经其逆向进行后，若在系统恢复原状的同时，环境也恢复原状而未留下任何永久性的变化，则该过程称为热力学可逆过程。否则，该过程称为热力学不可逆过程。可逆过程具有以下特征：

(1) 可逆过程进行时，系统始终无限接近平衡态；

(2) 可逆过程进行时，无任何能量的耗散；

(3) 其逆过程能使系统和环境同时恢复原状；

(4) 可逆过程是一种理想化的过程；

(5) 在恒温可逆过程中，系统对环境做最大功，环境对系统做最小功。

据此，不可逆过程具有的特征也就不言而喻了。

2.3 热力学第一定律概述

2.3.1 热力学能

焦耳(Joule)从 1840 年开始，经过反复实验，证明了这样一个事实：一定量的物质在绝热条件下，从同样的始态出发，升高同样的温度达到同样的终态，所需的各种形式的功(如机械功、电功等)在数值上完全相等。这表明系统有一个反映其内部能量的函数，该函数的变化值只取决于系统的始态和终态，与系统从始态到终态经历的过程无关，这一函数称为热力学能，符号为 U，单位为 J，由于热力学能反映系统内部的能量，也称为内能。

设系统始态热力学能为 U_1，终态热力学能为 U_2，在绝热条件下热力学能的变化值为：

$$\Delta U = U_2 - U_1 = W_{(Q=0)} \tag{2.12}$$

式(2.12)为热力学能的定义式，其中 $W_{(Q=0)}$ 为绝热过程的功。

热力学研究的是宏观静止的平衡系统，热力学能包括系统内部的一切能量，如分子的平动能、转动能、振动能、电子的结合能、原子核能以及分子之间相互作用的势能等。热力学能不包括系统整体的势能和整体的动能，也不考虑电磁场、离心力场等外力场的影响。

热力学能的绝对数值无法测定，只能测定其变化值。热力学能是广度性质，其数值与物质的量有关。摩尔热力学能 $U_m = \dfrac{U}{n}$，U_m 是强度性质，单位是 $J \cdot mol^{-1}$。U 是状态函数，ΔU 只与系统的始态和终态有关，与过程无关，因此，求 ΔU 时只用考虑始态和终态，不用考虑从始态到终态经历了什么过程。

2.3.2 热力学第一定律的形式

热力学系统的能量由三部分组成：系统整体运动的动能、系统在外力场中的势能和系统的热力学能。在热力学中，一般不考虑系统整体运动的动能和系统在外力场中的势能。事实上，与系统的热力学能相比，系统整体运动的动能和系统在外力场中的势能总是很小，一般可以忽略，因此，热力学系统的能量通常仅指热力学能。

能量守恒定律应用于热力学系统即为热力学第一定律。由于试图凭空制造能量的机器被称为第一类永动机，因此热力学第一定律也可表述为“第一类永动机是不可能造成的”。

对于热力学封闭系统，若系统由状态 1 变化到状态 2，系统从环境吸收的热量为 δQ 并从环境得到 δW 的功，对于微小过程，则系统热力学能的变化为：

$$dU = \delta Q + \delta W \tag{2.13}$$

对于有限过程，

$$\Delta U = Q + W \tag{2.14}$$

式(2.13)、式(2.14)即为热力学第一定律的数学表达式。

【例题 1】　一系统由 A 态变化到 B 态，沿途径Ⅰ放热 100 J，环境对系统做功 50 J，问：

(1) 由 A 态沿途径Ⅱ到 B 态，系统做功 80 J，则过程的 Q 为多少？

(2) 如果系统再由 B 态沿途径Ⅲ回到 A 态，环境对系统做 50 J 的功，则 Q 是多少？

〖**解**〗　途径Ⅰ中，$Q_1 = -100$ J，$W_1 = 50$ J。根据热力学第一定律，系统热力学能的变化为：

$$\Delta U_{AB} = Q_1 + W_1 = -100 + 50 = -50 \text{ J}$$

(1) 途径Ⅱ中，$W_2 = -80$ J。根据热力学第一定律，有 $\Delta U_{AB} = Q_2 + W_2$，所以：

$$Q_2 = \Delta U_{AB} - W_2 = -50 \text{ J} - (-80 \text{ J}) = 30 \text{ J}$$

(2) 途径Ⅲ中，$W_3 = -50$ J。因该过程是途径Ⅰ的逆过程，故：

$$\Delta U_{BA} = -\Delta U_{AB} = 50 \text{ J}$$

由 $\Delta U = Q + W$ 得：

$$Q_3 = \Delta U_{BA} - W_3 = 50 \text{ J} - 50 \text{ J} = 0 \text{ J}$$

2.4　恒容热、恒压热、热容

2.4.1　恒容热

根据热力学第一定律有 $dU = \delta Q + \delta W$。对于恒容过程，若系统不做任何形式的非体积功，则：

$$\delta W = -p_e dV = 0 \tag{2.15}$$

$$dV = 0$$

$$dU = \delta Q_V \tag{2.16}$$

$$\Delta U = Q_V \tag{2.17}$$

Q_V 为恒容热。在系统不做任何形式的非体积功时，此恒容热直接等于系统热力学能的变化，这意味着系统热力学能的变化可以用恒容热来量度。这是一个很重要的概念，揭示了状态函数变化量的测算问题。恒容热体现了状态函数变化的效应，也称为热效应。

2.4.2 恒压热

对于恒压只做体积功的过程，若将恒压热表示为 Q_p，则根据热力学第一定律有：

$$dU = \delta Q_p + \delta W = \delta Q_p - p dV = \delta Q_p - d(pV) \tag{2.18}$$

或

$$\delta Q_p = dU + d(pV) = d(U + pV) \tag{2.19}$$

定义 $H = U + pV$，H 称为焓，则：

$$\Delta H = Q_p \tag{2.20}$$

由于 U，p 及 V 均为状态函数，其组合 H 亦是状态函数。在焓(H)的定义中含有无法确定绝对值的热力学能(U)，因此，H 的绝对值同样无法确定。在热力学研究中，一般不需要确定焓的绝对值，只要知道其变化值就够了。

式(2.20)中 Q_p 为恒压热，在系统不做任何形式的非体积功时，它直接等于状态函数 H 的变化值，这意味着系统的状态函数 H 的变化值可以用恒压热来量度。所以，恒压热也称为热效应。

2.4.3 热容

1. 热容的定义

热容量(简称热容)的定义为：

$$C = \frac{\delta Q}{dT} \tag{2.21}$$

即在无相变和化学变化时，热容为系统在过程中的热量随温度的变化率，这也称为真热容，单位为 $J \cdot K^{-1}$。热容一般与物质的量、温度、压力及体积均有关系。平均热容 C 相当于系统每改变 1 K 所需要吸收或放出的热量。若固定物质的量为 1 mol，相应的热容称为摩尔热容，记作 C_m，单位为 $J \cdot mol^{-1} \cdot K^{-1}$。显然有：

$$C = nC_m \tag{2.22}$$

(1) 恒压热容。若系统在恒压条件下只发生温度变化，相应的热容称为恒压热容，记为 C_p；摩尔恒压热容记为 $C_{p,m}$，显然有：

$$C_p = nC_{p,m} = \frac{\delta Q_p}{dT} = \frac{dH}{dT} \tag{2.23}$$

式中：Q_p 为恒压过程的热量。

$$\delta Q_p = dH = C_p dT = nC_{p,m} dT \tag{2.24}$$

$$Q_p = \Delta H = \int_{T_1}^{T_2} nC_{p,m} dT \tag{2.25}$$

(2) 恒容热容。若系统在恒容条件只发生温度变化，相应的热容称为恒容热容，记为 C_V；摩尔恒容热容记为 $C_{V,m}$。同样有：

$$C_V = nC_{V,\mathrm{m}} = \frac{\delta Q_V}{\mathrm{d}T} = \frac{\mathrm{d}U}{\mathrm{d}T} \tag{2.26}$$

式中：Q_V 为恒容过程的热量。

$$\delta Q_V = \mathrm{d}U = C_V \mathrm{d}T = nC_{V,\mathrm{m}} \mathrm{d}T \tag{2.27}$$

$$Q_V = \Delta U = \int_{T_1}^{T_2} nC_{V,\mathrm{m}} \mathrm{d}T \tag{2.28}$$

(3) C_p 与 C_V 的关系。根据焓的定义 $H = U + pV$，微分可得：

$$\mathrm{d}H = \mathrm{d}U + \mathrm{d}(pV)$$

根据式(2.23)和式(2.26)，有：

$$\mathrm{d}U = C_V \mathrm{d}T \qquad \mathrm{d}H = C_p \mathrm{d}T$$

对于理想气体，有：

$$pV = nRT \quad \mathrm{d}(pV) = nR\mathrm{d}T$$

所以：

$$C_p \mathrm{d}T = C_V \mathrm{d}T + nR\mathrm{d}T$$

$$C_p = C_V + nR \tag{2.29}$$

或：

$$C_p - C_V = nR \tag{2.30}$$

$$C_{p,\mathrm{m}} - C_{V,\mathrm{m}} = R \tag{2.31}$$

2. 热容与温度的关系

对于理想气体，热容与温度无关，其各种分子的热容数值在物理学中已经给出：

单原子分子 $$C_{V,\mathrm{m}} = \frac{3}{2}R \tag{2.32}$$

双原子分子及线形多原子分子 $$C_{V,\mathrm{m}} = \frac{5}{2}R \tag{2.33}$$

非线形多原子分子 $$C_{V,\mathrm{m}} = 3R \tag{2.34}$$

对于一般的气体、液体和固体，热容与温度的关系由实验得到的经验公式给出：

$$C_{p,\mathrm{m}} = a + b\mathrm{T} + c\mathrm{T}^2 \tag{2.35}$$

$$C_{p,\mathrm{m}} = a + b\mathrm{T} + c'\mathrm{T}^{-2} \tag{2.36}$$

式(2.35)和式(2.36)中，a，b，c，c'为经验常数，它们的数值与物质及温度有关，使用时要注意这些数值适用的温度范围，超出适用范围则误差较大；从不同的书籍中查到的数值会不尽相同，但一般计算结果相差不大。

【例题 2】 2 mol O_2 在 101.325 kPa 下恒压从 300 K 加热到 1 000 K，试求此过程的 Q，W，ΔU，ΔH。已知氧气的摩尔恒压热容数据如下：$a = 36.162\ \mathrm{J \cdot mol^{-1} \cdot K^{-1}}$，$b = 0.845 \times$

10^{-3} J · mol^{-1} · K^{-2}, $c' = -4.31 \times 10^5$ J · mol^{-1} · K^{-1}。

〖解〗

$$Q_p = \Delta H = n\int_{T_1}^{T_2}(a + bT + c'T^{-2})\mathrm{d}T$$

$$= n\left[a(T_2 - T_1) + \frac{1}{2}b(T_2^2 - T_1^2) - c'\left(\frac{1}{T_2} - \frac{1}{T_1}\right)\right]$$

$$= 2\ \mathrm{mol}\left[36.162\ \mathrm{J \cdot mol^{-1} \cdot K^{-1}}(1\,000\ \mathrm{K} - 300\ \mathrm{K}) + \frac{1}{2} \times 0.845 \times 10^{-3}\ \mathrm{J \cdot mol^{-1} \cdot}\right.$$

$$\left.\mathrm{K^{-2}}(1\,000^2\ \mathrm{K^2} - 300^2\ \mathrm{K^2}) + 4.31 \times 10^5\ \mathrm{J \cdot mol^{-1} \cdot K^{-1}}\left(\frac{1}{1\,000\ \mathrm{K}} - \frac{1}{300\ \mathrm{K}}\right)\right]$$

$$= 49.38\ \mathrm{kJ}$$

$$W = -p(V_2 - V_1) = -nR(T_2 - T_1)$$

$$= -2\ \mathrm{mol} \times 8.314\ \mathrm{J \cdot mol^{-1} \cdot K^{-1}} \times (1\,000\ \mathrm{K} - 300\ \mathrm{K}) = -11.64\ \mathrm{kJ}$$

$$\Delta U = Q + W = Q_p + W = 49.38\ \mathrm{kJ} - 11.64\ \mathrm{kJ} = 37.74\ \mathrm{kJ}$$

2.5 热力学第一定律对理想气体的应用

2.5.1 理想气体的内能和焓——焦耳实验

1843 年焦耳用如图 2.4 所示的装置进行下述实验：将两个容量相等且中间以旋塞相连的容器置于有绝热壁的水浴中。在 A 容器中充以空气，压力最高不超过 100 kPa，B 容器抽成真空。待达热平衡后，打开中间旋塞，使气体向真空膨胀（或自由膨胀），直到整个容器中压力均匀一致。实验结果：未发现水浴中水的温度有明显变化。

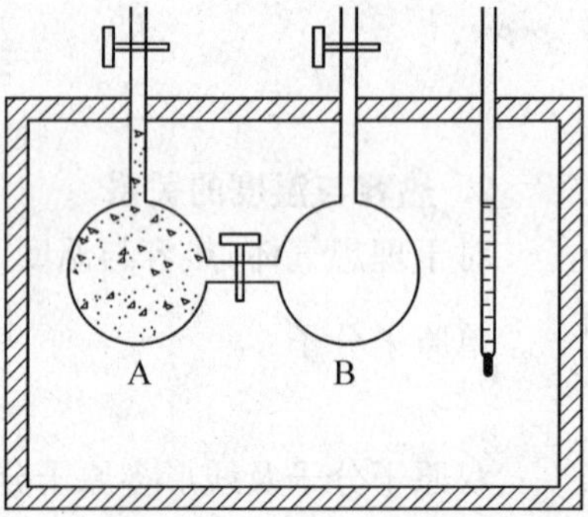

图 2.4 焦耳实验装置

焦耳实验的结果可以由热力学第一定律进一步引申。因测得此过程水浴的温度没有变化，即 $\Delta H = 0$。以气体为系统，水浴为环境，由于 $\Delta T = 0$，说明在此过程中系统与环境之间没有热传递，即 $Q = 0$。又因为此过程为向真空膨胀，故 $p_e = 0$，$W = 0$。根据热力学第一定律：

$$\Delta U = Q + W = 0$$

可见，气体向真空膨胀时，温度不变，则内能保持不变。

对一定量的纯物质，内能可表示为温度和体积的函数，其全微分为：

$$\mathrm{d}U = \left(\frac{\partial U}{\partial T}\right)_V \mathrm{d}T + \left(\frac{\partial U}{\partial V}\right)_T \mathrm{d}V \tag{2.37}$$

实验测得 $\mathrm{d}T = 0$，又因为 $\mathrm{d}U = 0$，所以：

$$\left(\frac{\partial U}{\partial V}\right)_T \mathrm{d}V = 0 \tag{2.38}$$

而气体体积发生了变化，$\mathrm{d}V \neq 0$，所以只能是：

$$\left(\frac{\partial U}{\partial V}\right)_T = 0 \tag{2.39}$$

式(2.39)表明，在定温下，气体的内能不随体积而变。同样可以证明：

$$\left(\frac{\partial U}{\partial p}\right)_T = 0 \tag{2.40}$$

即在定温下，上述实验气体的内能不随压力而变。从式(2.39)和式(2.40)可知，上述气体的内能仅是温度的函数，而与体积、压力无关，即：

$$U = f(T) \tag{2.41}$$

实际上，上述实验不够精确，由于水浴中水的热容量很大，而且当时的测温仪器精度不高，因此无法测得水温的微小变化。进一步的实验表明，实际气体向真空膨胀时，温度会发生微小变化，而且这种温度变化随着气体起始压力的降低而变小。因此，可以推论，只有当气体的起始压力趋于零，即气体趋于理想气体时，上述焦耳实验的结论才是完全正确的。所以，只有理想气体的内能仅是温度的函数，与体积或压力无关。

上述结论不难理解：由于理想气体分子之间没有引力，在温度一定下增大体积使分子间距离增大时，不需要克服分子间引力而消耗分子的动能，故其温度不变，此时气体膨胀不需吸收能量，所以内能保持不变，即理想气体的内能只是温度的函数，与压力、体积无关。对于实际气体，分子间有引力，因此，在一定温度下增大体积时，为克服分子间引力需消耗分子的动能而使温度降低，为保持温度恒定就需要吸收能量，所以内能增加而发生变化。

对于理想气体的焓：

$$H = U + pV = U + nRT = f(T) \tag{2.42}$$

即理想气体的焓也仅是温度的函数，与体积或压力无关：

$$\left(\frac{\partial H}{\partial V}\right)_T = 0 \qquad \left(\frac{\partial H}{\partial p}\right)_T = 0 \tag{2.43}$$

又因为：

$$C_p = \left(\frac{\partial H}{\partial V}\right)_T \qquad C_V = \left(\frac{\partial U}{\partial T}\right)_V \tag{2.44}$$

所以，理想气体的 C_p 与 C_V 也仅是温度的函数。

2.5.2　理想气体的定温过程

因为理想气体的内能和焓都仅是温度的函数，所以对理想气体的定温过程：

$$\Delta U = 0 \quad \Delta H = 0$$

又因为 $\Delta U = Q + W$，所以 $Q = -W$。因为热和功都与过程有关，所以对于不同的过程，Q 和 W 的值也不相同。

对于理想气体的定温可逆膨胀过程，系统从环境所吸收的热量全部用于对环境做膨胀功，此时气体做的最大功为：

$$Q_R = -W_R = -nRT\ln\frac{V_2}{V_1} = -nRT\ln\frac{p_1}{p_2} \quad (2.45)$$

在定温下理想气体经一可逆循环过程，系统与环境都完全恢复原来状态，则状态函数内能和焓的改变值都等于零，可逆循环过程的热和功也等于零，即：

$$Q_R = -W_R = 0 \quad (2.46)$$

系统在循环过程中，只要其中有一步不可逆，则此循环过程即为不可逆循环过程。在定温不可逆循环过程中：

$$Q_{IR} = W_{IR} \neq 0 \quad (2.47)$$

即环境对系统做了净功，而系统将净热传给环境。

2.5.3 理想气体的绝热过程

1. 绝热可逆过程方程式

绝热过程 $\delta Q = 0$，根据热力学第一定律可得：

$$dU = \delta W \quad (2.48)$$

此式表明，在绝热过程中系统对环境做功，则系统的内能减少，温度降低；若环境对系统做功，则系统的内能增加，温度升高。

对理想气体的绝热可逆过程，若只做体积功，即 $W' = 0$，则：

$$\delta W = -p_e dV = -p_i dV = -\frac{nRT}{V}dV \quad (2.49)$$

又因为对理想气体有 $dU = C_V dT$，所以式(2.49)可写成：

$$\frac{nR\,dV}{V} = -C_V\frac{dT}{T}$$

积分得：

$$\int_{V_1}^{V_2}\frac{nR\,dV}{V} = -\int_{T_1}^{T_2}C_V\frac{dT}{T}$$

$$nR\ln\frac{V_2}{V_1} = -C_V\ln\frac{T_2}{T_1} \quad (2.50)$$

因为理想气体的 $C_p - C_V = nR$，代入上式得：

$$(C_p - C_V)\ln\frac{V_2}{V_1} = C_V\ln\frac{T_1}{T_2} \quad (2.51)$$

等式两边同除以 C_V，并令 $\frac{C_p}{C_V} = \frac{C_{p,m}}{C_{V,m}} = \gamma$（绝热指数），于是上式可写为：

$$(\gamma - 1)\ln\frac{V_2}{V_1} = \ln\frac{T_1}{T_2} \quad (2.52)$$

所以：

$$T_1V_1^{\gamma-1}=T_2V_2^{\gamma-1} \tag{2.53}$$

或：

$$TV^{\gamma-1}=常数 \tag{2.54}$$

将 $T=\dfrac{pV}{nR}$ 代入上式得：

$$pV^{\gamma}=常数 \tag{2.55}$$

因 $V=\dfrac{nRT}{p}$，将其代入式(2.54)得：

$$T^{\gamma}p^{1-\gamma}=常数 \tag{2.56}$$

式(2.54)、式(2.55)、式(2.56)均为理想气体在 $W'=0$ 条件下的绝热可逆过程中的过程方程式。它们表示了理想气体在绝热可逆过程中 p, V, T 之间的关系。

2. 绝热过程功的计算

在绝热过程中，$\delta Q=0$，则：

$$\delta W=\mathrm{d}U$$

对理想气体有 $\mathrm{d}U=C_V\mathrm{d}T$，所以绝热过程所做的功为：

$$W=\int\delta W=\int_{T_1}^{T_2}C_V\mathrm{d}T \tag{2.57}$$

若 C_V 为常数，积分得：

$$W=C_V(T_2-T_1) \tag{2.58}$$

又因为 $C_p-C_V=nR$，$\dfrac{C_p}{C_V}=\gamma$，则：

$$\gamma-1=\frac{nR}{C_V} \tag{2.59}$$

所以式(2.58)又可写成：

$$W=\frac{nR(T_2-T_1)}{\gamma-1}=\frac{p_2V_2-p_1V_1}{\gamma-1} \tag{2.60}$$

式(2.58)和式(2.60)均可以用来计算理想气体的绝热功。

绝热可逆过程与定温可逆过程中功的比较可用图 2.5 表示。图中绝热可逆过程曲线（AC 线）在定温可逆过程曲线（AB 线）之下，即同样从体积 V_1 膨胀到 V_2，在绝热可逆膨胀过程中，气体压力的降低要比在定温可逆膨胀过程中更为显著。这是因为在定温可逆膨胀过程中，气体的压力仅随体积的增大而降低；而在绝热可逆膨胀过程中，则有气体的体积增大和气体的温度降低两个因素使压力降低，故气体的压力降低更快。理想气体从 p_1V_1，经定温可逆和绝热可逆膨胀到 V_2 所做的功

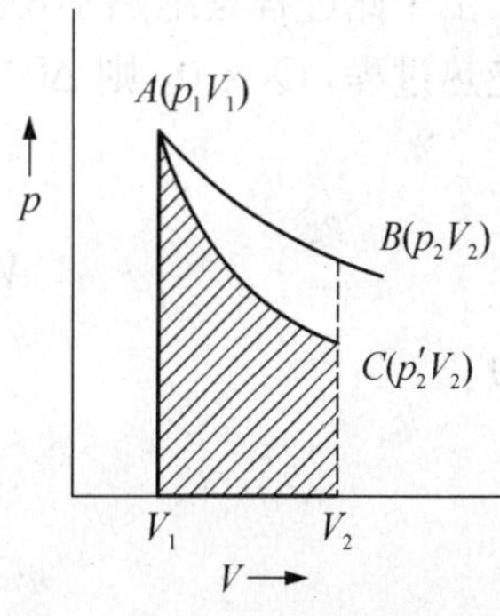

图 2.5　绝热可逆过程(AC)与定温可逆过程(AB)的功

如图 2.5 所示，AB 和 AC 曲线下面的面积分别代表定温可逆和绝热可逆过程体系所做的功。

【例题 3】 今有 3 mol 单原子分子理想气体从 400 kPa，300 K 膨胀到压力为 200 kPa。分别经：(1)绝热可逆膨胀；(2)在定外压 200 kPa 下绝热膨胀(绝热不可逆膨胀)。试计算两过程的 Q，W，ΔU 和 ΔH。

〖**解**〗 (1) 此过程的始、终态可表示如下：

$$\boxed{\begin{array}{l} n = 3\ \text{mol},\ T_1 = 300\ \text{K} \\ p_1 = 400\ \text{kPa} \end{array}} \xrightarrow{\text{绝热可逆膨胀}} \boxed{\begin{array}{l} n = 3\ \text{mol},\ T_2 = ? \\ p_2 = 200\ \text{kPa} \end{array}}$$

对于单原子分子理想气体：

$$\gamma = \frac{C_{p,\text{m}}}{C_{V,\text{m}}} = \frac{5/2R}{3/2R} = \frac{5}{3} = 1.67$$

由理想气体的绝热可逆过程方程求终态温度 T_2：

$$T_1^{\gamma} p_1^{1-\gamma} = T_2^{\gamma} p_2^{1-\gamma}$$

将已知数据代入上式：

$$300^{1.67} \times 400^{1-1.67} = T_2^{1.67} \times 200^{1-1.67}$$

求得：

$$T_2 = 227\ \text{K}$$

因是绝热过程，$Q = 0$，所以体系所做的功为：

$$W = -nC_{V,\text{m}}(T_1 - T_2) = -3 \times \frac{3}{2} \times 8.314 \times (300 - 227) = -2\ 731\ \text{J}$$

$$U = Q + W = W = -2\ 731\ \text{J}$$

$$\Delta H = nC_{p,\text{m}}(T_2 - T_1) = 3 \times \frac{5}{2} \times 8.314 \times (227 - 300) = -4\ 552\ \text{J}$$

(2) 对于绝热不可逆过程，始、终态可表示如下：

$$\boxed{\begin{array}{l} n = 3\ \text{mol},\ T_1 = 300\ \text{K} \\ p_1 = 400\ \text{kPa} \end{array}} \xrightarrow{\text{绝热定外压膨胀}} \boxed{\begin{array}{l} n = 3\ \text{mol},\ T_2 = ? \\ p_2 = 200\ \text{kPa} \end{array}}$$

由于此过程是绝热不可逆过程，故不能用理想气体绝热可逆过程方程求终态温度 T_2。因为绝热过程，$Q = 0$，则 $\Delta U = W$，又因为：

$$\Delta U = C_V(T_2 - T_1)$$

$$W = -p_e(V_2 - V_1) = -p_2(V_2 - V_1)$$

所以：

$$C_V(T_2 - T_1) = -p_2(V_2 - V_1)$$

$$nC_{V,\text{m}}(T_2 - T_1) = -p_2\left(\frac{nRT_2}{p_2} - \frac{nRT_1}{p_1}\right)$$

$$3 \times \frac{3}{2} \times 8.314 \times (T_2 - 300) = -3 \times 8.314 \times T_2 + \frac{200}{400} \times 3 \times 8.314 \times 300$$

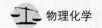

求得：

$$T_2 = 240\ \text{K}$$

因为是绝热过程，$Q = 0$，所以：

$$W = -C_V(T_1 - T_2) = -nC_{V,\text{m}}(T_1 - T_2)$$
$$= -3 \times \frac{3}{2} \times 8.314 \times (300 - 240) = -2\,245\ \text{J}$$

$$\Delta U = W = -2\,245\ \text{J}$$

$$\Delta H = nC_{p,\text{m}}(T_2 - T_1) = 3 \times \frac{5}{2} \times 8.314 \times (240 - 300) = -3\,741\ \text{J}$$

比较此题(1)与(2)的结果可知，从同一始态出发，经绝热可逆和绝热不可逆过程，达不到相同的终态。当两过程终态的压力相同时，由于可逆过程所做的功大，则内能降低得更多些，导致终态的温度也更低些。

2.5.4* 真实气体的节流膨胀与焦耳-汤姆森效应

前面讲到，焦耳 1843 年做的气体自由膨胀实验不够精确，该实验所用的水浴较大，不易测出温度变化。1852 年焦耳和汤姆逊(Thomson)、开尔文(Kelvin)又合作进行实验，装置如图 2.6 所示。

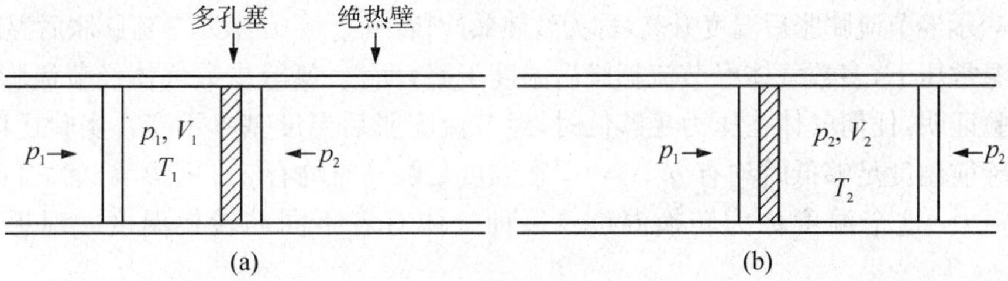

图 2.6　焦耳-汤姆森效应实验

在一个绝热桶中间装一个刚性多孔塞，两边各配一个绝热活塞，左右两个活塞外边各维持恒定压力，左边外压力为 p_1，右边外压力为 p_2，且 $p_1 > p_2$。实验前气体在多孔塞左边，如图 2.6(a)所示，实验时缓缓推进左侧活塞，保持左侧温度和压力始终为 T_1 和 p_1，右侧温度和压力始终为 T_2 和 p_2，由于左侧压力大，气体就会通过多孔塞向右侧膨胀，多孔塞的作用是让气体缓慢通过，压力降全部集中在多孔塞中。实验结束后，气体位于多孔塞右侧，如图 2.6(b)所示。在实验过程中，气体的状态由 p_1，V_1，T_1 变为 p_2，V_2，T_2。

1. 节流过程的特点

在绝热条件下，气体的始态压力和终态压力分别保持恒定的膨胀过程称为节流膨胀过程。节流过程是在绝热条件下进行的，$Q = 0$。在左侧环境对气体做功，是等压压缩过程：

$$W_{\text{左}} = -p_1(0 - V_1) = p_1 V_1$$

在右侧气体对环境做功，是等压膨胀过程：

$$W_{\text{右}} = -p_2(V_2 - 0) = -p_2 V_2$$

这个过程中系统的体积功为：

$$W = W_{左} + W_{右} = p_1V_1 - p_2V_2 \tag{2.61}$$

因为 $Q = 0$，根据热力学第一定律有 $\Delta U = W$，即：

$$U_2 - U_1 = p_1V_1 - p_2V_2$$

移项得：

$$U_2 + p_2V_2 = U_1 + p_1V_1 \tag{2.62}$$

将定义公式 $H = U + pV$ 代入上式得：

$$H_2 = H_1 \quad 或 \quad \Delta H = 0 \tag{2.63}$$

这说明节流膨胀过程前后气体的焓不变，也就是说节流过程的特点是等焓过程。

2. 焦耳-汤姆森系数

通过温度测量得知，气体经过节流膨胀以后温度改变了，这一现象称为焦耳-汤姆森效应。节流膨胀后温度随压力的变化可用导数表示如下：

$$\mu_{J-T} = \left(\frac{\partial T}{\partial p}\right)_H \tag{2.64}$$

式中：μ_{J-T}称为焦耳-汤姆森系数；下标 H 表示等焓。μ_{J-T}是强度性质，它是温度和压力的函数。在节流膨胀过程中，$dp < 0$，因此，若 $\mu_{J-T} > 0$，表示经节流膨胀后温度降低，称为致冷效应；若 $\mu_{J-T} < 0$，表示经节流膨胀后温度升高，称为致热效应；若 $\mu_{J-T} = 0$，表示节流膨胀后温度不变。

在常温常压下，多数气体经节流膨胀后温度下降，而氢、氦等少数气体经节流膨胀后温度升高。实验证明，任何气体在压力足够低时，经节流膨胀后温度基本不变。实验还证明，任何气体在实验前温度足够低时均有 $\mu_{J-T} > 0$，在温度足够高时均有 $\mu_{J-T} < 0$，二者之间必有一个温度 $\mu_{J-T} = 0$，这个温度称为转换温度。每种气体有着不同的转换温度。理想气体恒有 $\mu_{J-T} = 0$。

节流膨胀是等焓过程，真实气体经节流膨胀温度改变了，焓却没有改变，这说明真实气体的焓不仅仅是温度的函数，也是压力和体积的函数。同时，也说明真实气体的热力学能也不仅仅是温度的函数，也是压力和体积的函数。

实际生产中，稳定流动的气流经过阻碍后压力突然减小的膨胀过程属于节流膨胀。节流过程在工业上有着广泛应用，在化工生产中，常用这种方法使气体冷却。

2.6 热化学

研究化学反应中放出或吸收热量的学科称为热化学。

2.6.1 化学反应进度与摩尔反应进度

化学反应通常是在等温等压或者等温等容条件下进行的。

对同一个反应的同一个进行程度，若用不同的物质描述，就会出现不同的数字，例如 $N_2 + 3H_2 \longrightarrow 2NH_3$，生成 2 mol 氨气时，反应程度用氨气描述为 2 mol，用氮气描述为 −1 mol，用氢气描述为 −3 mol。为了避免出现这样的混乱，需要引入一个物理量——化学反应进度，符号为 ξ。反应开始时 $\xi = 0$，系统中任一物质 B 的物质的量为 $n_B(0)$，反应进行到 ξ 时，B 的物质的量为$n_B(\xi)$，定义：

$$n_B(\xi) \xlongequal{\text{def}} n_B(0) + v_B\xi \tag{2.65}$$

式中：v_B 为 B 的化学计量数。由式(2.65)得：

$$\xi = \frac{n_B(\xi) - n_B(0)}{v_B} = \frac{\Delta n_B}{v_B} \tag{2.66}$$

可以看出，ξ 的单位为 mol，如果系统中发生了微量反应，有：

$$d\xi = \frac{dn_B}{v_B} \tag{2.67}$$

引入了 ξ 以后，对同一个反应的同一个进行程度，用任意物质来描述 ξ 的数值都是一样的，就不会出现混乱了。

【例题 4】 对于反应 $N_2 + 3H_2 = 2NH_3$，若生成 6 mol NH_3，分别用三种物质求化学反应进度。

〖解〗 用 NH_3 计算：$\xi = \left\{\frac{6}{2}\right\}\text{mol} = 3\ \text{mol}$

用 N_2 计算：$\xi = \left\{\frac{-3}{-1}\right\}\text{mol} = 3\ \text{mol}$

用 H_2 计算：$\xi = \left\{\frac{-9}{-3}\right\}\text{mol} = 3\ \text{mol}$

需要强调的是，ξ 与化学反应计量方程的写法有关，对例题 4，若把反应式写为 $\frac{1}{2}N_2 + \frac{3}{2}H_2 = NH_3$，则同样情况下 $\xi = 6\ \text{mol}$。

如果在一个系统中有多个化学反应发生，为了方便比较，则启用摩尔反应进度概念，所谓摩尔反应进度就是当 $\xi = 1\ \text{mol}$ 时的化学反应进度。

2.6.2　热化学反应方程式

表示化学反应与热效应关系的方程式称为热化学方程式。相对于普通化学反应方程式，书写热化学方程式时应注意：

1. 应注明物质的状态

因为 U，H 都与体系的状态有关，所以在写热化学方程式时，应明确地注明物质的状态(简称物态)、温度、压力、组成等。通常气态用(g)表示，液态用(l)表示，固态用(s)表示，水溶液用(aq)表示。对于固态还应注明晶型，如 C(石墨)、C(金刚石)。

2. 应注明压力、温度

习惯上，若没有注明压力和温度，一般都是指压力为 101.325 kPa，温度为 298.15 K。

3. 应注明反应的热效应

除写出化学方程式外，还须在其后写出反应热的数值。如果反应是在标准压力($p^\ominus$ = 101.325 kPa)和温度 T 下进行，反应热可写成 $\Delta_r H_m^\ominus(T)$，称为标准反应热。以下是一个完整的热化学反应方程式：

$$SO_2(g, p^{\ominus}) + \frac{1}{2}O_2(g, p^{\ominus}) \longrightarrow SO_3(g, p^{\ominus}) \qquad \Delta_r H_m^{\ominus}(298.15\ K) = -98.29\ kJ \cdot mol^{-1}$$

它表示在 298.15 K,处于标准压力下,1 mol SO_2 与 0.5 mol O_2 完全反应,生成 1 mol SO_3 时,放热 98.29 kJ。

关于热化学反应方程式,应该指出的是:

(1) 热化学方程式代表一个完成的反应,即按反应计量方程完成了一个进度的反应;

(2) 当物质的状态、反应进行的方向和化学计量数等不同时,热效应 $\Delta_r H_m$ 的数值和符号也不同。

2.6.3 热力学标准态

在计算状态函数的变化值时,为方便计算,需要规定某些状态为标准状态(简称标准态)。用右上标“$^{\ominus}$”表示,如标准压力写为“$p^{\ominus}$”,标准浓度写为“$c^{\ominus}$”等。当反应物和生成物都处于标准状态时,反应的热力学函数变化量非常有用。

要特别强调的是,热力学标准态对温度没有作规定,就是说任意温度下都可以有标准态。虽然在一般的数据表中查到的标准态数据都是 298.15 K 时的数据,但绝对不能讲标准温度是 298.15 K。例如,我们可以查到 298.15 K 时 CO 的标准摩尔生成焓 $\Delta_f H_m^{\ominus}(298.15, CO) = -137.285\ kJ \cdot mol^{-1}$。

气体的标准态:纯气体 B 的标准态为温度 T,压力为 $p^{\ominus} = 100$ kPa 条件下的状态,且 B 具有理想气体特性;混合气体中的任一组分 B 的标准态为温度 T,B 的分压为 $p^{\ominus} = 100$ kPa 条件下的状态,且 B 具有理想气体特性。气体的标准状态只是一种理想状态。

液体或固体的标准态:温度为 T,压力为 $p^{\ominus} = 100$ kPa 时的纯液体或纯固体状态为其标准态。

溶液的标准态:一般规定,对于溶剂,温度为 T,压力为 $p^{\ominus} = 100$ kPa 时的纯溶剂状态为其标准态;对于溶质,温度为 T,压力为 $p^{\ominus} = 100$ kPa,浓度为 $c^{\ominus} = 1\ mol \cdot dm^{-3}$ 或 $b^{\ominus} = 1\ mol \cdot kg^{-1}$ 时的溶质状态为其标准态。更多的规定在溶液热力学中还要讲到。

2.6.4 盖斯定律

盖斯(Hess)在总结了大量实验结果的基础上,于 1840 年提出了盖斯定律:一个化学反应,不论是一步完成还是分几步完成,其热效应总是相同的,即反应的热效应只与反应的始态和终态有关,而与变化的途径无关。

盖斯定律是热力学第一定律的必然结果。因为在非体积功为零的条件下,对于定容反应,$Q_V = \Delta U$;对于定压反应 $Q_p = \Delta H$。而内能和焓都是状态函数,只要化学反应的始态和终态确定,则 $\Delta U(Q_V)$ 或 $\Delta H(Q_p)$ 就具有定值,而与反应的途径无关。所以,不论反应是一步完成还是分几步完成,其热效应总值相同,如以下过程所示:

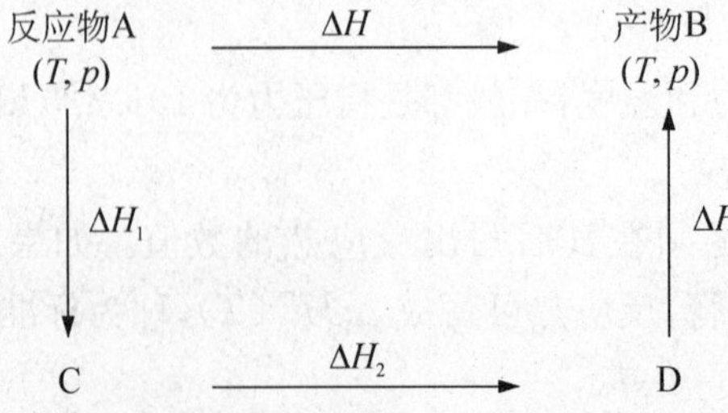

以上过程表明，某化学反应有两条不同途径，因反应的始、终态相同，所以两条途径的恒压（或恒容）反应热相等，即：

$$\Delta H = \Delta H_1 + \Delta H_2 + \Delta H_3 \tag{2.68}$$

盖斯定律是热化学的基本定律，根据盖斯定律可以使热化学方程式像普通代数方程式那样进行运算，从而可根据已知的反应热来间接求得那些难于测准或无法测量的反应热。

【例题 5】 计算反应 $C(s) + \frac{1}{2}O_2(g) \longrightarrow CO(g)$ 的反应热 $\Delta_r H_m$。

〖解〗 该反应的反应热是很难直接测得的，因为很难控制 CO 不继续氧化生成 CO_2，即产物中有 CO_2。但可根据盖斯定律间接求算，因为该反应有下列相关反应：

(1) $C(s) + O_2(g) \longrightarrow CO_2(g)$　　　$\Delta_r H_m(1) = -393.5\ kJ \cdot mol^{-1}$

(2) $C(s) + \frac{1}{2}O_2(g) \longrightarrow CO(g)$　　　$\Delta_r H_m(2)$

(3) $CO(g) + \frac{1}{2}O_2(g) \longrightarrow CO_2(g)$　　　$\Delta_r H_m(3) = -283.0\ kJ \cdot mol^{-1}$

反应(1)可由(2)和(3)两步来完成，其热效应总值应相等，即：

$$\Delta_r H_m(1) = \Delta_r H_m(2) + \Delta_r H_m(3)$$

所以可得：

$$\Delta_r H_m(2) = \Delta_r H_m(1) - \Delta_r H_m(3) = -393.5 - (-283.0) = -110.5\ kJ \cdot mol^{-1}$$

利用盖斯定律可以根据已知的反应热计算某一目标化学反应的热效应，但是化学反应数目众多，已测得反应热的化学反应数目毕竟有限，造成求解目标反应的热效应存在困难。针对这一问题，人们建立了标准摩尔生成热和标准摩尔燃烧热数据库，使任意反应的热效应计算更加简便。

2.6.5　标准摩尔生成热

生成热是指由元素的单质化合成单一化合物时的反应热。在标准压力 $p^\ominus$ 和指定温度 T 时，由最稳定单质生成标准状态下 1 mol 化合物时的焓变（定压反应热），称为该化合物的标准摩尔生成焓，或称为标准摩尔生成热，用符号 $\Delta_f H_m^\ominus$ 表示。

上述定义中的最稳定单质是指在标准压力 $p^\ominus$ 和指定温度 T 时元素所处的最稳定形态。例如，碳有石墨、金刚石和无定形碳三种单质，而最稳定的单质是石墨。根据上述定义，规定最稳定单质的标准摩尔生成焓为零。

例如，在标准状态下，温度为 298.15 K 时氢气与氧气生成 1 mol 液态水的反应：

$$H_2(g,\ p^\ominus) + \frac{1}{2}O_2(g,\ p^\ominus) \longrightarrow H_2O(l,\ p^\ominus)$$

$$\Delta_r H_m^\ominus = -285.3\ kJ \cdot mol^{-1}$$

根据上述定义，显然该反应热就是水的标准摩尔生成焓，即：

$$\Delta_r H_m^\ominus(298.15\ K) = \Delta_f H_m^\ominus(H_2O,\ l,\ 298.15\ K) = -285.3\ kJ \cdot mol^{-1}$$

可见，一个化合物的生成焓并不是这个化合物的焓的绝对值，而是相对于生成它的稳定单质的相对值。

由物质的标准摩尔生成焓，可方便地计算在标准状态下的化学反应的热效应。例如，在标准状态下，对于某化学反应，图示如下：

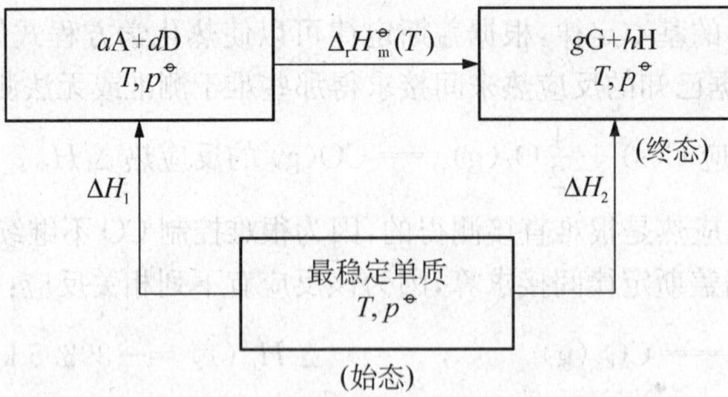

因为焓是状态函数，体系从同一始态到同一终态的两条途径的焓变值应相等，即：

$$\Delta H_1 + \Delta_r H_m^{\ominus}(T) = \Delta H_2 \tag{2.69}$$

所以：

$$\Delta_r H_m^{\ominus}(T) = \Delta H_2 - \Delta H_1 \tag{2.70}$$

而：

$$\Delta H_1 = a\Delta_f H_m^{\ominus}(\mathrm{A}) + d\Delta_f H_m^{\ominus}(\mathrm{D}) = \sum_{\mathrm{B}} (R_{\mathrm{B}}\Delta_f H_m^{\ominus})_{\text{反应物}}$$

$$\Delta H_2 = g\Delta_f H_m^{\ominus}(\mathrm{G}) + h\Delta_f H_m^{\ominus}(\mathrm{H}) = \sum_{\mathrm{B}} (P_{\mathrm{B}}\Delta_f H_m^{\ominus})_{\text{产物}}$$

代入式(2.70)得：

$$\begin{aligned}\Delta_r H_m^{\ominus}(T) &= \sum_{\mathrm{B}} (P_{\mathrm{B}}\Delta_f H_m^{\ominus})_{\text{产物}} - \sum_{\mathrm{B}} (R_{\mathrm{B}}\Delta_f H_m^{\ominus})_{\text{反应物}} \\ &= \sum_{\mathrm{B}} v_{\mathrm{B}}\Delta_f H_m^{\ominus}(\mathrm{B})\end{aligned} \tag{2.71}$$

式中：P_{B} 和 R_{B} 分别为产物和反应物在化学计量方程式中的计量系数；v_{B} 是化学计量方程式中各物质的计量系数，对反应物为负，对产物为正。

式(2.71)表明：任一反应的标准摩尔焓变(定压反应热或热效应)$\Delta_r H_m^{\ominus}$，等于产物的标准摩尔生成焓乘以其系数的总和减去反应物的标准摩尔生成焓乘以其系数的总和。由于 $\Delta_f H_m^{\ominus}$ 一般为 298.15 K 的值，因此通过上式可求得化学反应的 $\Delta_r H_m^{\ominus}$(298.15 K)。

【例题 6】 试由生成焓数据计算下列反应：

$$CH_4(g) + 2O_2(g) \longrightarrow CO_2(g) + 2H_2O(l)$$

在 298.15 K 和 101.325 kPa 下的反应热 $\Delta_r H_m^{\ominus}$(298.15 K)。

〖解〗 各物质在 298.15 K 的标准摩尔生成焓如下：

	$CH_4(g)$	$+2O_2(g)$	$\longrightarrow CO_2(g)$	$+2H_2O(l)$
$\Delta_f H_m^{\ominus}/\mathrm{kJ\cdot mol^{-1}}$	−74.8	0	−393.5	−285.3

将数据代入式(2.71)得：

$$\Delta_r H_m^{\ominus}(298.15\ \mathrm{K}) = -393.5 + 2\times(-285.3) - (-74.8) = -889.3\ \mathrm{kJ\cdot mol^{-1}}$$

2.6.6 标准摩尔燃烧热

绝大多数有机化合物无法由稳定单质直接合成。因此，其标准摩尔生成焓不能直接测得。但有机化合物容易燃烧，故由实验可测得其燃烧过程的热效应。物质完全燃烧(氧化)时的反应热称为燃烧热。在标准压力和指定温度 T 的标准状态下，1 mol 物质完全燃烧时的定压反应热，称为该物质的标准摩尔燃烧焓，或称为标准摩尔燃烧热，用符号 $\Delta_c H_m^{\ominus}$ 表示。

上述定义中的完全燃烧是指被燃烧的物质变成最稳定的完全燃烧产物，如化合物中的 C 变为 $CO_2(g)$，H 变为 $H_2O(l)$，N 变为 $N_2(g)$，S 变为 $SO_2(g)$，Cl 变为 HCl(aq)。根据上述定义，规定这些最稳定产物的标准燃烧焓为零。

例如：在标准状态下，298.15 K 时有下列反应：

$$C_2H_5OH(l) + 3O_2(g) \longrightarrow 2CO_2(g) + 3H_2O(l)$$

$$\Delta_r H_m^{\ominus}(298.15\ \mathrm{K}) = -1\,366.8\ \mathrm{kJ \cdot mol^{-1}}$$

根据上述定义，显然该反应的标准摩尔焓变就是液态乙醇的标准摩尔燃烧焓，即：

$$\Delta_r H_m^{\ominus}(298.15\ \mathrm{K}) = \Delta_c H_m^{\ominus}(C_2H_5OH, l, 298.15\ \mathrm{K}) = -1\,366.8\ \mathrm{kJ \cdot mol^{-1}}$$

由标准摩尔燃烧焓的定义，根据盖斯定律，可以利用已知物质的燃烧焓求算化学反应的反应热(或热效应)，即：

$$\begin{aligned}\Delta_r H_m^{\ominus}(T) &= \sum_B (R_B \Delta_c H_m^{\ominus})_{\text{反应物}} - \sum_B (P_B \Delta_c H_m^{\ominus})_{\text{产物}} \\ &= -\sum_B v_B \Delta_c H_m^{\ominus}(B)\end{aligned} \tag{2.72}$$

式(2.72)表明：任一反应的反应热 $\Delta_r H_m^{\ominus}$，等于反应物的标准摩尔燃烧焓乘以其系数的总和减去产物的标准摩尔燃烧焓乘以其系数的总和。计算时应注意式中相减次序与式(2.71)不同。

淀粉、蛋白质、糖和脂肪等都可作为生物体的能源。因此，这些物质的燃烧焓在营养学研究中是一个重要的数据。此外，药物氧化反应热的测定对药物稳定性的研究也很有用处。

【例题 7】 在标准压力 $p^{\ominus}$ 下，$T = 298.15$ K 时，$H_2(g)$，C(石墨)和环丙烷的标准摩尔燃烧焓分别为 $-285.3\ \mathrm{kJ \cdot mol^{-1}}$，$-393.5\ \mathrm{kJ \cdot mol^{-1}}$ 和 $-2\,091\ \mathrm{kJ \cdot mol^{-1}}$。已知 298.15 K 时丙烯的 $\Delta_f H_m^{\ominus} = 20.6\ \mathrm{kJ \cdot mol^{-1}}$。试分别求算：(1) 在 298.15 K 时环丙烷的 $\Delta_f H_m^{\ominus}$；(2) 在 298.15 K时环丙烷异构为丙烯反应的 $\Delta_r H_m^{\ominus}$。

〖解〗 (1) 环丙烷的生成反应为：

$$3C(\text{石墨}, p^{\ominus}) + 3H_2(g, p^{\ominus}) \longrightarrow C_3H_6(\text{环丙烷}, p^{\ominus})$$

显然：

$$\begin{aligned}\Delta_r H_m^{\ominus}(T) = \Delta_f H_m^{\ominus}(\text{环丙烷}) &= -\sum_B v_B \Delta_c H_m^{\ominus}(B) \\ &= 3\times(-393.5) + 3\times(-285.3) - 1\times 2\,091 = 54.6\ \mathrm{kJ \cdot mol^{-1}}\end{aligned}$$

(2) 环丙烷异构为丙烯的反应为：

$$C_3H_6(\text{环丙烷}) \longrightarrow CH_3-CH=CH_2$$

$$\Delta_r H_m^{\ominus} = \sum_B v_B \Delta_f H_m^{\ominus}(B) = 20.6 - 54.6 = -34.0\ \mathrm{kJ \cdot mol^{-1}}$$

一些有机物的燃烧热常借助弹式量热计来间接测定。将待测物置于体积恒定的氧弹中，完全燃烧过程可看作恒容过程，测得的反应热为恒容反应热 Q_V。而化学反应一般在恒压条件下进行，此时的反应热为恒压反应热 Q_p，若知道 Q_p 与 Q_V 的关系，Q_p 就能通过求算获得。

由焓的定义 $H = U + pV$ 微分得：

$$\mathrm{d}H = \mathrm{d}U + \mathrm{d}(pV) \text{ 或 } \Delta H = \Delta U + \Delta(pV)$$

对于理想气体，$pV = nRT$，所以：

$$\Delta H = \Delta U + \Delta(nRT) \tag{2.73}$$

反应热的定义规定了产物和反应物的温度相同，根据 $\Delta H = Q_p$，$\Delta U = Q_V$，可得：

$$Q_p = Q_V + RT\Delta n \tag{2.74}$$

式中：Δn 表示产物中气体物种的物质的量的总和减去反应物中气体物种的物质的量的总和。式(2.74)即恒压反应热与恒容反应热的关系式。利用该式，可以方便地对 Q_p 和 Q_V 进行相互求算。

2.7 热效应与温度的关系——基尔霍夫定律

利用手册上查到的 298.15 K 时物质的标准摩尔生成焓和标准摩尔燃烧焓可方便地计算出 298.15 K 时化学反应的热效应，但是许多反应都不在 298.15 K 下进行，这时就必须知道化学反应热效应与温度的关系——基尔霍夫定律。

若设计如下过程：

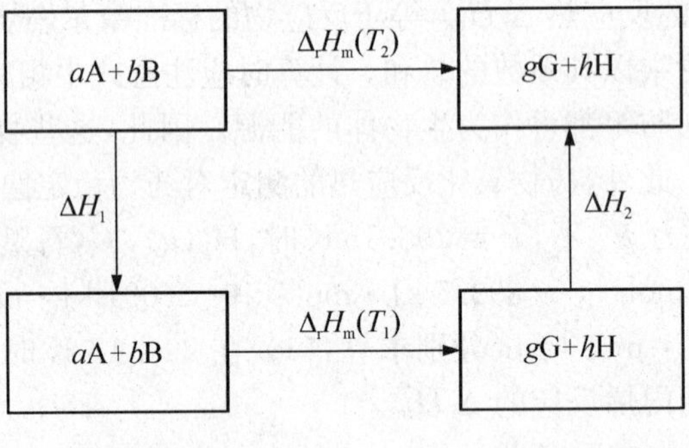

则可得：

$$\Delta_r H_m(T_2) = \Delta_r H_m(T_1) + \int_{T_1}^{T_2} \Delta C_p \mathrm{d}T \tag{2.75}$$

式中：ΔC_p 为产物定压热容总和与反应物定压热容总和之差，即：

$$\Delta C_p = gC_{p,m}(\mathrm{G}) + hC_{p,m}(\mathrm{H}) - aC_{p,m}(\mathrm{A}) - bC_{p,m}(\mathrm{B}) \tag{2.76}$$

根据式(2.76)可作如下讨论：

当 $\Delta C_p = 0$，则热效应不随温度而改变；

当 $\Delta C_p > 0$，则 $\left(\frac{\partial \Delta H}{\partial T}\right)_p > 0$，即温度升高，热效应增加；

当 $\Delta C_p < 0$，则 $\left(\frac{\partial \Delta H}{\partial T}\right)_p < 0$，即温度升高，热效应减小。

若将 ΔC_p 视为常数，则：

$$\Delta_r H_m(T_2) = \Delta_r H_m(T_1) + \Delta C_p(T_2 - T_1) \tag{2.77}$$

若 ΔC_p 不为常数，则可进行以下求算，即：

定积分：$\Delta_r H_m(T_2) = \Delta_r H_m(T_1) + \Delta a(T_2 - T_1) + \frac{1}{2}\Delta b(T_2^2 - T_1^2) + \frac{1}{3}\Delta c(T_2^3 - T_1^3)$

不定积分：　　$\Delta_r H_m(T) = \Delta H_0 + \Delta aT + \frac{\Delta b}{2}T^2 + \frac{\Delta c}{3}T^3$

式中：ΔH_0 为积分常数，可利用 298.15 K 的 $\Delta_r H_m^{\ominus}$ 计算其数值，代入公式后可计算任意温度 T 时的 $\Delta_r H_m(T)$。

应用基尔霍夫公式时，要注意温度变化区间：如果参加反应的物质发生相变，应将相变计算进去，同时由于物质的聚集状态不同，其等压热容与温度的关系不相同。所以，发生相变的情况下计算反应热效应时，要按相变温度区间分段进行计算。

【例题 8】 葡萄糖在细胞呼吸中的氧化反应如下：

$$C_6H_{12}O_6(s) + 6O_2(g) = 6H_2O(l) + 6CO_2(g)$$

已知在 298 K 时，$O_2(g)$，$CO_2(g)$，$H_2O(l)$，$C_6H_{12}O_6(s)$的 $C_{p,m}$分别为 29.36 J·mol^{-1}·K^{-1}，37.13 J·mol^{-1}·K^{-1}，75.30 J·mol^{-1}·K^{-1}，218.9 J·mol^{-1}·K^{-1}。该反应的 $\Delta_r H_m(298\ K) = -2\,801.7$ kJ·mol^{-1}。假设各物质的 $C_{p,m}$在 298 K 至 310 K 温度范围内不变，求在生理温度 310 K 时该反应的反应热。

〖解〗 $\Delta C_p = \sum_B v_B C_{p,m}(B)$

$= 6 \times 75.30 + 6 \times 37.13 - 218.9 - 6 \times 29.36 = 279.52$ J·mol^{-1}·K^{-1}

$\Delta_r H_m(310\ K) = \Delta_r H_m^{\ominus}(298\ K) + \Delta C_p(T_2 - T_1)$

$= -2\,801.7 + 279.52 \times (310 - 298) \times 10^{-3} = -2\,798.3$ kJ·mol^{-1}

习　题

1. 一圆柱形汽缸的截面积为 2.5×10^{-2} m^2，内盛有 0.01 kg 的氮气，活塞重 10 kg，外部大气压为 1×10^5 Pa，当把气体从 300 K 加热到 800 K 时，设过程中无热量损失，也不考虑摩擦，问：(1)气体做功多少？(2)气体容积增大多少？(3)内能增加多少？

答案：(1) 1.48×10^3 J；(2) 1.42×10^{-2} m^3；(3) 3.7×10^3 J。

2. 一定量的某种理想气体，开始时处于压强、体积、温度分别为 $p_0 = 1.2 \times 10^6$ Pa，$V_0 = 8.31 \times 10^{-3}$ m^3，$T_0 = 300$ K 的初态，后经过一等容过程，温度升高到 $T_1 = 450$ K，再经过一等温过程，压强降低到 $p = p_0$ 的末态，已知该理想气体的定压摩尔热容和定容摩尔热容之比 $\frac{C_{p,m}}{C_{V,m}} = \frac{5}{3}$，求：(1) 该理想气体的定压摩尔热容 $C_{p,m}$和定容摩尔热容 $C_{V,m}$；(2) 气体从始态变到末态的全过程中从外界吸收的热量。

答案：(1) $C_{p,\mathrm{m}}=\dfrac{5}{2}R$，$C_{V,\mathrm{m}}=\dfrac{3}{2}R$；(2) 1.35×10^4 J。

3. 4 mol 某理想气体，温度升高 20℃，求 $\Delta H-\Delta U$ 的值。

答案：665.16 J。

4. 右下图是一个绝热壁的气缸，其活塞水平方向移动时，可视为无摩擦效应，活塞的两边装有理想气体，其两边的空间体积为 20 $\mathrm{dm^3}$，温度为 25℃，压强为 1 atm（101.325 kPa），将气缸的左侧加热直至它对活塞右边的气体加压到 2 atm。假设 $C_{V,\mathrm{m}}=5\ \mathrm{cal\cdot K^{-1}\cdot mol^{-1}}$，$\gamma=1.4$。计算：(1)对右侧气体所做的压缩功；(2)压缩后气体的终态温度；(3)活塞左边气体的终态温度；(4)过程中对体系供热多少？

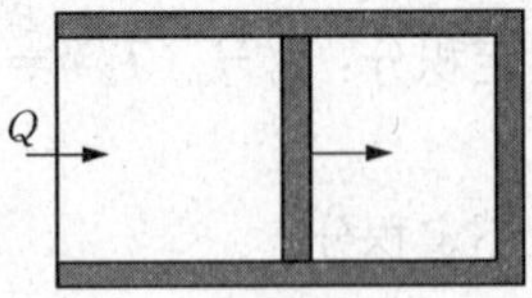

答案：(1) 1 109.6 J；(2) 363 K；(3) 829.4 K；(4) 10 188.7 J。

5. 计算反应 $C_6H_6(g)+3H_2(g)=\!=\!=C_6H_{12}(g)$ 在 125℃下的 $\Delta_r H_m^{\ominus}$。

答案：$-209.4\ \mathrm{kJ\cdot mol^{-1}}$。

6. 1 mol 理想气体从初态 p_1，V_1 绝热自由膨胀到终态 p_2，V_2，已知 $V_2=2V_1$，试求：(1)气体对外所做的功；(2)气体内能增量。

答案：(1) $W=0$；(2) $\Delta U=0$。

7. 在等压 $p^{\ominus}$下，一定量理想气体 B 由 10.0 $\mathrm{dm^3}$ 膨胀到 16.0 $\mathrm{dm^3}$，并吸热 700 J，求 W 与 ΔU。

答案：$W=-600$ J，$\Delta U=100$ J。

8. 1 mol 理想气体 B 由 473.2 K，20.00 $\mathrm{dm^3}$ 反抗恒定外压 p 迅速膨胀至温度为 407.5 K，试计算 W，Q 与 ΔU。

答案：$Q=0$，$W=-1\,388$ J，$\Delta U=-1\,388$ J。

9. 在 298 K，$p^{\ominus}$下，1 mol $H_2(g)$与 0.5 mol $O_2(g)$生成 1 mol $H_2O(l)$时能放热 285.90 kJ，计算体系的 ΔU（设 H_2，O_2 为理想气体）。

答案：$\Delta U=-282.18$ J。

10. 2 mol A 和 3 mol B 气体混合系统，由 350 K，72.75 $\mathrm{dm^3}$ 的始态，分别经下列过程到达各自的平衡末态：(1)恒温可逆膨胀至 120 $\mathrm{dm^3}$；(2)恒温、外压恒定为 121.25 kPa 膨胀至 120 $\mathrm{dm^3}$；(3)绝热可逆膨胀至 120 $\mathrm{dm^3}$；(4)绝热、反抗 121.25 kPa 的恒定外压至平衡。分别计算各过程的 W，Q，ΔU 及 ΔH。

答案：(1) $\Delta U=0$，$\Delta H=0$，$W=-7\,282$ J，$Q=7\,282$ J；(2) $\Delta U=0$，$\Delta H=0$，$Q=5\,729$ J，$W=-5\,729$ J；(3) $Q=0$，$\Delta U=W=-6\,479.6$ J，$\Delta H=-9\,565.1$ J；(4) $Q=0$，$\Delta U=W=-3\,881$ J，$\Delta H=-5\,729.8$ J。

11. 某双原子理想气体 1 mol，从始态 350 K，200 kPa 经过如下四个不同过程达到各自的平衡态，求各过程的功 W：(1)恒温可逆膨胀到 50 kPa；(2)恒温反抗 50 kPa 恒外压不可逆膨胀；(3)绝热可逆膨胀到 50 kPa；(4)绝热反抗 50 kPa 恒外压不可逆膨胀。

答案：(1) $W=-4.034$ kJ；(2) $W=-2.183$ kJ；(3) $W=-2.379$ kJ；(4) $W=-1.559$ kJ。

12. 1 mol O_2 在 100 kPa 下恒压加热，从 300 K 变为 1 000 K，求过程的热 Q_1。若改成在密封的钢制容器中进行加热，求过程的热 Q_2（设气体近似为理想气体）。

答案：$Q_1=23.6$ kJ，$Q_2=17.8$ kJ。

13. 2 mol 298 K 的理想气体，经恒容加热后，又经恒压膨胀，最终温度达到 598 K，整个加热过程中，环境传递的热为 15 797 J（已知 $C_{p,\mathrm{m}}=29.1\ \mathrm{J\cdot mol^{-1}\cdot K^{-1}}$）。求：(1)系统在膨胀过程中所做的功；(2)恒容热与恒压热。

答案：(1) $W=-3\,325$ J；(2) $Q_1=4\,157$ J，$Q_2=11\,640$ J。

14. 1 mol N_2（理想气体）在 300 K 时，自 100 kPa 恒温膨胀到 10 kPa，计算下列过程的 ΔU，ΔH，Q，W：(1)自由膨胀（即 $p_{外}=0$ 的膨胀）；(2)反抗恒定外压为 20 kPa 的膨胀；(3)可逆膨胀。

答案：$\Delta U=0$，$\Delta H=0$。(1) $Q_1=-W_1=0$；(2) $Q_2=-W_2=2\,245$ J；(3) $Q_3=-W_3=5\,743$ J。

15. 将 373 K，$0.5p^{\ominus}$ 的水蒸气 100 dm^3 恒温可逆压缩到 $p^{\ominus}$，继续在 $p^{\ominus}$ 下压缩到体积为 10 dm^3 为止，试计算此过程的 Q，W 及水的 ΔU，ΔH。假设液态水的体积可忽略不计，水蒸气为理想气体，水的汽化热为 2 259 $J \cdot g^{-1}$。

答案：$Q=-56.658$ kJ，$W=7.565$ kJ，$\Delta U=\Delta H=-49.093$ kJ。

16. 在 $p^{\ominus}$，373.2 K 下，当 1 mol $H_2O(l)$ 变成 $H_2O(g)$ 时需吸热 40.65 kJ。若将 $H_2O(g)$ 视为理想气体，试求体系的 ΔU。

答案：$\Delta U=37.55$ kJ。

17. 1 mol 理想气体从 0℃分别经等容和等压过程加热到 100℃，试通过计算说明两过程的终态是否相同？ΔU，ΔH，W，Q 是否相等？

答案：相同；不相等。

18. (1) 1 mol 水在 100℃，1 atm 下蒸发为蒸汽(理想气体)吸热 40.67 kJ，问此过程的 Q，W，ΔU 和 ΔH 各为多少？

(2) 如果将 1 mol 水(100℃，1 atm)突然移放到恒温 100℃的真空箱中，水汽即充满整个真空箱，测定其压力为 1 atm，求其 ΔU，ΔH，Q 和 W。

答案：(1) $Q=40.67$ kJ，$W=3.10$ kJ，$\Delta U=37.57$ kJ，$\Delta H=40.67$ kJ；(2) $W=0$，$\Delta U=37.57$ kJ，$\Delta H=40.67$ kJ，$Q=37.57$ kJ。

19. 20 g 乙醇在其沸点蒸发为气体，蒸发热为 858 $J \cdot g^{-1}$，蒸汽比容为 607 $cm^3 \cdot g^{-1}$，求蒸发过程的 W，Q 和乙醇的 ΔU，ΔH。

答案：$W=1\,230$ J，$Q=17\,160$ J，$\Delta U=15\,930$ J，$\Delta H=17\,160$ J。

20. 1 mol 单原子理想气体，始态为 $2p^{\ominus}$，273 K，沿 $p/V=$ 常数的过程可逆加压到 $4p^{\ominus}$，计算：(1)该过程的 Q，W，ΔU，ΔH；(2)该过程的热容。

答案：(1) $W=3.404$ kJ，$\Delta U=10.201$ kJ，$\Delta H=17.002$ kJ，$Q=13.605$ kJ；(2) $C=16.63\ J \cdot mol^{-1} \cdot K^{-1}$。

21. 5 mol 的理想气体于始态 $t_1=25$℃，$p_1=101.325$ kPa，V_1 下恒温膨胀至终态，已知终态体积 $V_2=2V_1$，分别计算气体膨胀时反抗恒定外压 p(环) $=0.5p_1$ 及进行可逆膨胀时系统所做的功。

答案：$W_1=-6.197$ kJ，$W_2=-8.59$ kJ。

22. 1 mol 理想气体由 202.65 kPa，10 dm^3 恒容升温，使压力升高到 2 026.5 kPa，再恒压压缩至体积为 1 dm^3。求整个过程的 W，Q，ΔU 及 ΔH。

答案：$\Delta U=0$，$\Delta H=0$，$Q=-W=-18.239$ kJ。

23. 1 mol 理想气体由 27℃，101.325 kPa 受某恒定外压恒温压缩到平衡，再恒容升温至 97℃，则压力升至 1 013.25 kPa。求整个过程的 W，Q，ΔU 及 ΔH。已知该气体的 $C_{V,m}=20.92\ J \cdot mol^{-1} \cdot K^{-1}$。

答案：$\Delta U=1.464$ kJ，$\Delta H=2.046$ kJ，$W=17.74$ kJ，$Q=-16.276$ kJ。

24. 已知 CO_2 的 $C_{p,m}=(26.75+42.258\times10^{-3}T-14.25\times10^{-6}T^2)\ J \cdot mol^{-1} \cdot K^{-1}$。试求 100 kg 常压、27℃的 CO_2 恒压升温至 527℃的 ΔH，并按定义求算该温度范围内的平均定压摩尔热容。

答案：$\Delta H=5.157\times10^4$ kJ，$\bar{C}_{p,m}=45.39\ J \cdot mol^{-1} \cdot K^{-1}$。

25. 已知 25℃时水的饱和蒸气压为 3.167 kPa，它的 $\Delta_{Vap}H_m(298.15\ K)=44.01\ kJ \cdot mol^{-1}$，今有 1 mol 25℃的水在相对湿度为 30%的 101 kPa 大气中蒸发，试求所需的热。

答案：$\Delta H=44.01$ kJ。

26. 某理想气体自 25℃，5 dm^3 可逆绝热膨胀至 6 dm^3，温度则降为 5℃，求该气体的 $C_{p,m}$ 与 $C_{V,m}$。

答案：$C_{V,m}=21.830\ J \cdot mol^{-1} \cdot K^{-1}$，$C_{p,m}=30.144\ J \cdot mol^{-1} \cdot K^{-1}$。

27. 一水平放置的绝热圆筒中装有无摩擦的绝热理想活塞，左、右两侧各有 0℃，101.325 kPa 的理想气体 54 dm^3。左侧内部有一体积及热容均可忽略的电热丝，经通电缓慢加热左侧气体，推动活塞压缩右侧气体使压力最终到达 202.650 kPa。已知气体的 $C_{V,m}=12.47\ J\cdot mol^{-1}\cdot K^{-1}$。试求：(1)右侧气体的最终温度；(2)右侧气体得到的功；(3)左侧气体的最终温度；(4)左侧气体从电热丝得到的热。

答案：(1) $T(右)=360.43\ K$；(2) $W=2\,622\ J$；(3) $T(左)=732.24\ K$；(4) $Q=16\,414\ J$。

28. 1 mol 单原子理想气体，$C_{V,m}=\frac{3}{2}R$，始态①的温度为 273 K，体积为 22.4 dm^3，经历如下三步又回到始态，请计算每个状态的 Q，W 和 ΔU：(1) 等容可逆升温由始态①到 546 K 的状态②；(2) 等温(546 K)可逆膨胀，由状态②到 44.8 dm^3 的状态③；(3) 经等压过程由状态③回到状态①。

答案：(1) $W_1=0$，$Q=3.40\times10^3\ J$，$\Delta U=3.40\times10^3\ J$；(2) $W_2=-3.15\times10^5\ J$，$\Delta U=0$，$Q=-3.15\times10^5\ J$；(3) $W_3=2.26\times10^3\ J$，$Q=-5.67\times10^3\ J$，$\Delta U=-3.41\times10^3\ J$。

29. 在 298 K 时，有 2 mol $N_2(g)$，始态体积为 15 dm^3，保持温度不变，经下列三个过程膨胀到终态体积为 50 dm^3，计算各过程的 ΔU，ΔH，W 和 Q，设气体为理想气体：(1)自由膨胀；(2)反抗恒外压 100 kPa 膨胀；(3)可逆膨胀。

答案：(1) $\Delta U_1=0$，$\Delta H_1=0$，$W_1=0$，$Q_1=0$；(2) $\Delta U_2=0$，$\Delta H_2=0$，$W_2=-3.5\times10^3\ J$，$Q_2=3.5\times10^3\ J$；(3) $\Delta U_3=0$，$\Delta H_3=0$，$W_3=-5.97\times10^3\ J$，$Q_3=5.97\times10^3\ J$。

30. 1 mol 单原子理想气体，从始态 273 K，200 kPa，到终态 323 K，100 kPa，通过两个途径：(1)先等压加热至 323 K，再等温可逆膨胀至 100 kPa；(2)先等温可逆膨胀至 100 kPa，再等压加热至 323 K。试计算各途径的 ΔU，ΔH，W 和 Q。

答案：(1) $Q=2.90\ kJ$，$\Delta U=0.62\ kJ$，$\Delta H=1.04\ kJ$，$W=-2.28\ kJ$；(2) $\Delta H=1.04\ kJ$，$\Delta U=0.62\ kJ$，$Q=2.61\ kJ$，$W=-1.99\ kJ$。

31. 1 mol 单原子理想气体，从始态 200 kPa，11.2 dm^3，经 $pT=$ 常数的可逆过程(即过程中 $pT=$ 常数)，压缩到终态 400 kPa，已知气体的 $C_{V,m}=\frac{3}{2}R$。试求：(1)终态的体积和温度；(2) ΔU 和 ΔH；(3)所做的功。

答案：(1) $T_2=134.7\ K$，$V_2=2.80\ dm^3$；(2) $\Delta U=-1.68\ kJ$，$\Delta H=-2.80\ kJ$；(3) $W=-2.24\ kJ$。

32. 1 mol $N_2(g)$，在 298 K 和 200 kPa 压力下，经可逆绝热过程压缩到 5 dm^3。试计算(设气体为理想气体)需做多少功。

答案：5.56 kJ。

33. 某高压容器中含有未知气体，可能是氩气或氮气。今在 298 K 时，取出一些样品，从 5 dm^3 绝热可逆膨胀到 6 dm^3，温度降低了 21 K，试判断容器中是何种气体？设振动的贡献可忽略不计。

答案：氮气。

34. 1 mol 理想气体于恒定压力下升温 1℃，试求过程中气体与环境交换的功 W。

答案：−8.314 J。

35. 1 mol 水蒸气(H_2O，g)在 100℃，101.325 kPa 下全部凝结成液态水。求过程的功。

答案：3.102 kJ。

36. 始态为 25℃，200 kPa 的 5 mol 某理想气体，经 a，b 两不同途径到达相同的终态。途径 a 中先经绝热膨胀到 −28.57℃，100 kPa，步骤的功 $W_a=-5.57\ kJ$；再恒容加热到压力为 200 kPa 的终态，步骤的热 $Q_a=25.42\ kJ$。途径 b 为恒压加热过程。求途径 b 的 W_b 及 Q_b。

答案：$W_b=-8.0\ kJ$，$Q_b=27.85\ kJ$。

37. 在一带活塞的绝热容器中有一固定绝热隔板，隔板活塞一侧为 2 mol，0℃的单原子理想气体 A，压力与恒定的环境压力相等；隔板的另一侧为 6 mol，100℃的双原子理想气体 B，其体积恒定。今将绝热隔板的绝热层去掉使之变成导热隔板，求系统达平衡时的 T 及过程的 W，ΔU。

答案：$T=348.15\ K$，$W=\Delta U=-1\,247\ J$。

第3章

热力学第二定律

热力学第一定律反映了过程的能量守恒，但不违背热力学第一定律的过程是否一定能够实现呢？回答是否定的。大量事实证明，自然界的宏观过程在一定条件下都有确定的方向和限度。如高温物体与低温物体直接接触，热必定从高温物体传向低温物体，直至两物体的温度相等为止；而在相同条件下，在不违反热力学第一定律的前提下，要使热从低温物体自发传给高温物体是不可能实现的。热力学第一定律只解决了能量守恒和转化问题以及在转化过程中各种能量的当量关系，但对变化进行的方向以及变化进行到什么程度，无法做出回答。对这两个问题的回答有赖于热力学第二定律。

3.1 自发过程的特征

3.1.1 自发和非自发过程

自然界中，一定条件下无须外来作用能自动发生的过程，称为自发过程。例如，热由高温物体传给低温物体，锌片放入硫酸铜溶液中铜析出，气体向真空膨胀，水从高水位流向低水位等，都是自发过程。需要借助外来作用才能发生的过程，称为非自发过程。例如，电解水产生氢气和氧气，该过程需要环境对系统做电功。

从表面来看，似乎各种不同的自发过程有着不同的决定因素。例如，热总是自发地由高温物体传向低温物体，直到两物体的温度相等为止，温度是决定过程方向和限度的因素；导体中的电流总是自发地从高电势端流向低电势端，直到导体中各处的电势都相等为止，电势是决定过程方向和限度的因素；水总是自发地从高水位流向低水位，直到各处水位都相等为止，水位高低是决定过程方向和限度的因素。那么，这些自发过程有什么共同的特征呢？

3.1.2 自发过程的共同特征

下面通过几个例子来讨论自发过程的共同特征。

1. 理想气体向真空膨胀

在这一自发过程中，$W=0$，又因为 $\Delta T=0$，所以 $\Delta U=0$，根据热力学第一定律，$Q=0$。设膨胀后的气体经恒温可逆压缩过程恢复原状。在压缩过程中，环境对系统做功 W，同时系统向环境放热 Q，因为理想气体恒温过程 $\Delta U=0$，所以 $Q=-W$。系统恢复原状以后，环境损失了 W 的功，而得到 Q 的热，并且在数值上二者相等，$Q=-W$，因此，环境能否恢复原状，即理想气体向真空膨胀过程能否成为一个热力学可逆过程，取决于在不引起任何其他变化的情况下，环境得到 Q 的热能否全部变化成 W 的功。

2. 热由高温物体传向低温物体

这是一个自发过程。当两个温度不同的物体通过导热棒接触时，有 Q_1 的热自动地从高温物体传向低温物体。而其逆过程，即将热由低温物体传向高温物体的过程是不会自动发生的。这需用一个冷冻机，环境对冷冻机做 W 的功，从低温物体吸取 Q_1 的热，向高温物体传送 Q_2 的热。根据能量守恒，$Q_2 = Q_1 + W$，高温物体再将额外得到的$(Q_2 - Q_1)$的热放给环境。总的结果是：两个温度不同的物体都恢复原状，环境损失了 W 的功，而得到$(Q_2 - Q_1)$的热，并且在数值上二者相等，$Q_2 - Q_1 = W$。因此，环境能否恢复原状，即热由高温物体传向低温物体的过程能否成为一个热力学可逆过程，取决于在不引起任何其他变化的情况下，环境得到$(Q_2 - Q_1)$的热能否全部变化成 W 的功。

3. 化学反应 $Zn(s) + CuSO_4(m_1) \longrightarrow ZnSO_4(m_2) + Cu(s)$

此反应能自发进行，且放了 Q 的热。要使反应系统恢复原状，需消耗环境的电能对其反应系统进行电解。整个过程环境对系统做电功 W，同时又放出 Q'的热给环境。当系统恢复原状时，环境损失了 W 的功，得到了$(Q+Q')$的热，由能量守恒定律知 $W = Q + Q'$。因此，环境能否恢复原状，即锌片放入硫酸铜溶液中生成硫酸锌溶液和铜的反应能否成为一个热力学可逆过程，取决于在不引起任何其他变化的情况下，环境得到$(Q+Q')$的热能否全部变化成 W 的功。

4. 水从高水位处流向低水位处

水从高水位处自发流向低水位处后，水的能量损失了 E_1，对环境做了 W_1 的功。现在环境对抽水机做 W_2 的功，将水从低水位处全部送回高水位处，水得到的能量为 E_2。显然，$W_2 > W_1$，$E_2 > E_1$。根据能量守恒：$W_1 = E_1$，$W_2 = E_2$，所以，$E_2 - E_1 = W_2 - W_1$。若高水位处温度恒定，则必须将水额外得到的$(E_2 - E_1)$的能量以热的方式放给环境。总的结果是：水恢复原状，环境损失了$(W_2 - W_1)$的功，而得到$(E_2 - E_1)$的热，并且在数值上二者相等，$E_2 - E_1 = W_2 - W_1$。因此，环境能否恢复原状，即水从高水位处流向低水位处的过程能否成为一个热力学可逆过程，取决于在不引起任何其他变化的情况下，环境得到$(E_2 - E_1)$的热能否全部变化成$(W_2 - W_1)$的功。

这种自然界中自发过程的例子还有很多，它们的共同特征可归纳为以下三点：

(1) 具有方向性和限度：不可自动逆转；限度是系统的平衡状态。

(2) 不可逆性：一切自发过程都是不可逆过程，本质是热功转换的不可逆性，即功可以全部转化成热，而在不引起任何变化的条件下，热不能全部转变为功。

(3) 自发过程具有做功的能力，达到平衡态后，失去做功能力。

从上面所举的几个例子可以看出，自发过程是否能够成为热力学可逆过程，最终归结为“热能否全部转化为功而不引起任何其他变化”这一问题。

3.1.3 热力学第二定律的表述

在长期实践基础上，人们从自发过程的共同特征出发，总结出热力学第二定律，下面介绍它的两种经验表述。

克劳修斯(Clausius R)表述：“不可能把热由低温物体传给高温物体而不引起其他变化。”

开尔文(Kelvin L)表述：“不可能从单一热源取热使之完全转化为功而不发生其他变

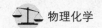

化。"为了与第一类永动机区别，从单一热源取热而完全转化为功的机器称为第二类永动机，它并不违背热力学第一定律，所以开尔文的叙述也可简化为"第二类永动机不可能造成"。

以上两种表述的形式虽然不同，但所阐明的规律是一致的。若热能自动从低温物体流向高温物体，那么就可以从高温物体取热向低温物体放热而做功，同时低温物体所获得的热又能自动流向高温物体，于是低温物体复原，等于从单一高温热源取热使之完全转化为功而不发生其他变化，这样就可以设计出一种机器即第二类永动机，它可从大海或空气这样的巨大单一热源中源源不断地取出热转化为功，则功的获得将是十分经济的。但实践证明，它是不可能造成的。

原则上，我们可以直接运用热力学第二定律判别一个过程的方向，但实际上这样做难度很大。因此，能否像热力学第一定律用内能 U 和焓 H 这样的热力学函数变化来表征过程能量变化那样，找寻一个热力学函数，通过计算这些热力学函数的变化来判断过程的方向和限度呢？克劳修斯从分析卡诺循环过程中的热功转化关系入手，最终发现了热力学第二定律中最基本的状态函数——熵。

3.2　卡诺循环与卡诺定理

3.2.1　热机效率

热机是把热量转化为功的装置，第二类永动机是效率为 1 的热机。热力学第二定律否定了第二类永动机的存在，那么热机的最高效率是多少呢？19 世纪初的蒸汽机效率很低，效率不到 5%，许多科学家致力于蒸汽机的改进，以提高它的效率。

如图 3.1 所示，蒸汽机、汽轮机和内燃机等热机都工作在两个热源之间，工作介质(水和水蒸气等)从高温热源(锅炉等)吸收热量，一部分热量用来做功，另一部分热量排放到低温热源(大气)。工作介质对环境所做的功的绝对值与从高温热源吸收的热量的绝对值之比叫作热机效率，其符号为 η：

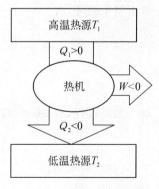

$$\eta \overset{\text{def}}{=} \frac{-W}{Q_1} = \frac{|W|}{Q_1} \tag{3.1}$$

显然，热机效率越高越好。那么，热机的极限效率是多少呢？极限效率与两个热源的温度有什么关系呢？1824 年法国青年工程师卡诺(Carnot)设计了一个理想热机，解决了这个问题。

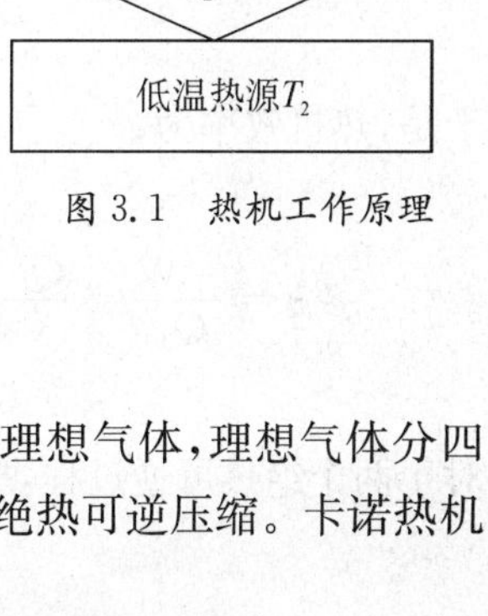

图 3.1　热机工作原理

3.2.2　卡诺循环

卡诺热机工作在高温热源 T_1 和低温热源 T_2 之间，工作介质是理想气体，理想气体分四个过程完成一个循环：等温可逆膨胀，绝热可逆膨胀，等温可逆压缩，绝热可逆压缩。卡诺热机中的循环过程称为卡诺循环。

下面我们根据图 3.2 所示的卡诺循环过程，讨论卡诺热机的工作原理和效率。

(1) 等温可逆膨胀。在图中 AB 段，理想气体在高温热源的温度 T_1 下，从(p_1, V_1, T_1)等

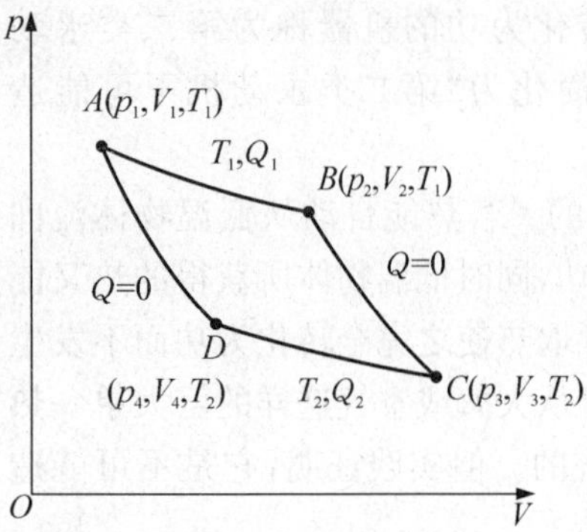

图 3.2　卡诺循环

温可逆膨胀到(p_2, V_2, T_2)，从 T_1 吸热 Q_1，对环境做功 W_1。理想气体的 U 只是温度的函数，对温度可逆过程：

$$\Delta U_1 = Q_1 + W_1 = 0 \tag{3.2}$$

所以，有：

$$Q_1 = -W_1 = nRT_1 \ln\frac{V_2}{V_1} \tag{3.3}$$

(2) 绝热可逆膨胀。在图中为 BC 段，理想气体(p_2, V_2, T_1)绝热可逆膨胀到(p_3, V_3, T_2)，系统温度较低，$Q=0$。有：

$$W_2 = nC_{V,\mathrm{m}}(T_2 - T_1) \tag{3.4}$$

(3) 等温可逆压缩。在图中为 CD 段，理想气体在低温热源的温度 T_2 下，从(p_3, V_3, T_2)等温可逆压缩到(p_4, V_4, T_2)，从环境得功 W_3，向 T_2 放热 Q_2，有：

$$\Delta U_3 = Q_2 + W_3 = 0 \tag{3.5}$$

所以，有：

$$Q_2 = -W_3 = nRT_2 \ln\frac{V_4}{V_3} \tag{3.6}$$

(4) 绝热可逆压缩。在图中为 CD 段，理想气体从(p_4, V_4, T_2)绝热可逆压缩到(p_1, V_1, T_1)，温度升高，$Q=0$，有：

$$W_4 = nC_{V,\mathrm{m}}(T_1 - T_2) \tag{3.7}$$

对于整个循环，有：

$$W = W_1 + W_2 + W_3 + W_4 = -nRT_1 \ln\frac{V_2}{V_1} - nRT_2 \ln\frac{V_4}{V_3} \tag{3.8}$$

$$Q = Q_1 + Q_2 \tag{3.9}$$

对于循环过程，有 $\Delta U = Q + W = 0$，即：

$$W = -Q = -(Q_1 + Q_2) \tag{3.10}$$

于是，热机效率为：

$$\eta = \frac{-W}{Q_1} = \frac{Q_1 + Q_2}{Q_1} = \frac{nRT_1 \ln\frac{V_2}{V_1} + nRT_2 \ln\frac{V_4}{V_3}}{nRT_1 \ln\frac{V_2}{V_1}} = \frac{nT_1 \ln\frac{V_2}{V_1} + nT_2 \ln\frac{V_4}{V_3}}{nT_1 \ln\frac{V_2}{V_1}} \tag{3.11}$$

对于两个绝热可逆过程，根据理想气体绝热可逆过程公式，有：

$$T_1 V_2^{\gamma-1} = T_2 V_3^{\gamma-1} \tag{3.12}$$

$$T_1 V_1^{\gamma-1} = T_2 V_4^{\gamma-1} \tag{3.13}$$

将式(3.12)除以式(3.13)得：

$$\frac{V_2}{V_1}=\frac{V_3}{V_4} \tag{3.14}$$

将式(3.14)代入式(3.11)得：

$$\eta=\frac{Q_1+Q_2}{Q_1}=\frac{T_1-T_2}{T_1} \tag{3.15}$$

式(3.15)就是著名的卡诺热机效率公式，但要指出的是，该公式并不体现热力学第二定律的任何内容。式(3.14)中的等号推导用了绝热可逆公式，因此，第二步和第四步只对可逆过程成立。

将 $\frac{Q_1+Q_2}{Q_1}=\frac{T_1-T_2}{T_1}$ 两边同乘以$\frac{Q_1}{T_2}$得：

$$\frac{Q_1}{T_1}+\frac{Q_2}{T_2}=0 \tag{3.16}$$

式(3.16)中 $\frac{Q_1}{T_1}$ 和 $\frac{Q_2}{T_2}$ 称为过程的热温商，T 代表热源温度，在可逆过程中也是系统的温度，从式(3.16)可得出一个重要结论：卡诺循环的热温商之和为零。从这一结论出发，我们将在 3.3 节导出新的状态函数——熵。

3.2.3 卡诺定理

卡诺在 1824 年提出了著名的卡诺定理：所有工作在两个一定温度的热源之间的热机，以卡诺热机效率最高。由卡诺定理又可以得出以下两个推论：

(1) 工作在两个一定温度的热源之间的热机，其他可逆热机与卡诺热机的效率相等，不可逆热机的效率小于卡诺热机的。

(2) 可逆热机的效率只与高温热源和低温热源的温度有关，与工作介质无关。通常可逆热机的效率用 η_R 表示，不可逆热机的效率用 η_{IR} 表示。

在此要强调指出的是，卡诺定理的证明要用到热力学第二定律的前面说法。因此，卡诺定理本身也就自然成为热力学第二定律的一种表述了。

【例题 1】 某可逆热机在 120℃与 30℃之间工作，若要此热机做 1 000 J 的功，需要从高温热源吸收多少热量？

〖解〗 $\eta=\frac{-W}{Q_1}=\frac{T_1-T_2}{T_1}=\frac{393.2\ \text{K}-303.2\ \text{K}}{393.2\ \text{K}}\times 100\%=22.89\%$

$Q_1=\frac{-W}{\eta}=\frac{1\,000\ \text{J}}{22.89\%}=4\,369\ \text{J}$

3.3 熵的概念——熵与熵增原理

3.3.1 熵的引入

1. 任意可逆循环过程中的热温商

已知对卡诺循环有：

$$\frac{Q_1}{T_1}+\frac{Q_2}{T_2}=0$$

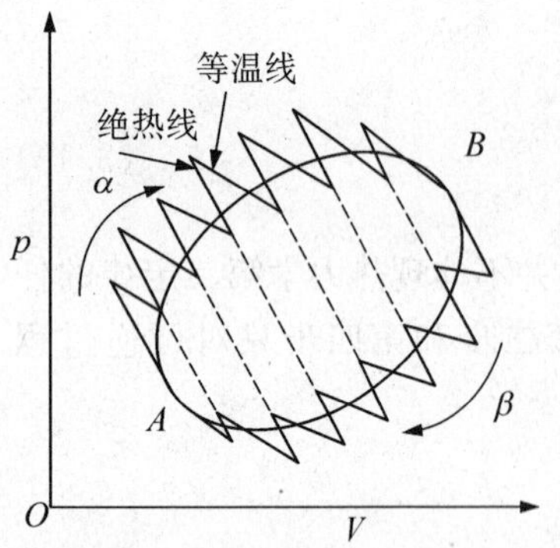

图 3.3　任意可逆循环过程

设想有任意可逆循环，如图 3.3 所示。它在 $p-V$ 图上的环形曲线可以是任何形状，但必须要全程是可逆的。现在用许多排列接近的绝热可逆线、等温可逆线把整个封闭曲线划分为无限多个小卡诺循环，在这些小卡诺循环中，中间的虚线所代表的过程实际上是不存在的，因为对上一个循环是绝热压缩过程，而对下一个循环则是绝热膨胀过程，二者相互抵消。因此，这些小卡诺循环的总和就是 ABA 边界上的曲折线。设想把小卡诺循环选取得无限小，则曲折线和曲线重合，曲折线和原来的曲线 ABA 是等效的，这无限多个小卡诺循环就可以代替原来的任意可逆循环过程。

对于每一个小卡诺循环：

$$\frac{\delta Q_i}{T_i}+\frac{\delta Q_{i+1}}{T_{i+1}}=0 \tag{3.17}$$

对于整个可逆循环过程：

$$\frac{\delta Q_1}{T_1}+\frac{\delta Q_2}{T_2}+\frac{\delta Q_3}{T_3}+\cdots=0 \tag{3.18}$$

即：

$$\sum_i\left(\frac{\delta Q_i}{T_i}\right)_{\mathrm{R}}=0 \tag{3.19}$$

或：

$$\oint\frac{\delta Q_{\mathrm{R}}}{T_i}=0 \tag{3.20}$$

式中：R 表示可逆循环过程，即任意可逆循环过程中热温商的总和等于零；$\oint$ 表示沿一个闭合曲线进行的积分；δQ_{R} 表示无限小的可逆过程中的热效应；T 是热源的温度。

2. 任意可逆过程中的热温商——熵变

如果将任意可逆循环过程看作是由两个任意可逆过程 α，β 所构成，如图 3.3 所示，沿可逆过程 α 由 A 到 B，再沿可逆过程 β 由 B 回到 A，组成一个任意可逆循环过程。则式(3.18)可以看作是两项积分之和：

$$\int_A^B(\alpha)\ \frac{\delta Q_{\mathrm{R}}}{T}+\int_B^A(\beta)\ \frac{\delta Q_{\mathrm{R}}}{T}=0$$

可得：

$$\int_A^B(\alpha)\ \frac{\delta Q_{\mathrm{R}}}{T}=-\int_B^A(\beta)\ \frac{\delta Q_{\mathrm{R}}}{T}=\int_A^B(\beta)\ \frac{\delta Q_{\mathrm{R}}}{T} \tag{3.21}$$

式(3.21)表示从 A 到 B 沿 α 途径的积分与沿 β 途径的积分相等。因为 α 和 β 是任意选择的可逆过程，说明这一积分的数值只与始态和终态有关，而与变化的途径无关，这表明该积分值表示一个状态函数的改变量。把这个状态函数定义为熵，用符号 S 表示，单位为 $J \cdot K^{-1}$。

熵也是热力学的基本状态函数之一，它具有状态函数的所有特性。它的值仅取决于状态，系统处于一定的状态时，熵值也是一个定值。系统熵的变化 ΔS 只取决于系统的始态和终态，其数值等于始态和终态之间的可逆过程的热温商的代数和，即积分值；或者说，熵是容量性质，系统的熵等于系统中各部分熵之和。由此得出，当系统的状态由 A 变到 B 时，熵的变化为：

$$\Delta S = S_B - S_A = \int_A^B \frac{\delta Q_R}{T} \tag{3.22}$$

据此得到一个重要的关系式，即度(衡)量熵变量的定义式为：

$$dS = \frac{\delta Q_R}{T} \tag{3.23}$$

应注意，式(3.22)和式(3.23)是由可逆循环导出的，其中的过程热必须为可逆过程热，故这两个公式只适用于可逆过程。

3.3.2　克劳修斯不等式

1. 任意不可逆循环过程的热温商

根据卡诺定理，不可逆热机的效率小于卡诺热机的效率，对于不可逆的循环过程可以证出：

$$\frac{Q_1}{T_1} + \frac{Q_2}{T_2} < 0 \tag{3.24}$$

一个任意的不可逆循环过程可由无限多个小的不可逆循环过程组成，每一个小的不可逆循环过程的热温商都小于零，因此，对任意的不可逆循环过程应有：

$$\sum_i \left(\frac{\delta Q_i}{T_i}\right)_{IR} < 0 \tag{3.25}$$

式中：下标 IR 表示不可逆的循环过程。

2. 任意不可逆过程的热温商

假设一任意不可逆循环由两部分组成：$A \to B$ 以不可逆方式 IR 进行，$B \to A$ 以可逆方式 R 进行，整个循环是不可逆的，如图 3.4 所示。由式(3.25)可得：

$$\sum_i \left(\frac{\delta Q_i}{T_i}\right)_{IR,\ A\to B} + \sum_i \left(\frac{\delta Q_i}{T_i}\right)_{R,\ B\to A} < 0 \tag{3.26}$$

对沿 R 的可逆过程 $B \to A$ 有：

$$\sum_i \left(\frac{\delta Q_i}{T_i}\right)_{R,\ B\to A} = \Delta S_{B\to A} = -\Delta S_{A\to B} \tag{3.27}$$

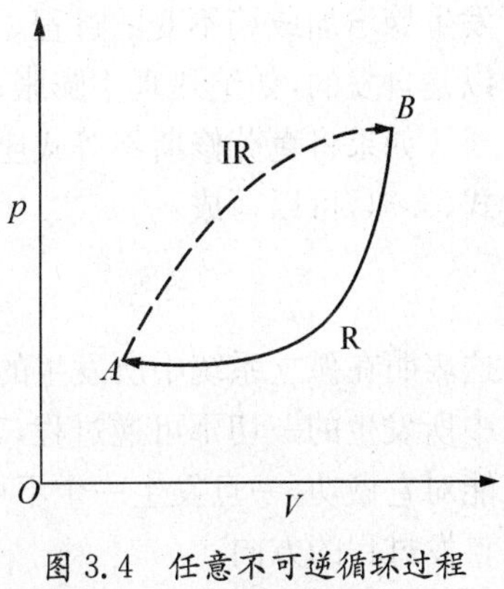

图 3.4　任意不可逆循环过程

所以：

$$\sum_i \left(\frac{\delta Q_i}{T_i}\right)_{\mathrm{IR},\, A\to B} - \Delta S_{A\to B} < 0$$

$$\sum_i \left(\frac{\delta Q_i}{T_i}\right)_{\mathrm{IR},\, A\to B} < \Delta S_{A\to B} \tag{3.28}$$

或：

$$\Delta S_{A\to B} > \sum_A^B \left(\frac{\delta Q_i}{T_i}\right)_{\mathrm{IR}} \tag{3.29}$$

由式(3.28)或式(3.29)可知，系统从状态 A 到状态 B，熵变就有定值，等于可逆过程的热温商。如果经历的是不可逆途径，则实际不可逆过程热温商的加和一定小于系统的熵变。

3. 克劳修斯不等式的形式

定义了熵这个状态函数以后，就可以用系统的熵变和过程的热温商之间的关系来判断过程的可逆性。根据以上的分析，可逆过程中的热温商之和等于系统的熵变，不可逆过程中的热温商之和小于系统的熵变。合并式(3.23)和式(3.29)，得：

$$\Delta S_{A\to B} \geqslant \sum_A^B \frac{\delta Q}{T} \tag{3.30}$$

式中：δQ 是实际过程的热效应；T 是环境温度。该公式就称为克劳修斯(Clausius)不等式，它是热力学第二定律的数学表达式，也称作熵判据。式中等号表示用于热力学可逆过程，大于号表示用于热力学不可逆过程。

对于微小的变化过程，式(3.30)可表示为：

$$\mathrm{d}S \geqslant \frac{\delta Q}{T} \tag{3.31}$$

式(3.30)和式(3.31)都可以作为热力学第二定律的数学表达式。

3.3.3 熵增原理

克劳修斯不等式应用于绝热系统中发生的变化，因为 $\delta Q = 0$，所以式(3.31)可写成：

$$\mathrm{d}S \geqslant 0 \text{ 或 } \Delta S \geqslant 0 \tag{3.32}$$

式中：等号表示热力学可逆过程；大于号表示热力学不可逆过程。系统在绝热的条件下，只能发生熵增加或熵不变的过程，不可能发生熵减小的过程。在绝热系统中发生的不可逆过程可以是自发的，如绝热真空膨胀；也可以是非自发的，如绝热压缩过程，需要环境对系统做功。

如果将克劳修斯不等式应用于孤立系统，则由于孤立系统与环境之间无热交换，$\delta Q = 0$，式(3.31)可以写成：

$$\mathrm{d}S_{\mathrm{iso}} \geqslant 0 \text{ 或 } \Delta S_{\mathrm{iso}} \geqslant 0 \tag{3.33}$$

这表明在孤立系统中所发生的一切可逆过程，其 $\mathrm{d}S_{\mathrm{iso}} = 0$，即系统的熵值不变；而在孤立系统中所发生的一切不可逆过程，其 $\mathrm{d}S_{\mathrm{iso}} > 0$，即系统的熵值总是增大的。由于孤立系统环境不可能对它做功，一旦发生一个不可逆过程，那一定是自发过程。因此，就可以用式(3.33)来判断自发过程的方向。

在孤立系统中，一个自发进行的过程总是朝着熵值增加的方向进行，这一结论称为熵增原理。熵增原理是热力学第二定律的必然结果，有时也把此原理作为热力学第二定律的一种说法。更进一步叙述，孤立系统中发生的一切实际过程总是朝着熵值增加的方向进行，直到系统的熵值达到最大，整个系统就达到热力学平衡态或过程以热力学可逆的方式进行。

孤立系统是个理想化的系统，多数情况下系统与环境之间有能量交换。如果把与系统直接发生作用的那部分环境从大环境中划分出来，这部分与系统有相互作用的环境与原系统合在一起可以组成一个新的系统，这个新的系统可以看作与外界既无物质交换又无能量交换的孤立系统，即有：

$$\Delta S_{\text{iso}} = \Delta S_{\text{sys}} + \Delta S_{\text{sur}} \geqslant 0 \tag{3.34}$$

如果等于零，则是可逆过程，即过程达到平衡；如果大于零，则是不可逆过程，也就是自发过程。

3.3.4 熵的物理意义

热力学研究的是大量质点集合的宏观系统，热力学能、焓和熵都是系统的宏观物理量。熵是系统的状态函数，当系统的状态一定时，系统有确定的熵值，系统状态发生变化，熵值也要发生改变。

热力学第二定律指出，凡是自发过程都是热力学不可逆过程，而且一切不可逆过程都归结为热功交换的不可逆性。从微观角度来看，热是分子混乱运动的一种表现，而功是分子有秩序的一种规则运动。功转变为热的过程是规则运动转化为无规则运动，向系统无序性增加的方向进行。因此，有序的运动会自发地变为无序的运动，而无序的运动却不会自发地变为有序的运动。

例如，低压下的晶体恒压加热变成高温的气体。该过程需要吸热，系统的熵值不断增大。从微观来看，晶体中的分子按一定方向、距离有规则地排列，分子只能在平衡位置附近振动。当晶体受热熔化时，分子离开原来的平衡位置，系统变为液体，系统的无序性增大。当液体继续受热时，分子完全克服其他分子对它的束缚，可以在空间自由运动，系统的无序性进一步增大。

因此，熵是系统无序程度的一种度量，这就是熵的物理意义。玻耳兹曼(Boltzmann)用统计力学的方法，给出了熵值与混乱程度的定量关系式：$S = k\ln\Omega$，k 称为玻耳兹曼常量；Ω 为系统的微观状态数。Ω 越大，表明系统的混乱程度或无序程度越大，系统的熵值越大。

3.4 熵变的计算

熵变的计算可分为理想气体单纯 pVT 变化、相变、化学变化三种类型。化学变化熵变的计算在下一节介绍，本节介绍理想气体单纯 pVT 变化和相变过程的熵变计算。

3.4.1 理想气体单纯 pVT 变化

对这类过程，我们将推导出一个公式，出发点是熵变的定义公式 $\Delta S_p = \int_A^B \left(\frac{\delta Q}{T}\right)_{\text{R}}$，基本思路是：熵变是可逆过程的热温商，熵是状态函数，熵变与过程无关，不论过程是否可逆，都要按照可逆过程的热温商来计算。如果过程是可逆的，按照其热温商计算即可；如果过程是不可逆的，要设计为可逆过程再按照可逆过程的热温商计算。

理想气体单纯 pVT 变化又分为等温过程、等压过程、等容过程、绝热过程等四种情况。我们先分别按照前三种情况，推导出各自的公式，再把三个公式融合为一个对理想气体 pVT 变化都适合的公式。

1. 等温过程

不论是否可逆都按照等温可逆过程计算。理想气体等温可逆过程有：

$$Q = nRT\ln\frac{V_2}{V_1} = nRT\ln\frac{p_1}{p_2} \tag{3.35}$$

于是 $\Delta S = \left(\dfrac{Q}{T}\right)_{\mathrm{R}}$，可化为：

$$\Delta S_T = nR\ln\frac{V_2}{V_1} = nR\ln\frac{p_2}{p_1} \tag{3.36}$$

式(3.36)只对理想气体成立。真实气体情况复杂，这里不讨论。

【例题 2】 5 mol 某理想气体始态为 300 K，10×10^5 Pa，经下列两种过程膨胀到 300 K，2×10^5 Pa：(Ⅰ)等温可逆膨胀；(Ⅱ)自由膨胀。试计算系统的熵变。

〖解〗 依题意将系统的始态、终态和过程用方框图表示如下：

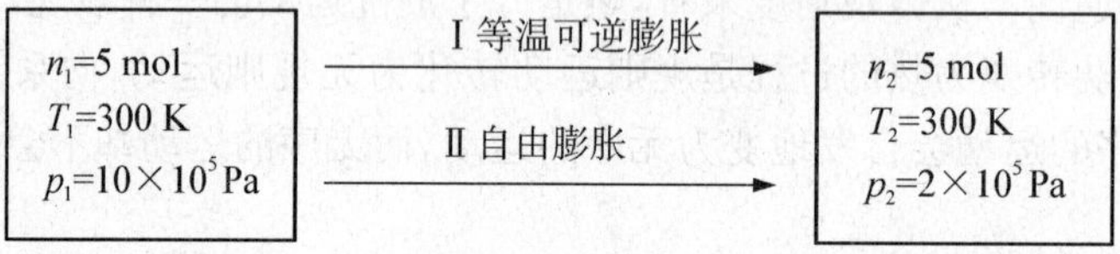

(Ⅰ) 等温可逆膨胀过程：

$$\Delta S_T = nR\ln\frac{p_1}{p_2} = \left\{5\times8.314\ln\frac{10\times10^5}{2\times10^5}\right\}\mathrm{J\cdot K^{-1}} = 66.9\ \mathrm{J\cdot K^{-1}}$$

(Ⅱ) 自由膨胀过程：

自由膨胀是等温不可逆过程，应按照等温可逆过程来计算，其始态和终态都与(Ⅰ)相同，熵变与(Ⅰ)相等，即：

$$\Delta S_T = 66.9\ \mathrm{J\cdot K^{-1}}$$

2. 等压过程

等压过程不论是否可逆，都按照等压可逆过程计算：

$$\delta Q_{\mathrm{R}} = \delta Q_p = \mathrm{d}H = C_{p,\mathrm{m}}\mathrm{d}T$$

$$\Delta S_p = \int_A^B\left(\frac{\delta Q}{T}\right)_{\mathrm{R}} = n\int_{T_1}^{T_2}\frac{C_{p,\mathrm{m}}}{T}\mathrm{d}T$$

一般情况下 $C_{p,\mathrm{m}}$ 为常数，上式可化为：

$$\Delta S_p = nC_{p,\mathrm{m}}\ln\frac{T_2}{T_1} \tag{3.37}$$

对于气体、液体和固体，只要 $C_{p,\mathrm{m}}$ 为常数，式(3.37)都成立。

【例题 3】 一个带活塞的气缸中装有 3 mol H_2(g)(可视为理想气体)，$C_{p,\mathrm{m}} = 29.1$ J ·

$mol^{-1}K^{-1}$，H_2(g)在恒定压力 100 kPa 下，由 400 K 向 300 K 的大气散热至平衡，求系统的熵变。

〖解〗 依题意作方框图如下：

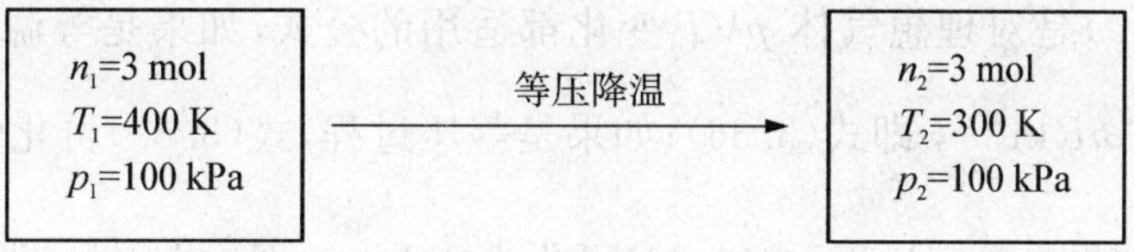

$$\Delta S_p = nC_{p,\mathrm{m}}\ln\frac{T_2}{T_1} = \left(3\times 29.1\ln\frac{300}{400}\right)\mathrm{J\cdot K^{-1}} = -25.1\ \mathrm{J\cdot K^{-1}}$$

3. 等容过程

等容过程不论是否可逆，都按照等容可逆过程计算：

$$\delta Q_{\mathrm{R}} = \delta Q_V = \mathrm{d}U = nC_{V,\mathrm{m}}\mathrm{d}T$$

$$\Delta S_V = \int_A^B\left(\frac{\delta Q}{T}\right)_{\mathrm{R}} = n\int_{T_1}^{T_2}\frac{C_{V,\mathrm{m}}}{T}\mathrm{d}T$$

一般情况下 $C_{V,\mathrm{m}}$ 为常数，上式可化为：

$$\Delta S_V = nC_{V,\mathrm{m}}\ln\frac{T_2}{T_1} \tag{3.38}$$

一般情况下式(3.38)都成立。

【例题 4】 设 H_2 为理想气体，将 5 mol H_2 置于刚性容器中，从 0℃加热到 25℃，求 H_2 的熵变。

〖解〗 $\Delta S_V = nC_{V,\mathrm{m}}\ln\frac{T_2}{T_1} = \left(5\times\frac{5}{2}\times 8.314\ln\frac{298.15}{273.15}\right)\mathrm{J\cdot K^{-1}} = 9.10\ \mathrm{J\cdot K^{-1}}$

4. 理想气体单纯 pVT 过程的通用公式

以上三个过程中，我们把问题简化了，让 pVT 三者中有一个是恒定的，如果理想气体 pVT 都有变化，其熵变如何计算呢？例如，n mol 理想气体从 $p_1V_1T_1$ 变到 $p_2V_2T_2$，我们设计分别按照以下两个过程进行：

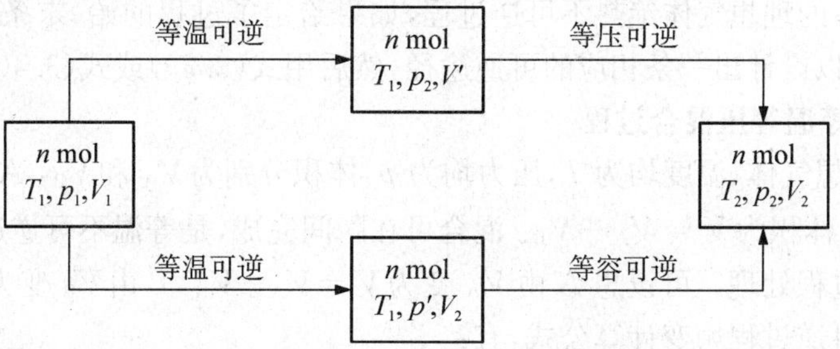

按上面过程有：

$$\Delta S = \Delta S_1 + \Delta S_2 = nR\ln\frac{p_1}{p_2} + nC_{p,\mathrm{m}}\ln\frac{T_2}{T_1} \tag{3.39}$$

按下面过程有：

$$\Delta S = \Delta S_1' + \Delta S_2' = nR\ln\frac{V_2}{V_1} + nC_{V,\mathrm{m}}\ln\frac{T_2}{T_1} \tag{3.40}$$

式(3.39)和式(3.40)是对理想气体 pVT 变化都适用的公式，如果是等温过程，它们可化为 $\Delta S_T = nR\ln\frac{V_2}{V_1} = nR\ln\frac{p_2}{p_1}$，即式(3.36)；如果是等压过程，式(3.39)可化为 $\Delta S_p = nC_{p,\mathrm{m}}\ln\frac{T_2}{T_1}$，即式(3.37)；如果是等容过程，式(3.40)可化为 $\Delta S_V = nC_{V,\mathrm{m}}\ln\frac{T_2}{T_1}$，即式(3.38)。

【例题 5】 假定空气为理想气体，其中只含 O_2 和 N_2，含 O_2 21%，含 N_2 79%(摩尔分数)。1 g 空气从 0℃、500 mL 的状态膨胀到 100℃，1 000 mL，其熵变为多少？(空气的 $C_{V,\mathrm{m}}$ 为 20.79 $\mathrm{J\cdot mol^{-1}\cdot K^{-1}}$)

〖解〗 本题已知 $C_{V,\mathrm{m}}$，所以按式(3.40)计算，氧气和氮气的相对分子质量分别为 32 $\mathrm{g\cdot mol^{-1}}$ 和 28 $\mathrm{g\cdot mol^{-1}}$，则：

$$\begin{aligned}\Delta S &= nR\ln\frac{V_2}{V_1} + nC_{V,\mathrm{m}}\ln\frac{T_2}{T_1}\\ &= \Big(\frac{1}{32\times 0.21 + 28\times 0.79}\times 8.314\times\ln\frac{1\,000}{500} + \\ &\quad \frac{1}{32\times 0.21 + 28\times 0.79}\times 20.79\times\ln\frac{373.2}{273.2}\Big)\\ &= 0.425\ \mathrm{J\cdot K^{-1}}\end{aligned}$$

5. 绝热过程

从同一始态出发分别经绝热可逆过程和绝热不可逆过程不能到达相同终态。也就是说，当始态和终态确定以后，如果发生了绝热不可逆过程，不能根据绝热可逆过程来计算绝热不可逆过程的熵变。

理想气体绝热过程是单纯 pVT 变化的一种。根据前述情况：系统在绝热的条件下，只能发生熵增加或熵不变的过程，不可能发生熵减小的过程。如果是理想气体绝热可逆过程，这时不用进行计算，可直接判定其过程的熵变为零。如果是理想气体绝热不可逆过程，不管是膨胀还是压缩，这时不用进行计算，可直接判定其过程的熵变一定大于零。

对于某一具体的理想气体绝热不可逆过程，如果给定了过程的始、末条件，要计算出具体的熵变数值，也可以设计出一条相应的可逆途径，然后用式(3.39)或式(3.40)分别计算。

6. 理想气体等温等压混合过程

A，B 两种理想气体，温度均为 T，压力均为 p，体积分别为 V_A 和 V_B，A，B 混合后温度仍为 T，压力仍为 p，体积为 $V = V_\mathrm{A} + V_\mathrm{B}$。混合可在瞬间完成，是等温不可逆过程，计算熵变时，应按照等温可逆过程处理。可设想 A 由 V_A 变为 $V = V_\mathrm{A} + V_\mathrm{B}$，B 由 V_B 变为 $V = V_\mathrm{A} + V_\mathrm{B}$，按照理想气体等温可逆过程熵变计算公式，有：

$$\Delta S_\mathrm{A} = n_\mathrm{A}R\ln\frac{V_\mathrm{A} + V_\mathrm{B}}{V_\mathrm{A}}$$

$$\Delta S_\mathrm{B} = n_\mathrm{B}R\ln\frac{V_\mathrm{A} + V_\mathrm{B}}{V_\mathrm{B}}$$

$$\Delta S_{\text{mix}}=\Delta S_{\text{A}}+\Delta S_{\text{B}}=n_{\text{A}}R\ln\frac{V_{\text{A}}+V_{\text{B}}}{V_{\text{A}}}+n_{\text{B}}R\ln\frac{V_{\text{A}}+V_{\text{B}}}{V_{\text{B}}}$$

根据理想气体分体积定律，$\frac{V_{\text{A}}}{V_{\text{A}}+V_{\text{B}}}=y_{\text{A}}$，$\frac{V_{\text{B}}}{V_{\text{A}}+V_{\text{B}}}=y_{\text{B}}$，所以：

$$\Delta S_{\text{mix}}=-(n_{\text{A}}R\ln y_{\text{A}}+n_{\text{B}}R\ln y_{\text{B}}) \tag{3.41}$$

式(3.41)就是理想气体混合过程熵变的计算公式，下标 mix 表示混合。式中 y_{A} 和 y_{B} 都小于 1，n_{A} 和 n_{B} 都大于零，所以有 $\Delta S_{\text{mix}}>0$，因此该混合过程是自发过程。

【例题 6】 在一定温度下，将 10 mol N_2 与 5 mol H_2 混合，没有化学反应发生，两种气体都可视为理想气体，求系统的 ΔS_{mix}。

〖解〗 由式(3.41)得：

$$\begin{aligned}\Delta S_{\text{mix}}&=-(n_{\text{A}}R\ln y_{\text{A}}+n_{\text{B}}R\ln y_{\text{B}})\\&=\left[-\left(10\times 8.314\ln\frac{10}{10+5}+5\times 8.314\ln\frac{5}{10+5}\right)\right]\text{J}\cdot\text{K}^{-1}\\&=80.596\ \text{J}\cdot\text{K}^{-1}\end{aligned}$$

3.4.2 相变过程

1. 可逆相变

在相平衡条件下发生的相变是可逆相变。最常见的可逆相变是在正常熔、沸点发生的相变，称为正常相变。正常相变是在等温等压下进行的，$Q=n\Delta_{\alpha}^{\beta}H_{\text{m}}$，我们可以在有关的手册中查出一般物质的摩尔相变焓 $n\Delta_{\alpha}^{\beta}H_{\text{m}}$，再由式(3.42)计算正常相变的摩尔熵变：

$$\Delta_{\alpha}^{\beta}S_{\text{m}}=\frac{\Delta_{\alpha}^{\beta}H_{\text{m}}}{T} \tag{3.42}$$

由于 $\Delta_{\text{s}}^{\text{l}}H_{\text{m}}$ 和 $\Delta_{\text{l}}^{\text{g}}H_{\text{m}}$ 都大于零，显然，同一物质 $S_{\text{m}}(\text{s})<S_{\text{m}}(\text{l})<S_{\text{m}}(\text{g})$。

2. 不可逆相变

在非平衡条件下进行的相变是不可逆相变，我们可以把它设计为可逆过程来计算其熵变，设计的可逆过程应包括正常相变。

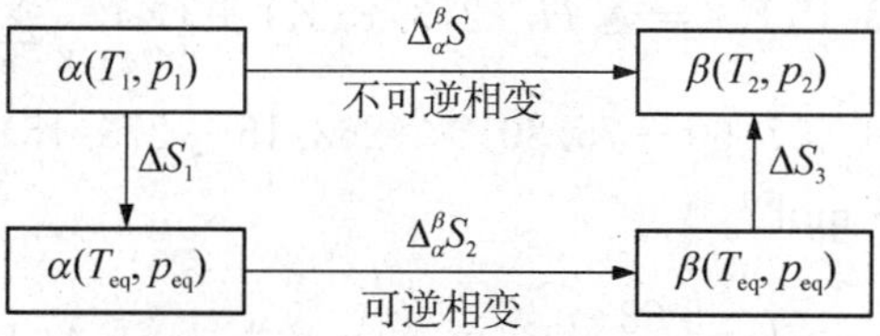

$$\Delta_{\alpha}^{\beta}S=\Delta S_1+\Delta_{\alpha}^{\beta}S_2+\Delta S_3 \tag{3.43}$$

【例题 7】 已知过冷水和冰的等压摩尔热容 $C_{p,\text{m}}(\text{H}_2\text{O},\text{l})=75.30\ \text{J}\cdot\text{mol}^{-1}\cdot\text{K}^{-1}$，$C_{p,\text{m}}(\text{H}_2\text{O},\text{s})=37.60\ \text{J}\cdot\text{mol}^{-1}\cdot\text{K}^{-1}$，水在 0℃，101 325 Pa 时的摩尔熔化焓 $\Delta_{\text{s}}^{\text{l}}H_{\text{m}}(\text{H}_2\text{O})=6\,010\ \text{J}\cdot\text{mol}^{-1}$，试计算：(1) 水在 0℃，101 325 Pa 结冰时的摩尔熵变；(2) 水在 −10℃，101 325 Pa结冰时的摩尔熵变，并说明此时水结冰是否为自发过程。

〖解〗 (1) 将水在 0℃，101 325 Pa 结冰设计方框图如下：

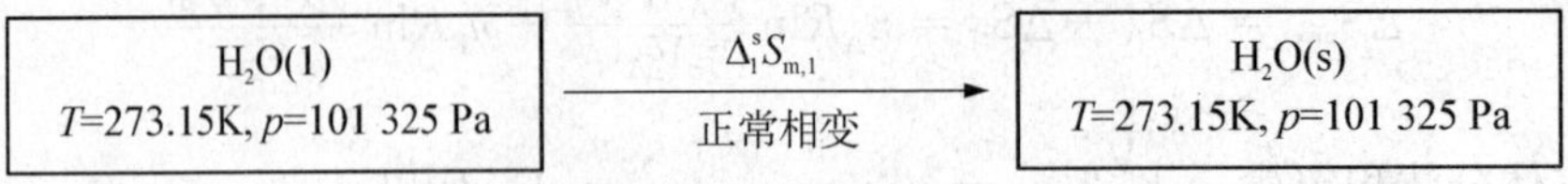

$$\Delta_l^g S_{m,1}=\frac{\Delta_l^g H_m}{T}=\left(-\frac{6\ 010}{273.15}\right)\text{J}\cdot\text{mol}^{-1}\cdot\text{K}^{-1}=-22.0\ \text{J}\cdot\text{mol}^{-1}\cdot\text{K}^{-1}$$

（2）将水在−10℃，101 325 Pa结冰设计方框图如下：

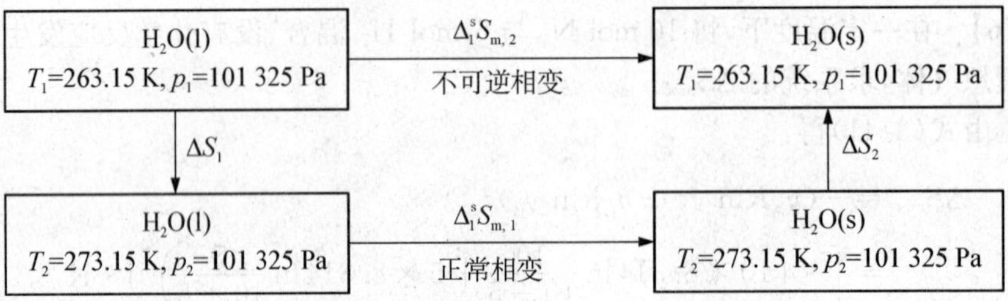

ΔS_1 和 ΔS_2 为等压可逆过程的熵变，计算如下：

$$\Delta S_1=C_{p,m}(H_2O,\ l)\ln\frac{T_2}{T_1}=\left(75.30\times\ln\frac{273.15}{263.15}\right)\text{J}\cdot\text{mol}^{-1}\cdot\text{K}^{-1}=2.81\ \text{J}\cdot\text{mol}^{-1}\cdot\text{K}^{-1}$$

$$\Delta S_2=C_{p,m}(H_2O,\ s)\ln\frac{T_1}{T_2}=\left(37.60\times\ln\frac{263.15}{273.15}\right)\text{J}\cdot\text{mol}^{-1}\cdot\text{K}^{-1}=-1.40\ \text{J}\cdot\text{mol}^{-1}\cdot\text{K}^{-1}$$

$\Delta_l^g S_{m,1}$为正常相变的熵变，已在(1)中计算过：

$$\Delta_l^g S_{m,1}=-22.0\ \text{J}\cdot\text{mol}^{-1}\cdot\text{K}^{-1}$$

$$\begin{aligned}\Delta_l^g S_{m,2}&=\Delta S_1+\Delta_l^g S_{m,1}+\Delta S_2=\{2.81-22.0-1.40\}\text{J}\cdot\text{mol}^{-1}\cdot\text{K}^{-1}\\&=-20.59\ \text{J}\cdot\text{mol}^{-1}\cdot\text{K}^{-1}\end{aligned}$$

$\Delta_l^g S_{m,2}$为系统的熵变，虽然其数值小于零，并不能说明过程不可逆。应该用大隔离系统的熵变判断过程是否可逆。

根据基尔霍夫定律得：

$$\begin{aligned}Q&=\Delta_l^g H_m(263.15\ \text{K})=\Delta_l^g H_m(273.15\ \text{K})+\int_{273.15\ \text{K}}^{263.15\ \text{K}}\sum_B v_B C_{p,m}(B)\text{d}T\\&=\{-6\ 010+(37.60-75.30)\times(263.15-273.15)\}\text{J}\cdot\text{mol}^{-1}\\&=-5\ 633\ \text{J}\cdot\text{mol}^{-1}\end{aligned}$$

$$\Delta S_{环境}=-\frac{Q}{T}=-\left(\frac{-5\ 633}{263.15}\right)\text{J}\cdot\text{mol}^{-1}\cdot\text{K}^{-1}=21.41\ \text{J}\cdot\text{mol}^{-1}\cdot\text{K}^{-1}$$

$$\Delta S_{大隔离}=\Delta_l^g S_{m,2}+\Delta S_{环境}=(-20.59+21.41)\text{J}\cdot\text{mol}^{-1}\cdot\text{K}^{-1}=0.82\ \text{J}\cdot\text{mol}^{-1}\cdot\text{K}^{-1}$$

$\Delta S_{大隔离}>0$，说明过程是自发的。根据常识判断263.15 K，101 325 Pa时水结冰是自发的。二者是一致的。

3.5 热力学第三定律与规定熵

3.5.1 热力学第三定律

1906 年，能斯特(Nernst)提出能斯特定理：当温度趋近热力学零度时，纯物质定温变化的 ΔS 不变，即纯物质的熵值不变。1920 年普朗克(Plank)把能斯特定理推进一步，他提出：热力学温度为零时，纯物质的熵值为零。

1920 年路易斯(Lewis)、吉布斯(Gibbs)提出更确切的表述：在热力学温度的零点，完美晶体物质的熵值为零。该表述称为热力学第三定律。所谓完美晶体，是指晶体中的原子或分子只有一种排列形式。

3.5.2 规定熵

根据热力学第三定律，可以用热力学方法计算某物质在任意温度时的熵值。如定压下：

$$S(T) - S(0\ \mathrm{K}) = \int_0^T \frac{C_p \mathrm{d}T}{T}$$

根据热力学第三定律，$S(0\ \mathrm{K}) = 0$，于是在 T K 时某物质的熵为：

$$S(T) = \int_0^T \frac{C_p}{T} \mathrm{d}T \tag{3.44}$$

式(3.44)中 $S(T)$ 由于是规定 $S(0\ \mathrm{K}) = 0$ 时所得的熵，故称规定熵。如果物质等压下 $0\ \mathrm{K} \rightarrow T$ 时发生相变，求 $S(T)$时应分步计算。比如物质为 A：

$$\underset{0\ \mathrm{K}}{\mathrm{A(s)}} \xrightarrow{\Delta S_1} \underset{T_\mathrm{f}}{\mathrm{A(s)}} \xrightarrow{\Delta S_2} \underset{T_\mathrm{f}}{\mathrm{A(l)}} \xrightarrow{\Delta S_3} \underset{T_\mathrm{b}}{\mathrm{A(l)}} \xrightarrow{\Delta S_4} \underset{T_\mathrm{b}}{\mathrm{A(g)}} \xrightarrow{\Delta S_5} \underset{T}{\mathrm{A(g)}}$$

$$\begin{aligned} S(T) &= \Delta S_1 + \Delta S_2 + \Delta S_3 + \Delta S_4 + \Delta S_5 \\ &= \int_{0\ \mathrm{K}}^{T_1} \frac{C_p(\mathrm{A,\ s})}{T}\mathrm{d}T + \frac{\Delta_{\mathrm{fus}} H(\mathrm{A,\ s})}{T_\mathrm{f}} + \int_{T_\mathrm{f}}^{T_\mathrm{b}} \frac{C_p(\mathrm{A,\ g})}{T}\mathrm{d}T + \frac{\Delta_{\mathrm{vap}} H(\mathrm{A})}{T_\mathrm{b}} + \int_{T_\mathrm{b}}^{T} \frac{C_p(\mathrm{A,\ g})}{T}\mathrm{d}T \end{aligned} \tag{3.45}$$

3.5.3 化学反应过程的熵变

对于一般化学反应 $d\mathrm{D} + e\mathrm{E} \longrightarrow g\mathrm{G} + h\mathrm{H}$，其通式可以写作：

$$0 = \sum_\mathrm{B} v_\mathrm{B} \mathrm{B} \tag{3.46}$$

式中：B 表示反应式中的任一组分；v_B 表示物质 B 的化学计量系数，并规定对反应物 v_B 为负，对生成物 v_B 为正。

反应物与产物均处于标准状态时的化学反应熵变，称为标准反应熵变，记为 $\Delta_\mathrm{r} S^\ominus$：

$$\Delta_\mathrm{r} S^\ominus(T) = \sum_\mathrm{B} v_\mathrm{B} S_\mathrm{m}^\ominus(\mathrm{B},\ T) \tag{3.47}$$

式(3.46)和式(3.47)中，v_B 是化学反应方程式中物质B的计量系数，产物取正值，反应物取负值。当 $T = 298.15\ \text{K}$ 时，可在物理化学手册上查到各种物质的 $S_m^{\ominus}(298.15\ \text{K})$ 值，进而计算出化学反应的 $\Delta_r S^{\ominus}(298.15\ \text{K})$。如果反应进行时的温度 T 不是 298.15 K，则可根据式(3.44)得下列计算公式：

$$\Delta_r S^{\ominus}(T) = \Delta_r S^{\ominus}(298.15\ \text{K}) + \int_{298.15\ \text{K}}^{T\text{K}} \frac{\sum v_B C_{p,\text{m}}(\text{B})}{T} \text{d}T \tag{3.48}$$

【例题8】 计算反应 $H_2(g) + 1/2O_2(g) \!=\!=\!= H_2O(g)$ 在 298.15 K 及标准压力下的熵变。

〖**解**〗 查物理化学手册可得，在 298.15 K 及标准压力下各物质的标准摩尔熵为：

$S_m^{\ominus}(H_2, g) = 130.7\ \text{J} \cdot \text{mol}^{-1} \cdot \text{K}^{-1}$

$S_m^{\ominus}(O_2, g) = 205.2\ \text{J} \cdot \text{mol}^{-1} \cdot \text{K}^{-1}$

$S_m^{\ominus}(H_2O, g) = 188.8\ \text{J} \cdot \text{mol}^{-1} \cdot \text{K}^{-1}$

因此，$\Delta_r S_m^{\ominus}(298.15\ \text{K}) = \sum v_B S_{\text{m},B}^{\ominus} = 1 \times 188.8 - 1 \times 130.7 - \frac{1}{2} \times 205.2$

$= -44.6\ \text{J} \cdot \text{mol}^{-1} \cdot \text{K}^{-1}$

3.6 亥姆霍兹函数和吉布斯函数

利用熵判据我们可以判断系统中过程的方向和限度，但必须考虑实际过程的热温商 $\sum \frac{\delta Q}{T}$，当涉及环境复杂的情况时，就难于对过程的性质做出判断。在化学热力学中，我们最关心的是化学反应的方向和限度问题，而化学反应一般是在定温定容或定温定压的条件下进行的。亥姆霍兹(Helmholtz)和吉布斯(Gibbs)为此定义了两个热力学状态函数，分别称为亥姆霍兹函数和吉布斯函数。

3.6.1 亥姆霍兹函数

1. 亥姆霍兹函数的定义

一个封闭系统中发生一个过程，由热力学第二定律知：

$$\text{d}S \geqslant \frac{\delta Q}{T}\ (> \text{为不可逆过程}, = \text{为可逆过程})$$

故：

$$T\text{d}S \geqslant \delta Q \tag{3.49}$$

这个过程一定也满足热力学第一定律：

$$\delta Q = \text{d}U - \delta W_{总}$$

$\delta W_{总}$ 包括过程体积功 δW 和非体积功 $\delta W'$，即：

$$\delta W_{总} = \delta W + \delta W'$$

将式(3.49)代入上式得：

$$T\text{d}S \geqslant \text{d}U - \delta W_{总}$$

$$TdS - dU \geqslant -\delta W_{总} \tag{3.50}$$

定温下：

$$dU - TdS = dU - d(TS) = d(U - TS)$$

$$-(dU - TS) \geqslant -\delta W_{总}$$

定义：

$$A = U - TS \tag{3.51}$$

$$-dA_T \geqslant -\delta W_{总} \tag{3.52}$$

对有限量过程：

$$-\Delta A_T \geqslant -W_{总} \text{或} \Delta A_T \leqslant -W_{总} \tag{3.53}$$

式中：A 称为亥姆霍兹函数。由式(3.51)～式(3.53)可得两点有意义的结论：

(1) 亥姆霍兹函数 A 是状态函数，具有能量的量纲。因 U 的绝对值无法确定，所以 A 的绝对值也无法确定。A 是容量性质。

(2) 对可逆过程，$W_{总} = W_R$，式(3.53)可写作 $-\Delta A_T = -W_R$，该式表明了亥姆霍兹函数 A 的物理意义为：系统在定温条件下对外做的最大功($-W_R$，包括体积功 W 和非体积功 W')等于系统的亥姆霍兹函数的减少($-\Delta A_T$)。

2. 亥姆霍兹函数判据

(1) 定温条件下的 A 判据。由式(3.53)可知：

$$\Delta A_T \leqslant W_{总}\begin{cases} < \text{不可逆过程} \\ = \text{可逆过程} \\ > \text{不可能进行的过程} \end{cases} \tag{3.54}$$

若系统发生过程之后的始态和终态一定，其 ΔA 为定值。在始态和终态间，若进行定温可逆过程，则 $-\Delta A_T = -W_R$，系统所做的最大功等于 A 的减少；若进行的是不可逆过程，$\Delta A_T < W_{总}$。$\Delta A_T > W_{总}$ 的过程是不可能发生的。

(2) 定温定容条件下的 A 判据。定容条件下，体积功 $W = 0$，所以 $W_{总} = W'$，式(3.53)写为：

$$\Delta A_{T,V} \leqslant W'\begin{cases} < \text{不可逆过程} \\ = \text{可逆过程} \\ > \text{不可能进行的过程} \end{cases} \tag{3.55}$$

(3) 定温定容且不做非体积功条件下的 A 判据。因为系统不做非体积功，$W' = 0$，$W_{总} = W + W' = 0$，式(3.53)写为：

$$\Delta A_{T,V,W'=0} \leqslant 0\begin{cases} < \text{不可逆过程} \\ = \text{可逆过程} \\ > \text{不可能进行的过程} \end{cases} \tag{3.56}$$

因为可逆过程中每个状态无限接近平衡态，所以也可用 $\Delta A_{T,V,W'=0} = 0$ 判断系统处于平衡状态。

式(3.56)表明,在定温定容且不做非体积功的条件下,封闭系统中发生的不可逆过程总是朝着 A 减少的方向进行,直到系统的 A 达到最小值,此时系统就达到平衡状态。达平衡态后系统进行可逆过程 A 值不变。

在维持一定条件下,不再需要环境对系统做功 ($W'=0$) 的不可逆过程即为自发过程。故在恒温恒容且非体积功为零的条件下,应用该判据时,$\Delta A<0$ 的不可逆过程即为自发过程。

3.6.2 吉布斯函数

1. 吉布斯函数的定义

式(3.50)中:

$$\delta W_{总}=\delta W+\delta W'=-p\mathrm{d}V+\delta W'$$

因此,式(3.50)可写为:

$$T\mathrm{d}S-\mathrm{d}U-p\mathrm{d}V\geqslant-\delta W'$$
$$-(\mathrm{d}U+p\mathrm{d}V-T\mathrm{d}S)\geqslant-\delta W'$$

定温定压下:

$$\begin{aligned}\mathrm{d}U+p\mathrm{d}V-T\mathrm{d}S&=\mathrm{d}U+\mathrm{d}(pV)-\mathrm{d}(TS)\\&=\mathrm{d}(U+pV-TS)\\&=\mathrm{d}(H-TS)\end{aligned}$$

$$-\mathrm{d}(U+pV-TS)=-\mathrm{d}(H-TS)\geqslant-\delta W'$$

定义:

$$G=U+pV-TS=H-TS \tag{3.57}$$

则:

$$-\mathrm{d}G_{T,p}\geqslant-\delta W' \tag{3.58}$$

有限量过程:

$$-\Delta G_{T,p}\geqslant-W' \tag{3.59}$$

即:

$$\Delta G_{T,p}\leqslant W' \tag{3.60}$$

式中:G 称为吉布斯函数。

由式(3.58)~式(3.60)可得两点有意义的结论:

(1) 吉布斯函数 G 是状态函数,具有能量量纲。绝对值无法确定,是容量性质。

(2) 对可逆过程 $-\Delta G_{T,p}=-W'_{\mathrm{R}}$,该式表明了 G 的物理意义为:封闭系统在定温定压下对外做的最大非体积功($-W'_{\mathrm{R}}$)等于系统的吉布斯函数的减少($-\Delta G_{T,p}$)。

2. 吉布斯函数判据

(1) 定温定压下的 G 判据

$$\Delta G_{T,\,p} \leqslant W' \begin{cases} < \text{不可逆过程} \\ = \text{可逆过程} \\ > \text{不可能进行的过程} \end{cases} \tag{3.61}$$

若系统发生过程之后，始态和终态一定，则其 ΔG 为定值。在始态和终态间，若进行定温定压的可逆过程，则 $\Delta G_{T,\,p} = W'_{\mathrm{R}}$；若进行的是不可逆过程，则 $\Delta G_{T,\,p} < W'_{\mathrm{R}}$。$\Delta G_{T,\,p} > W'_{\mathrm{R}}$ 的过程是不可能发生的。

(2) 定温定压且不做非体积功条件下的 G 判据。因为系统不做非体积功，$W' = 0$，则式(3.60)可改写为：

$$\Delta G_{T,\,p,\,W'=0} \leqslant 0 \begin{cases} < \text{不可逆过程} \\ = \text{可逆过程} \\ > \text{不可能进行的过程} \end{cases} \tag{3.62}$$

式(3.62)称为吉布斯自由能判据，它表明，在定温定压不做非体积功的封闭系统中，若发生一个不可逆过程，则该过程总是朝着吉布斯函数减少的方向进行，直到系统的吉布斯函数达到最小值为止，系统达到平衡状态。达平衡态后，系统进行可逆过程，G 值保持不变。

一个在定温定容或定温定压下进行的化学反应，如果不特别指明系统做非体积功，即便是电池反应(此时是系统对外界做电功)，也都可看作系统满足 $W' = 0$ 的条件。因此，应用式(3.56)和式(3.62)判断过程的性质很方便。

同样，在维持一定条件下，不再需要环境对系统做功 ($W' = 0$) 的不可逆过程即为自发过程。故在恒温恒压且非体积功为零的条件下，应用该判据时，$\Delta G < 0$ 的不可逆过程即为自发过程。

在恒温恒压且非体积功为零的条件下，$\Delta G > 0$ 的过程是不可能进行的。一定要注意的是：不能说在恒温恒压的条件下，$\Delta G > 0$ 的过程是不可能进行的，而只能说它不能自发进行。例如，在恒温恒压的条件下，水分解成氢气和氧气是不能自发进行的，因为 $\Delta G > 0$。但是通入电流，或用光敏剂使之吸收合适的光能，就能使水分解成氢气和氧气。该过程需要环境对系统做功，所以是非自发过程。

3.7 热力学函数间的基本关系

3.7.1 热力学函数定义式之间的关系

根据定义，U，H，S，A，G 五个状态函数之间的关系为：

$$H = U + pV$$
$$A = U - TS$$
$$G = H - TS$$

这些关系可用图 3.5 表示，以便记忆。从图中可以看出：

$$G = A + pV$$
$$A = H - pV - TS$$
$$G = U + pV - TS$$

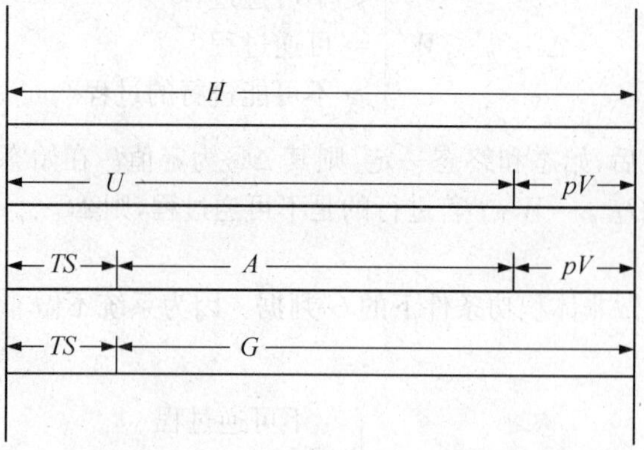

图 3.5　热力学函数定义之间的关系

这些式子有助于理清各状态函数之间的关系。

3.7.2　四个热力学基本公式

根据热力学第一定律有：

$$dU = \delta Q + \delta W \tag{3.63}$$

对于可逆且没有非体积功的过程：

$$\delta Q = TdS,\ \delta W = -pdV$$

代入式(3.63)得：

$$dU = TdS - pdV \tag{3.64}$$

式(3.64)是第一个热力学基本公式，也是四个公式中最基本、最重要的一个。

将 $H = U + pV$ 微分得：

$$dH = dU + pdV + Vdp$$

再将式(3.64)代入得：

$$dH = TdS + Vdp \tag{3.65}$$

将 $A = U - TS$ 微分得：

$$dA = dU - (TdS + SdT)$$

再将式(3.64)代入得：

$$dA = -SdT - pdV \tag{3.66}$$

将 $G = H - TS$ 微分得：

$$dG = dH - (TdS + SdT)$$

再将式(3.65)代入得：

$$dG = -SdT + Vdp \tag{3.67}$$

式(3.64)～式(3.67)即四个热力学基本公式，适用于任意封闭系统不做非体积功的可逆过程。

3.7.3 四组对应系数关系式

由式(3.64)和式(3.65)得：

$$T=\left(\frac{\partial U}{\partial S}\right)_V=\left(\frac{\partial H}{\partial S}\right)_p \tag{3.68}$$

由式(3.64)和式(3.65)得：

$$p=-\left(\frac{\partial U}{\partial V}\right)_S=-\left(\frac{\partial A}{\partial V}\right)_T \tag{3.69}$$

由式(3.66)和式(3.67)得：

$$V=\left(\frac{\partial H}{\partial p}\right)_S=\left(\frac{\partial G}{\partial p}\right)_T \tag{3.70}$$

由式(3.66)和式(3.67)得：

$$S=-\left(\frac{\partial A}{\partial T}\right)_V=-\left(\frac{\partial G}{\partial T}\right)_p \tag{3.71}$$

式(3.68)～式(3.71)即为四组对应系数关系式。

热力学基本公式和对应系数关系式，在某些公式推导和证明方面有广泛的应用，例如 ΔG 的计算公式。恒温下式(3.67)可变为：

$$\mathrm{d}G_T=V\mathrm{d}p \tag{3.72}$$

对于理想气体，将 $V=\frac{nRT}{p}$ 代入式(3.72)，得：

$$\Delta G_T=nRT\ln\frac{p_2}{p_1} \tag{3.73}$$

【例题 9】 石墨生成金刚石的反应 C(s，石墨)⟶C(s，金刚石)，在 298 K，100 kPa 下，$\Delta_r G_m^\ominus=2\,862\ \mathrm{J\cdot mol^{-1}}$，金刚石和石墨的密度分别为 $3\,513\ \mathrm{kg\cdot m^{-3}}$ 和 $2\,260\ \mathrm{kg\cdot m^{-3}}$。在 298 K下，需要多大压力才能将石墨转变为金刚石？

〖解〗 在 298 K，100 kPa 下，$\Delta_r G_m^\ominus>0$，显然反应不能自发进行，要想使反应自发进行应 $\Delta_r G_m=0$。由式(3.70)得：

$$V=\left(\frac{\partial G}{\partial p}\right)_T\qquad \Delta V=\left(\frac{\partial \Delta G}{\partial p}\right)_T$$

$$\int_{\Delta_r G_m^\ominus}^{\Delta_r G_m}\mathrm{d}\Delta G=\int_{p^\ominus}^{p}\Delta V\mathrm{d}p$$

$$\Delta_r G_m-\Delta_r G_m^\ominus=\Delta V(p-p^\ominus)$$

$$\Delta V=\left(\frac{0.012}{3\,513}-\frac{0.012}{2\,260}\right)\mathrm{m^3\cdot mol^{-1}}=-1.89\times10^{-6}\ \mathrm{m^3\cdot mol^{-1}}$$

ΔV 为负值说明随着压力增加，$\Delta_r G_m$ 减小。

$$0-2\,862=-1.89\times10^{-6}(p-100\times10^3)$$

$$p = 1.5 \times 10^9 \text{ Pa}$$

计算结果表明，在 298 K 时，要想使石墨转变为金刚石，压力应大于 1.5×10^9 Pa。这个压力相当于标准压力的 15 000 倍。

3.7.4* 麦克斯韦关系式及其应用

为推导麦克斯韦关系式，我们先复习数学中讲的函数的全微分性质。设 Z 是两个自变量 x，y 的函数，函数关系为 $Z = f(x, y)$，若 Z 的变化值与过程无关，数学上称 Z 具有全微分性质。对 $Z = f(x, y)$ 求全微分：

$$\mathrm{d}Z = \left(\frac{\partial Z}{\partial x}\right)_y \mathrm{d}x + \left(\frac{\partial Z}{\partial y}\right)_x \mathrm{d}y = M\mathrm{d}x + N\mathrm{d}y$$

式中：

$$M = \left(\frac{\partial z}{\partial x}\right)_y \mathrm{d}x \qquad N = \left(\frac{\partial z}{\partial y}\right)_x \mathrm{d}y$$

M 和 N 也是 x 和 y 的函数，把 M 对 y，N 对 x 再求一次偏微分，得：

$$\left(\frac{\partial M}{\partial y}\right)_x = \frac{\partial^2 z}{\partial x\,\partial y} \qquad \left(\frac{\partial N}{\partial x}\right)_y = \frac{\partial^2 z}{\partial y\,\partial x}$$

显然有：

$$\left(\frac{\partial M}{\partial y}\right)_x = \left(\frac{\partial N}{\partial x}\right)_y \tag{3.74}$$

状态函数的变化值也与过程无关，所以式(3.74)对状态函数成立，将式(3.74)用到四个热力学基本公式，即式(3.64)～式(3.67)中，可得：

$$\left(\frac{\partial T}{\partial V}\right)_S = -\left(\frac{\partial p}{\partial S}\right)_V \tag{3.75}$$

$$\left(\frac{\partial T}{\partial p}\right)_S = \left(\frac{\partial V}{\partial S}\right)_p \tag{3.76}$$

$$\left(\frac{\partial S}{\partial V}\right)_T = \left(\frac{\partial p}{\partial T}\right)_V \tag{3.77}$$

$$\left(\frac{\partial S}{\partial p}\right)_T = \left(\frac{\partial V}{\partial T}\right)_p \tag{3.78}$$

式(3.75)～式(3.78)为麦克斯韦(Maxwell)关系式，根据这些关系式我们可用容易测出的偏微商代替不易测出的偏微商，为计算带来方便。

【例题 10】 求证理想气体的 U 只是温度的函数。

〖**证**〗 有热力学基本公式 $\mathrm{d}U = T\mathrm{d}S - p\mathrm{d}V$，温度不变时，上式两边对 V 求偏导数，得：

$$\left(\frac{\partial U}{\partial V}\right)_T = T\left(\frac{\partial S}{\partial V}\right)_T - p$$

$\left(\frac{\partial S}{\partial V}\right)_T$ 不易测出，根据式(3.77)，有：

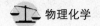

$$\left(\frac{\partial U}{\partial V}\right)_T = T\left(\frac{\partial p}{\partial T}\right)_V - p$$

将理想气体公式 $p=\frac{nRT}{V}$ 对 T 求偏导数，得：

$$\left(\frac{\partial p}{\partial T}\right)_V = \frac{nR}{V}$$

所以有：

$$\left(\frac{\partial U}{\partial V}\right)_T = T\frac{nR}{V} - p = p - p = 0$$

上式说明 T 不变时，U 不变，即 U 只是温度的函数。证毕。

【例题 11】 试证明 $\left(\frac{\partial T}{\partial p}\right)_V\left(\frac{\partial p}{\partial V}\right)_T\left(\frac{\partial V}{\partial T}\right)_p=-1$。

〖**证**〗 对双变量系统来说，$T=f(p, V)$，则 T 的全微分 dT 为：

$$dT = \left(\frac{\partial T}{\partial p}\right)_V dp + \left(\frac{\partial T}{\partial V}\right)_p dV$$

在等温条件下，$dT=0$，上式可化为：

$$\left(\frac{\partial T}{\partial p}\right)_V dp + \left(\frac{\partial T}{\partial V}\right)_p dV = 0$$

$$\left(\frac{\partial T}{\partial p}\right)_V dp = -\left(\frac{\partial T}{\partial V}\right)_p dV$$

$$\left(\frac{\partial T}{\partial p}\right)_V \left(\frac{\partial p}{\partial V}\right)_T = -\left(\frac{\partial T}{\partial V}\right)_p$$

因此：

$$\left(\frac{\partial T}{\partial p}\right)_V\left(\frac{\partial p}{\partial V}\right)_T\left(\frac{\partial V}{\partial T}\right)_p = -1$$

该式称为循环关系式，对双变量系统来说，任何三个状态性质之间都有这种关系。

3.8　ΔG 的计算

吉布斯函数在化学中是应用得最广泛的热力学函数，ΔG 的计算在一定程度上比 ΔS 的计算更为重要。因为 G 是状态函数，在指定的始态和终态之间 ΔG 为定值，所以，无论过程是否可逆，总是设计始态和终态相同的可逆过程来计算 ΔG。

3.8.1　理想气体的定温过程

对仅有体积功的体系，有：

$$TdS = \delta Q_R = dU + \delta W_R = dU + pdV$$

变形得：

$$dU = TdS - pdV$$

代入吉布斯函数定义式的微分式：

$$dG = dU + pdV + Vdp - TdS - SdT$$

得：

$$dG = - SdT + Vdp \tag{3.79}$$

对理想气体在定温下的单纯状态变化，由上式可得：

$$\Delta G = \int_{p_1}^{p_2} Vdp = \int_{p_1}^{p_2} \frac{nRT}{p} dp = nRT\ln\frac{p_2}{p_1} \tag{3.80}$$

【例题 12】 在 25℃，1 mol 理想气体由 10.132 5 kPa 定温膨胀至 1.013 25 kPa，试计算此过程的 ΔU，ΔH，ΔS，ΔA，ΔG。

〖解〗 对理想气体的定温过程：

$\Delta U = 0$，$\Delta H = 0$

$$\Delta G = \int_{p_1}^{p_2} Vdp = \int_{p_1}^{p_2} \frac{nRT}{p} dp = nRT\ln\frac{p_2}{p_1} = 1 \times 8.314 \times 298.15 \times \ln\frac{1.013\,25}{10.132\,5} = - 5\,708 \text{ J}$$

$$Q_R = W_R = \int_{V_1}^{V_2} pdV = \int_{V_1}^{V_2} \frac{nRT}{V} dV = nRT\ln\frac{V_2}{V_1} = 5\,708 \text{ J}$$

$$\Delta S = \frac{Q_R}{T} = \frac{5\,708}{298.2} = 19.14 \cdot \text{K}^{-1}$$

$$\Delta A = \Delta U - T\Delta S = - 5\,708 \text{ J}$$

3.8.2 相变过程

相变是一个定温定压且无非体积功的过程，对不可逆相变过程的 ΔG 值必须设计一可逆过程进行计算。

【例题 13】 计算：在 373.15 K，26 664 Pa 条件下，1 mol 水转变为同温同压下的水蒸气的 ΔG，并判断过程的自发性。

〖解〗 因不是可逆相变，需要设计若干个可逆过程进行计算。

$$\begin{array}{ccc} H_2O(l,\ 373.15\text{ K},\ 26\,664\text{ Pa}) & \xrightarrow{\Delta G} & H_2O(g,\ 373.15\text{ K},\ 26\,664\text{ Pa}) \\ \Delta G_1 \downarrow & & \uparrow \Delta G_3 \\ H_2O(l,\ 373.15\text{ K},\ 101\,325\text{ Pa}) & \xrightarrow{\Delta G_2} & H_2O(l,\ 373.15\text{ K},\ 101\,325\text{ Pa}) \end{array}$$

$$\Delta G_1 = \int V_1 dp = nV_m(p_2 - p_1) = 1 \times 1.8 \times 10^{-5} \times (101\,325 - 26\,664) = 1.34 \text{ J}$$

$$\Delta G_2 = 0 \text{ J}$$

$$\Delta G_3 = \int V_g dp = nRT\ln\frac{p_2}{p_1} = 1 \times 8.314 \times 373.15 \times \ln\frac{26\,664}{101\,325} = - 4\,141.7 \text{ J}$$

$$\Delta G = \Delta G_1 + \Delta G_2 + \Delta G_3 = - 4\,140.4 \text{ J}$$

$\Delta G<0$，该过程可自发进行。

【例题14】 10 mol理想气体 H_2 在298.2 K时，分别经过以下两个过程从1 m^3 膨胀到100 m^3，求 ΔU，ΔH，ΔS，ΔA，ΔG：(1) 等温可逆过程；(2) 等温恒外压过程。

〖解〗 理想气体的 U 和 H 只是温度的函数，所以两个过程都有：

$$\Delta U=\Delta H=0$$

熵变等于可逆过程的热温商，不论过程可逆与否，都应按照可逆过程计算，两个过程都有：

$$\Delta S=nR\ln\frac{V_2}{V_1}=\left(10\times 8.314\times\ln\frac{100}{1}\right)\mathrm{J\cdot K^{-1}}=382.9\ \mathrm{J\cdot K^{-1}}$$

两个过程都是理想气体等温过程，都有：

$$\Delta A_T=\Delta G_T=nRT\ln\frac{V_1}{V_2}=\left(10\times 8.314\times 298.2\times\ln\frac{1}{100}\right)\mathrm{J}=-114\ 173\ \mathrm{J}$$

3.8.3 化学反应的 $\Delta_r G_m^\ominus$

根据吉布斯函数的定义式 $G=H-TS$，定温下，有：

$$\Delta G=\Delta H-T\Delta S \tag{3.81}$$

对一定温定压下的化学反应，相应为：

$$\Delta_r G_m^\ominus=\Delta_r H_m^\ominus-T\Delta_r S_m^\ominus \tag{3.82}$$

式(3.82)表明 $\Delta_r G_m^\ominus$ 值由等式右边两项因素决定。若一个反应是一焓减(放热反应)和熵增($\Delta_r S_m^\ominus>0$)的过程，则 $\Delta_r G_m^\ominus<0$，必定是自发过程；若反应是焓减和熵减过程，或者是焓增和熵增过程，则要看两项的相对大小，才能确定过程的自发性。

【例题15】 已知甲醇脱氢反应：$CH_3OH(g)\longrightarrow HCHO(g)+H_2(g)$，在25℃和各物质处于标准态下的 $\Delta_r H_m^\ominus=85.27\ \mathrm{kJ\cdot mol^{-1}}$，$\Delta_r S_m^\ominus=113.01\ \mathrm{J\cdot mol^{-1}\cdot K^{-1}}$。计算进行反应所需的最低温度。

〖解〗 各物质在25℃、标准态下进行定温、定压过程，所以：

$$\Delta_r G_m^\ominus=\Delta_r H_m^\ominus-T\Delta_r S_m^\ominus=85.27\times 10^3-(273.15+25)\times 113.01=51.58\ \mathrm{kJ\cdot mol^{-1}}$$

$\Delta_r G_m^\ominus>0$，说明在上述条件下反应不能自发进行。

由于 $\Delta_r H_m^\ominus>0$，$\Delta_r S_m^\ominus>0$，且一般情况下它们的值随温度的变化很小，从式(3.82)可以看出，使甲醇脱氢反应能够自发进行的关键条件是提高反应温度。因此，使 $\Delta_r G_m^\ominus(T)=0$，就可估算出反应进行的最低温度，即：

$$\Delta_r G_m^\ominus(T)=\Delta_r H_m^\ominus-T\Delta_r S_m^\ominus=0$$

$$T=\frac{\Delta_r H_m^\ominus}{\Delta_r S_m^\ominus}=754\ \mathrm{K}$$

3.8.4 ΔG 随温度 T 的变化——吉布斯-亥姆霍兹公式

在化学反应中，298.15 K时反应的 ΔG 是较容易求出的，那么其他温度下的 ΔG 呢？这就

要求了解 ΔG 与温度的关系。根据式(3.79)可得：

$$\left(\frac{\partial G}{\partial T}\right)_p = -S$$

则：

$$\left(\frac{\partial \Delta G}{\partial T}\right)_p = \left(\frac{\partial G_2}{\partial T}\right)_p - \left(\frac{\partial G_1}{\partial T}\right)_p = -\Delta S$$

在温度 T 时 $\Delta G = \Delta H - T\Delta S$，代入上式，有：

$$\left(\frac{\partial \Delta G}{\partial T}\right)_p = \frac{\Delta G - \Delta H}{T}$$

变形为：

$$\frac{1}{T}\left(\frac{\partial \Delta G}{\partial T}\right)_p - \frac{\Delta G}{T^2} = -\frac{\Delta H}{T^2}$$

上式左方是$\left(\frac{\Delta G}{T}\right)$对 T 的微商，即：

$$\left[\frac{\partial(\Delta G/T)}{\partial T}\right]_p = -\frac{\Delta H}{T^2} \tag{3.83}$$

式(3.83)称为吉布斯-亥姆霍兹(Gibbs-Helmholtz)公式。从 $T_1 \rightarrow T_2$ 进行积分，则：

$$\frac{\Delta G_2}{T_2} - \frac{\Delta G_1}{T_1} = -\int_{T_1}^{T_2} \frac{\Delta H}{T^2} \mathrm{d}T \tag{3.84}$$

$$\frac{\Delta G_2}{T_2} - \frac{\Delta G_1}{T_1} = \Delta H\left(\frac{1}{T_2} - \frac{1}{T_1}\right) \tag{3.85}$$

显然，有了这个公式，就可由某一温度 T_1 下的 ΔG_1，求算另一温度 T_2 下的 ΔG_2。

3.8.5 ΔG 与压力的关系

从 $\mathrm{d}G = -S\mathrm{d}T + V\mathrm{d}p$ 得：

$$\left(\frac{\partial G}{\partial p}\right)_T = V \tag{3.86}$$

移项积分，得：

$$G(p_2, T) = G(p_1, T) + \int_{p_1}^{p_2} V\mathrm{d}p$$

把温度为 T、压力为标准压力 $p^{\ominus}$ 的纯物质选为标准状态，其吉布斯函数用符号 $G^{\ominus}$ 表示，则压力为 p 时的吉布斯函数 G 为：

$$G(p, T) = G^{\ominus}(p^{\ominus}, T) + \int_{p^{\ominus}}^{p} V\mathrm{d}p$$

对理想气体，$G(p, T) = G^{\ominus}(p^{\ominus}, T) + nRT\ln(p/p^{\ominus})$。

习　题

1. 卡诺热机在 $T_1 = 600\,\text{K}$ 的高温热源和 $T_2 = 300\,\text{K}$ 的低温热源间工作。求：(1) 热机效率 η；(2) 当向环境做功 $W = 100\,\text{kJ}$ 时，系统从高温热源吸收的热 Q_1 及向低温热源放出的热 $-Q_1$。

答案：(1) 50%；(2) 100 kJ。

2. 不同的热机工作于 $T_1 = 600\,\text{K}$ 的高温热源及 $T_2 = 300\,\text{K}$ 的低温热源之间。求下列三种情况下，当热机从高温热源吸热 $Q_1 = 300\,\text{kJ}$ 时，两热源的总熵变 ΔS：(1) 可逆热机效率 $\eta = 0.5$；(2) 不可逆热机效率 $\eta = 0.45$；(3) 不可逆热机效率 $\eta = 0.4$。

答案：(1) $0\,\text{J}\cdot\text{K}^{-1}$；(2) $50\,\text{J}\cdot\text{K}^{-1}$；(3) $100\,\text{J}\cdot\text{K}^{-1}$。

3. 卡诺热机在 $T_1 = 795\,\text{K}$ 的高温热源和 $T_2 = 300\,\text{K}$ 的低温热源间工作，求：(1) 热机的效率；(2) 当从高温热源吸热 $Q_1 = 250\,\text{kJ}$ 时，系统对环境做的功 W 及向低温热源放出的热 Q_2。

答案：(1) 0.6；(2) $-W = 150\,\text{kJ}$，$-Q_2 = 100\,\text{kJ}$。

4. 卡诺热机在 $T_1 = 900\,\text{K}$ 的高温热源和 $T_2 = 300\,\text{K}$ 的低温热源间工作，求：(1) 热机的效率；(2) 当向低温热源放出的热 $Q_2 = -100\,\text{kJ}$ 时，从高温热源所吸的热 Q_1 及对环境做的功 W。

答案：(1) 0.666 7；(2) $Q_1 = 300\,\text{kJ}$，$W = -200\,\text{kJ}$。

5. 一台家用冰箱，放在气温为 300 K 的房间内，做一盘 −13℃的冰块需从冷冻室中取走 $2.09\times10^5\,\text{J}$ 热量，设冰箱为理想卡诺制冷机。试求：(1) 做一盘冰需要的功；(2) 若此冰箱能以 $2.09\times10^2\,\text{J}\cdot\text{s}^{-1}$ 的速率取出热量，所需要的电功率为多少 W？(3) 做冰块所需要的时间。

答案：(1) $W = 3.22\times10^4\,\text{J}$；(2) $P = 32.2\,\text{W}$；(3) $t = 10^3\,\text{s} \approx 16.7\,\text{min}$。

6. 1 mol 单原子分子的理想气体，在 $p-V$ 图上完成由两条等容线和两条等压线构成的循环过程 $abcda$。已知状态 a 的温度为 T_1，状态 c 的温度为 T_3，状态 b 和状态 d 位于同一等温线上，试求：(1) 状态 b 的温度；(2) 循环过程的效率。

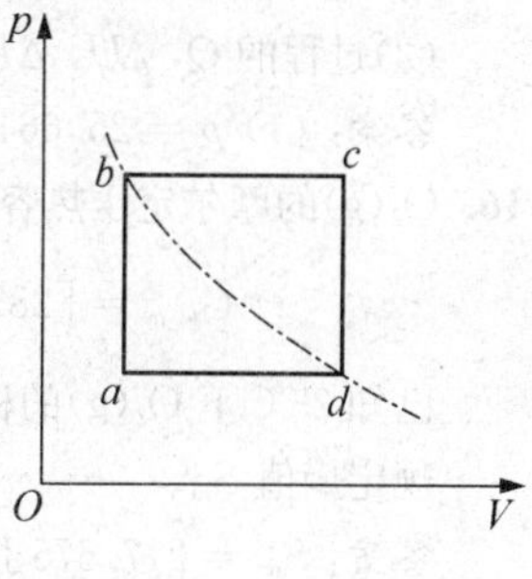

答案：(1) $T = \sqrt{T_1T_3}$；(2) $\eta = \dfrac{2(T_3 - 2\sqrt{T_1T_3} + T_1)}{5T_3 - 2\sqrt{T_1T_3} - 3T_1}$。

7. 设在 0℃时，用隔板将容器分为两部分，一边装有 0.2 mol，101.3 kPa 的 O_2，另一边是 0.8 mol，101.3 kPa 的 N_2，抽去隔板后，两气体混合均匀。试求混合熵和总熵变。

答案：$\Delta S(O_2) = 2.68\,\text{J}\cdot\text{K}^{-1}$，$\Delta S(N_2) = 1.48\,\text{J}\cdot\text{K}^{-1}$，$\Delta S = 4.16\,\text{J}\cdot\text{K}^{-1}$。

8. 1 mol 单原子理想气体始态为 273 K，101 325 Pa，分别经历下列可逆变化：(1)定温下压力加倍；(2)定压下体积加倍；(3)定容下压力加倍。试计算上述各过程的 Q，W，ΔU，ΔH，ΔS。(已知 273 K，101 325 Pa 下该气体的摩尔熵为 $100\,\text{J}\cdot\text{mol}^{-1}\cdot\text{K}^{-1}$)

答案：(1) $\Delta U = \Delta H = 0$，$W = -Q = 1\,573\,\text{J}$，$\Delta S = -5.763\,\text{J}\cdot\text{K}^{-1}$；(2) $\Delta U = -3\,405\,\text{J}$，$W = -2\,270\,\text{J}$，$Q = 5\,675\,\text{J}$，$\Delta H = 5\,674\,\text{J}$，$\Delta S = 14.41\,\text{J}\cdot\text{K}^{-1}$；(3) $W = 0$，$Q = \Delta U = 3\,405\,\text{J}$，$\Delta H = 5\,674\,\text{J}$，$\Delta S = 8.664\,\text{J}$。

9. 高温热源 $T_1 = 600\,\text{K}$，低温热源 $T_2 = 300\,\text{K}$。今有 120 kJ 的热直接从高温热源传给低温热源，求此过程的 ΔS。

答案：$200\,\text{J}\cdot\text{K}^{-1}$。

10. 已知氮气(N_2，g)的摩尔定压热容与温度的函数关系为 $C_{p,\text{m}} = [27.32 + 6.226\times10^{-3}(T/\text{K}) - 0.950\,2\times10^{-6}(T/\text{K})^2]\,\text{J}\cdot\text{mol}^{-1}\cdot\text{K}^{-1}$，将始态为 300 K，100 kPa下 1 mol 的 N_2(g)置于 1 000 K 的热源中，求下列二过程：(1)经恒压过程；(2)经恒容过程达到平衡态时的 Q，ΔS 及 ΔS_{iso}。

答案：(1) $\Delta S=36.82\ \mathrm{J\cdot K^{-1}}$，$Q=21.65\ \mathrm{kJ}$，$\Delta S_{iso}=15.17\ \mathrm{J\cdot K^{-1}}$；(2) $\Delta S=26.81\ \mathrm{J\cdot K^{-1}}$，$Q=15.83\ \mathrm{kJ}$，$\Delta S_{iso}=-10.98\ \mathrm{J\cdot K^{-1}}$。

11. 始态为 $T_1=300\ \mathrm{K}$，$p_1=200\ \mathrm{kPa}$ 的某双原子理想气体 1 mol，经下列不同途径变化到 $T_2=300\ \mathrm{K}$，$p_2=100\ \mathrm{kPa}$ 的终态，求各途径的 Q，ΔS：(1) 恒温可逆膨胀；(2) 先恒容冷却使压力降至 100 kPa，再恒压加热至 T_2；(3) 先绝热可逆膨胀使压力降至 100 kPa，再恒压加热至 T_2。

答案：(1) $Q=1\,729\ \mathrm{J}$，$\Delta S=5.763\ \mathrm{J\cdot K^{-1}}$；(2) $Q=7\,483\ \mathrm{J}$，$\Delta S=5.76\ \mathrm{J\cdot K^{-1}}$；(3) $Q=1\,568\ \mathrm{J}$，$\Delta S=5.763\ \mathrm{J\cdot K^{-1}}$。

12. 2 mol 双原子理想气体从始态 300 K，50 $\mathrm{dm^3}$，先恒容加热至 400 K，再恒压加热至体积增大到 100 $\mathrm{dm^3}$，求整个过程的 Q，W，ΔU，ΔH 和 ΔS。

答案：$Q=27.44\ \mathrm{kJ}$，$W=-6.65\ \mathrm{kJ}$，$\Delta U=20.79\ \mathrm{kJ}$，$\Delta H=29.10\ \mathrm{kJ}$，$\Delta S=52.30\ \mathrm{J\cdot K^{-1}}$。

13. 绝热恒容容器中有一绝热耐压隔板，隔板一侧为 2 mol，200 K，50 $\mathrm{dm^3}$ 的单原子理想气体 A，另一侧为 3 mol，400 K，100 $\mathrm{dm^3}$ 的双原子理想气体 B。今将容器中的绝热隔板撤去，气体 A 与气体 B 混合达到平衡。求过程的 ΔS。

答案：$\Delta S=32.3\ \mathrm{J\cdot K^{-1}}$。

14. 常压下冰的熔点为 0℃，比熔化焓 $\Delta_{fus}H=333.3\ \mathrm{J\cdot g^{-1}}$，水的比定压热容 $C_p=4.184\ \mathrm{J\cdot g^{-1}\cdot K^{-1}}$。在一绝热容器中有 1 kg 25℃的水，现向容器中加入 0.5 kg 0℃的水，这是系统的始态。求系统达到平衡后过程的 ΔS。

答案：$\Delta S=16.52\ \mathrm{J\cdot K^{-1}}$。

15. 将装有 0.1 mol 乙醚$(C_2H_5)_2O(l)$的小玻璃瓶放入容积为 10 $\mathrm{dm^3}$ 的恒容密闭的真空容器中，并在 35.51℃的恒温槽中恒温。35.51℃为 101.325 kPa 下乙醚的沸点。已知在此条件下乙醚的摩尔蒸发焓 $\Delta_{vap}H_m=25.104\ \mathrm{kJ\cdot mol^{-1}}$。今将小玻璃瓶打破，乙醚蒸发至平衡态。求：(1)乙醚蒸气的压力；(2)过程的 Q，ΔU，ΔH 和 ΔS。

答案：(1) $p=25.664\ \mathrm{kPa}$；(2) $Q=\Delta U=2.253\,8\ \mathrm{kJ}$，$\Delta H=2.510\,4\ \mathrm{kJ}$，$\Delta S=9.275\ \mathrm{J\cdot K^{-1}}$。

16. $O_2(g)$的摩尔定压热容与温度的函数关系为：

$$C_{p,m}=[28.17+6.297\times10^{-2}(T/\mathrm{K})-0.749\,4\times10^{-6}(T/\mathrm{K})^2]\ \mathrm{J\cdot mol^{-1}\cdot K^{-1}}$$

已知 25℃下 $O_2(g)$的标准摩尔熵 $S_m^{\ominus}=205.138\ \mathrm{J\cdot mol^{-1}\cdot K^{-1}}$。求 $O_2(g)$在 100℃，50 kPa 下的摩尔规定熵值 S_m。

答案：$S_m=217.675\ \mathrm{J\cdot mol^{-1}\cdot K^{-1}}$。

17. 已知 25℃时液态水的标准摩尔生成吉布斯函数 $\Delta_f G_m^{\ominus}(H_2O, l)=-237.192\ \mathrm{kJ\cdot mol^{-1}}$，水在 25℃时的饱和蒸气压 $p=3.166\,3\ \mathrm{kPa}$。求 25℃时水蒸气的标准摩尔生成吉布斯函数。

答案：$-228.57\ \mathrm{kJ\cdot mol^{-1}}$。

18. 已知水的比定压热容 $C_p=4.184\ \mathrm{J\cdot g^{-1}\cdot K^{-1}}$。今有 1 kg 10℃的水经下述三种不同过程加热成 100℃的水，求各过程的 ΔS_{sys}，ΔS_{amb} 及 ΔS_{iso}：(1) 系统与 100℃热源接触；(2) 系统先与 55℃热源接触至热平衡，再与 100℃热源接触；(3) 系统先与 40℃，70℃热源接触至热平衡，再与 100℃热源接触。

答案：(1) $\Delta S_{sys}=1\,155\ \mathrm{J\cdot K^{-1}}$，$\Delta S_{amb}=-100\,9\ \mathrm{J\cdot K^{-1}}$，$\Delta S_{iso}=146\ \mathrm{J\cdot K^{-1}}$；(2) $\Delta S_{sys}=1\,155\ \mathrm{J\cdot K^{-1}}$，$\Delta S_{amb}=-1\,078\ \mathrm{J\cdot K^{-1}}$，$\Delta S_{iso}=77\ \mathrm{J\cdot K^{-1}}$；(3) $\Delta S_{sys}=1\,155\ \mathrm{J\cdot K^{-1}}$，$\Delta S_{amb}=-1\,103\ \mathrm{J\cdot K^{-1}}$，$\Delta S_{iso}=52\ \mathrm{J\cdot K^{-1}}$。

19. 某双原子理想气体从 $T_1=300\ \mathrm{K}$，$p_1=100\ \mathrm{kPa}$，$V_1=100\ \mathrm{dm^3}$ 的始态，经不同过程变化到下述状态，求各过程的 ΔS：(1) $T_2=600\ \mathrm{K}$，$V_2=50\ \mathrm{dm^3}$；(2) $T_2=600\ \mathrm{K}$，$p_2=50\ \mathrm{kPa}$；(3) $p_2=150\ \mathrm{kPa}$，$V_2=200\ \mathrm{dm^3}$。

答案：(1) $34.66\ \mathrm{J\cdot K^{-1}}$；(2) $103.99\ \mathrm{J\cdot K^{-1}}$；(3) $114.65\ \mathrm{J\cdot K^{-1}}$。

20. 4 mol 单原子理想气体从始态 750 K，150 kPa，先恒容冷却使压力降至 50 kPa，再恒温可逆压缩至

100 kPa。求整个过程的 Q, W, ΔU, ΔH, ΔS。

答案：$Q = 30.71$ kJ，$W = 5.763$ kJ，$\Delta U = -24.94$ kJ，$\Delta H = 41.57$ kJ，$\Delta S = -77.86$ J·K^{-1}。

21. 3 mol 双原子理想气体从始态 100 kPa，75 dm^3，先恒温可逆压缩使体积缩小至 50 dm^3，再恒压加热至 100 dm^3。求整个过程的 Q, W, ΔU, ΔH, ΔS。

答案：$Q = 23.21$ kJ，$W = -4.46$ kJ，$\Delta U = 18.75$ kJ，$\Delta H = 26.25$ kJ，$\Delta S = -50.40$ J·K^{-1}。

22. 5 mol 单原子理想气体从始态 300 K，50 kPa，先绝热可逆压缩至 100 kPa，再恒压冷却使体积缩小至 85 dm^3，求整个过程的 Q, W, ΔU, ΔH, ΔS。

答案：$Q = -19.89$ kJ，$W = 13.933$ kJ，$\Delta U = -5.957$ kJ，$\Delta H = -9.930$ kJ，$\Delta S = -68.66$ J·K^{-1}。

23. 始态为 300 K，1 MPa 的单原子理想气体 2 mol，反抗 0.2 MPa 的恒定外压绝热不可逆膨胀至平衡态。求整个过程的 W, ΔU, ΔH, ΔS。

答案：$W = \Delta U = -2.395$ kJ，$\Delta H = -3.991$ kJ，$\Delta S = 10.73$ J·K^{-1}。

24. 常压下将 100 g 27℃的水与 200 g 72℃的水在绝热容器中混合，求最终温度 t 及过程的 ΔS。已知水的比定压热容 $C_p = 4.184$ J·g^{-1}·K^{-1}。

答案：$t = 57$℃，$\Delta S = 2.68$ J·K^{-1}。

25. 将温度均为 300 K，压力为 100 kPa 的 100 dm^3 H_2(g)与 50 dm^3 CH_4(g)恒温恒压混合，求过程的 ΔS。假设 H_2(g)和 CH_4(g)均可认为是理想气体。

答案：$\Delta S = 31.83$ J·K^{-1}。

26. 甲醇(CH_3OH)在 101.325 kPa 下的沸点(正常沸点)为 64.65℃，在此条件下的摩尔蒸发焓 $\Delta_{vap}H_m = 35.32$ kJ·mol^{-1}。求在上述温度、压力条件下，1 kg 液态甲醇全部变成甲醇蒸气时的 Q, W, ΔU, ΔH 及 ΔS。

答案：$Q = 1\,103.75$ kJ，$W = -87.77$ kJ，$\Delta U = 1\,015.98$ kJ，$\Delta H = 1\,103.75$ kJ，$\Delta S = 3.267$ kJ·K^{-1}。

27. 已知苯(C_6H_6)在 101.325 kPa 下于 80.1℃沸腾，$\Delta_{vap}H_m = 30.878$ kJ·mol^{-1}。液体苯的摩尔定压热容 $C_{p,m} = 142.7$ J·mol^{-1}·K^{-1}。今将 40.53 kPa，80.1℃的苯蒸气 1 mol，先恒温可逆压缩至 101.325 kPa，并凝结成液态苯，再在恒压下将其冷却至 60℃。求整个过程的 Q, W, ΔU, ΔH。

答案：$W = 5.628$ kJ，$Q = -36.437$ kJ，$\Delta U = -30.809$ kJ，$\Delta H = -33.746$ kJ。

28. 已知在 101.325 kPa 下，水的沸点为 100℃，其比蒸发焓 $\Delta_{vap}H = 2\,257.4$ kJ·kg^{-1}。已知液态水和水蒸气在 100℃～120℃范围内的平均比定压热容分别为 $\overline{C}_p(H_2O, l) = 4.224$ kJ·kg^{-1}·K^{-1} 及 $\overline{C}_p(H_2O, g) = 2.033$ kJ·kg^{-1}·K^{-1}。今有 101.325 kPa 下 120℃的 1 kg 过热水变成同样温度、压力下的水蒸气。设计可逆过程，并按可逆途径分别求过程的 ΔS 及 ΔG。

答案：$\Delta S = 5\,934$ J·K^{-1}，$\Delta G = -119.772$ kJ。

29. 已知在−5℃，水和冰的密度分别为 $\rho(H_2O, l) = 999.2$ kg·m^{-3} 和 $\rho(H_2O, s) = 916.7$ kg·m^{-3}。在−5℃，水和冰的相平衡压力为 59.8 MPa。今有−5℃的 1 kg 水在 100 kPa 下凝固成同样温度、压力下的冰，求过程的 ΔG。假设水和冰的密度不随压力改变。

答案：$\Delta G = -5.377$ kJ。

30. 汞在 100 kPa 下的熔点为−38.87℃，此时比熔化焓 $\Delta_{fus}H = 9.75$ J·g^{-1}；液态汞和固态汞的密度分别为 $\rho(l) = 13.690$ g·cm^{-3} 和 $\rho(s) = 14.193$ g·cm^{-3}。求：(1) 压力为 10 Mpa 下的熔点；(2) 若要汞的熔点为−35℃，压力需增大至多少。

答案：(1) $t = -38.26$℃；(2) 61.80 MPa。

31. 水在 77℃时的饱和蒸气压为 48.891 kPa。水在 101.325 kPa 下的正常沸点为 100℃。求：(1) 表示水的蒸气压与温度关系的方程式 $\lg(p/\text{Pa}) = -A/T + B$ 中 A 和 B 的值；(2) 在此温度范围内水的摩尔蒸发焓；(3) 在多大压力下水的沸点为 105℃。

答案：(1) $A = 2\,179.133\ \text{K}$，$B = 10.845\,55\ \text{K}$；(2) $41.719\ \text{kJ}\cdot\text{mol}^{-1}$；(3) $p = 121.042\ \text{kPa}$。

32. 水(H_2O)和氯仿($CHCl_3$)在 101.325 kPa 下的正常沸点分别为 100℃和 61.5℃，摩尔蒸发焓分别为 $\Delta_{vap}H_m(H_2O) = 40.668\ \text{kJ}\cdot\text{mol}^{-1}$ 和 $\Delta_{vap}H_m(CHCl_3) = 29.50\ \text{kJ}\cdot\text{mol}^{-1}$。求两液体具有相同饱和蒸气压时的温度。

答案：$t = 262.9$℃。

33. 某气体的状态方程为 $pV = n(RT + Bp)$，其中 $B = 0.030\ \text{dm}^3\cdot\text{mol}^{-1}$，该气体的 $C_{p,m} = [27.20 + 4.81\times10^{-3}(T/\text{K})]\ \text{J}\cdot\text{mol}^{-1}\cdot\text{K}^{-1}$。试计算 3.00 mol 该气体由 600 K，$10\times p^\ominus$ 变至 300 K，$5\times p^\ominus$ 的 ΔS，ΔH 和 ΔU。

答案：$\Delta H = -26\,470\ \text{J}$，$\Delta U = -18\,940\ \text{J}$，$\Delta S = -43.60\ \text{J}\cdot\text{K}^{-1}$。

34. 将 1 mol 298 K 的 O_2(g)放在一敞口容器中，由容器外的 13.96 K 的液态 H_2 作冷却剂，使体系冷却为 90.19 K 的 O_2(l)，已知 O_2 在 90.19 K 时的摩尔汽化热为 $6.820\ \text{kJ}\cdot\text{mol}^{-1}$。试计算该冷却过程中的体系熵变、环境熵变和总熵变。

答案：ΔS(体) $= -110.4\ \text{J}\cdot\text{K}^{-1}$，$\Delta S$(环) $= 922\ \text{J}\cdot\text{K}^{-1}$，$\Delta S$(总) $= 811.6\ \text{J}\cdot\text{K}^{-1}$。

35. 请计算 1 mol 苯的过冷液体在 −5℃，$p^\ominus$ 时凝固过程的 ΔS 和 ΔG。已知 −5℃时固态苯和液态苯的饱和蒸气压分别为 $0.022\,5\times p^\ominus$ 和 $0.026\,4\times p^\ominus$，−5℃，$p^\ominus$ 时苯的摩尔熔化热为 $9\,860\ \text{J}\cdot\text{mol}^{-1}$。

答案：$\Delta G = -356.4\ \text{J}$，$\Delta S = -35.44\ \text{J}\cdot\text{K}^{-1}$。

36. 98 K，101.3 kPa 下，Zn 和 $CuSO_4$ 溶液的置换反应在可逆电池中进行，做电功 200 kJ，放热 6 kJ，求该反应的 Δ_rU，Δ_rH，Δ_rA，Δ_rS，Δ_rG(设反应前后的体积变化可忽略不计)。

答案：$\Delta_rU = -206\ \text{kJ}$，$\Delta_rH = -206\ \text{kJ}$，$\Delta_rS = -20.1\ \text{J}\cdot\text{K}^{-1}$，$\Delta_rA = -200\ \text{kJ}$，$\Delta_rG = -200\ \text{kJ}$。

37. 1 mol 某气体在类似于焦耳-汤姆逊实验的管中由 $100\times p^\ominus$，25℃慢慢通过一多孔塞，变成 $1\times p^\ominus$。整个装置放在一个温度为 25℃的特大恒温器中。实验中，恒温器从气体吸热 202 J。已知该气体的状态方程为 $p(V_m - b) = RT$，其中 $b = 20\times10^{-8}\ \text{m}^3\cdot\text{mol}^{-1}$。试计算实验过程中的 W，ΔU，ΔH，ΔS。

答案：$\Delta U = 0$，$W = -202\ \text{J}$，$\Delta H = -20\ \text{J}$，$\Delta S = 38.29\ \text{J}\cdot\text{K}^{-1}$。

38. 已知 $CaCO_3$(s)，CaO(s)，CO_2(g)的 $\Delta_fH_m^\ominus(298\ \text{K})$ 分别为 $-1\,206.87\ \text{kJ}\cdot\text{mol}^{-1}$，$-635.6\ \text{kJ}\cdot\text{mol}^{-1}$，$-393.51\ \text{kJ}\cdot\text{mol}^{-1}$，假定 $CaCO_3$(s)在 298 K 时的分解压力为 p，并假定在此条件下 CO_2(g)可视为理想气体，试计算下列反应在 298 K 时的摩尔熵变：$CaCO_3(s) \longrightarrow CaO(s) + CO_2(g)$。

答案：$\Delta S = 569.1\ \text{J}\cdot\text{K}^{-1}$。

39. 1 mol NH_3 始态的温度为 25℃，压力为 $p^\ominus$，然后在恒压下加热，使其体积增大至原来的三倍。试计算 Q，W，ΔH，ΔU 和 ΔS。已知：$C_{p,m} = [25.90 + 33.00\times10^{-3}(T/\text{K}) - 30.46\times10^{-7}(T/\text{K})^2]\ \text{J}\cdot\text{mol}^{-1}\cdot\text{K}^{-1}$，假设在这样条件下的 NH_3 可当作理想气体。

答案：$W = 4\,959\ \text{J}$，$Q = 27\,144\ \text{J}$，$\Delta H = 27\,144\ \text{J}$，$\Delta U = 22\,185\ \text{J}$，$\Delta S = 47.06\ \text{J}\cdot\text{K}^{-1}$。

40. 1 mol 单原子理想气体经过一个绝热不可逆过程到达终态，该终态的温度为 273 K，压力为 $p^\ominus$，熵值为 $S_m^\ominus(273\ \text{K}) = 188.3\ \text{J}\cdot\text{mol}^{-1}\cdot\text{K}^{-1}$。已知该过程的 $\Delta S_m = 20.92\ \text{J}\cdot\text{mol}^{-1}\cdot\text{K}^{-1}$，$W = 1\,255\ \text{J}$。(1) 求始态的 p_1，V_1，T_1；(2) 求气体的 ΔU，ΔH，ΔG。

答案：(1) $T_1 = 373.6\ \text{K}$，$p_1 = 2.748\,7\times10^6\ \text{Pa}$，$V_1 = nRT_1/p_1 = 1.13\times10^{-3}\ \text{m}^3$；(2) $\Delta U = -1\,255\ \text{J}$，$\Delta H = -2\,091\ \text{J}$，$\Delta G = 9\,044\ \text{J}$。

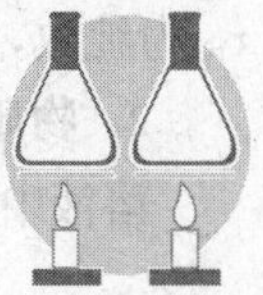

第4章

溶液热力学

前两章讨论了热力学三个基本定律和U，H，S，A，G等热力学基本函数，并导出了热力学函数之间的各种关系式。这些热力学基本函数受温度与压力(或体积)两个状态变量的影响，相应的关系式适用于纯物质或组成不变的封闭系统，对于开放系统则不适用。系统的热力学基本函数不仅与温度、压力(或体积)有关，还与系统组成有关。如果系统中不同组分之间存在化学反应，则系统的组成将会改变。溶液的热力学性质对物质及材料的制备、分离、提纯等具有重要的指导作用。本章的基本内容就是根据溶液的特点，运用前面已介绍的热力学基本原理，讨论溶液的热力学性质。

4.1 溶液及其组成表示方法

在化学反应过程中常常会遇到多种物质组成的系统，如混合物。混合物可以是气相、液相或固相，可以是单相，也可以是多相。溶液是两种或两种以上物质或组分以分子、原子或离子相互混合所形成的单相系统。常见的溶液有理想溶液和稀溶液等。

氢氧化钠溶于水形成均匀液相，各部分浓度、密度、热容或化学行为都相同，因而是一种溶液。不同的气体能以任意比例均匀混合，所以气体混合物也是一种溶液，但习惯上还是称之为混合气体。溶液中溶剂和溶质的概念，在溶液理论研究中，有时并无严格的区分。固体或气体溶解于液体中，习惯上把固体或气体物质称为溶质，液体物质称为溶剂。不同的液体物质相互溶解形成溶液，通常把含量较多的物质称为溶剂，含量较少的物质称为溶质。在热力学上，对于溶剂和溶质，分别按不同的方法来研究。稀溶液是指溶质的含量非常少，其摩尔分数的总和远小于1的溶液。

本章主要讨论非电解质溶液，而电解质溶液则在以后章节中专门讨论。

化合物通常按组分比具有固定的组成(数值)，溶液的组成则没有固定的组分比，可以有连续数值。溶液的组成可有多种表示方法。溶液的性质不因组成表示方法的不同而改变，但用不同的组成表示方法时，描述溶液性质的方式会有所不同，在物理化学中常用以下四种表示法表示溶液组成。

1. 物质B的摩尔分数(即物质B的量分数)

溶液中，某物质B的物质的量n_B与溶液的总物质的量$\sum n_B$之比，称为该物质B的摩尔分数，用x_B表示，即：

$$x_B = \frac{n_B}{\sum n_B} = \frac{n_B}{n_A + n_B} \tag{4.1}$$

x_B 为纯数，且与温度的变化无关。

2. 物质B的质量分数

溶液中，物质B的质量与整个溶液的总质量之比称为该物质B的质量分数，用 w_B 表示，即：

$$w_B = \frac{W_B}{W_A + W_B} \tag{4.2}$$

w_B 也与温度无关。

3. 物质B的量浓度

溶液中溶质B的物质的量 n_B 与溶液的体积 V 之比，称为该物质B的量浓度，用 c_B 表示，单位为 $mol \cdot m^{-3}$，即：

$$c_B = \frac{n_B}{V} \tag{4.3}$$

因此，c_B 与温度有关。若溶液密度为 ρ，则 $\rho V = n_A M_A + n_B M_B$，因此有：

$$c_B = \frac{\rho n_B}{n_A M_A + n_B M_B} \tag{4.4}$$

式(4.1)和式(4.4)相比可得：

$$\frac{c_B}{x_B} = \frac{\rho(n_A + n_B)}{n_A M_A + n_B M_B}$$

因此，对极稀溶液有：$x_B = \frac{c_B M_A}{\rho}$。

4. 物质B的质量摩尔浓度

溶液中溶质B的物质的量 n_B 与溶液中溶剂A的质量 W_A 之比，称为该物质B的质量摩尔浓度，用 m_B 表示，单位为 $mol \cdot kg^{-1}$，即：

$$m_B = \frac{n_B}{W_A} \tag{4.5}$$

m_B 与温度变化无关。其与 x_B 的关系为：

$$x_B = \frac{n_B}{n_A + n_B} = \frac{m_B}{1/M_A + m_B} = \frac{m_B M_A}{1 + m_B M_A} \tag{4.6}$$

对极稀溶液有：$x_B \approx m_B M_A$，$m_B = \frac{c_B}{\rho}$。

溶液的组成可以在一定的范围内连续变化，因此溶液的性质也不断地发生改变。通常溶液的性质是在恒温恒压条件下显现的，也是在恒温恒压条件下研究的。为此，需要引入一个能表示溶液性质随组成、温度和压力变化而变化的新的概念——偏摩尔量。

4.2 偏摩尔量

4.2.1 偏摩尔量的概念

1. 偏摩尔量的定义

在20℃，101.325 kPa下，将乙醇与水以不同的比例混合形成溶液，使溶液的总量为

100 g,测定不同浓度时溶液的总体积,实验结果如表 4.1 所示。

表 4.1 乙醇与水形成溶液前后体积比较实验结果

乙醇的质量分数	$V_{乙醇}/cm^3$	$V_{水}/cm^3$	混合前的体积（相加值）$/cm^3$	混合后溶液的体积（实验值）$/cm^3$	$\Delta V/cm^3$
0.10	12.67	90.36	103.03	101.84	−1.19
0.20	25.34	80.32	105.66	103.24	−2.42
0.30	38.01	70.28	108.29	104.84	−3.45
0.40	50.68	60.24	110.92	106.93	−3.99
0.50	63.35	50.20	113.55	109.43	−4.12
0.60	76.02	40.16	116.18	112.22	−3.96
0.70	88.69	36.12	118.81	115.25	−3.56
0.80	101.36	20.08	121.44	118.56	−2.88
0.90	114.03	10.04	124.07	122.25	−1.82

由表 4.1 中数据可知,溶液的体积并不等于各组分在纯态时的体积之和,而且混合前后的体积之差随浓度的不同也不同。实验结果表明,溶液在一定温度、压力下的摩尔体积随溶液组成而变化。这是因为水与乙醇这两种分子间的相互作用与它们在纯态时分子间的相互作用不同,所以,当水与乙醇进行混合时,分子间的相互作用发生变化,而且这种变化随系统浓度的不同而不同。即每种组分 1 mol 量的液体对系统体积的贡献与纯态时摩尔体积不同,而且浓度不同贡献也不同。由此说明,溶液的容量性质 V 的摩尔量与形成溶液的纯溶剂、纯溶质的容量性质 V 的摩尔量不同,不仅是温度、压力的函数,而且与溶液的组成有关。溶液的任一容量性质都具有这一特点。

溶液的任意一种容量性质 X(如 U, H, S, A, G 等),可以看作是温度 T、压力 p 及各物质的量 n_A, n_B, n_C, …的函数,即有:

$$X = f(T,\ p,\ n_A,\ n_B,\ n_C,\ \cdots,\ n_k)$$

由于这些容量性质均为状态函数,具有全微分性质。因此,当状态变量发生任意无限小量的变化时,状态函数的全微分 dX 可表示为:

$$\mathrm{d}X = \left(\frac{\partial X}{\partial T}\right)_{p,\,n_A,\,n_B,\,\cdots,\,n_k}\mathrm{d}T + \left(\frac{\partial X}{\partial p}\right)_{T,\,n_A,\,n_B,\,\cdots,\,n_k}\mathrm{d}p + \cdots + \sum_{B}^{k}\left(\frac{\partial X}{\partial n_B}\right)_{T,\,p,\,n_{C\neq B}}\mathrm{d}n_B \quad (4.7)$$

令:

$$X_B = \left(\frac{\partial X}{\partial n_B}\right)_{T,\,p,\,n_{C\neq B}} \quad (4.8)$$

式(4.7)可写为:

$$\mathrm{d}X = \left(\frac{\partial X}{\partial T}\right)_{p,\,n_A,\,n_B,\,\cdots,\,n_k}\mathrm{d}T + \left(\frac{\partial X}{\partial p}\right)_{T,\,n_A,\,n_B,\,\cdots,\,n_k}\mathrm{d}p + \cdots + \sum_{B}^{k}X_B\mathrm{d}n_B \quad (4.9)$$

在恒温、恒压条件下,$\mathrm{d}T = 0$, $\mathrm{d}p = 0$,各组分量的改变($\mathrm{d}n_B$)所引起的容量性质变化为:

$$\mathrm{d}X = \sum_{B}^{k}X_B\mathrm{d}n_B \quad (4.10)$$

式中:X 为任意一个容量性质。X_B 称为溶液中物质 B 的偏摩尔量,式(4.8)可作为偏摩尔量的定义式。

偏摩尔量的物理意义可以从定义式(4.8)看出。偏摩尔量是指在恒温恒压条件下，保持除B组分外的其他组分量不变时，某容量性质X随B组分物质的量而改变的变化率。从数学上讲，偏摩尔量是恒温恒压这种特定条件下的偏导数，不是其他条件(如恒温恒容条件)下的偏导数。

例如，多组分系统中，某组分B的偏摩尔体积 V_B 的定义式可表示为：

$$V_B = \left(\frac{\partial V}{\partial n_B}\right)_{T,\,p,\,n_C}$$

偏摩尔焓 H_B 的定义式可表示为：

$$H_B = \left(\frac{\partial H}{\partial n_B}\right)_{T,\,p,\,n_C}$$

偏摩尔熵 S_B 的定义式可表示为：

$$S_B = \left(\frac{\partial S}{\partial n_B}\right)_{T,\,p,\,n_C}$$

偏摩尔吉布斯函数 G_B 的定义式可表示为：

$$G_B = \left(\frac{\partial G}{\partial n_B}\right)_{T,\,p,\,n_C}$$

2. 偏摩尔量的内涵

从偏摩尔量的定义可知，其具体内涵有：

(1) 只有容量性质的状态函数才有偏摩尔量，强度量是不存在偏摩尔量的。

(2) 只有恒温恒压和除组分B之外其他组分均不变的条件下，某一容量性质的状态函数对组分B物质的量的偏导数才能称为偏摩尔量，任何其他条件(如恒温恒容、恒熵恒容、恒熵恒压等)下的偏导数均不能称为偏摩尔量。

(3) 偏摩尔量是具有强度性质的状态函数。因为它是相对单位物质的量定义的，这一点与纯物质的摩尔量(如 V_m^*，U_m^*，H_m^* 等)相似。但偏摩尔量的取值可正、可负、亦可为零，这与纯物质的摩尔量就不一样了。

(4) 对纯物质而言，偏摩尔量即为摩尔量，例如纯物质的偏摩尔吉布斯函数 G_B 就是它的摩尔吉布斯函数 G_m。理想气体混合物不是纯物质，但理想气体混合物中某组分的偏摩尔吉布斯函数 G_B 也就是它的摩尔吉布斯函数 G_m。

(5) 偏摩尔量的概念是针对溶液提出的，而且是溶液中各组分的偏摩尔量。因此，离开溶液系统，就没有偏摩尔量的概念了。溶液作为一个整体时，只有摩尔量，无偏摩尔量之说，即：

$$X = nX_m \tag{4.11}$$

式中：X 为溶液的某容量性质量；X_m 为 1 mol 溶液的容量性质；n_i 为溶液的某组分的物质的量。

4.2.2 偏摩尔量的集合公式和吉布斯-杜亥姆方程

1. 集合公式

一定温度、压力下由物质A和物质B构成二元溶液，各组分的物质的量分别为 n_A 和 n_B，溶液的某容量性质为 X。若该溶液中各组分的物质的量增加 dn_A 和 dn_B，此过程中溶液的某个容量性质的改变值可表示为：

$$dX = X_A dn_A + X_B dn_B$$

如果在恒温、恒压下，连续不断地按比例往溶液中加入 dn_A 和 dn_B 的物质，保持系统的各组分的组成不变。此时各组分的偏摩尔量保持不变，X_A 和 X_B 应当为一常数，可对上式进行积分计算出溶液的某容量性质 X，即：

$$\int_0^X dX = X_A \int_0^{n_A} dn_A + X_B \int_0^{n_B} dn_B$$

则：
$$X = n_A X_A + n_B X_B \tag{4.12}$$

式(4.12)称为偏摩尔量的集合公式。当多组分均相系统不只由两种组分而是由 k 种组分组成时，同理可得：

$$X = \sum_B^k n_B X_B \tag{4.13}$$

它指出了多组分均相系统的容量性质与系统中各组分相应偏摩尔量之间的定量关系，表明了系统的容量性质等于各组分的偏摩尔性质与其物质的量的乘积之和。

2. 吉布斯-杜亥姆方程

在恒温恒压条件下，若溶液内发生化学变化或相变化，溶液中物质种类或物质的量都会发生变化。若各组分不按一定比例增加，则溶液的各组分的物质的量和偏摩尔量都将发生改变，系统的容量性质也将随之改变。这种变化可通过对(4.13)微分，用下式表示：

$$dX = \sum_B^k n_B dX_B + \sum_B^k X_B dn_B \tag{4.14}$$

由前面式(4.10)得出恒温恒压下有：

$$dX = \sum_B^k X_B dn_B$$

将此式与式(4.14)比较可得到：

$$\sum_B^k n_B dX_B = 0 \quad 或 \quad \sum_B^k x_B dX_B = 0 \tag{4.15}$$

式(4.15)称为吉布斯-杜亥姆方程，简称吉-杜方程，可用于由已知某组分的偏摩尔量求另一组分的未知偏摩尔量。它表明系统中各物质的偏摩尔量间是相互关联的。例如对于二组分溶液，当系统因组成改变而引起各组分偏摩尔体积发生变化时，若组分 A 的偏摩尔体积增加，则组分 B 的偏摩尔体积一定减少。

4.3 化学势概述

4.3.1 多组分系统热力学基本方程及化学势

在多组分系统中，若发生化学反应或相变化过程，则系统的物质种类或物质的量都会发生变化，前一章指出的 dU，dH，dA 及 dG 四个基本热力学方程式均不适用。对于多组分系统，除了要考虑温度、压力(或体积)外，还要考虑系统组成的变化。为了找出适用于多组分系统的热力学基本方程，作为过程方向与自发性的判据，需要引入另一个重要的物理量，即化学势的概念。

一个均相系统由 k 种组分构成，其吉布斯函数 G 是变量 T，p，n_A，n_B，n_C，…，n_k 的函数，即 $G = G(T, p, n_A, n_B, n_C, \cdots, n_k)$，则其全微分可表示为：

$$dG = \left(\frac{\partial G}{\partial T}\right)_{p,n} dT + \left(\frac{\partial G}{\partial p}\right)_{T,n} dp + \sum_B^k \left(\frac{\partial G}{\partial n_B}\right)_{T,p,n_{C\neq B}} dn_B \tag{4.16}$$

为简化起见，在下式中将偏导数下标 $n_{C\neq B}$ 用 n_C 代替，表示除物质 B 外其他物质的量均不改变。显然其中：

$$G_B = \left(\frac{\partial G}{\partial n_B}\right)_{T,p,n_C}$$

式中：G_B 称为偏摩尔吉布斯函数。通常用符号 μ_B 表示 G_B，又称为化学势，即：

$$\mu_B = G_B = \left(\frac{\partial G}{\partial n_B}\right)_{T,p,n_C} \tag{4.17}$$

因为：$\left(\frac{\partial G}{\partial T}\right)_{p,n} = -S$，$\left(\frac{\partial G}{\partial p}\right)_{T,n} = V$，$\left(\frac{\partial G}{\partial n_B}\right)_{T,p,n_C} = \mu_B$

式(4.16)可写成：

$$dG = -SdT + Vdp + \sum \mu_B dn_B \tag{4.18}$$

式(4.18)的应用条件只要求过程可逆，与系统有无质变(发生化学变化或相变化)无关系。若系统恒温恒压，则有：

$$dG = \sum \mu_B dn_B \tag{4.19}$$

在恒温恒压不做有效功 $(W' = 0)$ 的条件下，吉布斯函数变化量可以作为过程方向的判据，$(dG)_{T,p} < 0$ 为能够自发进行的过程，即有：

$$\sum \mu_B dn_B < 0 \quad \text{(能自发进行的过程)}$$

$$\sum \mu_B dn_B = 0 \quad \text{(平衡过程)}$$

这两个式子是多组分系统判断过程自发进行方向与限度的判据，称为化学势判据。因此可以说，物质的化学势是决定物质传递方向和限度的强度因素，这就是化学势的物理意义。

应当指出，化学势是决定物质变化方向和限度的函数的总称，偏摩尔吉布斯函数只是其中的一种形式。将定义式 $G = H - TS = U - TS + pV = A + pV$ 进行全微分，并利用式(4.19)即导出：

$$dU = TdS - pdV + \sum \mu_B dn_B \tag{4.20}$$

$$dH = TdS + Vdp + \sum \mu_B dn_B \tag{4.21}$$

$$dA = -SdT - pdV + \sum \mu_B dn_B \tag{4.22}$$

式(4.20)、式(4.21)和式(4.22)统称为多组分系统的热力学基本方程式。把这几个方程式与函数$U = U(S, V, n_A, \cdots, n_K)$, $H = H(S, p, n_A, \cdots, n_K)$, $A = A(T, V, n_A, \cdots, n_K)$的全微分相比较，即可得：

$$\mu_B = \left(\frac{\partial G}{\partial n_B}\right)_{T,\,p,\,n_{C\neq B}} = \left(\frac{\partial A}{\partial n_B}\right)_{T,\,V,\,n_{C\neq B}} = \left(\frac{\partial H}{\partial n_B}\right)_{S,\,p,\,n_{C\neq B}} = \left(\frac{\partial U}{\partial n_B}\right)_{S,\,V,\,n_{C\neq B}}$$

由此可见，化学势有多种偏导数表达式，各偏导数的注脚不同。前面定义化学势为偏摩尔吉布斯函数G_B，是因为化学反应一般在定温定压下进行。通常用G_B表示化学势比较多，后面几种化学势的表示法用得不多。必须强调指出，化学势绝不是U, H和A的偏摩尔量(U_B, H_B, A_B)。

4.3.2　化学势在相平衡中的应用

假定由A和B两组分组成一多组分多相系统，存在α和β两个相，如图4.1所示。在恒温恒压下，设α相中有极微量的B组分dn_B转移到β相。设B组分在α相中的化学势为$\mu_B(\alpha)$，在β相中的化学势为$\mu_B(\beta)$。则系统在恒温恒压条件下，α相的吉布斯函数变化为：

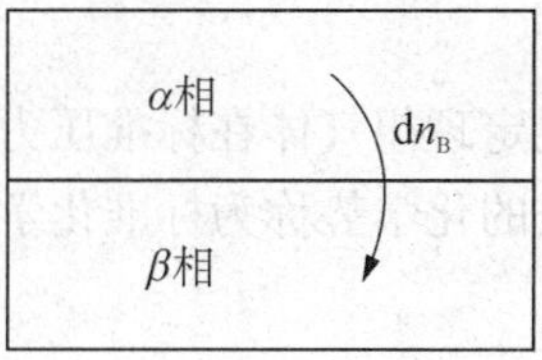

图4.1　多组分系统两相平衡示意图

$$dG(\alpha) = -\mu_B(\alpha)dn_B \qquad \text{(负号表示减少)}$$

β相的吉布斯函数变化为：

$$dG(\beta) = \mu_B(\beta)dn_B$$

该物质在相间的转移而引起系统的总吉布斯函数变化为：

$$dG = dG(\alpha) + dG(\beta) = [\mu_B(\beta) - \mu_B(\alpha)]dn_B$$

若该相变过程自动发生，则$dG < 0$，因组分B的物质转移量$dn_B > 0$，所以$\mu_B(\beta) < \mu_B(\alpha)$；若该相变过程达到平衡，$dG = 0$，则$\mu_B(\beta) = \mu_B(\alpha)$。由此结果表明，相变过程的方向和限度决定于组分的化学势：如果B组分在α相中的化学势大于在β相中的化学势，则B组分可以自发地由α相向β相转移，直到它在两相中化学势相等而达到平衡。因此，化学势的大小决定组分在相变中转移的方向和限度，可以将化学势看成物质在两相中转移的推动力。

对于多组分(k种组分)和多相(φ个相)发生相变化或化学反应的系统，上述结论也适用，即在一封闭的多相平衡系统中，任一组分在各相中的化学势都相等。用化学势表示为：

$$\mu_B(\alpha) = \mu_B(\beta) = \cdots = \mu_B(\varphi)$$

4.4　混合气体系统中各组分的化学势

从上述推证可知，在恒温恒压不做有效功($W' = 0$)的条件下，化学反应或相变化过程自发进行的方向和限度，可通过物质在始态和终态的化学势作判断。如何才能知道系统中某一物质B的化学势究竟为多少？发生转移后其化学势是变大还是变小呢？虽然物质B的化学势与其在混合气体系统中的组成有关，但对于理想气体混合物来说，当系统的温度、压力一定时，某组分 B 的分压力 p_B 有确定数值，与其他组分的存在无关，因为各组分之间没有相互作用，故组成变化可用压力 p_B 的变化来表示。下面从纯理想气体的化学势表达式来讨论理想气体混合物中某组分 B 的化学势与其分压力 p_B 的关系。

4.4.1 纯理想气体的化学势

对纯的理想气体，摩尔吉布斯函数 G_m 就是其化学势，即：

$$G_B = G_m$$

在一定温度下，纯理想气体摩尔吉布斯函数的微分可表示为：

$$dG_m = V_m dp$$

若在标准压力 $p^\ominus$ 和任意压力 p 之间积分上式，可得：

$$G_m(p) - G_m(p^\ominus) = RT\ln(p/p^\ominus) \tag{4.23}$$

规定理想气体在标准压力 $p^\ominus = 100\ \text{kPa}$ 下的状态为标准状态，对温度没有规定。此状态下物质的化学势称为标准化学势，以 $\mu^\ominus$ 表示。故(4.23)式亦可表示为：

$$\mu = \mu^\ominus(T) + RT\ln\frac{p}{p^\ominus} \tag{4.24}$$

式中：$\mu^\ominus(T)$为理想气体在一定温度 T 及标准压力 $p^\ominus$ 下的化学势，称为该气体的标准化学势，它只是温度的函数。

4.4.2 混合理想气体中物质 B 的化学势

根据理想气体模型的假设，气体分子的大小可忽略，分子间相互作用力也可忽略。因此，混合理想气体中气体的热力学性质都不会因其他种类分子的存在而有所改变。故混合理想气体中气体 B 的化学势应与其纯态时的化学势相等，即：

$$\mu_B = \mu_B^\ominus(T) + RT\ln\frac{p_B}{p^\ominus} \tag{4.25}$$

式中：$\mu_B^\ominus(T)$是在一定温度 T 时混合理想气体中组分 B 的标准化学势，仍为该组分在一定温度 T、标准压力 $p^\ominus$ 下纯态时的化学势，只是温度的函数；p_B 是理想气体混合物中气体 B 的分压。

4.4.3 实际气体的化学势

由于理想气体状态方程不能正确地反映实际气体的行为，因此式(4.24)与式(4.25)均不能正确地反映真实气体的化学势与压力的关系。如果将实际气体的压力加以校正，将其压力乘以校正系数 γ，以 $\gamma p = f$ 代替式(4.24)中的压力 p，使校正后所得 μ 与 f 的关系式与理想气体的 μ 与其压力的关系式一样，则实际气体的化学势为：

$$\mu = \mu^\ominus + RT\ln(f/p^\ominus) \tag{4.26}$$

$$f = \gamma p \tag{4.27}$$

$$\mu = \mu^\ominus(T) + RT\ln(\gamma p/p^\ominus) \tag{4.28}$$

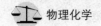

式中：f 称为逸度；γ 称为逸度系数或逸度因子，它反映了该实际气体对理想气体性质的偏差程度。γ 不仅与气体的本性有关，而且还与温度、压力有关。一般来说，在一定温度下，当气体压力很大时，$\gamma > 1$；当气体压力不太大时，$\gamma < 1$；当气体的压力趋向于零时，$\gamma = 1$，实际气体接近理想气体，即 f 趋向于 p。

$$\lim_{p\to 0}\frac{f}{p} = 1$$

由式(4.27)可看出，对实际气体的校正是对压力的校正，而没有改变 $\mu^{\ominus}(T)$。式(4.28)中 $\mu^{\ominus}(T)$仍然是理想气体的标准化学势，即在标准压力 $p^{\ominus}$ 下理想气体的化学势。可见，实际气体的标准状态是其逸度 $f = p^{\ominus}$ 的状态，而且是该气体仍具有理想气体性质 $(\gamma = 1)$ 的状态。实际气体的标准状态是一个实际上并不存在的假想态，这样定义的标准状态不会因为不同实际气体对理想气体的偏差不同而有所改变，而是对于任何气体，其标准状态都是相同的一个状态。

4.5 稀溶液的两个经验定律

饱和蒸气压(简称蒸气压)是凝聚相的一种热力学性质，是指在一定温度下，凝聚相与其蒸气相两相平衡时蒸气相的压力。在溶液的蒸气压及其相关性质的研究结果中，有两个非常重要的经验定律：Raoult 定律和 Henry 定律。这两个经验定律虽来自于经验总结，却又是溶液热力学的理论基础。

4.5.1 Raoult 定律

1887 年，拉乌尔(Raoult)通过实验测定与总结发现：在一定温度下，稀溶液中溶剂的蒸气压 p_A 与纯溶剂的蒸气压 p_A^* 及溶液中溶剂的摩尔分数 x_A 之间的关系为：

$$p_A = p_A^* x_A \tag{4.29}$$

溶液越稀，这种关系越正确。式(4.29)称为 Raoult 定律，适用于稀溶液中的溶剂或性质相似物质组成的溶液中的各组元，如理想溶液。

因为 $x_A < 1$，可见形成溶液后，溶剂的蒸气压都会下降。这可定性解释为：若溶质和溶剂分子间相互作用的差异可以不计，且当溶质和溶剂形成溶液时各自的体积都没有变化(即 $\Delta_{mix}V = 0$)，则由于在纯溶剂中加入溶质后减少了溶液单位体积和单位表面上溶剂分子的数目，因而也减少了单位时间内可能离开液相表面而进入气相的溶剂分子数目，以致溶剂与其蒸气在较低的蒸气压力下即可达到平衡，所以溶液中溶剂的蒸气压较纯溶剂的蒸气压为低。对二组分稀溶液，其下降的幅度可表示为：

$$\Delta p_A = p_A^*(1 - x_A) = p_A^* x_B \tag{4.30}$$

在使用 Raoult 定律时必须注意，在计算溶剂的物质的量时，其摩尔质量应该用气态时的摩尔质量。例如水有缔合现象，但摩尔质量应以 $18.01\ g \cdot mol^{-1}$计算。

4.5.2 Henry 定律

1803 年，Henry 发现：一定温度下，气体在液体里的溶解度(摩尔分数)和该气体的平衡分压成正比：

$$p_B = k_{x,B}x_B \tag{4.31}$$

式中：$k_{x,B}$为 Henry 常数，其数值取决于温度、压力及溶质和溶剂的性质，与压力有相同的量纲。

换言之：定温下，稀溶液中 B 组分在与溶液平衡的蒸气中的分压 p_B 与其在溶液中的浓度成正比。由于浓度的表示形式有多种，故 Henry 定律有多种形式，如：

$$p_B = k_{x,B}x_B = k_{m,B}m_B = k_{c,B}c_B = k_{w,B}w_B \tag{4.32}$$

显然，各 Henry 常数的数值和量纲均不相同。为了将各 Henry 常数的量纲统一，也为了实际应用的方便，对 Henry 定律中的浓度项采用去量纲化处理，即将上式写为：

$$p_B = k_{x,B}x_B = k_{m,B}\frac{m_B}{m^\ominus} = k_{c,B}\frac{c_B}{c^\ominus} = k_{w,B}\frac{w_B}{w^\ominus} \tag{4.33}$$

式中：$m^\ominus$，$c^\ominus$，$w^\ominus$ 可称为参考态浓度。只要各参考态浓度的数值取 1，则式(4.32)和式(4.33)的数值是相同的。式(4.33)有时也简写为：

$$p_B = k_c \cdot \frac{c_B}{c^\ominus} \xrightarrow{\text{简记为}} k_c \cdot [B]_c$$

$$p_B = k_m \cdot \frac{m_B}{m^\ominus} \xrightarrow{\text{简记为}} k_m \cdot [B]_m$$

$$p_B = k_w \cdot \frac{w_B}{w^\ominus} \xrightarrow{\text{简记为}} k_w \cdot [B]_w$$

使用 Henry 定律要注意以下几点：

(1) 式中的 p_B 是气体 B 在液面上达到溶解平衡时的分压力。对于气体混合物，在总压力不大时，Henry 定律能分别适用于每一种气体，可以近似认为与其他气体的分压无关。

(2) 溶质在气相和溶液中的分子状态需相同。例如气体 HCl 溶于苯或其他有机溶剂，在气相和液相中都呈 HCl 的分子状态，符合 Henry 定律；但 HCl 溶于水时，由于其电离出 H^+ 和 Cl^- 离子，这时 Henry 定律就不适用了。所以一般电解质溶液都不符合 Henry 定律。

(3) 大多数气体溶于水时，溶解度随温度的升高而降低，因此升高温度或降低气体的分压都能使溶液的浓度更稀，更能符合 Henry 定律。

4.6 理想溶液中物质B的化学势

4.6.1 理想溶液的定义及特征

各组分能以任意比例互溶，而且在全部组成范围内，体系中各组分均符合 Raoult 定律($p_B = p_B^* x_B$)的溶液称为理想溶液。

理想溶液与理想气体的概念不同。理想气体的分子之间无相互作用，$\left(\frac{\partial U}{\partial V}\right)_T = 0$，可视为每个分子周围无任何其他分子存在。而理想溶液(液态或固态)的分子因间距较小，不能认为分子间无相互作用。因此，理想溶液模型包括三点：①溶液中各组元的分子体积大小非常相近；②不同组元分子间的相互作用力与同一组元分子间的相互作用力基本相等；③与之平衡的气相为理想气体。例如同位素化合物$^{12}CH_3I$ 与$^{13}CH_3I$ 的混合系，同系物 C_6H_6 与 $C_6H_5CH_3$ 的混合系；又例如冶金中某些熔体，Fe－Cr，Nd－Pr，Fe_2SiO_4－Mn_2SiO_4 等体系都可近似当作理想溶液。

按照理想溶液模型，A，D二元液态混合物中某A分子周围不论是A分子还是D分子，该中心A分子受到的作用力皆相同。因此，A分子从溶液挥发逸出的能力与从纯A挥发逸出的能力相同。但由于溶液中A分子的浓度 x_A 小于1，故在一定温度下，同一时间内从溶液表面逸出的A分子数应少于从纯A液体表面逸出的。此种逸出能力随着 x_A 的增大而增大，因而 p_A 与 x_A 成正比。同理，p_D 和 x_D 成正比，也就是说A和D的蒸气压均符合Raoult定律。

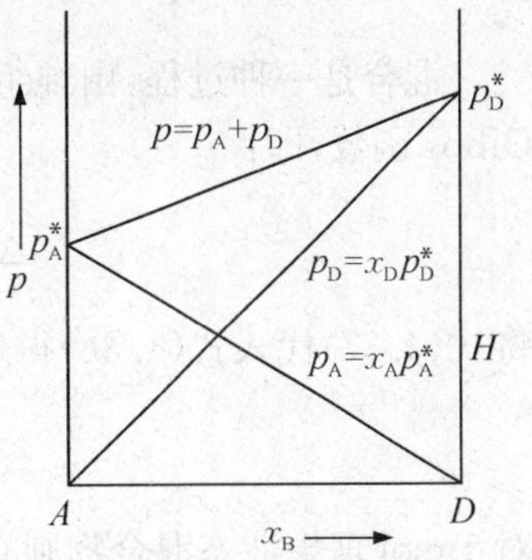

图4.2 定温下理想液态混合物中各组分的蒸气压与组成的关系

理想溶液各组元的蒸气压与组成的关系因符合Raoult定律，所以在一定温度下的 $p-x$ 图上均为直线，如图4.2所示。溶液的总蒸气压为：

$$p = p_A + p_D = p_A^* x_A + p_D^* x_D = p_A^* + (p_D^* - p_A^*) x_D \tag{4.34}$$

在一定温度下 p_A^* 和 p_D^* 皆为定值，所以二元理想溶液的蒸气压(p)与 x_D 的关系也是一条直线。

4.6.2 理想溶液中各组分的化学势

在一定温度和压强下，当理想溶液与其蒸气达到平衡时，对其中的任一组分B有 $\mu_{B,l} = \mu_{B,g}$。由于蒸气为理想气体，则由式(4.25)得：

$$\mu_{B,l} = \mu_{B,g} = \mu_B^\ominus(T) + RT\ln\frac{p_B}{p^\ominus} \tag{4.35}$$

将Raoult定律 $p_B = p_B^* x_B$ 代入上式可得：

$$\mu_{B,l} = \mu_B^\ominus(T) + RT\ln\frac{p_B^*}{p^\ominus} + RT\ln x_B \tag{4.36}$$

式(4.36)右边的前两项就是在 T, p 下纯液态B的化学势 $\mu_B^*(T, p)$，因此，式(4.36)可写为：

$$\mu_B = \mu_B^*(T, p) + RT\ln x_B \tag{4.37}$$

式(4.37)为理想溶液中各组分的化学势表达式，也是理想溶液的热力学定义式。对理想溶液，可以证明，Raoult定律与Henry定律没有差别。

在某温度及压力下，理想溶液与其气相达到平衡，则某组分B在两相中的化学势相等，$\mu_{B,l} = \mu_{B,g}$。其中 $\mu_{B,l}$ 由式(4.37)表示，而 $\mu_{B,g}$ 由式(4.25)表示，即：

$$\mu_B^*(T, p) + RT\ln x_B = \mu_B^\ominus(T) + RT\ln\left(\frac{p_B}{p^\ominus}\right)$$

移项后得： $$\frac{p_B}{x_B p^\ominus} = \exp\left[\frac{\mu_B^*(T, p) - \mu_B^\ominus(T)}{RT}\right]$$

在确定的温度、压力下，等式右边为常数，令其等于 k_B，得 $p_B = x_B p^\ominus k_B = k_{x,B} x_B$，这就是Henry定律。因任意组分B在全部浓度范围内都能符合此式，故当 $x_B = 1$ 时，$k_{x,B} = p_B^*$，所以，$p_B = p_B^* x_B$，这就是 Raoult 定律。因此，也可以说，理想溶液中任一组分既符合 Raoult 定律，也符合 Henry 定律。

4.6.3 理想溶液混合热力学性质

混合是一种过程，由纯组分混合形成理想溶液前后 Gibbs 函数的变化，称为溶液的混合 Gibbs 函数，即：

$$\Delta_{mix}G = G - G^* = \sum n_i\mu_i - \sum n_i\mu_i^* \tag{4.38}$$

将式(4.37)代入式(4.38)得理想液态混合物的混合 Gibbs 函数：

$$\Delta_{mix}G = RT\sum n_i \ln x_i \tag{4.39}$$

对 1 mol 理想液态混合物则有：

$$\Delta_{mix}G_m = RT\sum x_i \ln x_i \tag{4.40}$$

因 $0 < x_i < 1$，故 $\Delta_{mix}G_m < 0$。可见在温度及压强一定的条件下，由纯组分形成理想溶液是自动过程。式(4.40)还表明：理想溶液的 $\Delta_{mix}G_m$ 是温度和组成的函数，与压强无关。因此有：

$$\left(\frac{\partial \Delta_{mix}G}{\partial p}\right)_{T,\, n_i} = \Delta_{mix}V_m = 0 \tag{4.41}$$

即由纯组分形成理想溶液时，溶液体积与混合前纯组分的总体积相等。

将式(4.40)代入 $\left(\frac{\partial \Delta_{mix}G}{\partial T}\right)_{p,\, n_i} = -\Delta_{mix}S_m$，得：

$$\Delta_{mix}S_m = -R\sum x_i \ln x_i \tag{4.42}$$

由此可见，理想溶液的混合熵与理想气体的混合熵有着相同的计算式。而恒温恒压下理想溶液的混合焓为：

$$\Delta_{mix}H_m = \Delta_{mix}G_m + T\Delta_{mix}S_m = 0 \tag{4.43}$$

即恒温恒压下形成理想溶液时没有混合热。因此，二元理想溶液的混合热力学性质中，$\Delta_{mix}G_m$ 和 $T\Delta_{mix}S_m$ 是两条对称的曲线，而 $\Delta_{mix}H_m$ 是一条水平线。二元实际溶液的混合热力学性质则必然与此有偏差。

4.7 稀溶液中各组分的化学势

4.7.1 稀溶液的定义

两种挥发性物质组成一溶液，在一定的温度和压力下，在一定的浓度范围内，溶剂蒸气压与溶液组成的关系符合 Raoult 定律，溶质蒸气压与溶液组成的关系符合 Henry 定律，这种溶液称为稀溶液。依据此定义，对 A，B 二组分的稀溶液区分为溶剂 A 和溶质 B，若组分 A 在某一浓度区间内符合 Raoult 定律，则在该浓度区间内组分 B 必符合 Henry 定律。由于稀溶液的溶剂和溶质蒸气压服从不同的定律，因此它们的化学势表达式也不同。

值得注意的是，化学热力学中的稀溶液并不仅仅是指浓度很小的溶液。

4.7.2　溶剂的化学势

稀溶液中的溶剂 A 因服从 Raoult 定律，其化学势与理想溶液中任一组分的化学势表达式相同，即：

$$\mu_A = \mu_A^*(T,\ p) + RT\ln x_A \tag{4.44}$$

式中：$\mu_A^*(T,\ p)$ 表示等温、等压时，纯溶剂 A $(x_A = 1)$ 的化学势。请注意，式(4.44)与式(4.37)仅仅是表示形式相同，而公式的含意是不一样的。式(4.37)是理想溶液中任意组分的化学势表达式，其中 x_B 的定义域为(0, 1)；而式(4.44)是稀溶液中溶剂的化学势表达式，其中 x_A 的定义范围为 $x_A \to 1$。

4.7.3　溶质的化学势

稀溶液中的溶质服从 Henry 定律，当稀溶液的气、液两相达平衡时，溶质在两相中的化学势相等，即：

$$\mu_{B,\ l} = \mu_{B,\ g} = \mu_B^{\ominus}(T) + RT\ln\frac{p_B}{p^{\ominus}}$$

因此，只要将 Henry 定律的表达式代入上式，就可得到溶质化学势的表达式。但因亨利常数随浓度表达式不同而不同，故溶质的化学势表达也有不同的形式。

若溶质 B 的浓度用摩尔分数表示，Henry 定律为 $p_B = k_{x,\ B}x_B$，于是：

$$\mu_{B,\ l} = \mu_B^{\ominus}(T) + RT\ln\frac{k_{x,\ B}}{p^{\ominus}} + RT\ln x_B \tag{4.45}$$

令 $\mu_B^{\ominus}(T,\ p) = \mu_B^{\ominus}(T) + RT\ln\dfrac{k_{x,\ B}}{p^{\ominus}}$，则有：

$$\mu_B = \mu_B^{\ominus}(T,\ p) + RT\ln x_B \tag{4.46}$$

式(4.46)只适用于 $x_A \to 1$ $(x_B \to 0)$ 条件下的溶液；式中 $\mu_B^{\ominus}(T,\ p)$ 是温度及压强的函数，不仅与溶质 B 本性有关，而且还与溶剂本性有关，因为它与亨利常数 $k_{x,\ B}$ 有关。当温度及压强一定时，对一定的稀溶液有确定的 $\mu_B^{\ominus}(T,\ p)$ 值。从数学上看，当 $x_B = 1$ 时表达式也成立。但要注意，$\mu_B^{\ominus}(T,\ p)$ 不是同温度、同压强下 $x_B = 1$ 时纯溶质 B 的化学势。因为在 $x_B = 1$ 时，溶质 B 的蒸气压不再符合 Henry 定律。因此，$x_B = 1$，同时又服从 Henry 定律的状态，是客观上不存在的假想状态(如图 4.3 中 H 点所示)，$\mu_B^{\ominus}(T,\ p)$ 就是该假想态的化学势，而纯 B 的化学势 $\mu_B^*(T,\ p)$ 应是 R 点代表的实际状态的化学势。引入这样一个假想的标准状态，并不影响 ΔG 或 $\Delta\mu$ 的计算，因为在求这些值时，有关标准状态的项都消去了。

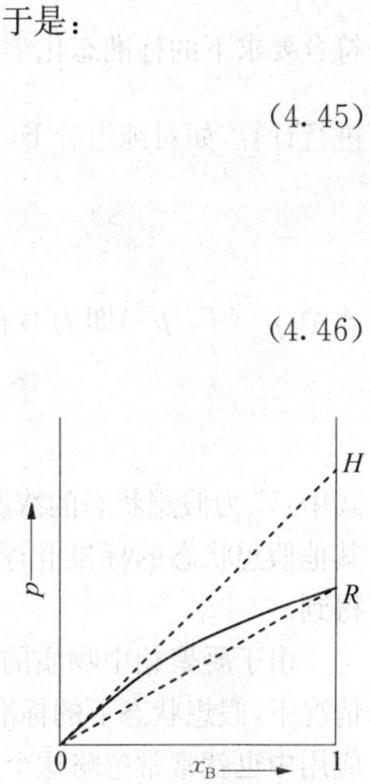

图 4.3　溶质 B 在溶液中的蒸气压

若溶质 B 的浓度用质量摩尔浓度表示，Henry 定律取 $p_B = k_{m,\ B}\dfrac{m_B}{m^{\ominus}}$ 形式，于是：

$$\mu_{\mathrm{B}} = \mu_{\mathrm{B}}^{\ominus}(T) + RT\ln\left(k_{m,\mathrm{B}}\frac{m_{\mathrm{B}}}{m^{\ominus}p^{\ominus}}\right) \tag{4.47}$$

令 $\mu_{\mathrm{B}}^{\ominus}(T, p) = \mu_{\mathrm{B}}^{\ominus}(T) + RT\ln(k_{m,\mathrm{B}}/p^{\ominus})$，则：

$$\mu_{\mathrm{B}} = \mu_{\mathrm{B}}^{\ominus}(T, p) + RT\ln\frac{m_{\mathrm{B}}}{m^{\ominus}} \tag{4.48}$$

式中：$\mu_{\mathrm{B}}^{\ominus}(T, p)$是 $m_{\mathrm{B}} = m^{\ominus}$ 时溶质的标准态化学势。通常取 $m^{\ominus} = 1\ \mathrm{mol\cdot kg^{-1}}$，而当 $m_{\mathrm{B}} = 1\ \mathrm{mol\cdot kg^{-1}}$时，实际溶液不一定符合 Henry 定律，所以 $\mu_{\mathrm{B}}^{\ominus}(T, p)$也是假想状态的化学势。

若溶质 B 的浓度用量浓度表示，Henry 定律取 $p_{\mathrm{B}} = k_{c,\mathrm{B}}\frac{c_{\mathrm{B}}}{c^{\ominus}}$ 形式，同理可得：

$$\mu_{\mathrm{B}} = \mu_{\mathrm{B}}^{\triangle}(T, p) + RT\ln\frac{c_{\mathrm{B}}}{c^{\ominus}} \tag{4.49}$$

式中：$\mu_{\mathrm{B}}^{\triangle}(T, p)$是 $c_{\mathrm{B}} = c^{\ominus} = 1\ \mathrm{mol\cdot L^{-1}}$ 时，溶质仍符合亨利定律的那个状态下 B 的化学势，显然这也是假想状态的化学势。

稀溶液的溶剂化学势表达式(4.44)中的第一项所对应的状态是纯溶剂的真实存在的状态，而稀溶液的溶质化学势表达式(4.46)、(4.48)、(4.49)中的第一项所对应的状态都是假想的状态，它们都是系统温度与压力的函数。无论是表达式(4.44)，还是表达式(4.46)、(4.48)、(4.49)，由于 $p \neq p^{\ominus}$，这个条件不符合标准态的要求，因此，这些表达式中的标准态化学势与符合要求下的标准态化学势有差别。这些差别可根据化学势与压强的关系 $\left(\frac{\partial \mu_{\mathrm{B}}}{\partial p}\right)_{T, n_{\mathrm{B}}} = V'_{\mathrm{B}}$ 进行计算，如对纯组分 B，$V'_{\mathrm{B}} = V_{m,\mathrm{B}}$，则有：

$$\mu_{\mathrm{B}}^{*}(T, p) = \mu_{\mathrm{B}}^{*}(T, p^{\ominus}) + \int_{p^{\ominus}}^{p} V_{m,\mathrm{B}}\mathrm{d}p$$

式中：$\mu_{\mathrm{B}}^{*}(T, p^{\ominus})$即为 B 在符合要求下的标准态下的化学势。同理，对 $\mu_{\mathrm{B}}^{\ominus}(T, p)$则有：

$$\mu_{\mathrm{B}}^{*}(T, p) = \mu_{\mathrm{B}}^{\ominus}(T, p^{\ominus}) + \int_{p^{\ominus}}^{p} V'_{\mathrm{B}}\mathrm{d}p$$

式中：V'_{B}为假想状态的浓度下组分 B 的偏摩尔体积，$\mu_{\mathrm{B}}^{\ominus}(T, p^{\ominus})$为符合要求下的标准化学势。其他假想状态的标准化学势与符合要求下的标准态化学势间的关系也可进行类似的处理得到。

由于凝聚相中物质的偏摩尔体积本身就非常小，因此，在一般压强（p 与 $p^{\ominus}$ 相差不大）的情况下，假想状态下的标准态化学势与符合要求下的标准态化学势在数值上十分相近。实际应用中也就常常忽略这个差别，视二者为等同。

应该指出，当溶液的状态一定时，溶质的化学势 μ_{B} 必为定值，它不会因溶质浓度的表示方法不同而改变。

有了稀溶液各组分的化学势表达式，则将其代入 Gibbs-Duhem 方程可以证明：对 A，B 二组分的溶液，若组分 A 在某一浓度区间内符合 Raoult 定律，则在该浓度区间内组分 B 必符合 Henry 定律，反之亦然。

4.8 化学势在稀溶液中的应用

在指定了溶剂的种类及其数量后，稀溶液的某些性质只取决于所含溶质质点的数目，而与溶质的本性无关，这些性质称为稀溶液的依数性。包括：①蒸气压降低 $\Delta p_A = p_A^* x_B$（可由 Raoult 定律直接导出）；②凝固点下降 $\Delta T_f = K_f m_B$；③沸点升高 $\Delta T_b = K_b m_B$；④渗透压 $\Pi = RTc_B$。本节利用化学势就可以推导出稀溶液的依数性，使之上升到理论，便于我们更清楚地了解 K_f，K_b 等经验常数的实质。

4.8.1 凝固点下降

前已指出，在纯物质的正常凝固点温度下，固、液两相平衡共存，纯物质在两相的化学势相等。而对于溶液而言，若溶质只溶解于液态溶剂而不溶于固态溶剂，少量溶质的存在使溶液的蒸气压降低，且使溶液中溶剂的化学势小于固态纯溶剂的化学势，固态纯溶剂因此融熔，并溶解进入溶液中，从而改变溶液的浓度。同时，固态溶剂融熔时吸热使体系的温度下降，直至某一温度时，固态纯溶剂与溶液才达到两相平衡。这个平衡温度称为溶液的凝固点，显然它低于纯溶剂的正常凝固点。图 4.4 示意性地说明了稀溶液凝固点下降的原因。图中 T_f^* 为纯溶剂的正常凝固点，T_f 为溶液的凝固点。从热力学上很容易导出凝固点降低值 $\Delta T_f = T_f^* - T_f$ 与溶液组成的关系。

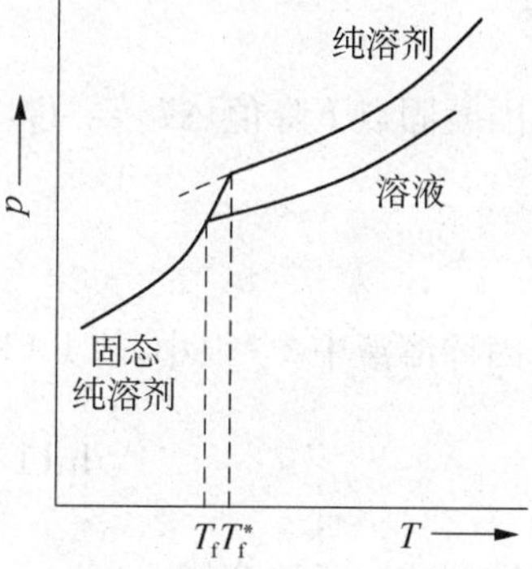

图 4.4 稀溶液凝固点下降

假设压强为 p 时，溶液的凝固点为 T，则溶液中溶剂 A 的化学势与固态纯溶剂 A 的化学势相等，即：

$$\mu_{A,1}(T, p, x_A) = \mu_{A,s}^*(T, p) \tag{4.50}$$

在恒压下，当溶液浓度 x_A 变化 dx_A 时，凝固点相应地由 T 变为 $T+dT$，故重新建立两相平衡的条件是：

$$d\mu_{A,1}(T, p, x_A) = d\mu_{A,s}^*(T, p) \tag{4.51}$$

因而：

$$\left(\frac{\partial \mu_{A,1}}{\partial T}\right)_{p, x_A} dT + \left(\frac{\partial \mu_{A,1}}{\partial x_A}\right)_{p, T} dx_A = \left(\frac{\partial \mu_{A,s}^*}{\partial T}\right)_p dT$$

对于稀溶液的溶剂 $\mu_{A,1} = \mu_{A,1}^* + RT\ln x_A$，且 $\left(\frac{\partial \mu_A}{\partial T}\right)_{p, n_i} = -S'_A$，代入上式得：

$$-S'_{A,1}dT + RT\ln x_A = -S_{m,A,s}dT \tag{4.52}$$

式(4.52)中 $S'_{A,1}$ 为稀溶液中溶剂 A 的偏摩尔熵，一般近似等于其纯组分的摩尔熵，$S'_{A,1} \approx S_{m,A,1}$。又因为：

$$S'_{A,l}-S_{m,A,s}=S_{m,A,l}-S_{m,A,s}=\frac{H_{m,A,l}-H_{m,A,s}}{T}=\frac{\Delta_{fus}H_{m,A}}{T}$$

$\Delta_{fus}H_{m,A}$为纯溶剂的摩尔熔化焓。所以：

$$\mathrm{d}\ln x_A=\frac{\Delta_{fus}H_{m,A}}{RT^2}\mathrm{d}T \tag{4.53}$$

假设温度改变不大时，可以认为 $\Delta_{fus}H_{m,A}$与温度无关，则积分式(4.53)得：

$$\int_1^{x_A}\mathrm{d}\ln x_A=\int_{T_f^*}^{T_f}\frac{\Delta_{fus}H_{m,A}}{RT^2}\mathrm{d}T$$

得出：

$$\ln x_A=-\frac{\Delta_{fus}H_{m,A}}{R}\left(\frac{1}{T_f}-\frac{1}{T_f^*}\right) \tag{4.54}$$

因凝固点下降值 $\Delta T_f=T_f^*-T_f$ 通常很小，故 $T_f^*T_f\approx(T_f^*)^2$，式(4.54)可改写成：

$$-\ln x_A=-\frac{\Delta_{fus}H_{m,A}}{R(T_f^*)^2}\Delta T_f \tag{4.55}$$

因稀溶液中 x_B 很小，故 $\ln(1-x_B)$可作级数展开，并略去高次项：

$$\ln(1-x_B)=-x_B-\frac{1}{2}x_B^2-\frac{1}{3}x_B^3-\cdots\approx-x_B$$

这样式(4.55)变成：

$$\Delta T_f=\frac{R(T_f^*)^2}{\Delta_{fus}H_{m,A}}x_B \tag{4.56}$$

稀溶液中 $x_B\approx\frac{n_B}{n_A}=m_BM_A$，其中 M_A 为溶剂 A 的摩尔质量。若令：

$$K_f=\frac{R(T_f^*)^2M_A}{\Delta_{fus}H_{m,A}} \tag{4.57}$$

K_f 称为溶剂的凝固点降低常数，可以看出，K_f 仅与纯溶剂的性质有关，例如水的 $K_f=1.86\ \mathrm{K\cdot kg\cdot mol^{-1}}$。这样式(4.57)可写成：

$$\Delta T_f=K_f\cdot m_B \tag{4.58}$$

一般来说金属的 K_f 值较大，因此少量杂质也能使金属熔点下降很多。表 4.2 列出一些常见溶剂的 K_f 值。

表 4.2　几种常见溶剂的凝固点降低常数

溶剂	水	乙酸	萘	环己烷	樟脑	苯	苯酚	四氯化碳
K_f / ($\mathrm{K\cdot kg\cdot mol^{-1}}$)	1.86	3.90	6.94	20	40	5.12	7.27	30

由式(4.56)和式(4.58)可见，稀溶液的凝固点降低与溶质的浓度成正比，和溶质的本性无关。由于推导时并未涉及溶质能否挥发，因此对于挥发性和非挥发性溶质式(4.56)和式

(4.58)均适用,但只限于析出固态纯溶剂的情况。

若析出的固相不是纯溶剂A,而是含有溶质B的固溶体,则推导就从 $\mu_{A,l}(T, p, x_{A,l}) = \mu_{A,s}(T, p, x_{A,s})$ 出发,得到凝固点下降的公式:

$$\Delta T_f = T_f^* - T_f = \frac{RT_f^* \cdot T_f}{\Delta_{fus}H_{m,A}}\ln\frac{x_{A,s}}{x_{A,l}} \approx \frac{R(T_f^*)^2}{\Delta_{fus}H_{m,A}}\ln\frac{x_{A,s}}{x_{A,l}} \tag{4.59}$$

式中:$x_{A,l}$ 和 $x_{A,s}$ 分别为溶剂在液相和固相溶体中的摩尔分数。由此可见,溶液中析出的固相为固溶体时,可能出现凝固点上升的现象。若 $x_{A,l} > x_{A,s}$,溶剂在液态溶液中的浓度大于在固溶体中的浓度,则 $\Delta T_f < 0$,凝固点上升;反之,若 $x_{A,l} < x_{A,s}$,则 $\Delta T_f > 0$,凝固点下降。

式(4.58)可用于测定溶质的摩尔质量。对一定的溶剂其 K_f 为已知,实测 ΔT_f 之后便可求出 m_B。而 $m_B = \dfrac{W_B}{M_B W_A}$,根据实验中所用的溶剂和溶质的质量 W_A 和 W_B,即可计算 M_B。由于式(4.58)只适用于析出固态溶剂A的稀溶液,要准确测定 M_B 时,需要测定几个不同浓度的 ΔT_f,按式(4.58)计算 M_B,然后以 M_B 对 m_B 作图,外推至 $m_B \to 0$ 处即得准确的 M_B。

【例题1】　将0.031 kg $BaSO_4$ 溶解在0.125 kg NaCl熔体中,NaCl的凝固点下降37.2 K。已知NaCl的 $K_f = 19.7\ \mathrm{K \cdot kg \cdot mol^{-1}}$,求 $BaSO_4$ 在熔体中的摩尔质量和电离度。

〖解〗　按实验测定结果计算有:

$$M'_B = \frac{W_B K_f}{W_A \Delta T_f} = \frac{0.031\ \mathrm{kg} \times 19.7\ \mathrm{K \cdot kg \cdot mol^{-1}}}{0.125\ \mathrm{kg} \times 37.2\ \mathrm{K}} = 0.131\ \mathrm{kg \cdot mol^{-1}}$$

按相对原子质量计算 $BaSO_4$ 的摩尔质量为 $M_B = 0.233\ \mathrm{kg \cdot mol^{-1}}$,所以:

$$\frac{M_B}{M'_B} = \frac{0.233}{0.131} = 1.78$$

若 $BaSO_4$ 在NaCl熔体中完全离解,则 $v = 2$。本题计算结果 $v = 1.78$,证明 $BaSO_4$ 没有完全电离。设电离度为 α,则1 mol $BaSO_4$ 电离后剩余 $(1-\alpha)$mol,产生 Ba^{2+} 和 SO_4^{2-} 各为 α mol,合计 $(1-\alpha)+2\alpha = 1.78$,因此 $\alpha = 0.78$。

4.8.2　沸点升高

沸点是指液体的蒸气压等于外压时的温度。在一定温度下,含有非挥发性溶质的溶液的蒸气压低于纯溶剂的蒸气压,只有升高温度使蒸气压增大到等于外压,才能使溶液沸腾,所以溶液的沸点比纯溶剂高。

在恒压下的沸点温度时,液-气两相平衡,有:$\mu_{A,l}(T, p, x_A) = \mu_{A,g}(T, p)$。由此出发,像推导凝固点下降公式那样,可以导出下列沸点升高公式:

$$-\ln x_A = -\frac{\Delta_{vap}H_{m,A}}{R(T_b^*)^2}(T_b - T_b^*) \tag{4.60}$$

$$\Delta T_b = \frac{R(T_b^*)^2 M_A}{\Delta_{vap}H_{m,A}} m_B = K_b m_B \tag{4.61}$$

这两个公式适用于含非挥发性溶质的稀溶液。式中:$\Delta_{vap}H_{m,A}$ 为纯溶剂A的摩尔蒸发焓;$\Delta T_b = T_b - T_b^*$ 为溶液的沸点与纯溶剂的沸点之差,称为沸点升高值;K_b 为溶剂的沸点升高常数,它只与溶剂的性质有关,表4.3列出一些常见溶剂的沸点升高常数。

表 4.3　几种常见溶剂的沸点升高常数

溶剂	水	甲醇	乙醇	乙醚	丙酮	苯	氯仿	四氯化碳
K_b / (K·kg·mol^{-1})	0.52	0.80	1.20	2.10	1.72	2.57	3.88	5.02

沸点升高与凝固点降低的测定常用于确定溶质的相对分子质量。由于凝固点降低常数较沸点升高常数大几倍甚至几十倍，因而采用凝固点降低法测得的实验数据误差小于采用沸点升高法测得的实验数据误差。

【例题 2】 在 5.0×10^{-2} kg CCl_4(A)中，溶入 5.126×10^{-4} kg 萘(B)（$M_R = 0.128\,16$ kg·mol^{-1}），测得溶液的沸点较纯溶剂升高 0.402 K。若在等量的溶剂 CCl_4 中溶入 6.215×10^{-4} kg的未知物，测得沸点升高约 0.647 K，求该未知物的摩尔质量。

〖解〗 根据 $\Delta T_b = K_b m_B$，即：

$$\Delta T_b = K_b \frac{n_B}{W_A} = K_b \frac{W_B/M_B}{W_A}$$

代入所给数据，得：

$$0.402 = \frac{5.126\times10^{-4}/0.128\,16}{5.0\times10^{-2}} K_b$$

$$0.647 = \frac{6.215\times10^{-4}/M_B}{5.0\times10^{-2}} K_b$$

联立求解，得：

$$M_B = 96.7\ \text{g}\cdot\text{mol}^{-1}$$

4.8.3 渗透压

半透膜是一种对于物质的透过具有选择性的膜。有许多天然的和人造的半透膜，允许混合系统中的某些物质粒子透过，而不允许另外一些物质粒子透过，有明显的选择性。常见的动物器官的膜（如膀胱膜、肠衣）以及植物的表皮等均是半透膜，人工制造的火棉胶等也具有半透膜的特性。金属钯的薄膜只允许气体氢分子通过而不允许其他气体分子通过，也可把金属钯的薄膜看成是氢分子的半透膜。

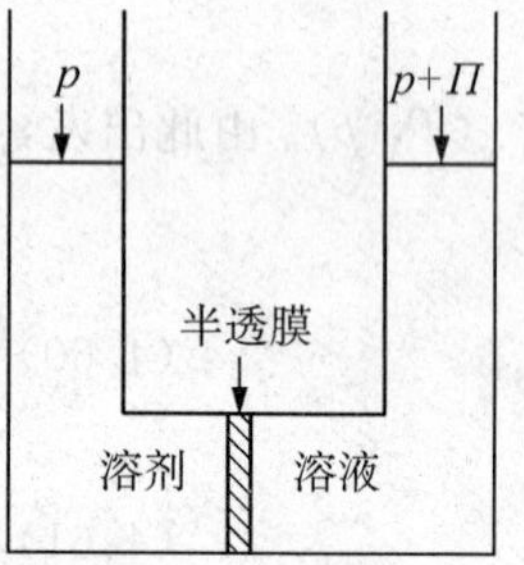

图 4.5　渗透压

在如图 4.5 所示的装置中，若取相同体积的纯溶剂 A 和溶液置于半透膜两边，半透膜允许溶剂 A 分子通过而不允许溶质分子通过。由于溶液中溶剂的化学势小于纯溶剂的化学势，因此溶剂分子能通过半透膜进入溶液一侧，从而使溶液的体积增大，液面升高，这种现象称为渗透现象。当溶液液面升高到一定高度，溶液体积不再改变时就达到了渗透平衡。注意在渗透平衡时，两相的压力不相等。为了阻止纯溶剂分子渗透，必须额外增加溶液上的压力 Π，使得溶液中的化学势增大，直到两边溶剂的化学势相等而达到平衡。这个额外压力就定义为渗透压，用 Π 表示。换言之，渗透压就是为阻止渗透发生所需要额外施加的最小压力。

在一定温度下渗透平衡时，半透膜两边溶剂的化学势相等，即：

$$\mu_A(T, p+\Pi, x_A) = \mu_A^*(T, p)$$

由此出发，可以导出关于渗透压 Π 的公式：

$$\Pi V'_A = -RT\ln x_A \tag{4.62}$$

式中：V'_A 为溶液中溶剂 A 的偏摩尔体积。在稀溶液中 $V'_A \approx V_{m,A}$，溶液体积 $V \approx n_A V_{m,A}$，又 $-\ln x_A \approx x_B \approx n_B/n_A$，故式(4.62)可近似写成：

$$\Pi V = n_B RT \tag{4.63}$$

或：

$$\Pi = c_B RT \tag{4.64}$$

溶质的浓度越小，即溶液越稀，此式越正确。由公式可以看出，溶液渗透压的大小只由溶液中溶质的浓度决定，而与溶质的本性无关，故渗透压也是溶液的依数性质。从形式上看，渗透压公式与理想气体状态方程极为相似。通过渗透压的测量，可以求出大分子溶质的摩尔质量。

根据反渗透原理，采用耐高压的半透膜，就可以制作用于海水淡化或处理工业废水的净化装置。反渗透的关键问题是要有性能良好的半透膜。渗透现象在生物学中十分重要，植物就是靠根部细胞膜的渗透作用而从土壤中吸收水分。在人体中，肾小球中的膜就具有反渗透作用，肾小球膜的反渗透功能可以阻止血液中的蛋白进入尿液。

【例题 3】 用渗透压测得胰凝乳朊酶原的平均摩尔质量为 25.00 $kg \cdot mol^{-1}$。今在 298.2 K 时有含该溶质 B 的溶液，测得其渗透压为 1 539 Pa。试问每 0.1 dm^3 溶液中含该溶质多少 kg?

〖**解**〗 由于溶液极稀，根据：

$$\Pi = c_B RT = \frac{W_B/M_B}{V}RT$$

$$W_B = \frac{\Pi V M_B}{RT}$$

可得：

$$m_B = \frac{(1\,539\ \mathrm{Pa}) \times (0.1 \times 10^{-3}\ \mathrm{m^3}) \times (25.00\ \mathrm{kg \cdot mol^{-1}})}{(8.314\ \mathrm{J \cdot mol^{-1} \cdot K^{-1}}) \times (298.2\ \mathrm{K})}$$
$$= 1.522 \times 10^{-3}\ \mathrm{kg}$$

4.8.4* 分配定律

在恒温恒压下，若物质 B 以同一形态溶解于两个同时存在但互不相溶的液体相(A, D)中，达到平衡后，该物质在两相(α 和 β)中的浓度之比有定值，这就是分配定律。用公式表示为：

$$K = \frac{m_{B,\alpha}}{m_{B,\beta}} \quad 或 \quad K = \frac{c_{B,\alpha}}{c_{B,\beta}} \tag{4.65}$$

式中：$m_{B,\alpha}$，$m_{B,\beta}$ 分别为溶质 B 在 α 相和 β 相中的质量摩尔浓度；K 称为分配系数，与温度、压力、溶质的性质及两种溶剂的性质有关。分配定律最早是由经验总结出来的。当两相中的浓度不大时，该式能很好地与实验结果相符。这个经验定律也可以从热力学得到证明。令 $\mu_{B,\alpha}$ 和 $\mu_{B,\beta}$ 分别代表 α 和 β 两相中溶质 B 的化学势，在等温等压下，当溶质 B 在 α 和 β 两相中达到平衡后，有 $\mu_{B,\alpha} = \mu_{B,\beta}$，即：

$$\mu^{\ominus}_{B,\alpha}(T,\ p)+RT\ln x_{B,\alpha}=\mu^{\ominus}_{B,\beta}(T,\ p)+RT\ln x_{B,\beta}$$

所以有：

$$\frac{x_{B,\alpha}}{x_{B,\beta}}=\exp\left[\frac{\mu^{\ominus}_{B,\beta}(T,\ p)-\mu^{\ominus}_{B,\alpha}(T,\ p)}{RT}\right]=K(T,\ p) \tag{4.66}$$

应用分配定律时应注意，如果溶质在任一溶剂中有缔合或解离现象，则分配定律仅能适用于溶质在溶剂中分子形态相同的部分。

在实际应用中有许多涉及从两平衡液相分离出某物质的过程，例如有机萃取等。分配定律为这些分离过程奠定了理论基础。

萃取在物质及材料、工业废水的提取、分离、净化等过程中有广泛的应用。工业过程中总是期望用适量的萃取剂，获得最大的萃取效率。分配定律为提高萃取效率提供了理论指导。设体积为 $V_A(\mathrm{dm}^3)$ 的水溶液含有某溶质 B 的质量为 $W_0(\mathrm{kg})$，现用体积为 $V_D(\mathrm{dm}^3)$ 的萃取剂进行萃取。设第一次萃取后水溶液相中余下 W_1 的溶质，按分配定律，有：

$$K=\frac{c_{B,D}}{c_{B,A}}=\frac{\dfrac{(W_0-W_1)/M_B}{V_D}}{\dfrac{W_1/M_B}{V_A}} \tag{4.67}$$

式中：M_B 为溶质的摩尔质量。整理上式得：

$$W_1=W_0\frac{V_A}{KV_D+V_A}$$

若第二次再用 V_D 的新萃取剂萃取，余下 W_2 的溶质留在水溶液相中，则：

$$W_2=W_1\frac{V_A}{KV_D+V_A}=W_0\left(\frac{V_A}{KV_D+V_A}\right)^2$$

依次类推，若每次均用 V_D 的新萃取剂萃取，经过 n 次萃取后，水溶液相中剩余的溶质为 $W_n(\mathrm{kg})$，则：

$$W_n=W_0\left(\frac{V_A}{KV_D+V_A}\right)^n=W_0\left[\frac{1}{K\dfrac{V_D}{V_A}+1}\right]^n \tag{4.68}$$

显然，W_n 小，且所用萃取剂又少，$W'_1=W_0\left(\dfrac{V_A}{nKV_D+V_A}\right)$ 效果就好。由式(4.68)可见，K 越大越好，因此应选择 K 大的萃取剂；V_D/V_A 越大越好，但大量使用萃取剂经济上不合算。同时，还可以看出，若用一定量的萃取剂分几次萃取，比用同量萃取剂一次萃取的效率要高得多。假设将 $nV_D(\mathrm{dm}^3)$ 的有机相进行一次性萃取，则余下溶质 $W'_1(\mathrm{kg})$ 为：

$$W'_1=W_0\left(\frac{V_A}{nKV_D+V_A}\right) \tag{4.69}$$

比较式(4.68)和式(4.69)可知，$W_n<W'_1$，因此，"少量多次" 萃取也是提高萃取效率的有效途径。

4.9 真实溶液中组分 B 的化学势

4.9.1 真实溶液及其特点

对于真实溶液，由于组分分子之间发生这样或那样的化学效应，不符合理想溶液规律。真实溶液各组分既对 Raoult 定律有偏差，也对 Henry 定律有偏差。这种偏差要么是正偏差，要么是负偏差，分别如图 4.6 中的(a)和(b)所示。真实溶液有稀溶液和浓溶液(非稀溶液)之别。这里所讲的真实溶液实际上就是指浓溶液。

对 Raoult 定律出现正偏差时，$p_i > p_i^* x_i$，即蒸气压大于按 Raoult 定律计算的值。一般当二元溶液中 A 与 D 分子间的吸引力小于同类分子间的吸引力，或形成溶液时伴随有纯组元缔合分子的离解，使分子数增多，从而使溶液中的分子比在纯组元状态下的蒸发趋势更大，就会出现正偏差。出现正偏差的系统常常伴随 $\Delta_{mix}V_m > 0$ 及 $\Delta_{mix}H_m > 0$，例如 Fe－Cu 系统，Sn－Tl 系统等。

对 Raoult 定律出现负偏差时，$p_i < p_i^* x_i$，蒸气压小于按 Raoult 定律计算的值，一般当二元溶液中 A，D 分子间相互吸引力大于同类分子间的相互吸引力，或形成溶液时伴有缔合度增大或化合物生成而使分子数减小，从而使溶液中的分子挥发逸出的能力小于纯物质的挥发逸出能力，就会出现负偏差。出现负偏差的体系常常伴随 $\Delta_{mix}V_m < 0$ 及 $\Delta_{mix}H_m < 0$。具有负偏差的金属二元系统有 Fe－Ni，Fe－Si，Al－Sb 等。

同理，对于真实溶液的某组分，其蒸气压大于或小于按 Henry 定律计算的值，也相应称为出现正偏差或负偏差。

图 4.6(a)中是两组分都产生正偏差，然后溶液整体也是正偏差的情况；图 4.6(b)中是两组分都产生负偏差，然后溶液整体也是负偏差的情况。热力学理论并不排除一组分产生正偏差，而另一组分产生负偏差的情况，也不排除某组分在一定浓度范围内产生正偏差，而在另外浓度范围内产生负偏差的情况，有兴趣者可参阅有关专著和文献。

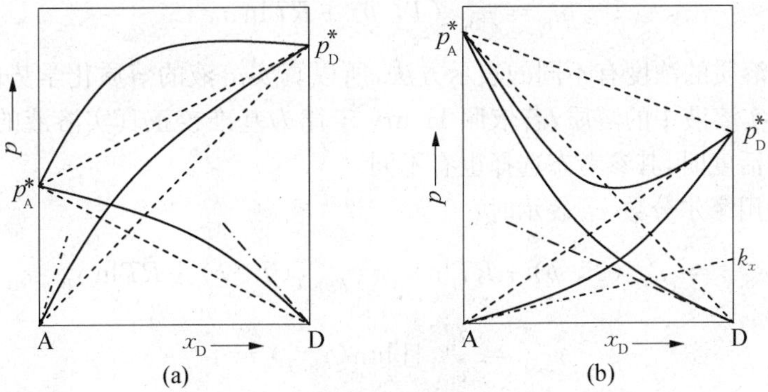

图 4.6　真实溶液对理想溶液的偏差

4.9.2 真实溶液组分 B 的化学势及其活度的概念

为了让真实溶液中某组分 B 的化学势表达式具有与理想溶液或稀溶液的相类似的形式，Lewis 仿照气体逸度的概念，提出了相对活度(简称活度)的概念。也就是说，提出活度概念的目的是为了修正实际溶液中某组分 B 的化学势对理想溶液或稀溶液的偏差，本质上就是依照 Raoult 定律或 Henry 定律进行修正。在理想溶液中无溶剂和溶质之分，任一组分 B 的化学势可表示为：

$$\mu_B = \mu_B^*(T, p) + RT\ln x_B \tag{4.70}$$

依照 Raoult 定律有：

$$x_B = \frac{p_B}{p_B^*}$$

对于实际溶液，Raoult 定律已不适用，应对浓度进行修正。如果 x_B 用 $\gamma_B x_B$ 代替，令 $a_B = \gamma_B x_B$，于是实际溶液中某组分 B 的化学势为：

$$\mu_B = \mu_B^*(T, p) + RT\ln a_B \tag{4.71}$$

式中：a_B 称为组分 B 的活度；γ_B 称为组分 B 的活度因子，也称为活度系数，它表示在真实溶液中，组分 B 的浓度与理想溶液的浓度偏差，因此，活度又俗称为校正浓度。活度因子 γ_B 实际上是对 Raoult 定律的偏差系数。活度和活度因子均是量纲为 1 的量。

由上述可见，一种活度的定义包括两个部分：活度及活度因子的定义式；活度及活度因子参考态的选择。如果依照 Raoult 定律进行修正，求算真实溶液的某组分 B 的活度，参考态就选择其纯组分 B 的本身状态。

比较式(4.70)和式(4.71)可知，有了活度概念，将理想溶液的一切热力学公式中的浓度项改为活度，便可形式不变地用于真实溶液，这就是引进活度概念的优点。

上述修正是依照 Raoult 定律进行的，通常称为以 Raoult 定律为基准或以理想溶液为基准进行修正。也可以依照 Henry 定律对真实溶液进行修正，即以 Henry 定律为基准或以稀溶液为基准进行修正。若将实际溶液区分为溶剂和溶质，则溶剂的活度采用以 Raoult 定律为基准的活度定义，而溶质则需采用以 Henry 定律为基准定义活度。

依照 Henry 定律为基准校正真实溶液的浓度，此时溶质的化学势可表示为：

$$\mu_B = \mu_{B,x}^*(T, p) + RT\ln a_B$$

因为稀溶液溶质的浓度有不同的表示方法，所以真实溶液的溶质化学势的表达式也有不同的形式。对真实溶液中的溶质，若依照 Henry 定律为基准校正真实溶液的浓度，求算真实溶液某组分 B 的活度时，其参考态选择也有不同。

当 B 的浓度用摩尔分数 x_B 表示时：

$$\mu_{B,x} = \mu_{B,x}^*(T, p) + RT\ln a_B = \mu_{B,x}^*(T, p) + RT\ln \gamma_{B,x} x_B$$

$$\gamma_{B,x} = \frac{a_B}{x_B}，且 \lim_{x_B \to 0}(\gamma_{B,x}) = 1 \tag{4.72}$$

式(4.72)表明求算活度的参考态是 $x_B = 1$ 时仍能服从 Henry 定律的那个假想状态，即要求 $x_B = 1$，又要求 $\gamma_{B,x} = 1$。这与相应的化学势的标准态相同；而实际上活度因子 $\gamma_{B,x}$ 的参考态应该是 $x_B \to 0$ 的状态，也就是无限稀薄溶液的状态。

当 B 的浓度用 m_B 表示时：

$$\mu_B = \mu_{B,m}^* + RT\ln a_{B,m} = \mu_{B,m}^*(T, p) + RT\ln(\gamma_{B,m} m_B / m^{\ominus}) \tag{4.73}$$

$$\gamma_{B,m}=\frac{a_B}{m_B/m^{\ominus}},且\lim_{m_B\to 0}(\gamma_{B,m})=1 \tag{4.74}$$

式(4.74)表明活度的参考态是 $m_B=m^{\ominus}=1\,mol\cdot kg^{-1}$ 时仍能服从 Henry 定律的那个假想状态，即要求 $m_B=m^{\ominus}=1\,mol\cdot kg^{-1}$，又要求 $\gamma_{B,m}=1$。这与相应的化学势的标准态相同；而实际上活度因子 $\gamma_{B,m}$的参考态应该是 $m_B\to 0$ 的状态，也就是无限稀薄溶液的状态。

当B的浓度用 c_B 表示时：

$$\mu_B=\mu^*_{B,c}(T,p)+RT\ln a_{B,c}=\mu^*_B(T,p)+RT\ln(\gamma_{B,c}c_B/c^{\ominus}) \tag{4.75}$$

$$\gamma_{B,c}=\frac{a_B}{c_B/c^{\ominus}},且\lim_{c_B\to 0}(\gamma_{B,c})=1 \tag{4.76}$$

式(4.76)表明活度的参考态是 $c_B=c^{\ominus}=1\,mol\cdot dm^{-3}$ 时仍能服从 Henry 定律的那个假想状态，即要求 $c_B=c^{\ominus}=1\,mol\cdot dm^{-3}$，又要求 $\gamma_{B,c}=1$。这与相应的化学势的标准态相同；而实际上活度因子 $\gamma_{B,c}$的参考态应该是 $c_B\to 0$ 的状态，也就是无限稀薄溶液的状态。

总之，对于真实溶液，引入了活度的概念后，其化学势仍保留理想溶液或稀溶液化学势的表示形式。因此，对于同一溶液中的物质B，若选用不同的浓度单位，便应该选用不同的参考态来求算其活度，选用不同标准状态来确定其化学势。但是，绝不会因为采用不同的浓度单位，选用不同的标准状态而得出不同的化学势。活度及活度因子都是量纲为1的量，是针对真实溶液中某组分而言的，但它们都是系统的强度性质，是与系统的温度、压力、组成有关的函数。

习　题

1. 0.022 5 kg $Na_2CO_3\cdot 10H_2O$ 溶于水中，溶液体积为 0.2 dm^3，溶液密度为 1.04 $kg\cdot dm^{-3}$，求溶质的质量分数、质量摩尔浓度、物质的量浓度和摩尔分数表示的浓度值。

答案：$w\%=4.007\%$，$m=0.393\,8\,mol\cdot kg^{-1}$，$c=0.393\,2\,mol\cdot dm^{-3}$，$x=7.045\times 10^{-3}$。

2. 293.15 K时，质量分数为60%的甲醇水溶液的密度是 0.894 6 $kg\cdot dm^{-3}$，在此溶液中水的偏摩尔体积为 $1.68\times 10^{-2}\,dm^3\cdot mol^{-1}$。求甲醇的偏摩尔体积。

答案：$3.977\times 10^{-2}\,dm^3\cdot mol^{-1}$。

3. 在 298.2 K时，要从下列混合物中分出 1 mol 的纯 A，试计算最少必须做功的值：(1) 大量的 A 和 B 的等物质的量混合物；(2) 含 A 和 B 物质的量各为 2 mol 的混合物。

答案：(1) −1 717 J；(2) −2 138 J。

4. 在 80℃时，纯苯的蒸气压为 100 kPa，纯甲苯的蒸气压为 38.7 kPa。两液体可形成理想液态混合物。若有苯-甲苯的气-液平衡混合物，80℃时，气相中苯的摩尔分数 y(苯) $=0.300$，求液相的组成。

答案：x(苯) $=0.142$，x(甲苯) $=0.858$。

5. 把 200 g 蔗糖($C_{12}H_{22}O_{11}$)溶解在 2 kg 水中，求 373.15 K 时水的蒸气压降低多少。

答案：0.53 kPa。

6. 两液体 A，B 形成理想溶液，在一定温度下，溶液的平衡蒸气压为 53.297 kPa，蒸气中 A 的摩尔分数 $y_A=0.45$，溶液中 A 的摩尔分数 $x_A=0.65$。求该温度下两种纯液体的饱和蒸气压。

答案：$p_A=36.898\,kPa$，$p_B=83.752\,kPa$。

7. HCl 溶解于氯苯中的亨利系数为 $4.44\times 10^4\,Pa\cdot kg\cdot mol^{-1}$。试求当氯苯溶液中含 HCl 的质量摩尔

分数为 1.00%时，HCl 溶液上面的分压为多少。

答案：1.23×10^4 Pa。

8. 某油田向油井注水，对水的质量要求之一是其中的含氧量不超过 1 mg·dm^{-3}，若河水温度为 293.15 K，空气中含氧 21%(体积)，293.15 K 时氧气在水中溶解的亨利常数为 406.31×10^4 kPa，试问 293.15 K 时用此河水做油井用水，水质是否合格?

答案：河水中的含氧量为 9.302 mg·dm^{-3}，不合格。

9. 已知镉的熔点为 594.05 K，熔化热为 5 105 J·mol^{-1}。某 Cd－Pb 熔体中含 Pb 1%(质量分数)，假定固态时铅完全不溶于镉中，计算该熔体的凝固点。

答案：590.93 K。

10. 298.15 K 时，将 2 g 某化合物溶于 1 kg 水中的渗透压与在 298.15 K 时将 0.8 g 葡萄糖($C_6H_{12}O_6$)和 1.2 g蔗糖($C_{12}H_{22}O_{11}$)溶于 1 kg 水中的渗透压相同。(1)求此化合物的摩尔质量；(2)此化合物溶液的蒸气压降低多少？(3)此化合物溶液的冰点是多少？(已知 298.15 K 时水的饱和蒸气压为 3.168 kPa，水的冰点降低常数 $K_f = 1.86$ K·kg·mol^{-1})

答案：(1) 251.7×10^{-3} kg·mol^{-1}；(2) 4.533×10^{-4} kPa；(3) 273.135 K。

11. 将 12.2 g 苯甲酸溶于 100 g 乙醇中，溶液的沸点比乙醇的沸点升高 1.13 K；将 12.2 g 苯甲酸溶于 100 g 苯中，溶液的沸点比苯的沸点升高 1.36 K。计算苯甲酸在两种溶剂中的摩尔质量。已知乙醇和苯的沸点升高常数分别为 1.20 K·kg·mol^{-1}和 2.62 K·kg·mol^{-1}。

答案：在乙醇中 $M = 129.6\times10^{-3}$ kg·mol^{-1}，在苯中 $M = 235\times10^{-3}$ kg·mol^{-1}。

12. 在 27℃时，4 g 某溶质溶于 1 000 cm^3 溶剂中，测出该溶液的渗透压为 64.8 Pa，试确定该溶质的摩尔质量。

答案：1.54×10^3 g·mol^{-1}。

13. 人的血液(可视为水溶液)在 101.325 kPa 下的凝固点为－0.56℃，已知水的 $K_f = 1.85$ K·kg·mol^{-1}，求：(1) 310.15 K(37 ℃)时血液的渗透压；(2) 在 310.15 K 时，1 dm^3 蔗糖($C_{12}H_{22}O_{11}$)水溶液中需含多少克蔗糖才能与血液有相同的渗透压(设血液的密度为 1 000 kg·m^{-3})。

答案：(1) 776.41 kPa；(2) 103.07 g。

14. 在 100 g 水中溶解 29 g NaCl，该溶液在 373.15 K 时蒸气压为 82.927 kPa，求 373.15 K 时该溶液的渗透压。已知 373.15 K 时水的比容为 1.043 dm^3·kg^{-1}。

答案：3.309×10^4 kPa。

15. 293.15 K 时某有机酸在水和乙醚中的分配系数为 0.4，用该有机酸 5 g 溶于 0.1 dm^3 水中形成溶液。若用 0.04 dm^3 乙醇萃取(所用乙醚已事先被水饱和，因此萃取时不会有水溶于乙醚)，求水中还剩有多少有机酸。

答案：2.5 g。

16. 288.15 K 时，将碘溶解于 0.100 mol·dm^{-3}的 KI 水溶液中，与四氯化碳一起振荡，达平衡后分为两层。经滴定法测定，在水层中碘的平衡浓度为 0.050 mol·dm^{-3}，在 CCl_4 层中为 0.085 mol·dm^{-3}。碘在四氯化碳和水之间的分配系数 $\dfrac{c(I_2/CCl_4)}{c(I_2/H_2O)} = 85$。求反应 $I_2 + I^- \rightleftharpoons I_3^-$ 在 288.15 K 的平衡常数。

答案：961 mol^{-1}·dm^3。

17. 三氯甲烷(A)和丙酮(B)形成的溶液，液相组成为 $x_B = 0.713$ 时，在 301.35 K 下总蒸气压为 29.39 kPa，蒸气中 $y_B = 0.818$。已知在该温度时，纯三氯甲烷的蒸气压为 29.57 kPa，试求溶液中三氯甲烷的活度和活度系数。

答案：$a_A = 0.182$，$\gamma_A = 0.630$。

18. 288.15 K 时，1 mol NaOH 溶于 4.559 mol H_2O 中所成溶液的蒸气压为 596.5 Pa。在该温度下，纯水的蒸气压为 1 705 Pa，求：(1)溶液中水的活度等于多少？(2)在溶液中和在纯水中，水的化学势相差多少?

答案:(1) 0.349 8;(2) 2 516 J·mol^{-1}。

19. 413.15 K 时,纯 C_6H_5Cl 和纯 C_6H_5Br 的蒸气压分别为 125.238 kPa 和 66.104 kPa,假定两液体形成理想溶液,若有该二者的混合溶液在 413.15 K,101.325 kPa 下沸腾,试求该溶液的组成及液面上蒸气的组成。

答案:$x_{C_6H_5Br} = 0.404$,$y_{C_6H_5Br} = 0.263$。

20. 已知 293.15 K 时纯苯的蒸气压为 10.011 kPa,当溶解于苯中的 HCl 摩尔分数为 0.042 5 时,气相中 HCl 的分压为 101.325 kPa。试问 293.15 K 时,当含 HCl 的苯溶液的总蒸气压为 101.325 kPa 时,100 g 苯中溶解多少克 HCl?

答案:1.869 g。

21. 在 262.45 K 时饱和的 KCl 溶液($m = 3.30\ \text{mol}\cdot\text{kg}^{-1}$)与纯冰平衡共存,已知水的凝固潜热为 6 025 J·mol^{-1},以 273.15 K 的纯水为参考态,计算饱和溶液中水的活度。

答案:0.897 5。

22. 实验研究铝在铁液与银液之间的分配平衡,在 1 873.15 K 测量 Fe-Al 合金中 Al 的活度系数,结果在 $0 < x(\text{Al}) < 0.25$ 范围内可用下式表示:$\ln\gamma(\text{Al}) = 2.60x(\text{Al}) - 1.51$。试求 1 873.15 K 下 Fe-Al 合金中,$x(\text{Fe}) = 0.80$ 时 Fe 的活度。

答案:0.754。

23. 在 300 K 时,液态 A 的蒸气压为 37.33 kPa,液态 B 的蒸气压为 22.66 kPa,当 2 mol A 和 2 mol B 混合后,液面上蒸气的压力为 50.66 kPa,在蒸气中 A 的摩尔分数为 0.60。假定蒸气为理想气体,求:(1) 溶液中 A 和 B 的活度;(2) 溶液中 A 和 B 的活度系数;(3) $\Delta_{\text{mix}}G$;(4) 若该溶液是理想溶液,则 $\Delta_{\text{mix}}G_{\text{id}}$的值为多少?

答案:(1) $a_A = 0.814$,$a_B = 0.894$;(2) $\gamma_A = 1.628$,$\gamma_B = 1.788$;(3) $-1\,586$ J;(4) $-6\,915$ J。

第5章

化 学 平 衡

几乎所有的化学反应都是既可以向正向进行，又可以向逆向进行的。在一定条件下，当正向和逆向两个反应速率相等时，反应体系就达到了动态平衡状态。从宏观角度来看，平衡后参与反应的各物质的数量均不再随时间而改变，反应似乎停止了。但从微观角度来看，正、逆两个方向的反应都在不断进行，只是二者的速率相等而已。如果外界条件不变，平衡状态不随时间变化，一旦外界条件发生改变，平衡状态就要发生变化。

本章将运用热力学和溶液理论的一些结论来处理化学平衡的问题，同时介绍化学平衡常数的测定和计算方法，探讨一些因素对化学平衡的影响。本章涉及的化学反应体系均指不做非膨胀功的封闭体系。

5.1 化学反应的方向和限度

在实际生产中设计一个新的化学反应时，我们都要考虑这样的问题：在给定的外界条件下，这个化学反应能否进行？如果可以进行，理论上可获得的最大产率是多少？这些问题归根到底都是化学平衡的问题，前者说的是化学反应的方向，后者说的是化学反应的限度。只有解决这两个问题，我们才能设计出合理高效的生产工艺，最大限度地获得需要的产品，避免人力、物力和时间的浪费。而要解决这两个问题，就要依赖于经典热力学和溶液的基本原理和规律。

5.1.1 化学反应系统的吉布斯函数

设任意的封闭系统内发生了如下化学反应：

$$\mathrm{dD}+e\mathrm{E}+\cdots\longrightarrow f\mathrm{F}+g\mathrm{G}+\cdots$$

反应系统内发生了微小的变化（如温度、压力和化学反应的变化），系统内各物质的量也相应地有微小的变化，则根据多组分体系热力学基本方程，体系内吉布斯函数的变化为：

$$\mathrm{d}G=-S\mathrm{d}T+V\mathrm{d}p+\sum_{\mathrm{B}}\mu_{\mathrm{B}}\mathrm{d}n_{\mathrm{B}}$$

若反应在等温、等压条件下进行，则：

$$\mathrm{d}G_{T,\,p}=\sum_{\mathrm{B}}\mu_{\mathrm{B}}\mathrm{d}n_{\mathrm{B}} \tag{5.1}$$

反应进度 ξ 的定义为：

$$\mathrm{d}\xi=\frac{\mathrm{d}n_B}{v_{\mathrm{B}}}\qquad \mathrm{d}n_{\mathrm{B}}=v_{\mathrm{B}}\mathrm{d}\xi$$

将之代入式(5.1)，得：

$$dG_{T,\,p} = \left(\sum_B v_B \mu_B\right) d\xi \tag{5.2}$$

移项得：

$$\left(\frac{\partial G}{\partial \xi}\right)_{T,\,p} = \sum_B v_B \mu_B \tag{5.3a}$$

当 ξ 为 1 mol 时，系统的吉布斯函数变化为：

$$\Delta_r G_m = \left(\frac{\partial G}{\partial \xi}\right)_{T,\,p} = \sum_B v_B \mu_B \tag{5.3b}$$

式(5.3a)和式(5.3b)只适用于等温、等压、不做非膨胀功的化学反应。$\Delta_r G_m$ 称为摩尔反应吉布斯函数变化，单位为 $J \cdot mol^{-1}$。$\Delta_r G_m$ 表示在等温、等压条件下，上述反应按计量方程进行一个单位的反应进度时引起的系统吉布斯函数变化，其下标 r 表示化学反应，m 表示反应进度 $\xi = 1$ mol。原则上，$\Delta_r G_m$ 可以根据式(5.3b)计算，结果等于参与反应的各物质化学势 μ_B 的代数和。但是，参与反应的各物质化学势 μ_B 与浓度有关，整个反应过程中 μ_B 都是变化的，要保持反应过程中 μ_B 不变只有两种情况：一种是在有限量体系中，反应进度 ξ 很小，体系中各物质数量的微小变化不足以引起物质浓度的变化，因而其化学势 μ_B 不变；另一种是在无限大量体系中发生了一个单位反应进度的化学反应，此时各物质浓度也基本没有变化，可看作化学势 μ_B 不变。以下讨论均指在这两种情况下，反应进度在 0～1 mol 范围内的变化。为简便起见，以下将等温、等压下标略去不写，也不再重复说明不做非膨胀功这一限制条件。

5.1.2 化学反应方向的判据及反应平衡条件

由热力学原理可知，在等温、等压条件下，化学反应过程总是自发地朝着吉布斯函数降低的方向进行，直到达到该条件下的极小值，体系便处于平衡状态。根据式(5.3b)，$\Delta_r G_m$，$\left(\frac{\partial G}{\partial \xi}\right)_{T,\,p}$ 和 $\sum_B v_B \mu_B$ 都可以作为化学反应方向和限度的判据，而且三者是完全等效的。

对于一个在等温、等压条件下进行的化学反应，以系统的吉布斯函数为纵坐标，反应进度 ξ 为横坐标作图，反应系统的吉布斯函数随反应进度 ξ 变化的曲线如图 5.1 所示。

图 5.1 中，R 点是反应物的吉布斯函数，P 点是产物的吉布斯函数，曲线表示反应过程中系统吉布斯函数随反应进度 ξ 变化的情况。E 点是反应平衡点，ξ_{eq} 为反应达到平衡时的反应进度。

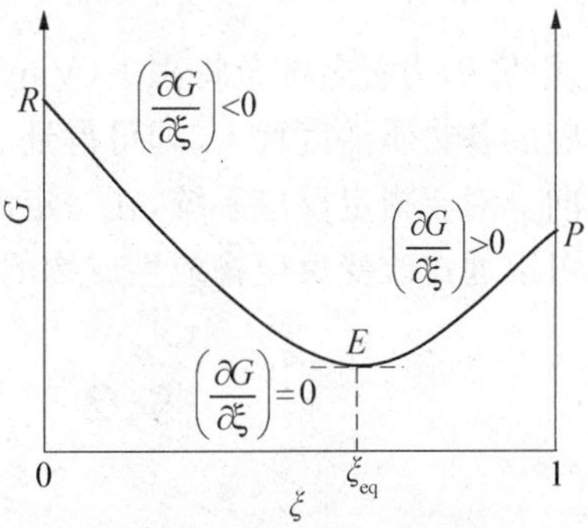

图 5.1 反应系统吉布斯函数随反应进度的变化

依据曲线所示，反应初期，$\left(\frac{\partial G}{\partial \xi}\right) < 0$，反应自发地向右，即向吉布斯函数减小的方向进行。反应进行到 E 点时，$\left(\frac{\partial G}{\partial \xi}\right) = 0$，体系的吉布斯函数最低，反应达到平衡。在曲线的 EP 段，$\left(\frac{\partial G}{\partial \xi}\right) > 0$，反应自发地向左，即向逆反应方向进行。

综合以上分析，可得化学反应自发方向的判据：

(1) 若 $\Delta_r G_m = \left(\frac{\partial G}{\partial \xi}\right)_{T,p} = \sum_B v_B \mu_B < 0$,则化学反应自发地向右进行；

(2) 若 $\Delta_r G_m = \left(\frac{\partial G}{\partial \xi}\right)_{T,p} = \sum_B v_B \mu_B = 0$,则化学反应达到平衡；

(3) 若 $\Delta_r G_m = \left(\frac{\partial G}{\partial \xi}\right)_{T,p} = \sum_B v_B \mu_B > 0$,则化学反应不能自发地向右进行,但逆反应可以自发进行。

亦可定义化学反应亲和势,以 A 表示：

$$A = -\Delta_r G_m = -\left(\frac{\partial G}{\partial \xi}\right)_{T,p} = -\sum_B v_B \mu_B \tag{5.4}$$

A 属于强度性质,只与反应体系所处状态有关。相应地,以化学反应亲和势 A 为判据判断化学反应的方向有：如果 $A > 0$,则化学反应自发地向右进行；$A = 0$,则化学反应达到平衡；$A < 0$,则化学反应不能自发地向右进行。

5.1.3 化学反应等温方程

在多组分系统中,对于参与反应的化学物质中任意组分 B,普适的化学势表达式为：

$$\mu_B = \mu_B^\ominus + RT\ln a_B$$

代入式(5.3b)得：

$$\Delta_r G_m = \left(\frac{\partial G}{\partial \xi}\right)_{T,p} = \sum_B v_B \mu_B^\ominus + \sum_B v_B RT\ln a_B \tag{5.5}$$

式中：$\sum_B v_B \mu_B^\ominus$ 是指产物和反应物均处于标准状态时,产物的吉布斯函数之和与反应物的吉布斯函数之和的差,以 $\Delta_r G_m^\ominus$ 表示,即 $\Delta_r G_m^\ominus = \sum_B v_B \mu_B^\ominus$,称为标准摩尔反应吉布斯函数变化。由于 $\mu_B^\ominus$ 仅是温度的函数,$\Delta_r G_m^\ominus$ 也仅是温度的函数,对于指定的反应系统,温度一定时,$\Delta_r G_m^\ominus$ 有定值。

再令 $J_a = \prod_B a_B^{v_B}$,J_a 为反应处于任意指定反应进度时,参与反应的各物质的活度幂函数之积,常称作活度商,则式(5.5)可写为：

$$\Delta_r G_m = \Delta_r G_m^\ominus + RT\ln J_a \tag{5.6}$$

式(5.6)为著名的范特霍夫(Van't Hoff)化学反应等温方程。只要求得 $\Delta_r G_m^\ominus$ 值,并将参与反应的各物质活度代入,即可得到 $\Delta_r G_m$ 值,从而根据 $\Delta_r G_m$ 的正负判断化学反应自发进行的方向。对于指定反应系统,在一定温度下,$\Delta_r G_m^\ominus$ 值是确定的,但 J_a 值是人为可以改变的,因此,可以通过改变反应物或生成物的活度来增加或减小正向反应的趋势。

5.2 化学反应的标准平衡常数

5.2.1 化学反应标准平衡常数的定义

在等温、等压条件下,当化学反应达到平衡状态时,反应的摩尔吉布斯函数变化 $\Delta_r G_m = 0$,代入式(5.5)可知：

$$\Delta_r G_m = \sum_B v_B \mu_B^{\ominus} + \sum_B v_B RT \ln a_B = 0$$

整理得：
$$\Delta_r G_m^{\ominus} = \sum_B v_B \mu_B^{\ominus} = -\sum_B RT \ln (a_B)^{v_B}$$

有：
$$\exp\left[\frac{-\sum_B v_B \mu_B^{\ominus}}{RT}\right] = \prod_B (a_B)^{v_B} \tag{5.7}$$

令：
$$K^{\ominus} = \prod_B (a_{B,\ eq})^{v_B} \tag{5.8}$$

式(5.8)等号的右边为反应平衡时参与反应的各组分物质的活度幂函数之积，称作活度商，活度的下标 eq 表示此时体系处于平衡状态。由于 $K^{\ominus}$ 与标准态化学势相关，称为化学反应的标准平衡常数。式(5.8)为标准平衡常数的热力学定义式，它对任何化学反应都适用，只是根据各系统活度含义不同，$K^{\ominus}$ 的意义也不同，它与参与反应的各组分物质的本性、温度以及标准态的选择有关。

在使用标准平衡常数时，应注意以下两点：

(1) $K^{\ominus}$ 只是温度的函数，是量纲为 1 的量；

(2) $K^{\ominus}$ 与化学反应计量式的书写方式有关。

例如，对于同一个理想气体反应，如果反应方程分别按以下两种方式书写：

(1) $SO_2 + \frac{1}{2}O_2 = SO_3 \qquad K_1^{\ominus}$

(2) $2SO_2 + O_2 = 2SO_3 \qquad K_2^{\ominus}$

由于：
$$K_1^{\ominus} = \frac{\left[\frac{p(SO_3)}{p^{\ominus}}\right]}{\left[\frac{p(SO_2)}{p^{\ominus}}\right]\left[\frac{p(O_2)}{p^{\ominus}}\right]^{\frac{1}{2}}} \qquad K_2^{\ominus} = \frac{\left[\frac{p(SO_3)}{p^{\ominus}}\right]^2}{\left[\frac{p(SO_2)}{p^{\ominus}}\right]^2\left[\frac{p(O_2)}{p^{\ominus}}\right]}$$

所以：
$$K_2^{\ominus} = (K_1^{\ominus})^2$$

另一方面，由式(5.7)和式(5.8)可知：

$$K^{\ominus} = \prod_B (a_{B,\ eq})^{v_B} = \exp\left[\frac{-\sum_B v_B \mu_B^{\ominus}}{RT}\right] = \exp\left(\frac{-\Delta_r G_m^{\ominus}}{RT}\right)$$

整理得：
$$\Delta_r G_m^{\ominus} = -RT \ln K^{\ominus} \tag{5.9}$$

式(5.9) 建立了两个重要的物理量 $\Delta_r G_m^{\ominus}$ 和 $K^{\ominus}$ 之间的联系，今后只要计算出 $\Delta_r G_m^{\ominus}$ 值，就可以通过上式得到该温度下的标准平衡常数 $K^{\ominus}$。但是，值得注意的是，虽然通过式(5.9) 建立了 $\Delta_r G_m^{\ominus}$ 和 $K^{\ominus}$ 数值上的联系，然而两个物理量所处的状态完全不同。$\Delta_r G_m^{\ominus} = \sum_B v_B \mu_B^{\ominus}$，$\Delta_r G_m^{\ominus}$ 与反应物质的标准态化学势有关，$\Delta_r G_m^{\ominus}$ 的数值是处于标准态时的数值；而 $K^{\ominus} = \prod_B (a_B)^{v_B}$，$K^{\ominus}$ 代表的是化学反应处于平衡状态时各反应物质的活度商，$K^{\ominus}$ 是处于平衡状态的物理量，在计算时应特别注意二者的区别。

再将式(5.9)代入式(5.6)，得到范特霍夫化学反应等温方程的另一种形式：

$$\Delta_r G_m = -RT\ln K^{\ominus} + RT\ln J_a \tag{5.10}$$

范特霍夫等温方程将化学反应过程中物质的量的关系与反应过程中系统的摩尔吉布斯函数的变化联系了起来，其意义是显而易见的。由该方程同样可以判断等温、等压条件下化学反应的自发方向和限度：

(1) 若 $K^{\ominus} > J_a$，则 $\Delta_r G_m < 0$，化学反应可以自发地向右进行；

(2) 若 $K^{\ominus} = J_a$，则 $\Delta_r G_m = 0$，化学反应达到平衡；

(3) 若 $K^{\ominus} < J_a$，则 $\Delta_r G_m > 0$，化学反应不能自发地向右进行。

显然，要确定反应的方向与限度，最重要的是确定标准平衡常数 $K^{\ominus}$。通过测定平衡时各物质的量来确定 $K^{\ominus}$ 是有一定局限性的。因为要测定平衡时各物质的量须先确定反应是否达到了平衡，若反应达到平衡，还要测定反应系统各组分的浓度。但可根据 $\Delta_r G_m^{\ominus} = -RT\ln K^{\ominus}$ 先求出 $\Delta_r G_m^{\ominus}$，再求得标准平衡常数 $K^{\ominus}$。

在使用式(5.10)判断化学反应进行的方向和限度时，一要注意反应物质活度商 J_a 的计算(参考态问题)；二要注意反应物质化学势表达式中标准态的选择(标准态问题)。此外，需要说明的是，$\Delta_r G_m$ 的数值大小与标准态的选择无关，与计算反应物质活度商 J_a 时使用的参考态无关，因为参考态的使用同标准态的选择是对应的。

5.2.2 气相反应的标准平衡常数

1. 理想气体反应的标准平衡常数

对于理想气体混合物反应系统，参与反应的任意组分 B 的化学势为：

$$\mu_B = \mu_B^{\ominus} + RT\ln\frac{p_B}{p^{\ominus}}, 即\ a_B = \frac{p_B}{p^{\ominus}}$$

代入式(5.8)，并根据平衡条件，得：

$$K^{\ominus} = \prod_B \left(\frac{p_B}{p^{\ominus}}\right)^{v_B} \tag{5.11}$$

式(5.11)是理想气体反应标准平衡常数的表达式，它是一个只取决于温度和物质本性的量纲为 1 的量。

实际应用中，对于理想气体混合物发生的化学反应，气体混合物的组成可以用分压 p_B，物质的量浓度 c_B 或摩尔分数 x_B 来表示，因此除 $K^{\ominus}$ 之外，理想气体反应还常使用 K_p，K_c，K_x 等相应的经验平衡常数来表达。

(1) 以分压表示的平衡常数 K_p，定义为：

$$K_p = \prod_B (p_B)^{v_B} \tag{5.12}$$

与式(5.11)比较，得：

$$K^{\ominus} = K_p(p^{\ominus})^{-\sum v_B} \tag{5.13}$$

由于 $K^{\ominus}$ 只依赖于温度和物质的本性，所以 K_p 也只与反应温度和物质本性有关。K_p 的单位是 $(Pa)^{\sum v_B}$。

(2) 以物质的量浓度表示的平衡常数 K_c，定义为：

$$K_c = \prod_B (c_B)^{\nu_B} \tag{5.14}$$

对于理想气体混合物有：

$$p_B = n_B RT/V = c_B RT \tag{5.15}$$

比较可得 K_p 与 K_c 的关系式为：

$$K_p = K_c (RT)^{\sum \nu_B} \tag{5.16}$$

将式(5.16)代入式(5.13)可得 $K^{\ominus}$ 与 K_c 的关系式：

$$K^{\ominus} = K_c \left(\frac{RT}{p^{\ominus}}\right)^{\sum \nu_B} \tag{5.17}$$

同样，K_c 也只与反应温度和物质本性有关，与总压和各物质平衡组成无关。K_c 的单位是 $(c)^{\sum \nu_B}$，如果 c 的单位采用 $mol \cdot L^{-1}$，则 K_c 的单位为 $(mol \cdot L^{-1})^{\sum \nu_B}$。

(3) 以摩尔分数表示的平衡常数 K_x，定义为：

$$K_x = \prod_B (x_B)^{\nu_B} \tag{5.18}$$

对于理想气体混合物有：

$$x_B = \frac{p_B}{p} \tag{5.19}$$

比较可得 K_p 与 K_x 的关系式为：

$$K_p = K_x (p)^{\sum \nu_B} \tag{5.20}$$

将式(5.20)代入式(5.13)可得 $K^{\ominus}$ 与 K_c 的关系式：

$$K^{\ominus} = K_x \left(\frac{p}{p^{\ominus}}\right)^{\sum \nu_B} \tag{5.21}$$

式(5.21)表明，与其他平衡常数不同，K_x 受理想气体混合物总压影响显著。K_x 是温度与总压的函数，是量纲为 1 的量。

又因：

$$x_B = n_B / n_{总}$$

所以：

$$K_x = \prod_B (n_B/n_{总})^{\nu_B} = \left(\prod_B n_B^{\nu_B}\right) n_{总}^{-\sum \nu_B} = K_n n_{总}^{-\sum \nu_B}$$

$$K_n = K_x \cdot n_{总}^{\Delta \nu}$$

n_B 是容量性质，与 x_B，p_B 不同，不具有浓度的内涵。因此，K_n 不是平衡常数，而是 $\prod_B n_B^{\nu_B}$ 的代表符号。在进行化学平衡运算时，常常会用到 K_n。由上式可以看出，K_n 亦不仅是温度的函数，还是总压力 p 和系统中总物质的量 $n_{总}$ 的函数。即 p 改变时，K_n 随之而变；系统中总物质的量 $n_{总}$ 改变时，K_n 亦随之而变。若 $\sum \nu_B \neq 0$，K_n 具有量纲，其单位为 $mol^{\sum \nu_B}$。

综上所述，K_p，K_x，K_n 与标准平衡常数的关系为：

$$K^{\ominus} = K_p (p^{\ominus})^{-\sum \nu_B} = K_x \left(\frac{p}{p^{\ominus}}\right)^{\sum \nu_B} = K_c \left(\frac{RT}{p^{\ominus}}\right)^{\sum \nu_B} = K_n \left(\frac{p}{p^{\ominus} n_{总}}\right)^{\sum \nu_B}$$

当$\sum v_B = 0$时，$K^{\ominus} = K_p = K_x = K_c = K_n$。

2. 实际气体反应的标准平衡常数

对于实际气体混合物反应体系，只要将组分B的压力用逸度代替就可得到相应的表达式。已知组分B的化学势为：

$$\mu_B = \mu_B^{\ominus} + RT\ln\frac{f_B}{p^{\ominus}}，即\ a_B = \frac{f_B}{p^{\ominus}}$$

采用与理想气体体系相似的推导方式可得：

$$K^{\ominus} = \prod_B \left(\frac{f_B}{p^{\ominus}}\right)^{v_B} \tag{5.22}$$

式(5.22)即实际气体反应标准平衡常数的表达式，它只是温度的函数，与压力无关，量纲为1。

同样，除$K^{\ominus}$之外，实际气体反应还有用逸度表示的经验平衡常数K_f，定义为：

$$K_f = \prod_B (f_B)^{v_B} \tag{5.23}$$

与式(5.22)比较，得：

$$K^{\ominus} = K_f(p^{\ominus})^{-\sum v_B} \tag{5.24}$$

对于实际气体化学反应，K_f也只是温度的函数，单位为$(\mathrm{Pa})^{\sum v_B}$，与压力的单位有关。K_f一般情况下不是量纲为1的量，只有当$\sum v_B = 0$时才是量纲为1的量。

5.2.3 液相反应的标准平衡常数

对于液态混合物反应系统，化学反应的反应物和生成物均为液体，反应系统是理想液态混合物。因此，系统中各组分可以同等对待，无须区分溶质和溶剂，则$a_B = x_B$。液相反应中组分B的化学势可表示为：

$$\mu_B = \mu_B^{\ominus} + TR\ln x_B$$

采用类似气体反应平衡常数的推导方法，可得理想液态混合物中反应的标准平衡常数表达式：

$$K^{\ominus} = \prod_B (x_B)^{v_B} \tag{5.25}$$

如果反应系统是非理想液态混合物，任意组分B对Raoult定律产生偏差，则应当用相应的活度a_B代替摩尔分数x_B来表示标准平衡常数：

$$K^{\ominus} = \prod_B (a_B)^{v_B} \tag{5.26}$$

式中：$a_B = \gamma_B x_B$，γ_B是浓度用摩尔分数表示时的活度因子。

如果参与溶液反应的一种或多种物质的量很少，且均溶于一种溶剂，并与溶剂构成稀溶液，同时假定反应体系中溶剂不参与反应，且可忽略压力对凝聚体系的影响，则可采用与第4章类似的方法推导稀溶液系统的标准平衡常数。

(1) 当以质量摩尔浓度表示溶质的浓度时，标准平衡常数表达式为：

$$K^{\ominus} = \prod_{B} \left(\frac{m_B}{m^{\ominus}}\right)^{v_B} \tag{5.27}$$

(2) 当以物质的量浓度表示溶质的浓度时，标准平衡常数表达式为：

$$K^{\ominus} = \prod_{B} \left(\frac{c_B}{c^{\ominus}}\right)^{v_B} \tag{5.28}$$

在两种不同的表达方式中，$K^{\ominus}$ 均只是温度的函数，量纲为 1。

对于非理想溶液反应的情况，则应当用相应的活度 $a_{m,\,B}$ 或 $a_{c,\,B}$ 代替 m_B 和 c_B 来表示标准平衡常数：

$$K^{\ominus} = \prod_{B} (a_{m,\,B})^{v_B} \text{ 或 } K^{\ominus} = \prod_{B} (a_{c,\,B})^{v_B}$$

5.2.4 多相反应的标准平衡常数

对于既有固态或液态物质参与，又有气态物质参与的反应，化学反应主要发生在相与相的界面上，这类反应称作多相反应。由于多相反应中各物质处于不同的相态中，相应的标准态和活度也各不相同，因此在此类反应平衡常数的计算中，要特别注意标准态的选择和活度的计算。

多相反应的情况非常复杂，本书仅讨论最常见的一类情况：反应系统中除气体外，凝聚相（固相或液相）均为互不相混的纯物质相，并忽略压力对凝聚相的影响，化学反应只在界面上进行，即只发生气体与纯固体或纯液体之间的化学反应。由于凝聚相的纯物质在通常温度下的 V_m 值很小，在实际压力 p 和 $p^{\ominus}$ 近似的情况下，凝聚相纯物质的化学势近似等于其标准态化学势，即 $\mu_B^*(T,\,p) = \mu_B^{\ominus}(T)$，也就是说，凝聚相纯物质的活度可视作 1。又假设气相为理想气体混合物，则这类多相反应的标准平衡常数只与气相物质的压力有关，反应的标准平衡常数表达式可简化为与理想气体反应的标准平衡常数表达式的形式一致，即：

$$K^{\ominus} = \prod_{B(g)} \left(\frac{p_{B,\,eq}}{p^{\ominus}}\right)^{v_B} \tag{5.29}$$

式中：下标 B(g) 表示只对参与多相反应的气体求积。

例如，多相反应：

$$CaCO_3(s) \longrightarrow CaO(s) + CO_2(g)$$

$$\Delta_r G_m = \mu^{\ominus}(CaO,\,s) + \mu^{\ominus}(CO_2,\,g) + RT\ln\frac{p_{CO_2}}{p^{\ominus}} - \mu^{\ominus}(CaCO_3,\,s)$$

$$= \sum_B v_B \mu_B^{\ominus} + RT\ln\frac{p_{CO_2}}{p^{\ominus}}$$

反应平衡时，$\Delta_r G_m = 0$，则：

$$-\sum_B v_B \mu_B^{\ominus} = RT\ln\frac{p_{CO_2}}{p^{\ominus}}$$

根据标准平衡常数的定义可知：

$$K^{\ominus} = \exp\left(\frac{-\Delta_r G_m^{\ominus}}{RT}\right) = \exp\left(\frac{-\sum_B v_B \mu_B^{\ominus}}{RT}\right) = \frac{p_{CO_2}}{p^{\ominus}}$$

由上式可知，此类多相化学反应的标准平衡常数与凝聚相纯物质无关，只与气相物质的平衡压力有关。反应的标准平衡常数 $K^{\ominus}$ 等于平衡时 CO_2 的分压与标准压力的比值；亦即在一定温度时，不论 $CaCO_3$ 和 CaO 的数量有多少，平衡时 CO_2 的分压总是定值。在指定温度下，通常将平衡时 CO_2 的分压称为 $CaCO_3$ 分解反应的"分解压"，将 p_{CO_2} 等于环境压力时的反应温度称为分解温度。

实际应用中，可根据分解压来衡量物质的稳定性，判断分解反应是否能够自发进行。同样以碳酸钙分解反应为例，如果反应系统中 CO_2 的分压小于指定温度下的分解压，则分解反应可自发进行；反之，则不能进行分解反应。

如果分解产物中有不止一种气体，则物质的分解压应为气体产物的总压力。如 NH_4Cl(s)的分解反应：

$$NH_4Cl(s) \xlongequal{} NH_3(g) + HCl(g)$$

该反应平衡时体系的总压为 $p = p_{NH_3} + p_{HCl}$，且 $p_{NH_3} = p_{HCl}$，则标准平衡常数为：

$$K^{\ominus} = \frac{p_{NH_3}}{p^{\ominus}}\frac{p_{HCl}}{p^{\ominus}} = \left(\frac{1}{2}\frac{p}{p^{\ominus}}\right)\left(\frac{1}{2}\frac{p}{p^{\ominus}}\right) = \frac{1}{4}\left(\frac{p}{p^{\ominus}}\right)^2$$

5.3 平衡常数的测定与计算

5.3.1 平衡常数的实验测定

当化学反应达到平衡时，系统内各物质的浓度不随时间而改变，测定了平衡系统中各物质的浓度和压力，就可以计算出化学反应的平衡常数。可由实验测定平衡系统各物质的浓度或压力，通常可采用物理法或化学法两类方法。

1. 物理法

物理法是通过测定物质的物理性质（如颜色、电导率、折光率、吸收光谱、压力或体积改变等）来确定平衡体系的组成的方法。最好测定与浓度或压力成线性关系的物理量。物理法测定迅速方便，通常不会扰乱系统的平衡状态，是目前常用的方法。

2. 化学法

化学法是利用化学分析的方法来确定平衡系统的组成的方法。但是，测量时加入试剂往往会对反应平衡产生干扰，使得测定值并非真实浓度。所以，通常要采用降温或稀释的方法先使平衡"冻结"，然后再进行测定。

3. 判断反应系统是否已经达到平衡的几种方法

(1) 在外界条件不变的情况下，若反应系统已经达到平衡，则无论再经历多长时间，系统内各物质的浓度均不再改变。

(2) 从反应物开始正向进行反应，或是从生成物开始逆向进行反应，当反应达到平衡后，所得到的平衡常数应相等。

(3) 任意改变参与反应各物质的初始浓度，达到反应平衡后所得的平衡常数相同。

5.3.2 平衡常数的热力学计算

虽然可以通过物理或化学的方法来测定反应的平衡常数，但这种实验测定的方法通常具有一定的局限性，有些甚至无法直接测定，这时就有必要寻求化学反应平衡常数的计算方法。根据标准平衡常数与化学反应的标准摩尔吉布斯函数变化之间的关系式：

$$\Delta_r G_m^\ominus = -RT\ln K^\ominus$$

可知，只要用热力学的方法求出 $\Delta_r G_m^\ominus$，就可以通过上式计算出 $K^\ominus$ 的值。

1. 由标准摩尔生成吉布斯自由能计算标准平衡常数

由于化学势的绝对值是无法计算的，所以无法根据 $\Delta_r G_m^\ominus = \sum_B \upsilon_B \mu_B^\ominus$ 来计算 $\Delta_r G_m^\ominus$。为获得 $\Delta_r G_m^\ominus$ 值，可以依照热化学中通过标准摩尔生成焓变 $\Delta_f H_m^\ominus$ 计算标准摩尔反应焓变 $\Delta_r H_m^\ominus$ 的方法，定义标准摩尔生成吉布斯函数变化 $\Delta_f G_m^\ominus$ 来计算标准摩尔反应吉布斯函数变化 $\Delta_r G_m^\ominus$。

标准摩尔生成吉布斯函数变化的定义为：在标准状态下，由稳定的单质(包括纯理想气体、纯固体或纯液体)生成 1 mol 化合物时的标准吉布斯函数变化值，称为该化合物的标准生成吉布斯函数，用符号 $\Delta_f G_m^\ominus$ 表示。其中，下标 f 表示生成。这里所指的温度为反应温度，通常 298.15 K 时的数据可由热力学数据表中查到。根据这一定义，稳定单质的标准摩尔生成吉布斯函数 $\Delta_f G_m^\ominus = 0$。故求取反应的标准摩尔吉布斯函数变化 $\Delta_r G_m^\ominus$，也可采用类似求 $\Delta_r H_m^\ominus$ 的方法进行处理，即任意标准摩尔反应吉布斯函数是参与反应的各物质的标准摩尔生成吉布斯函数 $\Delta_f G_m^\ominus$ 的代数和，即：

$$\Delta_r G_m^\ominus = \sum_B \upsilon_B \Delta_f G_{m,B}^\ominus \tag{5.30}$$

有了常见化合物在 298.15 K 时的标准摩尔生成吉布斯函数，就可以通过式(5.30)计算任一个化学反应在 298.15 K 时的标准摩尔反应吉布斯函数变化，再由 Gibbs-Helmholtz 方程可计算任一温度下反应的 $\Delta_r G_m^\ominus$，从而求得任一温度下反应的标准平衡常数 $K^\ominus$。

例如，在 298.15 K 时发生了如下反应：

$$\frac{1}{2}N_2(g, p^\ominus) + \frac{3}{2}H_2(g, p^\ominus) \longrightarrow NH_3(g, p^\ominus)$$

已知反应的 $\Delta_r G_m^\ominus$ 为 $-16.635\ \text{kJ}\cdot\text{mol}^{-1}$，其反应物都是稳定单质，它们的标准摩尔生成吉布斯函数都为零，因为：

$$\Delta_r G_m^\ominus = \Delta_f G_m^\ominus(NH_3, g, 298.15\ \text{K}) - 0 - 0 = -16.635\ \text{kJ}\cdot\text{mol}^{-1}$$

则：

$$\Delta_f G_m^\ominus(NH_3, g, 298.15\ \text{K}) = \Delta_r G_m^\ominus = -16.635\ \text{kJ}\cdot\text{mol}^{-1}$$

【例题 1】 已知 298.15 K 时：

$$\Delta_f G_m^\ominus(H_2O, g) = -228.60\ \text{kJ}\cdot\text{mol}^{-1}$$
$$\Delta_f G_m^\ominus(CO_2, g) = -394.38\ \text{kJ}\cdot\text{mol}^{-1}$$

计算反应：

$$C(石墨) + 2H_2O(g) \longrightarrow CO_2(g) + 2H_2(g)$$

在 298.15 K 时的 $K^\ominus$。

〖解〗 由式(5.30)可知：

$$\begin{aligned}\Delta_r G_m^\ominus &= 2\Delta_f G_m^\ominus(H_2) + \Delta_f G_m^\ominus(CO_2) - 2\Delta_f G_m^\ominus(H_2O) - \Delta_f G_m^\ominus(C)\\ &= [2\times 0 + (-394.38) - 2\times(-228.60) - 0] = 62.82\ \text{kJ}\cdot\text{mol}^{-1}\end{aligned}$$

由于 $\Delta_r G_m^\ominus = -RT\ln K^\ominus$，得：

$$K^\ominus = \exp\left(\frac{-\Delta_r G_m^\ominus}{RT}\right) = \exp\left(\frac{-62.82\times10^3}{8.314\times298.15}\right) = 9.89\times10^{-12}$$

2. 由反应的 $\Delta_r H_m^\ominus$ 和 $\Delta_r S_m^\ominus$ 计算标准平衡常数

由热力学函数的定义式可知：

$$G = H - TS$$

在等温条件下有：

$$\Delta G = \Delta H - T\Delta S$$

对于在等温和标准压力下进行的化学反应，当反应进度 $\xi = 1$ mol 时，有：

$$\Delta_r G_m^\ominus = \Delta_r H_m^\ominus - T\Delta_r S_m^\ominus$$

若反应温度为 298.15 K，则可以利用热力学数据表中的标准摩尔生成焓 $\Delta_f H_m^\ominus$ 或燃烧焓 $\Delta_c H_m^\ominus$ 来计算标准摩尔反应焓 $\Delta_r H_m^\ominus$，利用热力学数据表中的标准摩尔规定熵 $S_m^\ominus$ 来计算标准摩尔反应熵 $\Delta_r S_m^\ominus$，从而计算 $\Delta_r G_m^\ominus$ 值，进一步得到 $K^\ominus$。若反应不是在 298.15 K 下进行，则应先算出所求温度下的 $\Delta_r H_m^\ominus$ 及 $\Delta_r S_m^\ominus$，然后再进一步计算。

【例题 2】 根据下列数据求反应：

$$C_2H_4(g) + H_2(g) = C_2H_6(g)$$

在 1 000 K 时的 $K^\ominus$。已知：(1) 298 K 时，乙烯和乙烷的 $\Delta_c H_m^\ominus$ 分别为 $-1\,411$ kJ·mol^{-1} 和 $-1\,560$ kJ·mol^{-1}，液态水的标准生成焓是 -286 kJ·mol^{-1}；(2) 298 K 时，$C_2H_4(g)$，$C_2H_6(g)$ 和 $H_2(g)$ 的 $S_m^\ominus$ 分别为 219.5 J·mol^{-1}·K^{-1}，229.5 J·mol^{-1}·K^{-1} 和 130.6 J·mol^{-1}·K^{-1}；(3) 在 298～1 000 K，反应的平均热容差 $\Delta_r C_p = -19.71$ kJ·mol^{-1}·K^{-1}。

〖解〗 液体水的标准生成焓即为氢气的标准燃烧焓，所以：

$$\Delta_r H_m^\ominus(298\text{ K}) = \Delta_c H_m^\ominus(C_2H_4, g) + \Delta_c H_m^\ominus(H_2, g) - \Delta_c H_m^\ominus(C_2H_6, g) = -137\text{ kJ·mol}^{-1}$$

$$\Delta_r S_m^\ominus(298\text{ K}) = S_m^\ominus(C_2H_6, g) - S_m^\ominus(C_2H_4, g) - S_m^\ominus(H_2, g) = -120.6\text{ J·mol}^{-1}\text{·K}^{-1}$$

$$\Delta_r H_m^\ominus(1\,000\text{ K}) = \Delta_r H_m^\ominus(298\text{ K}) + \Delta_r C_p\Delta T = -150.8\text{ kJ·mol}^{-1}$$

$$\Delta_r S_m^\ominus(1\,000\text{ K}) = \Delta_r S_m^\ominus(298\text{ K}) + \Delta_r C_p\ln\frac{1\,000}{298} = -144.4\text{ J·mol}^{-1}\text{·K}^{-1}$$

$$\Delta_r G_m^\ominus(1\,000\text{ K}) = \Delta_r H_m^\ominus(1\,000\text{ K}) - T\Delta_r S_m^\ominus(1\,000\text{ K}) = -6\,400\text{ J·mol}^{-1}$$

$$K^\ominus(1\,000\text{ K}) = 2.159$$

3. 由几个相关化学反应的 $\Delta_r G_m^\ominus$ 值计算标准平衡常数

如果所求化学反应能够用几个已知 $\Delta_r G_m^\ominus$ 值的反应式通过运算得到，就可以通过这几个相关化学反应的 $\Delta_r G_m^\ominus$ 值计算该反应的标准平衡常数。

例如，已知在 1 000 K 时，反应：

(1) C(石墨) + $O_2(g) = CO_2(g)$ $\qquad K_1^\ominus = 4.731\times10^{20}$；

(2) $CO(g) + \frac{1}{2}O_2(g) = CO_2(g)$ $\qquad K_2^\ominus = 1.659\times10^{10}$；

要计算如下反应在 1 000 K 时的平衡常数 $K_3^\ominus$：

(3) C(石墨) + $CO_2(g) \Longrightarrow 2CO(g)$

观察可以发现,反应(3)=反应(1)−2×反应(2),所以:

$$\Delta_r G^\ominus_{m,3} = \Delta_r G^\ominus_{m,1} - 2\Delta_r G^\ominus_{m,2}$$

$$-RT\ln K^\ominus_3 = -RT\ln K^\ominus_1 + 2RT\ln K^\ominus_2$$

解得:

$$K^\ominus_3 = \frac{K^\ominus_1}{(K^\ominus_2)^2} = 1.719$$

4. 由可逆电池的标准电动势 $E^\ominus$ 计算标准平衡常数

在后面的电化学中还会学到,$\Delta_r G^\ominus_m$ 等于标准状态下可逆电池对外所做的最大电功:

$$\Delta_r G^\ominus_m = -zE^\ominus F$$

根据标准电极电势表计算可逆电池的标准电动势 $E^\ominus$,就可以计算相应电池反应的 $\Delta_r G^\ominus_m$ 值,从而可以计算电池反应的 $K^\ominus$。

5.3.3 平衡转化率及平衡组成的计算

得到标准平衡常数后,便可根据计量方程计算平衡时体系中各物质的浓度,从而可以求出指定条件下反应的最大产率和转化率。

平衡转化率也叫理论转化率或最高转化率,是反应达到平衡后,反应物转化为产物的百分数。平衡转化率依赖于平衡条件,在计算时应正确写出平衡混合物中各物质的含量,特别要注意反应中各物质的计量系数。

$$平衡转化率 = \frac{反应平衡后原料转化为产物的物质的量}{投入原料的物质的量} \times 100\%$$

转化率是指在实际情况下,反应结束后,反应物转化为产物的百分数。由于实际情况下,反应常常不能达到平衡,因此实际的转化率常低于平衡转化率。转化率与反应进行的时间有关,转化率的极限就是平衡转化率。

由于在实际反应中,通常还伴随有副反应发生,反应物一部分转化为主产物,另一部分会变为副产物,因此工业上还习惯使用"产率"来表示得到期望产物的数量。与转化率不同,产率是从期望产物的数量来衡量反应的限度。由于副反应的存在和反应未达平衡,工业上的实际产率会比平衡产率低很多。本书只对平衡转化率进行讨论。

$$平衡产率 = \frac{平衡时主要产物的物质的量}{原料按化学反应式全部变为主要产物时应得产物的物质的量} \times 100\%$$

【例题3】 CH_4 转化反应如下:

$$CH_4(g) + H_2O(g) \Longrightarrow CO(g) + 3H_2(g)$$

已知温度为 900 K 时,反应的标准平衡常数 $K^\ominus = 1.28$,取等物质的量的 $CH_4(g)$ 和 $H_2O(g)$ 反应,求 900 K, 100 kPa 下反应达到平衡时体系的平衡转化率和组成。(气体可视为理想气体)

〖解〗 设 CH_4 和 H_2O 初始物质的量均为 1,平衡转化率为 α,则有:

$$CH_4(g) + H_2O(g) \longrightarrow CO(g) + 3H_2(g)$$

反应前	1	1	0	0
平衡时	$1-\alpha$	$1-\alpha$	α	3α

平衡时的总量为：

$$(1-\alpha)+(1-\alpha)+\alpha+3\alpha = 2(1+\alpha)$$

$$K^{\ominus} = \frac{\dfrac{p_{CO}}{p^{\ominus}}\left(\dfrac{p_{H_2}}{p^{\ominus}}\right)^3}{\dfrac{p_{CH_4}}{p^{\ominus}}\ \dfrac{p_{H_2O}}{p^{\ominus}}} = \frac{\dfrac{\alpha}{2(1+\alpha)}\dfrac{p}{p^{\ominus}}\left[\dfrac{3\alpha}{2(1+\alpha)}\ \dfrac{p}{p^{\ominus}}\right]^3}{\left[\dfrac{1-\alpha}{2(1+\alpha)}\ \dfrac{p}{p^{\ominus}}\right]^2} = \frac{27\alpha^4}{4(1-\alpha^2)^2}\left(\frac{p}{p^{\ominus}}\right)^2$$

$$= \frac{27\alpha^4}{4(1-\alpha^2)^2}\left(\frac{100}{100}\right)^2 = \frac{6.75\alpha^4}{(1-\alpha^2)^2} = 1.28$$

即：

$$\frac{\alpha^2}{(1-\alpha^2)} = 0.435$$

由于 α 在 $0\sim1$ 之间，所以取正值，解得平衡转化率 $\alpha = 0.55$。

平衡组成为：

$$x(CH_4) = \frac{1-0.55}{2(1+0.55)} = 0.145$$

$$x(H_2O) = 0.145$$

$$x(CO) = \frac{0.55}{2(1+0.55)} = 0.177$$

$$x(H_2) = \frac{3\times0.55}{2(1+0.55)} = 0.532$$

【例题 4】 甲醇的催化合成反应如下：

$$CO(g) + 2H_2(g) \longrightarrow CH_3OH(g)$$

已知在 523 K 时该反应的 $\Delta_r G_m^{\ominus} = 26.263\ \text{kJ}\cdot\text{mol}^{-1}$。若原料气中，$CO(g)$ 和 $H_2(g)$ 的物质的量之比为 1∶2，在 523 K 和 10^5 Pa 压力下，反应达到平衡。试求：(1) 该反应的平衡常数；(2) 反应的平衡转化率；(3) 平衡时各物质的摩尔分数。

〖解〗 (1) 由于 $\Delta_r G_m^{\ominus} = -RT\ln K^{\ominus}$，因此：

$$K^{\ominus} = \exp\left(\frac{-\Delta_r G_m^{\ominus}}{RT}\right) = \exp\left(\frac{-26\,263}{8.314\times523}\right) = 2.38\times10^{-3}$$

(2) 设 CO 初始物质的量为 1，平衡转化率为 α，则有：

$$CO(g) + 2H_2(g) \longrightarrow CH_3OH(g)$$

反应前	1	2	0
平衡时	$1-\alpha$	$2-2\alpha$	α

平衡时的总量为：

$$(1-\alpha)+(2-2\alpha)+\alpha = 3-2\alpha$$

$$K^{\ominus}=\frac{\dfrac{p_{CH_3OH}}{p^{\ominus}}}{\dfrac{p_{CO}}{p^{\ominus}}\left(\dfrac{p_{H_2}}{p^{\ominus}}\right)^2}=\frac{\dfrac{\alpha}{3-2\alpha}\dfrac{p}{p^{\ominus}}}{\left(\dfrac{1-\alpha}{3-2\alpha}\dfrac{p}{p^{\ominus}}\right)\left(\dfrac{2-2\alpha}{3-2\alpha}\dfrac{p}{p^{\ominus}}\right)^2}=\frac{\alpha(3-2\alpha)^2}{4(1-\alpha)^3}\left(\frac{p}{p^{\ominus}}\right)^{-2}=2.38\times10^{-3}$$

因为 $p=p^{\ominus}$，所以解得平衡转化率：

$$\alpha=1.04\times10^{-3}$$

(3) 平衡组成为：

$$x(CH_3OH)=\frac{\alpha}{3-2\alpha}=0.001$$

$$x(CO)=\frac{1-\alpha}{3-2\alpha}=0.333$$

$$x(H_2)=\frac{2-2\alpha}{3-2\alpha}=0.666$$

5.4 各种因素对化学平衡的影响

5.4.1 温度对化学平衡的影响

化学平衡是一种动态的平衡，平衡是相对的、有条件的、可移动的。许多因素都会对化学平衡产生影响，比如改变体系的温度、压力，向体系添加惰性气体等都可能使反应体系的平衡发生移动。在这些因素中，改变反应温度对体系化学平衡的影响最为显著。因为平衡常数 $K^{\ominus}$ 是温度的函数，温度的改变会引起平衡常数的改变，而改变压力或添加惰性气体一般只影响平衡的组成，不改变平衡常数。

温度对平衡常数的影响主要源于温度对标准化学势或标准摩尔吉布斯函数变化的影响。根据 Gibbs-Helmholtz 方程：

$$\left[\frac{\partial}{\partial T}\left(\frac{\Delta_r G_m}{T}\right)\right]_p=-\frac{\Delta_r H_m}{T^2}$$

若参与反应的各物质均处于标准态，则：

$$\left[\frac{\partial}{\partial T}\left(\frac{\Delta_r G_m^{\ominus}}{T}\right)\right]_p=-\frac{\Delta_r H_m^{\ominus}}{T^2}$$

由于 $\Delta_r G_m^{\ominus}=-RT\ln K^{\ominus}$，代入上式整理得：

$$\left(\frac{\partial \ln K^{\ominus}}{\partial T}\right)_p=\frac{\Delta_r H_m^{\ominus}}{RT^2} \qquad (5.31)$$

式(5.31)是反应的标准平衡常数随温度变化的微分形式，称为范特霍夫等压方程，是计算 $K^{\ominus}$ 和 T 关系的基本方程。

$\Delta_r H_m^{\ominus}$ 是产物与反应物在标准状态时的焓值之差，即反应在一定压力条件下的标准摩尔反应热。由 Van't Hoff 等压方程可以总结温度对反应平衡的影响如下：

(1) 对于正向吸热反应，$\Delta_r H_m^{\ominus} > 0$，则$\left(\frac{\partial \ln K^{\ominus}}{\partial T}\right)_p > 0$，即$K^{\ominus}$值随温度升高而增大。对已达到平衡的反应体系，升高温度，平衡将向吸热即生成产物方向移动，有利于正向反应进行；反之，$K^{\ominus}$值随温度降低而减小，降低温度，平衡将向放热即生成反应物方向移动，有利于逆向反应进行。

(2) 对于正向放热反应，$\Delta_r H_m^{\ominus} < 0$，则$\left(\frac{\partial \ln K^{\ominus}}{\partial T}\right)_p < 0$，即$K^{\ominus}$值随温度升高而减小，升高温度对放热反应不利。对已达到平衡的反应体系，升高温度，平衡将向逆向(吸热) 即生成反应物方向移动，不利于正向(放热) 反应进行；反之，$K^{\ominus}$值随温度降低而增大，降低温度，平衡将向正向(放热) 即生成产物方向移动，有利于正向反应进行。

对 Van't Hoff 公式的微分式进行积分，可以推得 Van't Hoff 公式的积分式。

(3) 如果温度变化不大，在一定温度范围内，$\Delta_r H_m^{\ominus}$值可近似看作不随温度而改变，因此积分时可将$\Delta_r H_m^{\ominus}$视为常数，对式(5.31)在温度$T_1 \sim T_2$范围进行定积分，得：

$$\int_{K^{\ominus}(T_1)}^{K^{\ominus}(T_2)} \mathrm{d}\ln K^{\ominus} = \frac{\Delta_r H_m^{\ominus}}{R}\int_{T_1}^{T_2} \frac{1}{T^2}\mathrm{d}T$$

$$\ln \frac{K^{\ominus}(T_2)}{K^{\ominus}(T_1)} = \frac{\Delta_r H_m^{\ominus}}{R}\left(\frac{1}{T_1} - \frac{1}{T_2}\right) \tag{5.32}$$

式(5.32)称为 Van't Hoff 公式的定积分式。若已知T_1温度下的平衡常数$K_1^{\ominus}$，则可根据上式计算T_2温度下的平衡常数$K_2^{\ominus}$。

(4) 如果温度变化较大，则$\Delta_r H_m^{\ominus}$不能视作常数，这种情况下一般只讨论其不定积分式。根据 Kirchhoff 公式的不定积分式：

$$\Delta_r H_m^{\ominus} = \Delta H_0 + \Delta a T + \frac{1}{2}\Delta b T^2 + \frac{1}{3}\Delta c T^3 + \cdots$$

代入式(5.31)得：

$$\left(\frac{\mathrm{d}\ln K^{\ominus}}{\mathrm{d}T}\right)_p = \frac{\Delta H_0 + \Delta a T + \frac{1}{2}\Delta b T^2 + \frac{1}{3}\Delta c T^3 + \cdots}{RT^2}$$

$$= \frac{\Delta H_0}{RT^2} + \frac{\Delta a}{RT} + \frac{\frac{1}{2}\Delta b}{R} + \frac{\frac{1}{3}\Delta c T}{R} + \cdots$$

积分得：

$$\ln K^{\ominus} = -\frac{\Delta H_0}{RT} + \frac{\Delta a}{R}\ln T + \frac{\Delta b}{2R}T + \frac{\Delta c}{6R}T^2 + \cdots + I \tag{5.33}$$

式(5.33)即标准平衡常数$K^{\ominus}$与温度的具体函数式，式中ΔH_0和I都为积分常数。而且，由于$\Delta_r G_m^{\ominus} = -RT\ln K^{\ominus}$，可得：

$$\Delta_r G_m^{\ominus} = \Delta H_0 - \Delta a T\ln T - \frac{\Delta b}{2}T^2 - \frac{\Delta c}{6}T^3 + \cdots - IRT$$

此外，若题给条件中已知参与反应各物质的热容是平均热容，则$\Delta_r C_{p,m}$为定值，即：

$$\Delta_r H_m^{\ominus} = \Delta H_0 + \Delta_r C_{p,m} T$$

代入式(5.31)作不定积分得：

$$\ln K^{\ominus} = -\frac{\Delta H_0}{RT} + \frac{\Delta C_p}{R}\ln T + I \tag{5.34}$$

同样，可得：

$$\Delta_r G_m^{\ominus} = \Delta H_0 - \Delta C_p T\ln T - IRT$$

【例题 5】 高温下制备水煤气的反应为：

$$C(s) + H_2O(g) = CO(g) + H_2(g)$$

已知反应在 1 000 K 和 1 200 K 时的标准平衡常数分别为 2.472 和 37.58。试求：(1)该反应在此温度区间内的 $\Delta_r H_m^{\ominus}$(设 $\Delta_r H_m^{\ominus}$ 在该温度区间内为常数)；(2)在 1 100 K 时的标准平衡常数。

〖解〗 (1) 设 $T_1 = 1\,000$ K，$T_2 = 1\,200$ K，代入 Van't Hoff 定积分式，有：

$$\ln\frac{K^{\ominus}(T_2)}{K^{\ominus}(T_1)} = \frac{\Delta_r H_m^{\ominus}}{R}\left(\frac{1}{T_1} - \frac{1}{T_2}\right)$$

$$\ln\frac{37.58}{2.472} = \frac{\Delta_r H_m^{\ominus}}{8.314}\left(\frac{1}{1\,000} - \frac{1}{1\,200}\right)$$

解得：

$$\Delta_r H_m^{\ominus} = 135.8\ \text{kJ} \cdot \text{mol}^{-1}$$

(2) 设 $T_1 = 1\,000$ K，$T_2 = 1\,100$ K，则：

$$\ln\frac{K^{\ominus}(T_2)}{2.472} = \frac{135.8 \times 10^3}{8.314}\left(\frac{1}{1\,000} - \frac{1}{1\,200}\right)$$

解得：

$$K^{\ominus}(1\,100\ \text{K}) = 10.91$$

【例题 6】 计算 $NH_4HCO_3(s)$ 在 298.15 K 时的分解压及分解温度(即分解压等于 $p^{\ominus}$ 时的反应温度)。

298.15 K 时的数据	$NH_4HCO_3(s)$	$H_2O(g)$	$NH_3(g)$	$CO_2(g)$
$\Delta_f H_m^{\ominus}/(\text{kJ} \cdot \text{mol}^{-1})$	−849.4	−241.8	−4.62	−393.51
$S_m^{\ominus}/(\text{J} \cdot \text{mol}^{-1} \cdot \text{K}^{-1})$	120.9	188.7	192.5	213.6

〖解〗 反应为 $NH_4HCO_3(s) = NH_3(g) + CO_2(g) + H_2O(g)$

(1) 求分解压：

$$\Delta_r H_m^{\ominus}(298.15\ \text{K}) = \sum_B v_B H_m^{\ominus}(\text{B}, 298.15\ \text{K})$$
$$= -4.62 - 393.51 - 241.8 - (-849.4) = 209.47\ \text{kJ} \cdot \text{mol}^{-1}$$

$$\Delta_r S_m^{\ominus}(298.15\ \text{K}) = \sum_B v_B S_m^{\ominus}(\text{B}, 298.15\ \text{K})$$
$$= 192.5 + 213.6 + 188.7 - 120.9 = 473.9\ \text{J} \cdot \text{mol}^{-1} \cdot \text{K}^{-1}$$

$$\Delta_r G_m^{\ominus} = \Delta_r H_m^{\ominus} - T\Delta_r S_m^{\ominus} = 209.47 - 298.15 \times 0.474 = 68.22\ \text{kJ} \cdot \text{mol}^{-1}$$

$$K^{\ominus}=\exp\left(\frac{-\Delta_r G_m^{\ominus}}{RT}\right)=\exp\left(\frac{-68.22\times10^3}{8.314\times298.15}\right)=1.10\times10^{-12}$$

而 $p(H_2O)=p(NH_3)=p(CO_2)=\frac{1}{3}p_{总}$，$K^{\ominus}=\left(\frac{p_{总}}{3p^{\ominus}}\right)^3$，所以：

$$p_{总}=31.31\ \text{Pa}$$

(2) 求分解温度 T^*：

令 $p_{总}=p^{\ominus}$，则 $K^{\ominus}(T^*)=\left(\frac{p^{\ominus}}{3p^{\ominus}}\right)^3=0.037$

已知 $T_1=298.15\ \text{K}$，$K^{\ominus}(298.15)=1.10\times10^{-12}$，$T_2=T^*$，$K^{\ominus}(T^*)=0.037$

根据 $\ln\frac{K^{\ominus}(T_2)}{K^{\ominus}(T_1)}=\frac{\Delta_r H_m^{\ominus}}{R}\left(\frac{1}{T_1}-\frac{1}{T_2}\right)$ 可得分解温度 $T^*=418.4\ \text{K}$

5.4.2 压力对化学平衡组成的影响

由5.2节的讨论可知，标准平衡常数 $K^{\ominus}$ 仅是温度的函数。因此，在温度一定的条件下，改变反应体系的压力，不会对标准平衡常数 $K^{\ominus}$ 的数值产生影响，只会改变平衡的组成。由于凝聚相(固相或液相)的体积受压力影响极小，所以通常忽略压力改变对凝聚相反应平衡的影响。本书只讨论压力对理想气体参与反应的平衡组成的影响。

已知理想气体混合物反应的标准平衡常数表达式为：

$$K^{\ominus}=\prod_B\left(\frac{p_B}{p^{\ominus}}\right)^{v_B}$$

将 $p_B=px_B$ 代入上式，p 为总压，即：

$$K^{\ominus}=\prod_B(x_B)^{v_B}\left(\frac{p}{p^{\ominus}}\right)^{\sum v_B}$$

根据上式可推得，在等温条件下：

(1) 对于 $\sum v_B>0$ 的反应，即反应气体分子数增加的反应，如 $N_2O_4 \longrightarrow 2NO_2$，当反应体系总压 p 增加时，$\left(\frac{p}{p^{\ominus}}\right)^{\sum v_B}$ 值增大，但是由于温度不变，$K^{\ominus}$ 值不变，因此 $(x_B)^{v_B}$ 值变小，即产物在反应混合物中占的比例下降，反应向左移动。增加总压对此类反应不利。

(2) 对于 $\sum v_B<0$ 的反应，即反应气体分子数减少的反应，如 $N_2+3H_2 \longrightarrow 2NH_3$，当反应体系总压 p 增加时，$\left(\frac{p}{p^{\ominus}}\right)^{\sum v_B}$ 值减小，但是由于温度不变，$K^{\ominus}$ 值不变，因此 $(x_B)^{v_B}$ 值变大，即产物在反应混合物中占的比例上升，反应向右移动。增加总压对此类反应有利。

(3) 对于 $\sum v_B=0$ 的反应，即反应前后气体分子数不变的反应，如 $CO_2+H_2 \longrightarrow CO+H_2O$，由于 $\left(\frac{p}{p^{\ominus}}\right)^{\sum v_B}=1$，压力对平衡组成没有影响。

【例题7】 在温度 T 和 10^5 Pa压力下，反应 $N_2O_4(g) \longrightarrow 2NO_2(g)$ 的解离度 $\alpha=0.50$。若保持反应温度不变，压力增大到 10^6 Pa，试计算此时的解离度。

〖解〗 设 N_2O_4 的解离度为 α，则有：

$$N_2O_4(g) \rightleftharpoons 2NO_2(g)$$

反应前	1	0
平衡时	$1-\alpha$	2α

平衡时的总量为：$(1-\alpha)+2\alpha = 1+\alpha$

$$K^{\ominus} = \prod_B \left(\frac{p_B}{p^{\ominus}}\right)^{v_B} = \frac{\left(\frac{2\alpha}{1+\alpha}\frac{p}{p^{\ominus}}\right)^2}{\frac{1-\alpha}{1+\alpha}\frac{p}{p^{\ominus}}} = \frac{4\alpha^2}{1-\alpha^2}\frac{p}{p^{\ominus}}$$

当解离度 $\alpha = 0.50$，$p = 10^5$ Pa 时，代入得该温度下的标准平衡常数：

$$K^{\ominus} = 1.33$$

当 $p = 10^6$ Pa 时，$K^{\ominus}$ 不变，代入 $K^{\ominus}$ 值可求得 α 值：

$$1.33 = \frac{4\alpha^2}{1-\alpha^2}\frac{10^6}{10^5}$$

解得：$\alpha = 0.18$

【例题 8】 已知反应 $\frac{3}{2}H_2(g)+\frac{1}{2}N_2(g) \rightleftharpoons NH_3(g)$ 在 500 K 时的 $K^{\ominus} = 0.300\,76$，若由 2 mol 混合原料气（物质的量之比为 $n_{N_2} : n_{H_2} = 1 : 3$）开始，试求反应转化率 α 随压力 p 的变化关系。

〖解〗 反应达平衡时各组分物质的量为：

$$\frac{3}{2}H_2(g)+\frac{1}{2}N_2(g) \rightleftharpoons NH_3(g)$$

反应前	$\frac{3}{2}$	$\frac{1}{2}$	0
平衡时	$\frac{3}{2}(1-\alpha)$	$\frac{1}{2}(1-\alpha)$	α

平衡时的总量为：

$$n_{总} = \sum_B n_B = \frac{1}{2}(1-\alpha)+\frac{3}{2}(1-\alpha)+\alpha = 2-\alpha$$

又：

$$\sum_B v_B = 1-\left(\frac{1}{2}+\frac{3}{2}\right) = -1$$

代入式(5.21)，得：

$$K^{\ominus} = K_x\left(\frac{p}{p^{\ominus}}\right)^{\sum v_B} = \frac{\frac{\alpha}{2-\alpha}}{\left[\frac{\frac{3}{2}(1-\alpha)}{2-\alpha}\right]^{\frac{3}{2}}\left[\frac{\frac{1}{2}(1-\alpha)}{2-\alpha}\right]^{\frac{1}{2}}}\left(\frac{p^{\ominus}}{p}\right)$$

$$= \frac{\alpha(2-\alpha)}{\left[\frac{3}{2}(1-\alpha)\right]^{\frac{3}{2}}\left[\frac{1}{2}(1-\alpha)\right]^{\frac{1}{2}}}\left(\frac{p^{\ominus}}{p}\right)$$

整理得：

$$\frac{\alpha(2-\alpha)}{(1-\alpha)^2}=K^{\ominus}\left(\frac{p}{p^{\ominus}}\right)\times\left(\frac{1}{2}\right)^{\frac{1}{2}}\left(\frac{3}{2}\right)^{\frac{3}{2}}=0.3907\left(\frac{p}{p^{\ominus}}\right)$$

解得：

$$\alpha=1-\frac{1}{\sqrt{1+0.3907\left(\frac{p}{p^{\ominus}}\right)}}$$

代入 p 值即可求得各转化率：

$\frac{p}{p^{\ominus}}$	1	5	10	20	50	100	200	500	1 000
α	0.152	0.418	0.549	0.663	0.779	0.842	0.888	0.928	0.949

表中数据说明加压有利于合成氨反应，但仅当反应混合气体满足理想气体条件时成立。对于实际气体反应，上述平衡由 $10p^{\ominus}$ 增加至 $1\,000p^{\ominus}$，$K^{\ominus}$ 约增加 4 倍左右。

5.4.3 惰性气体对化学平衡组成的影响

所谓“惰性气体”是指反应体系中不参与反应的气体。在实际化工生产中，原料气中经常会混有不参与反应的惰性气体。例如，在合成氨反应中，原料气中含有的甲烷和氩等气体，就是不参与反应的惰性气体。惰性气体虽然不参与反应，但是会影响反应平衡时的组成。在工业生产中，是否加入惰性气体应视具体情况而定。

对于理想气体或低压气体反应，已知：

$$K^{\ominus}=\prod_{B}\left(\frac{p_B}{p^{\ominus}}\right)^{v_B}\qquad p_B=px_B=p\frac{n_B}{\sum_B n_B}$$

整理得：

$$K^{\ominus}=\prod_{B}(n_B)^{v_B}\times\left[\frac{p}{\sum_B n_B p^{\ominus}}\right]^{\sum v_B}$$

在温度和压力不变的条件下，$K^{\ominus}$ 和总压 p 为定值，加入惰性气体会使气体物质的量 $\sum_B n_B$ 增大，从而影响反应体系平衡的组成。

(1) 对于 $\sum v_B>0$ 的反应，即反应气体分子数增加的反应，如 $C_6H_5C_2H_5(g) \longrightarrow C_6H_5C_2H_3(g)+H_2(g)$，加入惰性气体后，$\sum_B n_B$ 增大，式中 $\left[\frac{p}{\sum_B n_B p^{\ominus}}\right]^{\sum v_B}$ 值变小，由于 $K^{\ominus}$ 值不变，因此 $(n_B)^{v_B}$ 值增大，即产物在反应混合物中的比例上升，反应向右移动。增加惰性气体对此类反应有利。

(2) 对于 $\sum v_B<0$ 的反应，即反应气体分子数减少的反应，如 $N_2+3H_2 \longrightarrow 2NH_3$，加入

惰性气体后，$\sum_{B} n_B$ 增大，式中 $\left[\frac{p}{\sum_{B} n_B p^{\ominus}}\right]^{\sum v_B}$ 值也变大，由于 $K^{\ominus}$ 值不变，因此 $(n_B)^{v_B}$ 值减小，反应向左移动，不利于正向反应的进行。因此，在合成氨反应中，原料气中的甲烷和氩等惰性气体要定期清除，以免影响氨的产率。

(3) 对于 $\sum v_B = 0$ 的反应，惰性气体加入与否不影响平衡的组成。

【例题 9】 已知在 873 K，10^5 Pa 的条件下，乙苯脱氢制苯乙烯反应的标准平衡常数为 0.178。若原料中乙苯与 $H_2O(g)$ 的物质的量之比为 1∶9，求在该温度下乙苯的最大转化率。若不添加 $H_2O(g)$，则乙苯的转化率为多少？

〖解〗 题给条件下，通入 1 mol 乙苯和 9 mol $H_2O(g)$，并设乙苯的转化率为 α，则有：

	$C_6H_5C_2H_5(g)$ ══	$C_6H_5CH=CH_2(g)$ +	$H_2(g)$	$H_2O(g)$
反应前	1	0	0	9
平衡时	$1-\alpha$	α	α	9

平衡时的总量为：

$$(1-\alpha)+\alpha+\alpha+9 = 10+\alpha$$

$$K^{\ominus} = \prod_{B}(n_B)^{v_B} \times \left[\frac{p}{\sum_{B} n_B p^{\ominus}}\right]^{\sum v_B} = \prod_{B}(x_B)^{v_B} \times \left(\frac{p}{p^{\ominus}}\right)^{\sum v_B}$$

又：
$$\sum_{B} v_B = 1+1-1 = 1$$

则：
$$0.178 = \frac{\frac{\alpha}{10+\alpha}\,\frac{\alpha}{10+\alpha}}{\frac{1-\alpha}{10+\alpha}}\,\frac{10^5}{10^5} = \frac{\alpha^2}{(1-\alpha)(10+\alpha)}$$

解得：
$$\alpha = 0.728 = 72.8\%$$

若不加入 $H_2O(g)$，则平衡时体系物质的量总量为 $1+\alpha$，所以：

$$0.178 = \frac{\frac{\alpha}{1+\alpha}\,\frac{\alpha}{1+\alpha}}{\frac{1-\alpha}{1+\alpha}}\,\frac{10^5}{10^5} = \frac{\alpha^2}{1-\alpha^2}$$

解得：
$$\alpha = 0.389 = 38.9\%$$

显然，加入 $H_2O(g)$ 后，对于气体分子数增加的反应，苯乙烯的最大转化率明显增加。

5.4.4 原料配比对化学平衡组成的影响

原料的配比不同会直接影响反应平衡后各物质的组成。在实际工业生产中，选择最适宜的原料配比，使产品的产量最高，并达到最佳的分离效果具有重大的意义。

对于一个化学反应，若原料气中只有反应物而无产物，令反应物 A 和 B 的配比为 $\frac{n_B}{n_A} = r$，$0 < r < \infty$。在维持反应体系总压力不变的情况下，随着 r 增加，气体 A 的转化率增加，而气体 B 的转化率减少，但是产物在混合气体中的平衡含量随着 r 增加存在一个极大值。可以证明，当

原料气中A和B两种气体物质的量之比r等于相应的化学计量系数之比时，产物在混合气体中的摩尔分数最大。例如，在合成氨反应中，只有使原料气中氢气和氮气的体积比为3∶1时，产物氨的含量最高。虽然原料配比等于方程计量系数比的结论一般对其他反应也适用，但是不可生搬硬套。假如原料中某一物质比较贵重或难以获得，尤其是当原料不能循环使用时，则应适当多使用较便宜的原料，尽量促使昂贵原料更多地转化为产物，以避免浪费。例如，在SO_2转化为SO_3的反应中，实际的SO_2和O_2进料比并非计量系数比2∶1，而是2∶3。

在实际生产中，除了要考虑以上各种因素对化学反应平衡的影响，还必须从热力学和动力学角度综合分析，才能找到最符合实际生产需要的最适宜的条件。以合成氨反应为例，实际生产中，虽然有催化剂的存在，要达到反应平衡仍需要很长时间，所以一般不等到反应平衡就把氨分离出来，而将未反应的氢气和氮气循环使用。根据化学动力学研究结果，氮气的分压对氨合成速率影响更大，所以在氨浓度较低时，常提高氮气对氢气的比例来加快反应速率，而在反应接近平衡时，为获得更高的氨产量，氮和氢的物质的量之比应尽量接近计量系数之比1∶3。综合考虑动力学和热力学要求，通常采用氮和氢的原料气配比为1∶2.8至1∶2.9，才能达到反应又快、产量又多的目的。

习　题

1. 有理想气体反应$2H_2(g)+O_2(g) \rightleftharpoons 2H_2O(g)$，在2 000 K时，已知反应的$K^\ominus=1.55\times10^7$。(1) 计算$H_2$和$O_2$分压各为$1.00\times10^4$ Pa，水蒸气分压为1.00×10^5 Pa的混合气中，进行上述反应的$\Delta_r G_m$，并判断反应自发进行的方向；(2)当H_2和O_2的分压仍然分别为1.00×10^4 Pa时，欲使反应不能正向自发进行，水蒸气的分压最少需要多大？

   答案：(1) $\Delta_r G_m=-1.60\times10^5\ \mathrm{J\cdot mol^{-1}}$，正向进行；(2) $p_{H_2O}=1.24\times10^7$ Pa。

2. 银可能受到H_2S气体的腐蚀而发生下列反应：

$$H_2S(g)+2Ag(s) \longrightarrow Ag_2S(s)+H_2(g)$$

   已知在298 K和100 kPa压力下$Ag_2S(s)$和$H_2S(g)$的标准摩尔生成吉布斯自由能分别为$-40.26\ \mathrm{kJ\cdot mol^{-1}}$和$-33.02\ \mathrm{kJ\cdot mol^{-1}}$。试问在298 K和100 kPa压力下：(1) 在$H_2S(g)$和$H_2(g)$的等体积混合气体中Ag是否会被腐蚀生成$Ag_2S(s)$？(2) 在$H_2S(g)$和$H_2(g)$的混合气体中，$H_2S(g)$的摩尔分数低于多少时便不至于使Ag发生腐蚀？

   答案：(1)生成$Ag_2S(s)$；(2)0.051。

3. 已知反应$CO(g)+H_2O(g) \rightleftharpoons CO_2(g)+H_2(g)$在700℃时$K^\ominus=0.71$。(1)若系统中四种气体的分压都是$1.5\times10^5$ Pa；(2)若$p_{CO}=1.0\times10^6$ Pa，$p_{H_2O}=5.0\times10^5$ Pa，$p_{CO_2}=p_{H_2}=1.5\times10^5$ Pa。试判断哪个条件下正向反应可以自发进行？

   答案：条件2。

4. 在673 K、总压为$10p^\ominus$的条件下，氢、氮气的体积比为3∶1时，使其通过催化剂。反应达到平衡后，测得生成NH_3的体积百分数为3.85%，试计算：(1)$K^\ominus$值；(2)若总压为$50p^\ominus$，NH_3的平衡产率为多少。

   答案：(1) $K^\ominus=1.64\times10^{-4}$；(2)15.2%。

5. 在容积为5.00 L的容器中装有等物质的量的PCl_3和Cl_2，于250℃反应。反应$PCl_3(g)+Cl_2(g) \rightleftharpoons PCl_5(g)$达到平衡时，$p_{PCl_5}=101\,325$ Pa，此时反应的$K^\ominus=0.57$。求：(1) 开始装入的PCl_3和Cl_2的物质的量；(2) PCl_3的平衡转化率。

答案：(1)0.271 mol；(2)43.2%。

6. 298 K，10^5 Pa时，有理想气体反应$4HCl(g)+O_2(g) \rightleftharpoons 2Cl_2(g)+2H_2O(g)$。求该反应的标准平衡常数$K^{\ominus}$及平衡常数$K_p$和$K_x$。已知298 K时，$\Delta_f G_m^{\ominus}(HCl, g)=-95.265\ kJ \cdot mol^{-1}$，$\Delta_f G_m^{\ominus}(H_2O, g)=-228.597\ kJ \cdot mol^{-1}$。

答案：$K^{\ominus}=2.216\times10^{13}$，$K_p=2.187\times10^{8}\ Pa^{-1}$，$K_x=2.187\times10^{13}$。

7. 在一个抽空的容器中引入氯和二氧化硫，若在它们之间没有发生反应，则在102.1℃时的分压力应分别为$0.4721p^{\ominus}$和$0.4420p^{\ominus}$。将容器保持在102.1℃，经一定时间后，压力变为常数，且等于$0.8497p^{\ominus}$。求反应$SO_2Cl_2(g) \rightleftharpoons SO_2(g)+Cl_2(g)$的$K^{\ominus}$。

答案：$K^{\ominus}=2.47$。

8. 20℃时，实验测得下列同位素交换反应的标准平衡常数$K^{\ominus}$为：

(1) $H_2+D_2 \rightleftharpoons 2HD$　　　$K^{\ominus}(1)=3.27$

(2) $H_2O+D_2O \rightleftharpoons 2HDO$　　　$K^{\ominus}(2)=3.18$

(3) $H_2O+HD \rightleftharpoons HDO+H_2$　　　$K^{\ominus}(3)=3.40$

试求20℃时反应$H_2O+D_2 \rightleftharpoons D_2O+H_2$的$\Delta_r G_m^{\ominus}$及$K^{\ominus}$。

答案：$K^{\ominus}=11.9$，$\Delta_r G_m^{\ominus}=-6.03\ kJ \cdot mol^{-1}$。

9. 试根据NH_3的标准生成自由能，求反应$1/2N_2(g)+3/2H_2(g) \rightleftharpoons NH_3(g)$在$p_{N_2}=3p^{\ominus}$，$p_{H_2}=1p^{\ominus}$和$p_{NH_3}=4p^{\ominus}$时的$\Delta_r G_m$，已知$\Delta_f G_m^{\ominus}(NH_3)=-16.45\ kJ \cdot mol^{-1}$。

答案：$\Delta_r G_m=-14.4\ kJ \cdot mol^{-1}$。

10. 五氯化磷分解反应$PCl_5(g) \rightleftharpoons PCl_3(g)+Cl_2(g)$在200℃时反应的$K_p=0.308$，计算：(1)200℃，$1p^{\ominus}$下，$PCl_5$的解离度；(2)组成为1∶5的$PCl_5$与$Cl_2$的混合物，在200℃，$1p^{\ominus}$下，$PCl_5$的解离度。

答案：(1)48.5%；(2)26.8%。

11. 已知1 000 K时生成水煤气的反应$C(s)+H_2O(g) \rightleftharpoons H_2(g)+CO(g)$在$1p^{\ominus}$下的平衡转化率$\alpha=0.844$。求：(1) 平衡常数$K^{\ominus}$；(2) 在$1.1p^{\ominus}$下的平衡转化率$\alpha$。

答案：(1)2.48；(2)0.832。

12. 反应$N_2O_4(g) \rightleftharpoons 2NO_2(g)$在60℃时$K^{\ominus}=1.33$。试求算在60℃及标准压力时：(1)纯$N_2O_4$气体的解离度；(2) 1 mol$N_2O_4$与2 mol惰性气体中，$N_2O_4$的解离度；(3)当反应系统的总压力为$10^6$ Pa时，纯N_2O_4的解离度。

答案：(1)0.5；(2)0.652；(3)0.181。

13. 630 K时反应$2HgO(s) \rightleftharpoons 2Hg(g)+O_2(g)$的$\Delta_r G_m^{\ominus}=-44.3\ kJ \cdot mol^{-1}$，试求算此温度时反应的$K^{\ominus}$及HgO(s)的分解压。若反应开始前容器中已有$10^5$ Pa的O_2，试求算630 K下达到平衡时与HgO固相共存的气相中Hg(g)的分压。

答案：$K^{\ominus}=2.12\times10^{-4}$，$p_{分}=11.4\ kPa$，$p_{Hg}=1.49\ kPa$。

14. 若将NH_4I固体迅速加热到375℃，则按下式分解：

$$NH_4I(s) \rightleftharpoons NH_3(g)+HI(g)$$

分解压力为3.67×10^4 Pa。若将反应混合物在375℃维持一段时间，则HI进一步按下式解离：

$$2HI(g) \rightleftharpoons H_2(g)+I_2(g)$$

该反应的$K^{\ominus}$为0.015 0。试求算反应系统的最终压力为多少。

答案：4.10×10^4 Pa。

15. 合成氨反应为$3H_2(g)+N_2(g) \rightleftharpoons 2NH_3(g)$，所用反应物氢气和氮气的摩尔比为3∶1，在673 K和1 000 kPa压力下达到平衡，平衡产物中氨的摩尔分数为0.038 5。试求：(1)该反应在题给条件下的标准平衡常数；(2)在该温度下，若要使氨的摩尔分数为0.05，应该控制总压为多少。

答案：(1) $K_p^\ominus = 1.64 \times 10^{-4}$；(2) $p = 1\,315.6$ kPa。

16. 反应 $NH_4HS(s) \rightleftharpoons NH_3(g) + H_2S(g)$，$C_p = 0$，298 K 时 $NH_4HS(s)$ 的分解压为 6.08×10^4 Pa。(1) 试计算 308 K 时，$NH_4HS(s)$ 的分解压；(2) 若将各为 0.6 mol 的 $H_2S(g)$ 和 $NH_3(g)$ 放入 20 L 容器中，试计算 308 K 时生成的 $NH_4HS(s)$ 为多少。

答案：(1) $p = 1.12 \times 10^5$ Pa；(2)0.16 mol。

17. 潮湿的 Ag_2CO_3 需要在 110℃的温度下在空气流中干燥去水。试计算空气中应含 CO_2 的分压为多少才能防止 Ag_2CO_3 的分解？已知 298 K 时，有：

	$Ag_2CO_3(s)$	$Ag_2O(s)$	$CO_2(g)$
$\Delta_f H_m^\ominus/(kJ \cdot mol^{-1})$	−506.16	−30.568	−393.5
$\Delta_f G_m^\ominus/(kJ \cdot mol^{-1})$	−437.14	−10.820	−394.4

答案：393 Pa。

18. 设在某一温度下，有一定量的 $PCl_5(g)$ 在 100 kPa 的压力下体积为 1 dm^3，在该条件下 $PCl_5(g)$ 的解离度 $\alpha=0.5$，用计算说明下列几种情况下，$PCl_5(g)$ 的解离度是增大还是减小：(1)使气体的总压降低，直到体积增加到 2 dm^3；(2)通入 $N_2(g)$，使体积增加到 2 dm^3，而压力仍保持 100 kPa；(3)通入 $N_2(g)$，使压力增加到 200 kPa，而体积仍保持 1 dm^3；(4)通入 $Cl_2(g)$，使压力增加到 200 kPa，而体积仍保持 1 dm^3。

答案：(1)增大；(2)增大；(3)不变；(4)减小。

19. 石灰窑中烧石灰的反应为 $CaCO_3(s) \rightleftharpoons CaO(s) + CO_2(g)$。欲使石灰石能以一定速率分解为石灰，分解压最小须达到大气压力，此时所对应的平衡温度称为分解温度。设分解反应的 $C_p = 0$，试求 $CaCO_3$ 的分解温度。已知 298 K 时：

	$CaCO_3(s)$	$CaO(s)$	$CO_2(g)$
$\Delta_f H_m^\ominus/(kJ \cdot mol^{-1})$	−1 206.9	−635.5	−393.5
$\Delta_f G_m^\ominus/(kJ \cdot mol^{-1})$	−1 128.8	−604.2	−394.4

答案：1 112 K。

20. 试根据下列数据求算反应 $C_2H_4(g) + H_2(g) \rightleftharpoons C_2H_6(g)$ 在 1 000 K 时的标准平衡常数 $K^\ominus$。已知：(1) 298 K 时，乙烯和乙烷的标准燃烧热分别为 $-1\,411\ kJ \cdot mol^{-1}$ 和 $-1\,560\ kJ \cdot mol^{-1}$，液态水的标准生成热为 $-286\ kJ \cdot mol^{-1}$；(2) 298 K 时，$C_2H_4(g)$，$C_2H_6(g)$ 和 $H_2(g)$ 的标准熵分别为 $219.5\ J \cdot mol^{-1} \cdot K^{-1}$，$229.5\ J \cdot mol^{-1} \cdot K^{-1}$ 和 $130.6\ J \cdot mol^{-1} \cdot K^{-1}$；(3) 在 298 ~ 1 000 K 范围内，反应的平均热容差 $C_p = 10.8\ J \cdot mol^{-1} \cdot K^{-1}$。

答案：13.9。

第6章

相平衡

热力学系统达到平衡时，要求同时达到四大平衡：热平衡，力平衡，化学平衡和相平衡。相平衡是十分重要的研究对象，它在化学化工、冶金、化肥、采矿、选矿、农业、医药等国民经济重要领域中都有广泛的应用，其主要内容有相律和各种典型的相图。本章的大部分内容是在相律的指导下研究各种不同相平衡系统的相图，以使读者初步掌握相图，并能利用相图解决一些实际问题。

6.1 相平衡的基本规律

相律是平衡系统遵守的普遍规律，它是多相平衡系统的热力学理论，讨论平衡系统中相数、独立组分数与自由度数之间的关系。相律只对系统作出定性的描述，用来确定相平衡系统中有几个独立改变的变量，但却不能确定这些变量具体代表什么变量或者相，也不知道各变量的数值是多少，下面介绍相律中的基本概念。

6.1.1 相和相数

相(phase)是指系统内物理性质和化学性质完全均匀的部分。相与相之间有界面，各相可以用物理或机械方法加以分离，越过界面时性质会发生突变。一个相可以是均匀的，但不一定只含一种物质。系统中相的数目称为相数，用符号 Φ 表示。凡气体成一相，气体系统无论有多少种气体，一般都达到分子水平的混合，故为一相。液体若可以相互溶解，即为一相；若出现分层，则每层液体为一相。一般一种固体为一相，两种固体粉末无论混合得多么“均匀”仍是两相；固溶体除外，固溶体中代表各组分的化学质点随机分布均匀，其物理性质和化学性质符合相均匀性的要求，因而固溶体是单相。

6.1.2 物种数和(独立)组分数

系统中存在的化学物种数称为系统的物种数，用符号 S 表示。平衡系统内各物种之间存在的独立的化学反应数用符号 R 表示。例如，由 $NH_4Cl(s)$，$HCl(g)$ 和 $NH_3(g)$ 构成的系统，系统的 $S=3$，三种物质之间又存在化学反应 $NH_4Cl(s) = HCl(g) + NH_3(g)$，所以 $R=1$。平衡系统内，在同一相中若干物质的浓度(或分压)之间始终存在某种数量关系，称其为浓度限制条件。系统中这种独立的浓度限制条件数用符号 R' 表示。如在上例中，若该混合物是由 $NH_4Cl(s)$ 分解而得，则系统中 $HCl(g)$ 与 $NH_3(g)$ 的浓度比保持 1∶1，即存在关系式 $y(HCl)=y(NH_3)$，气相中两物质的物质的量分数相等，所以 $R'=1$。但应注意，物质在不同相之间保持一定的数量关系，不能算作浓度限制条件。例如 $CaCO_3(s)$ 的分解：

$CaCO_3(s)$ ══ $CaO(s) + CO_2(g)$，在一定温度下，系统达成三相平衡，虽然分解产物的物质的量相同，即 $n(CaO) = n(CO_2)$，但因 $CaO(s)$ 和 $CO_2(g)$ 不是处于同一个相中，故不能算作浓度限制条件。

为了科学地描述多相系统的情况，定义：

$$K = S - R - R' \tag{6.1}$$

K 称为系统的独立组分数，简称组分数，它能够表示出构成平衡系统时所需的最少物种数。例如，只由 $NH_4Cl(s)$分解而得到的平衡系统，其 $K = 3-1-1 = 1$，即该系统为单组分系统。

由式(6.1)可知，组分数和物种数是两个不同的概念。对于同一个相平衡系统，物种数和组分数可因考虑问题的角度不同而异。

6.1.3 系统的自由度

在一个相平衡系统中，系统的温度、压力及各相的组成均可发生变化。它们即是所谓的变量。但它们并不一定能独立地变化。例如，某一相中有 S 种物质，但若 $S-1$ 种物质的摩尔分数确定了，则第 S 种物质的摩尔分数必然确定。我们将不影响平衡系统原有相态改变，但又可以独立改变的变量称为自由度，其数目称为自由度数(f)。

例如，当水以单一的液相存在时，系统的自由度 $f = 2$，即系统中有两个变量(T 和 p)可以在一定范围内任意变动而系统的相态不变(仍然为一个液相)。换言之，要确定水的状态或性质，必须同时指定 T 和 p。当水和水蒸气平衡共存时，系统的自由度数 $f=1$，因系统的温度和压力之间具有函数关系，只要指定温度或压力，系统的状态(或相态)就确定下来了，所以，温度和压力这两个变量中只有一个可以独立改变。

6.1.4 吉布斯相律的推导

相律是描述平衡系统中所含的相数、组分数和自由度以及影响系统性质的外界因素(如温度、压力、电场、磁场、重力场等)之间关系的规律，它是物理化学中介绍的普遍规律之一。

设有一平衡系统，其中含有 S 种不同的化学物种，分布在 Φ 个不同的相中，且设任一物质在各相中具有相同的分子式。最少需要多少独立变量(如温度、压力和化学势或物质的量分数)才能描述这种平衡系统的状态呢?

在化学热力学中，一般不考虑其他外力，如电场、磁场、重力场等，或认为系统是处于恒定的电场、磁场、重力场中。假定 K 个独立组分存在于每一相中，且无化学反应发生。因表示每一个相的组成，需要($K-1$)个浓度变量(摩尔浓度)，故表示系统内各相的组成共需 $\Phi(K-1)$ 个浓度变量，再加上温度和压力两个变量，则描述系统状态的变量总数为 $\Phi(K-1)+2$，但这些变量并非完全独立，根据相平衡条件有：

$$\left.\begin{aligned} \mu_1^{\alpha} &= \mu_1^{\beta} = \cdots = \mu_1^{\Phi} \\ \mu_2^{\alpha} &= \mu_2^{\beta} = \cdots = \mu_2^{\Phi} \\ &\cdots\cdots \\ \mu_C^{\alpha} &= \mu_C^{\beta} = \cdots = \mu_C^{\Phi} \end{aligned}\right\}$$

化学势是温度、压力和摩尔分数的函数，如对任意溶液有：$\mu_j^{\gamma} = \mu_j^{*\gamma}(T, p^{\ominus}) + RT\ln\alpha_j^{\gamma}$，上述等式中，每个等号都能建立两个摩尔分数之间的关系，如若 $\mu_j^{\alpha} = \mu_j^{\beta}$，则可有 $\alpha_j^{\alpha} = f(\alpha_j^{\beta})$ 或 $x_j^{\alpha} =$

$f(x_j^{\beta})$。因而，对于每一独立组分都可建立$(\Phi-1)$个关系式。现共有K个独立物种，分布于Φ个相中，故可导出联系浓度变量的方程式共有$K(\Phi-1)$个。根据系统自由度的定义，从数学知识的变量概念可得：

$$f = \text{描述平衡系统的总变量数} - \text{平衡时变量之间必须满足的关系式数目}$$

所以有：

$$f = [\Phi(K-1)+2]-[K(\Phi-1)] = K-\Phi+2$$

或：

$$f = K-\Phi+2 \tag{6.2}$$

式(6.2)称为吉布斯相律，是相律的一种数学表示形式。对于系统中的其他情况还要予以综合考虑：

(1) 若系统中有化学反应发生，对于每一个独立的化学反应，都必须达到化学平衡的条件，非化学平衡系统不能使用相律。

(2) 某相中不存在某指定物质，并不影响相律的定量表达形式。

(3) 式中的2表示温度和压力。若电场、磁场等因素不可忽略，应将其改为n，则相律变为：

$$f^* = K-\Phi+n \tag{6.3}$$

(4) 对于没有气相存在的凝聚系统，压力因素可忽略，此时，相律变为：

$$f^* = K-\Phi+1 \tag{6.4}$$

式(6.3)和式(6.4)中的f^*称为条件自由度数。

相律是各种相平衡系统都必须遵守的规律。但从相律得到的结论只是定性的，它只能确定平衡系统中可以独立改变的强度性质的数目，而不能具体指出是哪些强度性质，也不能指出这些强度性质之间的函数关系，如不能得出液体的蒸气压与温度的具体关系。相律是相图的理论基础，可利用它来分析和解释具体问题。

【例题1】 密闭抽空容器中有过量固体NH_4Cl，发生下列分解反应：

$$NH_4Cl(s) = NH_3(g) + HCl(g)$$

求此系统的R, R', K, Φ, f。

〖解〗 $R=1$, $R'=1$(因为从NH_4Cl出发，两种产物处于同一相，符合比例1∶1)；$K=S-R-R'=3-1-1=1$, $\Phi=2$, $f=K-\Phi+2=1-2+2=1$，表明T, p，气相组成中仅一个可任意变化。

【例题2】 一密闭抽空容器中有$CaCO_3(s)$分解反应：

$$CaCO_3(s) = CaO(s) + CO_2(g)$$

求此系统的S, R, R', K, f。

〖解〗 $S=3$, $R=1$, $R'=0$(浓度限制条件R'要求成比例的物质在同一相，此题中CaO与CO_2为两相)；$K=S-R-R'=3-1=2$, $\Phi=3$, $f=K-\Phi+2=2-3+2=1$。

【例题3】 在一个密闭抽空的容器中有过量固体NH_4Cl，同时存在下列平衡：

$$NH_4Cl(s) \Longrightarrow NH_3(g) + HCl(g)$$
$$2HCl(g) \Longrightarrow H_2(g) + Cl_2(g)$$

求此系统的 S, R, R', K, Φ, f。

〖解〗 $S=5$, $R=2$, $p(NH_3)=p(HCl)+2p(H_2)$, $p(H_2)=p(Cl_2)$，因为它们在同一相，浓度又成比例，所以 $R'=2$；$K=S-R-R'=5-2-2=1$，$\Phi=2$，$f=K-\Phi+2=1-2+2=1$。

6.2 单组分系统相平衡的基本规律

单组分系统只有一个物种，故此节所研究的是纯物质的相平衡。单组分系统中的组分数 $K=1$，因此，其相律为：

$$f=K-\Phi+2=1-\Phi+2=3-\Phi \tag{6.5}$$

当自由度为零时，$\Phi_{max}=3-0=3$，由此可见，单组分平衡系统最多能三相共存。一个纯物质可以有许多不同的相态，但不可能有三个以上的相彼此处于平衡状态。以 C 为例，其不同的相态有气相、液相、各种不同形态的固相，如无定形碳、石墨、金刚石、富勒烯族(C_{60}等)。但碳的相图中最多只能三相共存，不可能四相共存。

6.2.1 克劳修斯-克拉佩龙方程

当单组分系统两相共存时，自由度 $f=3-2=1$，系统只有一个自由度。单组分的相变温度与压力之间存在一定的关系，此关系即为克劳修斯-克拉佩龙方程(Clausius-Clapeyron equation)，简称克-克方程。其推导过程如下：设某纯物质 B 在一定温度 T 和压力 p 时有 α 相和 β 相平衡共存，即：

$$B(\alpha,\ T,\ p)=B(\beta,\ T,\ p)$$

根据相平衡条件：

$$\mu_B^\alpha(T,\ p)=\mu_B^\beta(T,\ p)$$

在 $T+dT$, $p+dp$ 下仍达到平衡：

$$\mu_B^\alpha(T+dT,\ p+dp)=\mu_B^\beta(T+dT,\ p+dp)$$

因系统在两种环境条件下，均达到平衡，故有：

$$dG_{\alpha,m}=dG_{\beta,m} \tag{6.6}$$

由热力学基本关系式得：

$$dG=-SdT+Vdp$$
$$-S_{\alpha,m}dT+V_{\alpha,m}dp=-S_{\beta,m}dT+V_{\beta,m}dp$$
$$(S_{\beta,m}-S_{\alpha,m})dT=(V_{\beta,m}-V_{\alpha,m})dp$$
$$dp/dT=(S_{\beta,m}-S_{\alpha,m})/(V_{\beta,m}-V_{\alpha,m})$$

整理后可得：

$$dp/dT = \Delta S_m/\Delta V_m \tag{6.7}$$

式中：ΔS_m 为 1 mol 物质由 α 相变为 β 相的熵变；ΔV_m 为 1 mol 物质由 α 相变为 β 相的体积变化。

对于等温等压且无非体积功的可逆相变，相变熵 $\Delta S_m = \Delta H_m/T$，其中 ΔH_m 为相变热；T 为平衡相变的温度，将此关系式代入式(6.7)，得：

$$dp/dT = \Delta H_m/T\Delta V_m \tag{6.8}$$

式(6.8)称为克拉佩龙方程，它适用于纯物质任何平衡相变过程，应用范围很广。下面具体讨论克拉佩龙方程对常见两相平衡过程的应用。

6.2.2 气-液平衡

纯物质的两相平衡中有一相为气相，另一相必为凝聚相。以气-液平衡为例，有：

$$dp/dT = \Delta H_m/T\Delta V_m = \Delta H_m/T(V_{m,g} - V_{m,l})$$

对于一般情况下的气-液平衡，$V_m(l)$与 $V_m(g)$相比较是一个很小的数值，前者可忽略不计，因此描述气-液平衡的克拉佩龙方程可简化为：

$$dp/dT = \Delta_{vap}H_m/[T \cdot V_m(g)]$$

假定蒸气可视作理想气体，即 $V_m(g) = RT/p$，得：

$$dp/dT = \Delta H_m/[T(RT/p)]$$

$$d\ln p/dT = \Delta H_m/RT^2 \tag{6.9}$$

式(6.9)即为克拉佩龙-克劳修斯方程，表示纯物质的蒸气压与相变温度的关系。

对(6.9)式作定积分可得：

$$\ln(p_2/p_1) = \Delta H_m/R \cdot [(T_2 - T_1)/T_1T_2] \tag{6.10}$$

式(6.10)为克-克方程的积分式。

若对(6.9)式作不定积分可得：

$$\ln p = -\Delta H_m/RT + K \tag{6.11}$$

式中：K 为积分常数。将 $\ln p - 1/T$ 作图可得一直线，根据直线的斜率可求得液体的汽化热 $\Delta_{vap}H_m$。事实上，汽化热与温度有关，$\Delta_{vap}H_m$ 随温度 T 的升高而减小，在临界温度时，$\Delta_{vap}H_m = 0$。因此，若需要更准确的计算，应考虑 $\Delta_{vap}H_m$ 是 T 的函数，如可将 $\Delta_{vap}H_m$ 表示为：

$$\Delta_{vap}H_m = A + BT + CT^2 \tag{6.12}$$

代入式(6.11)，得：

$$\ln p = 1/R(-A/T + B\ln T + CT) + D \tag{6.13}$$

式中：D 为积分常数。在工程上常使用安脱宁(Antoine)经验公式：

$$\ln p = A - B/(t + C) \tag{6.14}$$

式中：A，B 和 C 是三个随物质而异的经验常数；t 的量纲为摄氏温度，此式比式(6.11)准确得多。

对于气液的相变热，Trouton 提出一个近似的规则。Trouton 规则认为对于正常液体(非极性、分子间不发生缔合的液体)，其汽化潜热与其正常沸点之间有下列关系存在：

$$\Delta H_{\mathrm{m,\,vap}}/T_{\mathrm{b}} \approx 88\ \mathrm{J \cdot mol^{-1} \cdot K^{-1}} \tag{6.15}$$

Trouton 规则适用于有机非极性物质，但对于极性强的液体，如水，就不适用。

6.2.3 固-液平衡

凝聚相间的相平衡，由克氏方程有：

$$\mathrm{d}p/\mathrm{d}T = \Delta H_{\mathrm{m}}/T\Delta V_{\mathrm{m}}$$

$$\mathrm{d}p = \Delta H_{\mathrm{m}}/\Delta V_{\mathrm{m}}(\mathrm{d}T/T)$$

凝聚相的体积随压力的变化很小，可以视为常数。积分得：

$$p_2 - p_1 = \Delta H_{\mathrm{m}}/\Delta V_{\mathrm{m}} \cdot \ln(T_2/T_1) \tag{6.16}$$

$$\begin{aligned}\ln(T_2/T_1) &= \ln[(T_1 + T_2 - T_1)/T_1] \\ &= \ln[1 + (T_2 - T_1)/T_1] \\ &\approx (T_2 - T_1)/T_1 \qquad (T_2 - T_1)/T_1 \ll 1\end{aligned}$$

代入(6.16)式：

$$p_2 - p_1 = \Delta H_{\mathrm{m}}/\Delta V_{\mathrm{m}} \cdot (T_2 - T_1)/T_1 \tag{6.17}$$

若 $p_1 = 101.325\ \mathrm{kPa}$，则 T_1 即为正常熔点，于是可由此式求得任意压力 p_2 下的熔点。

6.2.4 固-气平衡

由于固体的体积比蒸气的体积小很多，因此 $V_{\mathrm{m}}(\mathrm{s})$ 亦可略去不计。对固-气平衡来说，只需要将 $\Delta_{\mathrm{vap}}H_{\mathrm{m}}$ 改换成 $\Delta_{\mathrm{sup}}H_{\mathrm{m}}$(升华热)亦可得到与式(6.9)、式(6.10)、式(6.11)相同的公式。

【例题 4】 试计算在 268.2 K(−5℃)下，欲使冰熔化所需的压强为多少。已知 5℃ 时水和冰的密度分别为 0.999 8 $\mathrm{g \cdot cm^{-3}}$ 和 0.919 6 $\mathrm{g \cdot cm^{-3}}$，$\Delta H_{\mathrm{fus}} = 333.5\ \mathrm{J \cdot g^{-1}}$。

〖解〗 $\Delta H_{\mathrm{fus,\,m}} = 18 \times 333.5 = 6\,003\ \mathrm{J \cdot mol^{-1}}$

$\Delta V_{\mathrm{fus,\,m}} = V_{\mathrm{l,\,m}} - V_{\mathrm{s,\,m}} = 18/0.999\,8 - 18/0.919\,6 = -1.57\ \mathrm{cm^3 \cdot mol^{-1}} = -1.57 \times 10^{-6}\ \mathrm{m^3 \cdot mol^{-1}}$

$$\frac{\mathrm{d}p}{\mathrm{d}T} = \frac{\Delta H}{T\Delta T}$$

$$\int_{p_1}^{p_2} \mathrm{d}p = \frac{\Delta H}{\Delta V}\int_{T_1}^{T_2} \frac{\mathrm{d}T}{T}$$

$$p_2 = p_1 + \frac{\Delta H}{\Delta V}\ln\frac{T_2}{T_1} = 1.013 \times 10^5 + \frac{6\,003}{-1.57 \times 10^{-6}}\ln\frac{268.2}{273.2} = 7.073 \times 10^7\ \mathrm{Pa} = 698p^{\ominus}$$

6.3 单组分系统相图

6.3.1 水的相图

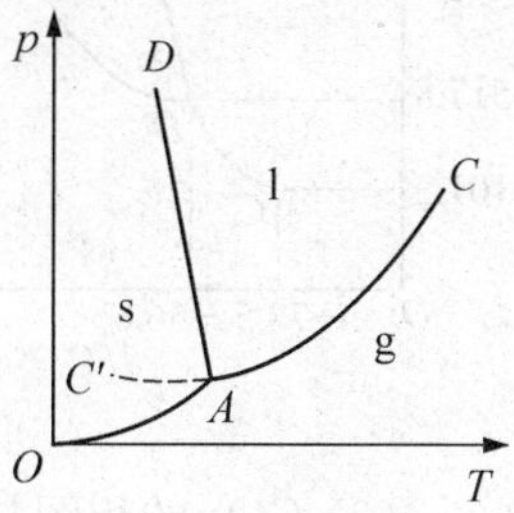

图 6.1 水的相图

图 6.1 是根据实验结果绘制的水的相图。下面对水的相图中各点、线、面的意义作具体分析。

1. 单相区

三条曲线 AO, AD 和 AC 将坐标平面分为三个区域,它们分别代表三个单相区。在单相区内,系统的自由度 $f=2$,温度和压力可以独立改变,而不会引起相的改变,但是其改变有一定的限度,不能超过它所在的区域。

2. 两相平衡线

AO, AD 和 AC 是两个单相区的交界线。在线上,$\Phi=2$,$f=1$,系统呈两相平衡,在温度和压力两个变量中指定一个,另一个也随之确定。

AO 线:该线是固-气共存的平衡曲线,即冰在不同温度下的蒸气压曲线,也称升华曲线。可向低温方向延伸至绝对零度。

AD 线:该线是固-液共存的平衡曲线,即不同压力下的熔点曲线。

AC 线:该线是气-液共存的平衡曲线,即水在不同温度下的蒸气压曲线。AC 线向高温只能延伸到水的临界点 C(373.91℃, 22.05 kPa),超过临界温度,不论压强多大水蒸气也不液化。AC 线向低温可延伸到低于三相点温度,AC'线即是过冷水和水蒸气的介稳平衡线。因为在相同温度下,过冷水的蒸气压大于冰的蒸气压,所以 AC'线在 AO 线之上。过冷水处于不稳定状态,一旦有凝聚中心出现,就立即全部变成冰。

3. 三相点 *A*

该点是三条两相平衡线的交点,称为三相点。在该点系统是冰、水和水蒸气三相平衡共存,$\Phi=3$,$f=0$。三相点的温度为 273.16 K,压力为 610.62 Pa。对任何一个单组分系统,其三相点都有确定的温度和压力,其值由系统本性决定,不能任意改变。

4. 临界点 *C*

AC 线不能任意延长,C 点为水的临界点。在临界点,液态和气态之间的界面消失,液体和蒸气的密度相等,液体的表面张力和汽化热均等于零。当温度高于临界温度时为气相区,此时不论加多大的压力,水蒸气都不会冷凝为液体水。

5. *D* 点

AD 线不能无限延长。实验发现,随着压强的增大,大约在 2.07×10^8 Pa, −20℃以上,相图变得比较复杂,冰会出现不同的晶型。

水的相图以直观的方式展示了水的相态与 T 和 p 的关系。图中的每一个点(指定 T 和 p)都代表纯水的一个状态,相应的水有确定的性质。我们可以根据相图来分析系统的状态及其变化过程,并以此指导生产实践。一般而言,纯物质都具有与水类似的相图,但各物质的单组分系统相图中各平衡线的位置和斜率不同。

【例题 5】 下图是 CO_2 的平衡相图。试根据下图回答下列问题:

(1) 把 CO_2 在 0℃时液化,需要加多大压力?

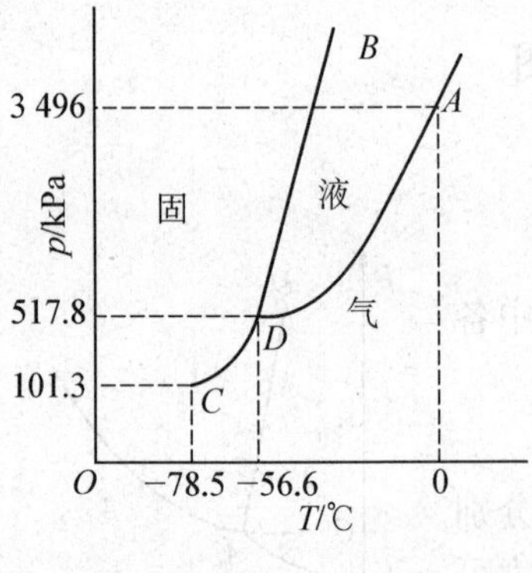

(2) 把钢瓶中的液体 CO_2 在空气中喷出，大部分成为气体，一部分成为固体(干冰)而没有液体，是何原因?

(3) 指出 CO_2 的相图与 H_2O 的相图的最大差别。

〖解〗 (1) 如图所示，CO_2 的气-液平衡共存线与 0℃时的等温线交于 A 点，该点所示的压力为 3 496 kPa，即为使 CO_2 在 0℃时液化所需的最小压力。

(2) 由图可知，当外压低于三相点的压力(517.8 kPa)时，液态 CO_2 就不能稳定存在。而空气压力为 101.3 kPa 时，此压力远远低于 517.8 kPa，因此，由钢瓶中喷出的 CO_2 不可能以液体状态存在。

(3) CO_2 的相图与 H_2O 的相图最大的差别是液-固平衡共存线即熔化曲线的倾斜方向不一致：在水的相图中熔化曲线向左倾斜，而在 CO_2 的相图中熔化曲线向右倾斜。这表明冰的熔点随压力的增加而降低，而固相 CO_2(干冰)的熔点将随压力的增加而升高。

6.3.2 硫的相图

硫的相图如图 6.2 所示。硫有 4 种不同形态：气态硫(g)，液态硫(l)，正交硫(R)，单斜硫(M)。图中的点、线和面所表示的意义简述如下。

AB：正交硫(R)，气态硫(g)；BC：单斜硫(M)，气态硫(g)；CD：气态硫(g)，液态硫(l)；

B，三相点(R, M, g)；C，三相点(M, l, g)；E，三相点(R, M, l)。

D 是硫的临界点，临界温度为 T_c。在此温度以上，硫只以气态存在。虚线所表示的为硫的介稳状态。G 是正交硫、气态硫和液态硫共存的介稳三相点。BG 是 AB 的延长线，正交硫和气态硫达到介稳平衡；CG，EG 和 BH 也为相应的两相介稳平衡曲线。

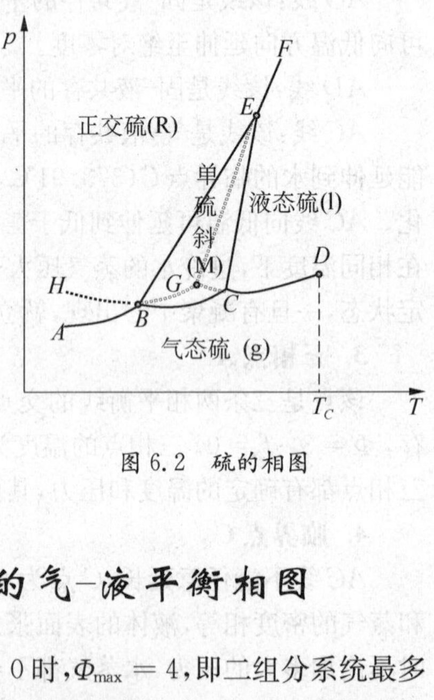

图 6.2 硫的相图

6.4 二组分理想液态混合物的气-液平衡相图

对于二组分系统，$K=2$，$f=4-\Phi$。由此式可知，$f=0$ 时，$\Phi_{max}=4$，即二组分系统最多可以有四相平衡共存。当 $\Phi=1$ 时，$f=3$，系统的状态由三个独立变量决定，这三个变量通常采用温度、压力和组成。因此，二组分系统的相图要用具有三个坐标的立体图来表示。为了方便绘图和看图，常常固定一个变量，于是可以用平面图(即立体图形的平面截面图)来表示二组分系统的相图。此时有 $f^*=3-\Phi$，这样的相图有三种：①$p-x$ 图，即 T 恒定；②$T-x$ 图，即 p 恒定；③$T-p$ 图，即组成恒定。常用的是前两种。在这些平面图上，系统最多有 2 个自由度，同时共存的相数最多是 3 个。

若 A 和 B 两种液体可以按任意比例互溶，形成均匀的单一液相，则称这种系统为完全互溶的双液系统。在这种双液系统中，由于分子结构的差异，A 和 B 既可以形成理想溶液，也可以构成非理想溶液。

理想溶液各组分在全部浓度范围内均遵守 Raoult 定律,只要掌握了 A, B 的饱和蒸气压数据,其相图就可以绘制出来。

6.4.1 理想液态混合物的蒸气压-组成图

在一定温度下,设液体 A 和液体 B 形成理想溶液,根据 Raoult 定律,有:

$$p_A = p_A^* x_A \tag{6.18}$$

$$p_B = p_B^* x_B = p_B^*(1-x_A) \tag{6.19}$$

式中:p_A^*,p_B^* 分别为该温度时纯 A、纯 B 的蒸气压;x_A 和 x_B 分别是溶液中组分 A 和组分 B 的物质的量分数。溶液的总蒸气压 p 为:

$$p = p_A + p_B = p_A^* x_A + p_B^*(1-x_A) = p_B^* + (p_A^* - p_B^*)x_A \tag{6.20}$$

式(6.20) 表明,在定温下,p 与 x_A 成直线关系。在图 6.3 中,点 $p_A^*(x_B=0)$ 和点 $p_B^*(x_B=1)$ 的连线就是式(6.20) 所对应的直线,它代表溶液的蒸气压 p 与液相组成 x_B 的关系,所以称 $p-x_B$ 线为液相线。

由于 A 和 B 两组分的蒸气压不同,所以在气-液平衡时,气相的组成与液相的组成也不同。设蒸气符合道尔顿分压定律,气相组成用 y_B 表示,则:

$$y_B = p_B/p = (p_B^* x_B)/[p_A^* + (p_B^* - p_A^*)x_B] \tag{6.21}$$

从式(6.21)知,只要知道一定温度下纯组分的 p_A^* 和 p_B^*,就能从液相组成(x_B 或 x_A)求出与它平衡共存的气相组成(y_B 或 y_A)。在图 6.3 中,代表蒸气压与气相组成关系的曲线 $p-y_B$ 线称为气相线。对于 $p-x$ 图,它总是在液相线的下面。

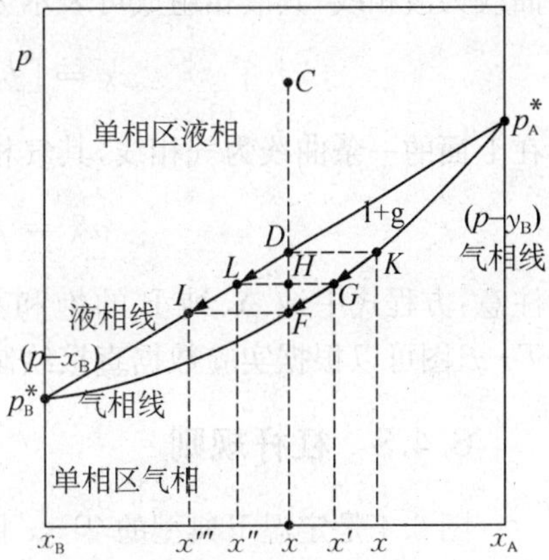

图 6.3 理想液态混合物的 $p-x$ 图

在气相中,其组成可以表示为:

$$y_B = p_B/p = (p_B^* x_B)/p,\ y_A = p_A/p = (p_A^* x_A)/p$$

所以可得:

$$y_B/y_A = (p_B^*/p_A^*)(x_B/x_A) \tag{6.22}$$

若 B 是易挥发组分,$p_B^* > p_A^*$,则有:

$$(y_B/y_A) > (x_B/x_A)$$

或:

$$[y_B/(1-y_B)] > x_B/(1-x_B)$$

由此可得:

$$y_B > x_B \tag{6.23}$$

这表明理想液态混合物中易挥发组分在气相中的含量大于它在液相中的含量。类似地,可以证明不易挥发组分在液相中的含量比它在气相中的大。

在图 6.3 中,在液相线以上系统为单一的液相区(l),在该区内 $f^* = 2-1+1=2$,即溶液的压力和组成可同时独立改变;在气相线之下为气相区(g),$f^* = 2$;在液相线与气相线之间为气-液共存区(l+g)，此时 $f^* = 2-2+1=1$，在压力 p、气相组成和液相组成三个变量中，只有一个能独立改变，另两个随之确定。例如指定压力 p，则在通过该压力的水平线上 x_B 和 y_B 有确定值。

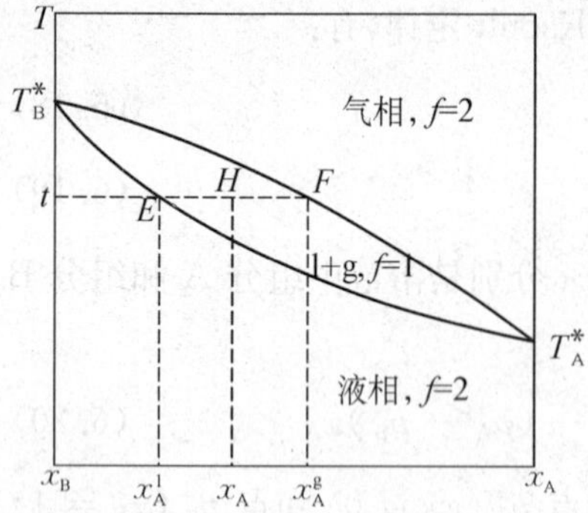

图 6.4　理想液态混合物的 $T-x$ 图

6.4.2　理想液态混合物的沸点-组成图

图 6.4 为理想溶液的 $T-x$ 相图，亦称为沸点-组成图。在外压为大气压力时，当溶液的蒸气压等于外压时，溶液就沸腾，这时的温度称为沸点。某组成的蒸气压越高，其沸点越低，反之亦然。$T-x$ 图在讨论蒸馏时十分有用，因为蒸馏通常在等压下进行。$T-x$ 图中的点、线和面所表示的意义说明如下。

在相图中，表示系统总组成的点叫作物系点，如图 6.4 中的 H 点就是物系点，其组成为 x_A。系统的温度升高或降低时，虽然系统的状态变了，但总组成不变。相图中代表某一相组成的点称为相点，如图 6.4 中的 E 点、F 点都是相点，E 点代表液相组成，其组成为 x_A^l，F 点代表气相组成，其组成为 y_A。

图中 H 点落在两相区内，系统两相共存。E 点为液相点，液相中 A 的浓度为 x_A^l。F 点为气相点，气相中 A 的浓度为 x_A^g。对于 $T-x$ 图，气相线总是在液相线的上面。在下面的一条曲线为液相线，其液相组成可表示为：

$$x_A^l = [p - p_B^*(T)]/[p_A^*(T) - p_B^*(T)] \tag{6.24}$$

在上面的一条曲线为气相线，其气相组成可表示为：

$$x_A^g = p_A^*/p[(p - p_B^*)/(p_A^* - p_B^*)] \tag{6.25}$$

注意：方程式中纯 A、纯 B 的饱和蒸气压均为温度的函数，在方程中是变量，而不是常数。$T-x$ 图可以根据实验数据直接绘制，也可以从已知的 $p-x$ 图转换求得。

6.4.3　杠杆规则

图 6.4 是定温下典型的 $T-x$ 图。在两相区的 H 点所对应的两相组成可由水平连线 EF 的两端读出，EF 线称为连接线。两相所含物质的数量有多少呢？相律无法作出回答，利用杠杆规则可解决这个问题。

根据质量守恒原理，系统中所含组分 A 的物质的量等于液相与气相中所含 A 的物质的量之和，即有：$nx_A = nx_A^l + nx_A^g$。n 是系统的物质的量，因有 $n = n_液 + n_气$，代入上式可得：

$$(n_液 + n_气)x_A = nx_A^l + nx_A^g$$

$$n_液(x_A - x_A^l) = n_气(x_A^g - x_A) \tag{6.26}$$

从相图知，$(x_A - x_A^l)$ 和 $(x_A^g - x_A)$ 在数值上分别等于线段 EH 和 HF 的长度，所以上式可写作：

$$n_液 \cdot EH = n_气 \cdot HF \tag{6.27}$$

式(6.27)所表示的关系可以视为：把图中的线段 EF 比作一个以 H 点为支点的杠杆，液相

的物质的量乘以 EH 等于气相的物质的量乘以 HF。因此，这个关系叫作杠杆规则，它适用于相图中的任意两相区，只要已知系统中物质的总量，就可由杠杆规则求出共存两相的物质的量。

【例题 6】 已知含醋酸 30.0%(mol)的水溶液，在 101 325 Pa 下的沸点为 102.1℃，又知含醋酸 18.5%(mol)的醋酸-水混合气在 101 325 Pa 下的露点为 102.1℃。将 1.00 kg 含醋酸 20.0%(mol)的水溶液在 101 325 Pa 下加热到 102.1℃，问平衡时，气、液两相各为多少克？

〖解〗 $x_B(体) = 0.200$，$x_B(g) = 0.185$，$x_B(l) = 0.300$

醋酸的摩尔质量为 60 g·mol^{-1}，水的摩尔质量为 18 g·mol^{-1}

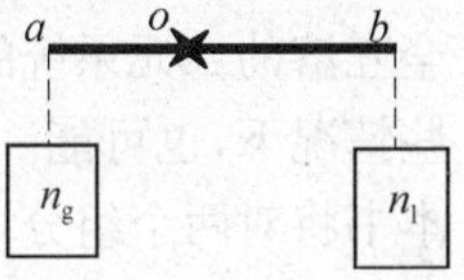

1 mol 系统的质量为：$0.2 \times 60 + 0.8 \times 18 = 26.4$ g

1.00 kg 溶液系统的物质的量为 $1\,000/26.4 = 37.88$ mol $= n_l + n_g$

$n_l(0.3 - 0.2) = n_g(0.2 - 0.185)$

$n_l = 0.15 n_g = 0.15(37.88 - n_l)$

$n_l = 4.941$ mol，$n_g = 32.94$ mol

1 mol 液相的质量为：$0.3 \times 60 + 0.7 \times 18 = 30.6$ g

1 mol 气相的质量为：$0.185 \times 60 + 0.815 \times 18 = 25.77$ g

所以，平衡时液相的质量为：$4.941 \times 30.6 = 151.2$ g

气相的质量为：$32.94 \times 25.77 = 848.8$ g

6.4.4* 精馏原理

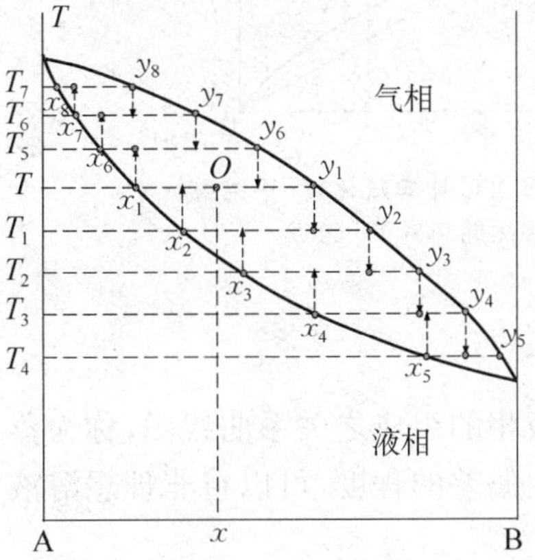

图 6.5 精馏原理

将液态混合物同时经多次部分汽化和部分冷凝而使之分离的操作称为精馏。精馏多在恒压下进行，这里以混合物的沸点介于两纯组分沸点之间的某 A－B 系统为例，其 T－x 图如图 6.5 所示。B 的沸点低，挥发性较强，B 在气相中的浓度较液相中的高，将组成为 y_1 的气相收集起来，并将其冷却至温度 T_1，其中将部分冷凝为液体，液相的组成为 x_2，与之达到平衡的气相组成为 y_2，由相图可见 $y_2 > y_1$。重复以上过程，气相中 B 的浓度越来越高，最后可以获得纯的 B。而由液相可以获得纯的 A。

设有原始溶液（物系点为 O 点），其组成为 x，温度为 T，在恒压下升温到 T_5 时，平衡的气、液两相组成为 y_6 与 x_6。气液两相分开。液相被加热到 T_6，液体部分汽化，气、液两相组成为 y_7 与 x_7。气液两相再度分开，如此反复操作，液相每汽化一次，A 在液相中的相对含量就增大一些，这种操作多次重复，可得到 x_B 很小的液相，最后得到纯 A。而将 T_5 温度下得到的气相冷却到 T_1，气体部分冷凝，气相和液相的组成分别为 y_2 和 x_2。气液两相分开后，气相中 B 的含量增大，如此反复操作，可得到 y_B 很大的气相，最后得到纯 B。在精馏塔中，部分汽化与部分冷凝同时连续进行，即可将 A，B 分开。

实际的工业精馏工段为连续操作，各层的操作温度相对稳定，溶液的组成也稳定，在精馏塔的低温段一般可以获得纯净的 B，在高温段可获得纯净的 A。

6.5 非理想液态混合物的气-液平衡相图

实际上,可以认为是理想溶液的系统是极少的,绝大多数是非理想的。二者的差别在于,在定温下,前者各组分在全部组成范围内均遵循 Raoult 定律,所以总压与组成(摩尔分数)成直线关系。而对于后者,各组分的蒸气分压均对 Raoult 定律产生明显的偏差,所以,蒸气总压与组成不成直线关系。若组分的蒸气压大于按 Raoult 定律计算的值,则称为正偏差;若组分的蒸气压小于按 Raoult 定律计算的值,则称为负偏差。

通常,非理想溶液中的两种组分或均为正偏差,或均为负偏差。图 6.6、图 6.7 是几种完全互溶的二元系统的蒸气压-组成图,这些相图表现了系统对 Raoult 定律的偏差情况。在某些情况下,也可能一个(或两个)组分在某一组成范围内为正偏差,而在另一范围内为负偏差。本书将对两个组分均产生正偏差或均产生负偏差的系统进行介绍。

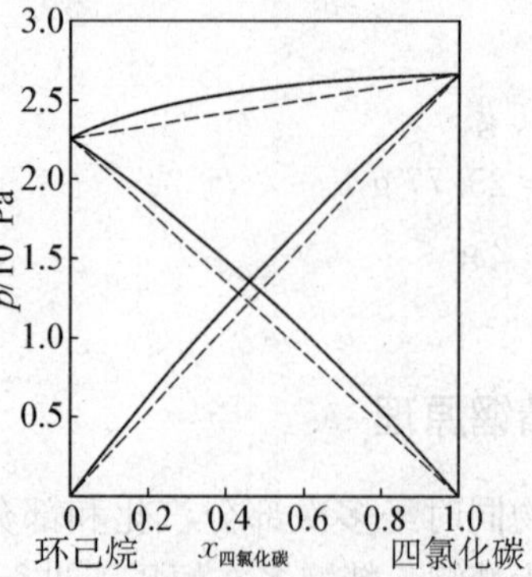

图 6.6　40℃时环己烷-四氯化碳系统的蒸气压-组成

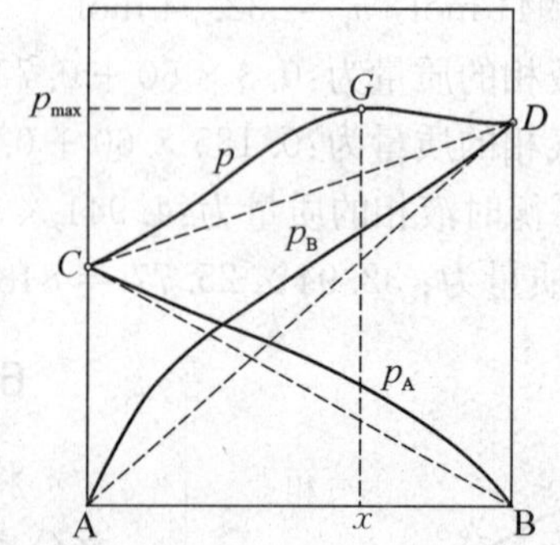

图 6.7　35.2℃时二硫化碳-甲缩醛系统的蒸气压-组成

6.5.1 蒸气压-组成图

在恒定温度的条件下,液态混合物的蒸气压与平衡气、液相的组成之关系曲线图,称为蒸气压-组成图($p-x$ 图)。根据实际蒸气总压对理想情况产生偏差的程度,可以将非理想溶液的蒸气压-液相组成图大致分为如下三种类型。

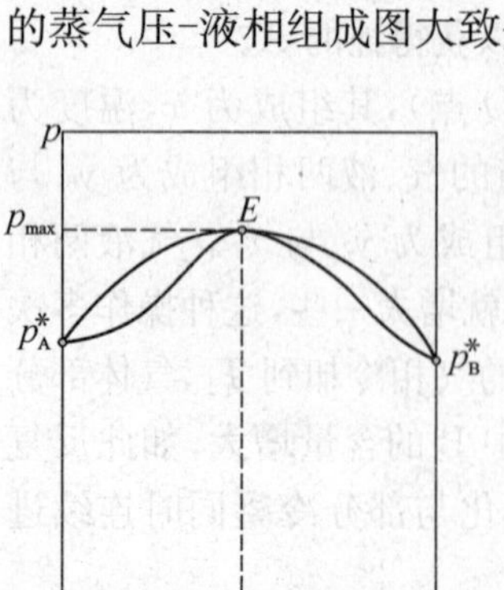

图 6.8　具有最大正偏差系统的蒸气压-组成

1. 具有一般正偏差或负偏差的系统

图 6.6 是环己烷-四氯化碳系统的相图,系统的蒸气分压和总蒸气压均大于用 Raoult 定律求出的值,产生了正偏差。但是在所有浓度范围内,其溶液的总蒸气压总是在两纯组分的蒸气压之间,即 $p_A^* < p < p_B^*$。

2. 具有最大正偏差的系统

图 6.7 是二硫化碳-甲缩醛系统有较大正偏差的实际溶液相图的典型例子,虚线为按 Raoult 定律计算的值,实线为实验值。蒸气总压对理想情况为正偏差,但在某一组成范围内,混合物的蒸气总压比易挥发组分的饱和蒸气压还大,因而蒸气总压出现最大值,如图 6.7 中 G 点所示。

一定温度下，系统产生最大正偏差的压力-组成图如图 6.8 所示，最高点将气-液两相区分成左、右两部分，气相线与液相线在它们的最高点 E 相切，故 E 点处气、液两相的组成相等，即 $y_B = x_B$。在最低点左侧，B 在气相中的含量大于在液相中的含量；在最低点右侧，B 在气相中的含量小于在液相中的含量。

3. 具有最大负偏差的系统

蒸气总压对理想情况为负偏差，但在某一组成范围内，混合物的蒸气总压比不易挥发组分的饱和蒸气压还小，因而蒸气总压出现最小值。产生负偏差的系统的压力-组成图如图 6.9、图 6.10 所示。

图 6.10 中，同样液相线与气相线在最低点相切，故 E 点处气、液两相的组成相等，即 $y_B = x_B$。在最低点左侧，B 在气相中的含量小于在液相中的含量；在最低点右侧，B 在气相中的含量大于在液相中的含量。

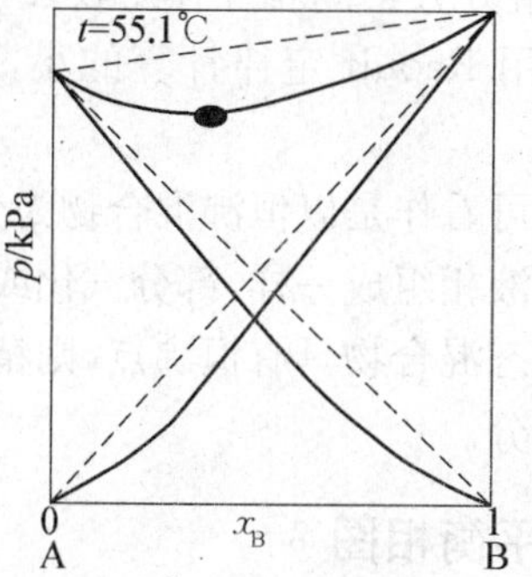

图 6.9 最大负偏差系统的压力-组成

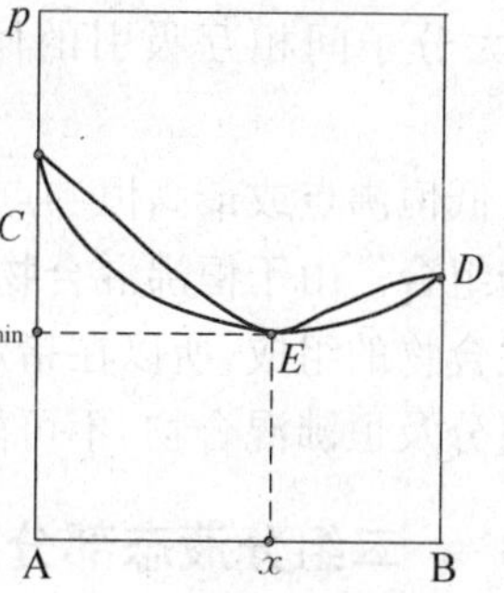

图 6.10 真实系统的蒸气压-组成

由此可见，无论是具有最大正偏差还是具有最大负偏差的系统，相图的共同特点就是图中一定出现最高点（正偏差）或最低点（负偏差），而且在最高点或最低点处气相线与液相线相切，说明在此点气、液两相的组成相等。

6.5.2 温度-组成图

在一定外压条件下，液态混合物的沸腾温度与平衡气、液相的组成之关系曲线图，称为温度-组成图（$T-x$ 图）。同压力-组成图类似，亦分为具有一般偏差和具有最大正偏差或最大负偏差的系统。

在一定外压下，易挥发的纯液体沸点相对较低，而难挥发的纯液体的沸点相对较高。具有一般偏差的液态混合物的沸点介于两纯液体的沸点之间；而具有最大正偏差或最大负偏差的混合物的沸点，在一定浓度范围内，或高于两纯液体的沸点（最大负偏差），或低于两纯液体的沸点（最大正偏差）。在一定外压和温度下，气液两相平衡时，总是易挥发组分在气相中的浓度高于其在平衡液相中的浓度。不同的系统，相图形状是不同的。

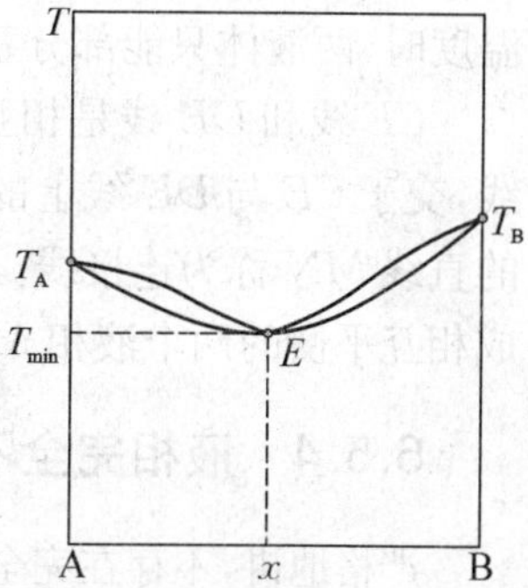

图 6.11 具有最低恒沸点二组分系统相图

图 6.11 为具有最大蒸气压正偏差系统的温度-组成图，在一定压力下，出现极小值点 E。在该点，气相线与液相线相切。对应于此点，在该指定压力下沸腾时产生的气相与液相组成相等，即 $y_B = x_B$。若在一定外压下，将组成为恒沸组成的液体加热至沸

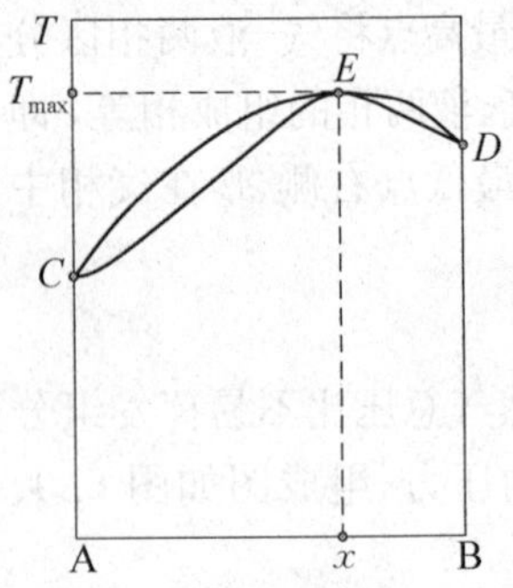

图 6.12　具有最高恒沸点二组分系统相图

腾,沸腾温度始终恒定不变,且这一温度又是液态混合物沸腾的最低温度,所以将此温度点称为最低恒沸点,恒沸点对应的该组成的混合物称为恒沸混合物。

对于具有最大负偏差的系统,在一定压力下,在温度-组成图中出现极大值点 E(见图 6.12),在极大值点 E 处气相线与液相线相切,故 E 点处气、液两相的组成相等,即 $y_B = x_B$。该点对应的温度称为最高恒沸点,对应的组成称为恒沸组成。

值得注意的是,恒沸点处气液两相组成虽然相同,但它仍然是混合物,而不是化合物。对于指定相图,其恒沸组成是与外压相关的。但外压改变时,恒沸组成不仅改变,甚至会消失。这就证明恒沸物是混合物,而不是化合物。

负偏差系统比正偏差系统少得多。若溶液中不同组分分子间相互作用较强,或者相互缔含,就会增大分子间相互吸引的倾向,其蒸气压要比用 Raoult 定律计算的小,因而发生负偏差。

具有最低恒沸点或最高恒沸点的二组分系统相图,可看作是以恒沸混合物为分界的左、右两个相图的组合。由于恒沸混合物沸腾时,气相组成与液相组成一样,部分汽化或部分液化均不能改变混合物的组成,所以在指定压力下若二组分液态混合物具有恒沸点,则精馏后只能得到一个纯组分及恒沸混合物,不可能同时得到两个纯组分。

6.5.3* 二组分液态部分互溶系统的气-液平衡相图

当 A, B 的极性相差较大时,相互溶解度较小,在一定浓度范围,可能出现 A, B 不完全互溶的现象。这样的两种液体构成的系统称为部分互溶的双液系统。水与苯胺系统就是一个例子,其温度-组成图如图 6.13 所示。图中 CE 为苯胺在水中的溶解度曲线,DE 为水在苯胺中的溶解度曲线。随着温度升高,水与苯胺的相互溶解度增大,至可以完全互溶,所以交于 E 点而成一条光滑曲线。曲线以外为单液相区,曲线以内为液-液两相平衡区。溶解度曲线最高点 E 称为高临界会溶点。对应于 E 点的温度 T_E 称为高临界溶解温度或高会溶温度。温度高于高会溶温度时,液体水与液体苯胺可完全互溶,温度低于高会溶温度时,两液体只能部分互溶。

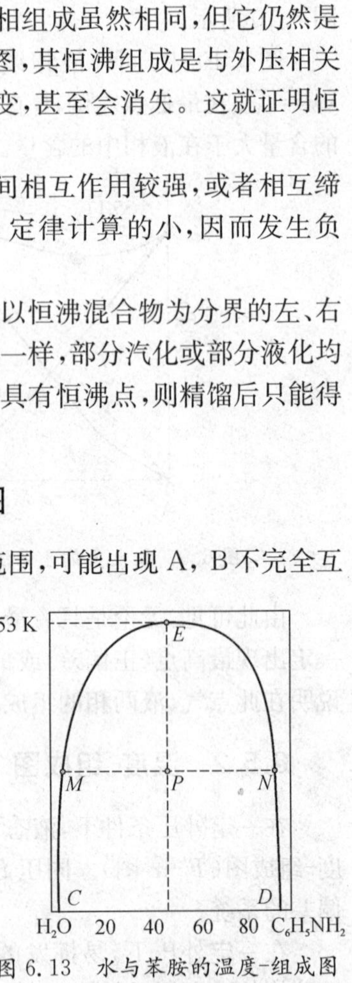

图 6.13　水与苯胺的温度-组成图

CE 线和 DE 线是相互依存的两条线,代表相互平衡的两个液层。在任意温度下作水平线,交于 CE 与 DE 线上的两点 M 和 N 即代表该温度下的两个共轭液相。连接两个共轭相点的直线 MN 称为连接线。若系统总组成处于连接线上,例如图中的 P 点(物系点),系统就分成相互平衡的两个液相 M 与 N,它们的相对数量可以根据杠杆规则确定。

6.5.4 液相完全不互溶系统的气-液平衡相图

严格地讲,不存在完全不互溶的双液系统,但有些物质的极性相差很大,相互间的溶解度小到可以忽略不计的程度,此类系统可以近似看作完全不互溶系统,极性大的物质和非极性的有机化合物常常组成不互溶系统,如水-苯、水-CCl_4 等。另外水-汞、水-油之间也形成完全不互溶系统。

在完全不互溶的双液系统中，每一种液体的蒸气压就是它单独存在时的蒸气压，其大小与另一种液体的存在与否及存在的数量均无关。因此，这种系统的总蒸气压等于两纯组分在该温度下的蒸气压之和，即 $p = p_A^* + p_B^*$。在一定外压下，将两个不互溶液体的共存相同时加热，当温度上升到蒸气总压 $p = 101.325$ kPa 时，混合液体就开始沸腾，此时的沸腾温度比两个纯液体的沸点都低，此沸腾温度称为在该外压下两液体的共沸点。完全不互溶系统的温度-组成图如图 6.14 所示。

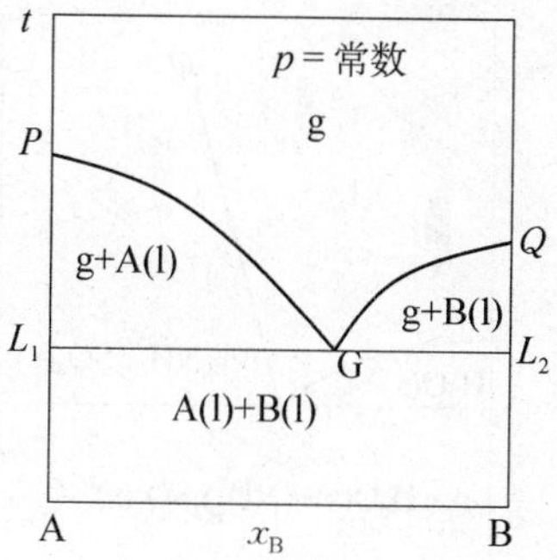

图 6.14 完全不互溶系统的温度-组成

在恒压下，当物系点在 L_1GL_2 线上(不包含 L_1，L_2 点)时，出现三相平衡，即 A(l)，B(l)和 g，相律 $f = 2 - 3 + 1 = 0$。所以，共沸点为定值。只要这三相共存，平衡时的温度及三相的组成就不变。气相组成为：

$$y_B = \frac{p_B^*}{p_B^* + p_A^*} \tag{6.28}$$

L_1GL_2 线为三相线，L_1 点和 L_2 点为平衡时两液相点，G 点为气相点。

液体 A 和 B 的物质的量是按线段 GL_2 和线段 L_1G 之比转变为气相的。如果系统中两液体的量正好是这一比例，系统受热离开三相线时两液体同时消失而进入气相区。若系统中 A 液体的量较大，在系统受热离开三相线时，B 相消失而 A 与气相平衡，成为两组分两相系统。因 $f = 2 - 2 + 1 = 1$，故两相平衡温度可以改变。气相组成是温度的函数。在 g+A(l) 两相区内，气相中 A 的蒸气是饱和的，B 的蒸气是不饱和的。

显然，在任何外压下，如在标准大气压力下，混合液体的沸点 T_b 总是低于任一纯液体的沸点。利用这种性质的蒸馏过程称为水蒸气蒸馏。许多有机物或因沸点较高，或因性质不稳定，在升温到其沸点之前就会分解，只要它们与水不互溶，就可以采用这种方法进行提纯，此时在标准大气压力下、在低于 373.15 K 的温度就可以将它蒸馏出。水蒸气蒸馏可以达到与减压蒸馏相同的效果。

6.6 凝聚系统相图

固-液凝聚系统的相图随压力的变化不大，一般情况下，可以不考虑压力的影响，故此类系统的相律可表达为 $f^* = K - \Phi + 1 = 3 - \Phi$。当系统的自由度为零时，最大相数 $\Phi = 3$，故在二元相图中，最多可以有三相共存。在等压条件下，单相区：$\Phi = 1$，$f^* = 2$；两相区：$\Phi = 2$，$f^* = 1$；三相区：$\Phi = 3$，$f^* = 0$。

二组分凝聚系统的相图比二组分气-液相图复杂得多，因为液态可能有互溶现象，固态有晶型转变，二组分间可生成一种或多种化合物。本章主要介绍几种典型的二组分凝聚系统相图，即液态完全互溶固态完全不互溶系统相图、液态完全互溶固态完全互溶系统相图、液态完全互溶固态部分互溶系统相图、生成化合物系统相图(稳定化合物，不稳定化合物)。

6.6.1 水-盐二组分系统

图 6.15 是 H_2O(A)-$(NH_4)_2SO_4$(B)二组分系统的固-液相图，它是根据不同温度下

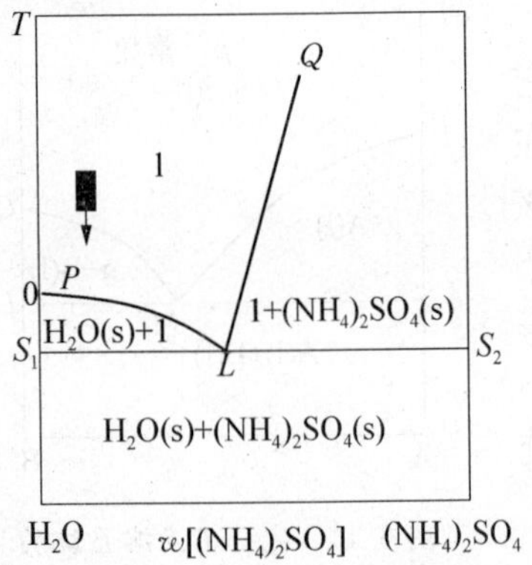

图 6.15 $H_2O(A)-(NH_4)_2SO_4(B)$ 二组分系统的固-液相图

$(NH_4)_2SO_4$ 饱和水溶液的浓度及相应的固相组成的实验数据绘制而成的，用溶解度数据绘制相图的方法叫溶解度法。

图 6.15 中 PL 线是水的冰点线；QL 线一般称为 $(NH_4)_2SO_4$ 在水中的溶解度曲线。从这两条曲线的斜率可以看出，水的冰点随 $(NH_4)_2SO_4$ 浓度的增加而下降，$(NH_4)_2SO_4$ 的溶解度则随温度的升高而增大。一般来说，由于盐的熔点很高，超过了饱和溶液的沸点，所以 QL 曲线不能延长到 $(NH_4)_2SO_4$ 的熔点。

在 PL 和 QL 曲线以上的区域为单相溶液区，在此区域中，根据相律 $f^* = k - \Phi + 1 = 2 - 1 + 1 = 2$，系统有两个自由度。$PLS_1$ 区是冰和溶液共存的两相平衡区，溶液的组成一定在 PL 曲线上；QLS_2 区是溶液和固体 $(NH_4)_2SO_4$ 共存的两相平衡区，溶液的组成一定在 QL 曲线上。在这两个区域中，$f^* = 2 - 2 + 1 = 1$，系统只有一个自由度，这就是说，当温度指定后，系统各相的组成就一定了。

PL 线和 QL 线的交点称为正点。在该点，冰、$(NH_4)_2SO_4$(s) 和溶液达成三相平衡共存；根据相律 $f^* = 2 - 3 + 1 = 0$，自由度为零，这就是说，两种固体同时与溶液成平衡的温度只能是一个温度，即 254.9 K，同时溶液和两种固体的组成也是一定的，溶液的组成用 L 点处 $(NH_4)_2SO_4$ 的质量分数为 39.8%表示，两种固体是纯冰和纯的固体 $(NH_4)_2SO_4$。溶液所能存在的最低温度，亦是冰和 $(NH_4)_2SO_4$(s) 能够共同熔化的温度，所以正点也称为“最低共熔点”。在正点所析出的固体称为“最低共熔混合物”。

由图 6.15 可知，组成在正点以左的溶液冷却时，首先析出的固体是冰；组成在正点以右的溶液冷却时，首先析出的固体是 $(NH_4)_2SO_4$。应指出，组成为正点的溶液所析出的最低共熔混合物是由微小的两种固体晶体构成的机械混合物，它不是固溶体，所以不是单相，而是两相。

在 254.9 K 以下为固相区，它是 H_2O(s) 和 $(NH_4)_2SO_4$(s) 的两相平衡区，根据相律，在此区域系统只有一个自由度。

类似的水-盐系统有很多，如 $H_2O-NaCl$（最低共熔点为 252.1 K）、H_2O-KCl（最低共熔点为 262.5 K）、$H_2O-CaCl_2$（最低共熔点为 218.2 K）、H_2O-NH_4Cl（最低共熔点为 257.8 K）等。按照最低共熔点的组成来配制冰和盐的量，可以获得较低的冷冻温度。在化工生产中，经常用盐水溶液作为冷冻的循环液。

水-盐系统相图可应用于结晶法分离盐类。例如，欲自 $(NH_4)_2SO_4$ 的质量分数为 30%的水溶液中获得纯 $(NH_4)_2SO_4$ 晶体，如图 6.15 所示，只靠冷却是不可能的，因为冷却时首先会析出冰，最后，在 −18.5℃，冰与盐同时析出。所以，应先将溶液在较高温度下蒸发浓缩，使溶液中 $(NH_4)_2SO_4$ 的质量分数大于 39.75%，再将浓缩后的溶液冷却，并控制温度略高于 −18.5℃，则可获得纯 $(NH_4)_2SO_4$ 晶体。

6.6.2 热分析法及具有简单低共熔混合物的二组分固-液系统

热分析法是绘制相图常用的基本方法之一。其基本原理是：当系统缓慢而均匀地冷却（或受热）时，如果系统中不发生相变化，则系统温度随时间的变化是均匀的。当系统内有相变化发生时，由于在相变化的同时总伴随有相变潜热的出现，系统温度随时间变化的速率亦将发生变化，出现转折点或水平线段。这种温度-时间曲线称为“步冷曲线”，用此曲线研究固-液相平衡的方法称为热分析法。下面以 Bi-Cd 系统为例，说明如何绘制冷却曲线及相图。

图 6.16(左)中的 a 线是纯 Bi(w(Cd)=0)的冷却曲线。其中 aA 为液体 Bi 冷却，水平线 AA'是 Bi 固液两相平衡，A'以后为固体 Bi 冷却。e 线是纯 Cd(w(Bi)=0)的冷却曲线，形状与 a 线相似。b 线是 w(Cd)=0.2 的 Bi-Cd 混合物的冷却曲线。C 点前为液体冷却，C 点处固体 Bi 开始析出，由相律 $f=2-2+1=1$，说明有一个自由度，若温度下降，则液体组成是温度的函数。到达 D'时，开始同时有 Bi 与 Cd 析出，为三相平衡，由相律 $f=2-3+1=0$，说明在此出现水平线段 DD'，液体组成 E 不变，只有当液相全部凝固消失后，$f=2-2+1=1$，温度才继续下降，D'及它后边的部分是固体 Bi 与 Cd 的降温过程。DD'段析出的为最低共熔混合物，对应温度为最低共熔点。d 线是 w(Cd)=0.7 的 Bi-Cd 混合物的冷却曲线，与 b 线类似，有一个转折点和一个水平线段。水平线对应的温度是最低共熔点。c 线是 w(Cd)=0.4 的 Bi-Cd 混合物的冷却曲线，由于它的组成正好是最低共熔混合物的组成，因此液相开始凝固时，即同时析出固体 Bi 和 Cd，相当于 E 点。到 E 时液相完全凝固。以后为固体最低共熔混合物的降温。这条冷却曲线的形状与纯物质相似，没有转折点，只有水平段。

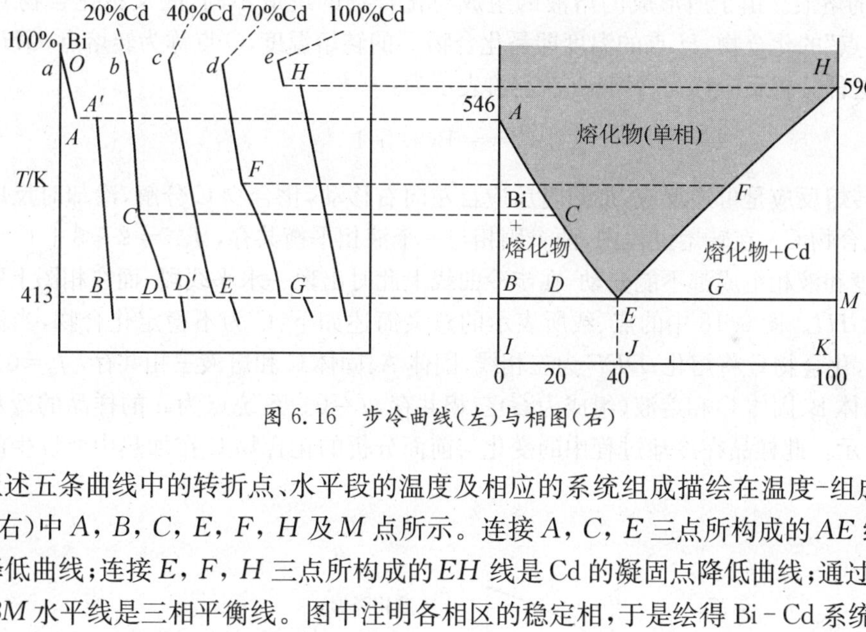

图 6.16 步冷曲线(左)与相图(右)

将上述五条曲线中的转折点、水平段的温度及相应的系统组成描绘在温度-组成图上，如图 6.16(右)中 A，B，C，E，F，H 及 M 点所示。连接 A，C，E 三点所构成的 AE 线是 Bi 的凝固点降低曲线；连接 E，F，H 三点所构成的 EH 线是 Cd 的凝固点降低曲线；通过 B，E，M 三点的 BM 水平线是三相平衡线。图中注明各相区的稳定相，于是绘得 Bi-Cd 系统的相图。

6.6.3 有化合物生成的二组分固-液系统

1. 生成稳定化合物的系统

将熔化后液相组成与固相组成相同的固体化合物称为稳定化合物。稳定化合物具有相合熔点。生成稳定化合物的系统中最简单的是两物质之间只能生成一种化合物，且这种化合物与两物质在固态时完全不互溶。

以苯酚-苯胺系统为例。苯酚(A)的熔点为 40℃，苯胺(B)的熔点为−6℃，二者生成分子比例为 1∶1 的化合物 $C_6H_5OH \cdot C_6H_5NH_2$(C)，其熔点为 31℃。此系统的液-固平衡相图如图 6.17 所示，图中的面区、线所表示的意义简述如下：1 区，熔液，$f=2$；2 区，A(s)+l，$f=1$；3 区，C(s)+l，$f=1$；4 区，C(s)+l，$f=1$；5 区，B(s)+l，$f=1$；6 区，A(s)+C(s)，$f=1$；

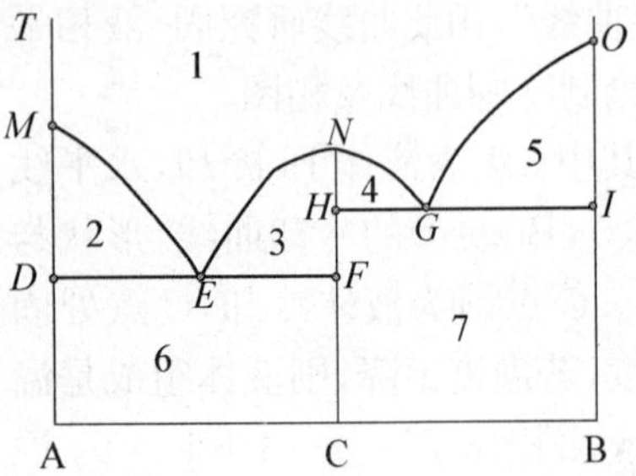

图 6.17 苯酚-苯胺系统液-固平衡相图

7 区，C(s)+B(s)，$f=1$；DEF，三相线，$f=0$，A，C，熔液三相共存；HGI，三相线，$f=0$，C，B，熔液三相共存。

图 6.17 可以看成是由两个相图组合而成，一个是 A-C 系统相图，另一个是 C-B 系统相图。两相图均是具有最低共熔点的固态不互溶系统相图。Mg-Si 系统也属于这种类型。Mg 与 Si 可形成组成为 Mg_2Si 的稳定化合物，且与 Mg 和 Si 在固态时完全不互溶。有时，两种物质可生成两种或两种以上的稳定化合物，这时相图要复杂一些，但是基本上仍可将它分解成几个简单相图来分析。

2. 生成不稳定化合物的系统

如果两个组分之间形成的化合物在升温过程中表现出不稳定性，在到达其熔点之前便发生分解，称其为不稳定化合物。生成不稳定化合物的系统中最简单的是两物质 A，B 只生成一种不稳定化合物 C，且 C 与 A，B 均在固态时完全不互溶，该系统的相图如图 6.18 所示。此系统有一最低共熔点 E。将不稳定化合物 C 加热到 H 点的温度时，它便分解为固体 B 和一个组成为 G 的熔液。由于所形成的熔液的组成与化合物的组成不同，故又称化合物 C 为具有"不相合熔点"的化合物，H 点的温度即是化合物 C 的转熔温度，G 点称为转熔点，GHI 线称为转熔线。这种分解反应称为转熔反应，它可表示为：

$$\text{C} \xlongequal{\quad} \text{B(s)} + \text{l}$$

这种转熔反应是可逆反应，加热时反应自左向右移动，化合物 C 分解，冷却时反应向左移动，生成化合物 C。在转熔过程中，两个固相与一个液相平衡共存，$f^*=2-3+1=0$，所以体系的温度和液相组成都不能变动，在步冷曲线上此时出现一水平线段，而在相图上则是水平的三相线 GHI。图 6.18 中的点、线所表示的意义简述如下：C 为不稳定化合物，当温度升高至 H 点时，化合物 C 将熔化；DEF 为三相线，固体 A、固体 C 和熔液三相共存，$f=0$；GHI 为三相线，固体 B、固体 C 和熔液（组成为 G）三相共存，$f=0$。系统点为 a 的样品的冷却曲线如图 6.18 所示。此样品在冷却过程中的变化与前面分析的化合物 C 在加热中所发生的相变化正好相反。

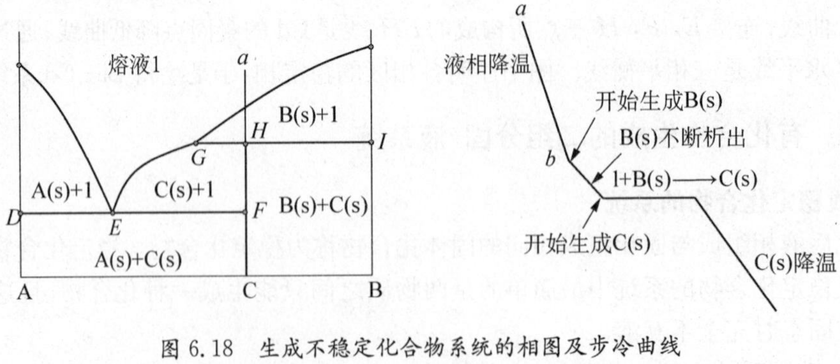

图 6.18 生成不稳定化合物系统的相图及步冷曲线

6.6.4 二组分固溶系统的相图

现在讨论两个纯组分不仅能在液相中互溶，而且也能在固相中互溶的情况，即将系统降温时从液相中析出的固体不是纯组分而是固体溶液(简称固溶体)。有固溶体形成的系统的相图与前面讨论的固-液相图不同。

如果两种组分在固溶体中能够以任意比例互溶,称为完全互溶的固溶体,这类系统有Au-Ag, Cu-Au, AgCl-NaCl, KCl-KBr等;如果固溶体的浓度只能在一定范围内变动,则称为部分互溶的固溶体,如Ag-Cu, Pb-Sb, KNO_3-$NaNO_3$等系统就属于此类。下面分别予以讨论。

1. 固态完全互溶系统的相图

图6.19为Sb-Bi系统的相图,左右两端点T_A和T_B分别为Sb和Bi的熔点,混合物熔点总是处在两金属熔点之间。上方曲线为液相线(即凝固点曲线),在它以上区域为液相区。下方曲线是固相线(即熔点曲线),在它以下区域为固溶体的固相区。两曲线之间为固-液两相平衡区。分析图中物系点a降温情况可知,当降至L_1点温度时开始析出组成为S_1点的固溶体,随着温度的下降,液相组成沿$L_1L_2T_B$线下降,固相组成则沿$S_1S_2T_B$线下降。若进入二相区内,固-液两相达平衡,显然,低熔点组分(Bi)在液相中的质量分数比它在固相中的质量分数来得大,生产实际中常利用此特征来提纯金属,并建立"区域熔炼提纯法"。

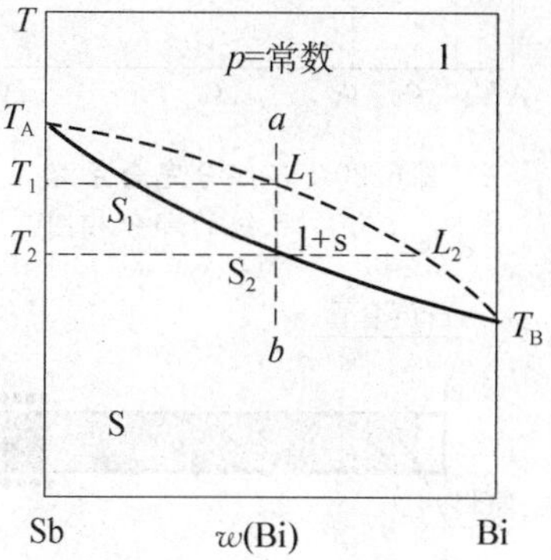

图6.19 Sb-Bi系统相图

固溶系统相图与双液完全互溶系统中气-液平衡相图类似,系统最多只有液、固两相共存,其中固相为固溶体;系统中仅有液、固两个单相区和一个双相区。而在双相区中$f^* = K - \Phi + 1 = 2 - 2 + 1 = 1$,不是零,故步冷曲线不会出现平台线段。

事实上,由于固相中粒子的扩散进行得很慢,因此固-液系统冷凝时只有降温速度极端缓慢,才能保证系统始终处于平衡状态,才能保证系统状态与按相图分析的情况一致。如果冷却速度不是很慢,则固体呈枝状析出:先析出的晶体形成"枝状",其中高熔点组分的含量较高;接着析出的晶体长在枝间,难熔组分的含量较先析出者有所降低;最后析出的晶体填充空隙,难熔组分的含量较前更低。这种现象称为"枝晶偏析"。由于这种枝状结构固相组织的不均匀性,常会影响材料的弹性、韧性、强度等机械性能。在制造合金材料时,为了克服枝晶偏析造成的性能方面的缺陷,使固相的组成能较均匀,通常将已凝固的合金重新加热到接近熔化而尚未熔化的高温,并在此温度保持一段时间,使固相内部各组分进行扩散,趋于平衡。这种热处理工艺称为"退火",它是金属工件制造工艺过程中的一个重要工序。

在一些高科技领域需要高纯材料。如半导体工业对原料纯度的要求达到8个9(99.999 999%)以上。一般化学提纯的方法根本无法满足此要求,区域熔炼是制备极高纯度物质的重要方法。区域熔炼所依据的正是材料的相图。由物质的相图可以确定区域熔炼的具体操作工艺条件。

设A为需纯化的物质,B为杂质。由A,B的二元相图可以判断杂质B在固-液两相中的分配比例,令:$K_S = c_S/c_L$,式中:K_S称为分凝系数,是杂质在固液两相中浓度之比;c_S,c_L分别为杂质在固相和液相中的浓度。

杂质的存在会使溶剂的熔点发生变化:$K_S > 1$,溶剂的熔点升高;$K_S < 1$,溶剂的熔点下降。

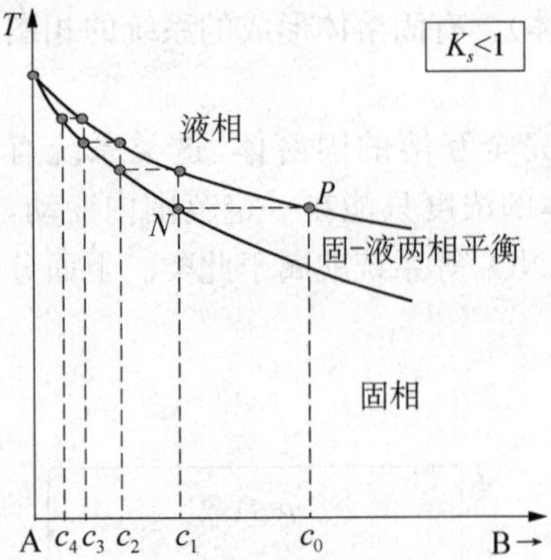

图 6.20　二组分完全互溶系统的部分相图

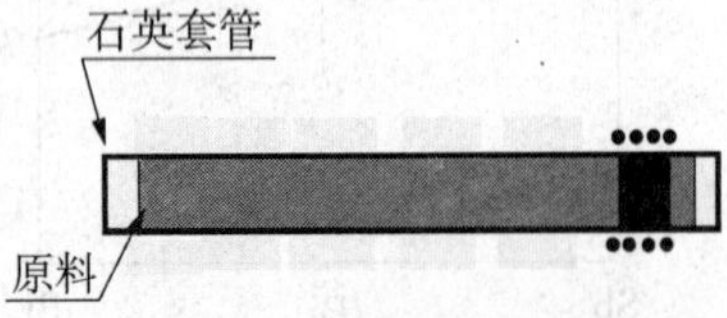

图 6.21　区域熔炼提纯

图 6.20 是二组分完全互溶系统相图的一角（放大图）。组分 A 是待提纯的金属，组分 B 是杂质。若开始时物系点降温至液相线上 P 点时，首先析出相点为 N 的固溶体，此固溶体中杂质 B 的含量已比 P 点少。若再将固溶体加热熔融且重新冷却，又使析出相点的固溶体中杂质含量比 N 点来得少，重复上述步骤，原则上固态相点可不断往左上角端点移动，而能达到提炼出纯 A 的目的。

"区域熔炼提纯法"是一种利用杂质在液相和固相中的溶解度不同以制备高纯度金属的方法。操作方法可简述如下：将待提纯的金属铸成长锭，放在管式高温炉中，如图 6.21 所示。套上一个可以匀速移动的加热环，加热区域将熔化为液态，当加热圈向右移动时，左边部分因离开加热区而冷却凝固。因为杂质 B 在固相中的浓度比较小，凝固下来的固体端中 B 的浓度较小，所以纯度比原料高。加热圈从左移动到右的过程，是将 B 从左边扫到右边的过程。每扫过一次，左边一端的纯度会提高一点，若如此反复扫荡数十次，左边的原料纯度将极高。截下左边一段就可得到高纯 A。若杂质在固相中的浓度比较大，在液相中浓度较小，经过以上处理过程后，杂质 B 被扫到左端。那么截下右边的一段可获得高纯 A。当原料中含有多种杂质，其中一些杂质的 $K_S > 1$，另一些杂质的 $K_S < 1$，则可以经多次区域熔炼后，去掉左右两端含杂质多的部分，仅取中间纯度高的部分。

一般来说，只有当两个组分的粒子大小、晶体结构都非常相似时，在晶格内才能发生一种质点被另一种质点取代而不致引起晶格的破坏，从而形成完全互溶的固溶体。由于有这样的限制，所以这类系统并不多见。与气-液平衡的 $T-x$ 图类似，有时在生成固溶体的相图中可以出现最低或最高熔点，如图 6.22 和图 6.23 所示。具有最低熔点的系统较多，如 Cu-Au，Cu-Mn，Cu-Ag，Ag-Sb，KCl-KBr 等系统；具有最高熔点的系统则很少。

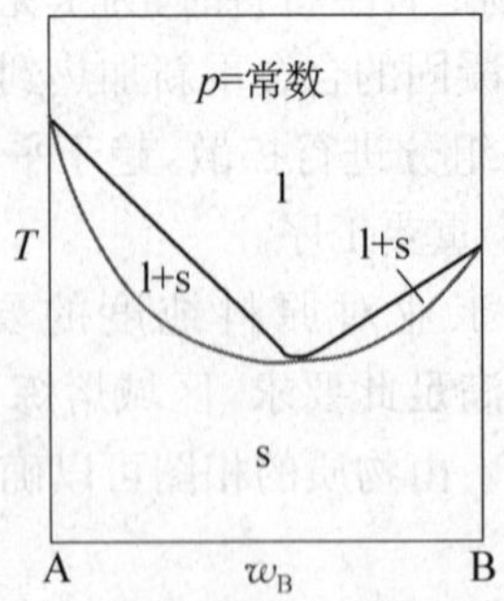

图 6.22　具有最低熔点的相图

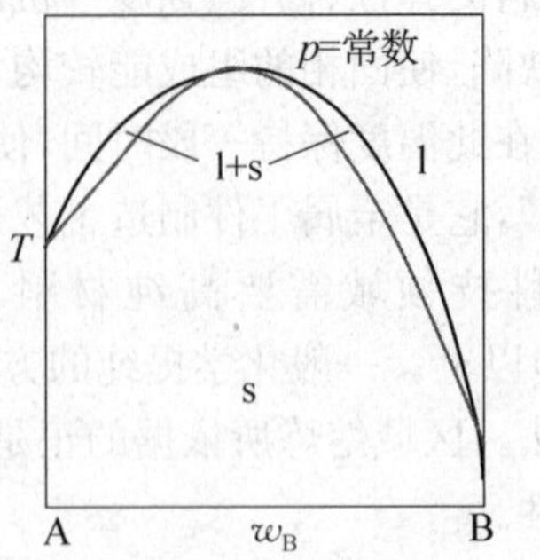

图 6.23　具有最高熔点的相图

2. 固相部分互溶的相图

有些系统中二组分在固相时既非完全不互溶，也不是完全互溶，而是部分互溶。这往往是由于一个组分的半径较小，恰好填入含量较多组分的晶格间隙中，即在局限浓度范围内相互溶解，故称为"部分互溶型固溶体"或"间隙固溶体"。部分互溶系统的相图主要分为"最低共熔点型"和"转熔点型"两种。

最低共熔点型的典型相图如图 6.24 所示，系统的 $T-x$ 图上有一最低共熔点。这种相图的特点是在两侧是两个固溶体的单相区，固溶体Ⅰ是B溶于A形成的固溶体，固溶体Ⅱ是A溶于B形成的固溶体。最低共熔点温度所对应的水平线 DEF 为三相线，代表组成为 D 的固溶体Ⅰ，组成为 E 的熔液和组成为 F 的固溶体Ⅱ三相共存，此时系统的自由度 $f^{*}=2-3+1=0$，所以三个相的组成和温度均不能变动。E 点是组成为 D 的固溶体Ⅰ和组成为 F 的固溶体Ⅱ的最低共熔点，不是两个纯物质的最低共熔点。图中已标出各区所代表的相态。若有一系统从 a 点冷却，当到达 b 点时，开始析出组成为 d 的固溶体，系统出现两相平衡。在继续冷却过程中，不断有固溶体 α 析出，而溶液的量逐渐减少，此间固溶体与熔液的组成分别沿 PdD 线及 bE 线变化，至 c 点熔液全部凝固。固溶体Ⅰ降温至 c 点时，开始生成一个新固溶体Ⅱ，此后，系统为固溶体Ⅰ和Ⅱ一对共轭固溶体共存。随温度继续下降，固溶体Ⅰ和Ⅱ的组成分别沿 DM 线及 FN 线变化。由图 6.24 可见，固体A和B的相互溶解度均随温度降低而减小。

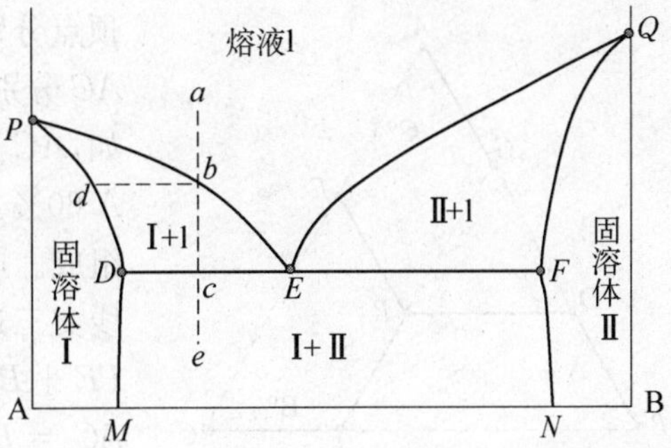

图 6.24 有一低共熔点固相部分互溶的相图

图 6.25 是 Cd-Hg 转熔点型系统的相图。在 455 K 处的水平线 CDE 即指组成为 E 的固溶体 β，组成为 D 的固溶体 α 和组成为 C 的熔液三相平衡共存，其平衡关系式可表示为：固溶体 α = 固溶体 β + 熔液。这类由一种固溶体转变为另一种固溶体的温度就称为两固溶体的"转变温度"或"转熔点"。属于此类相图的还有 AgCl-LiCl，Ag-$NaNO_3$，Fe-Au 等。

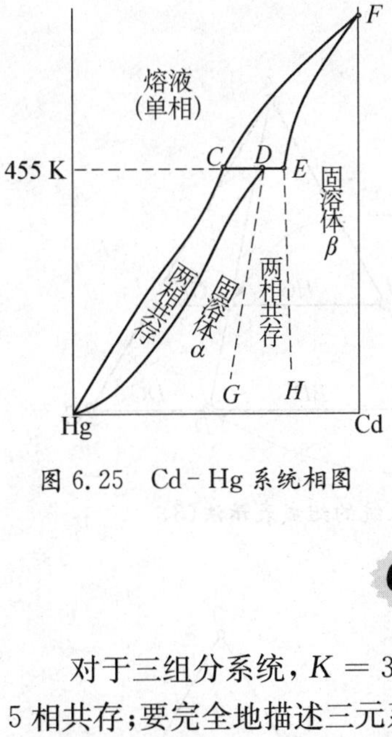

图 6.25 Cd-Hg 系统相图

图 6.25 还可提供一个重要信息，即为何在镉标准电池中镉汞齐电极的浓度可以保持一定的比例。由图明显看出系统处于两相区，故在一定温度下，镉汞齐的成分不会受电极组成波动的影响，所以电极具有非常稳定的电极电动势，也保证了标准电池的电动势的精度。

6.7* 三组分系统相图

对于三组分系统，$K=3$，根据相律，$f=3-\Phi+2$，当 $f=0$ 时，$\Phi=5$，即系统最多可有 5 相共存；要完全地描述三元系统，$\Phi=1$，$f=4$，需要 4 个独立变量，要用 4 维空间才能完全描述，这在现实世界是无法做到的。对于一般的三元相图，常固定系统的温度和压力，考察系统组成变化时相图的变化情况。此时，系统最大自由度 $f=2$，用平面图就可描绘相的变化。对于凝聚系统，压力的影响很小，一般可忽略不计。但温度的影响是相当大的。为了表示温度对三元系统相图的影响，可用投影的方法绘制不同温度下系统的相图。

6.7.1 三组分系统组成的等边三角坐标表示法

三组分系统的组成通常用等边三角形的方法来表示，如图 6.26 所示。等边三角形的三个

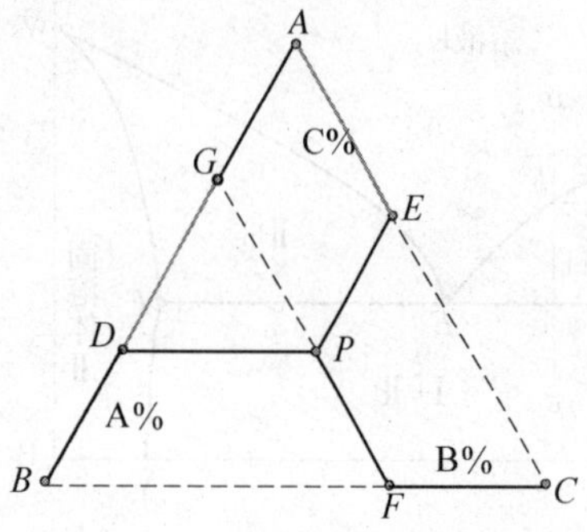

图 6.26　三组分系统的组成表示法(1)

顶点分别代表纯组分 A，B 和 C；三角形的三条边 AB，BC，AC 分别代表二组分系统 A－B，B－C 和 A－C 的组成。例如，AC 边上的 E 点表示二组分系统 A－C 中含 C 40%，含 A 60%。三角形内的任意点 P 代表三组分系统 A－B－C 的组成。通过三角形内任一点 P，作平行于三角形三条边的直线交三边于 D，E，F 三点。根据平面几何学原理，$PD+PE+PF=AB=AC=BC$，或 $BD+AE+CF=AB=AC=BC$。因此，任一三组分系统的组成 P 点可用 BD，AE 和 CF 的长度来表示。若将每条边分为 100 等分，则 $PF=BD=\text{A}\%$，$PE=CF=\text{B}\%$，$PD=AE=\text{C}\%$。A%，B%，C% 分别为 A，B，C 的质量分数，一般是沿着逆时针方向在三角形的三条边上标出 A，B，C 三个组分的质量分数(或物质的量分数)。

用等边三角形表示组成，有如下特点：

(1) 在与某边平行的任一直线上的各点，与此边相对顶点所代表组分的含量必相同。如图 6.27 所示，过 P 作 BC 的平行线 EF，则 EF 线上各物系点组分 A 的质量分数相同，变化的只是 B，C 组分的相对含量。

(2) 通过某顶点 A 的任意直线上各物系点所代表的系统中，另外两顶点 B，C 所代表组分的含量之比必定相同，如图 6.28 所示。

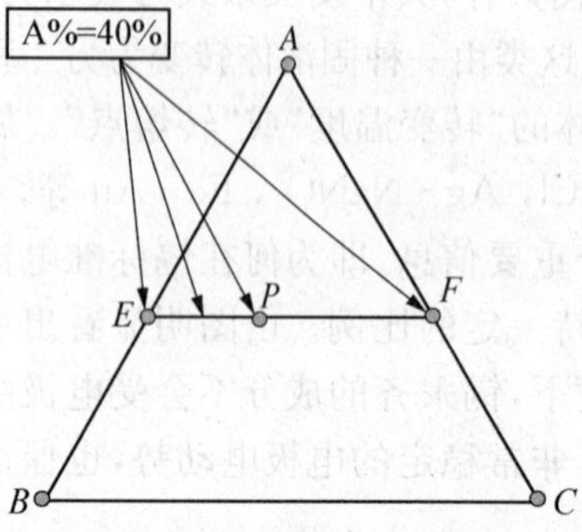

图 6.27　三组分系统的组成表示法(2)

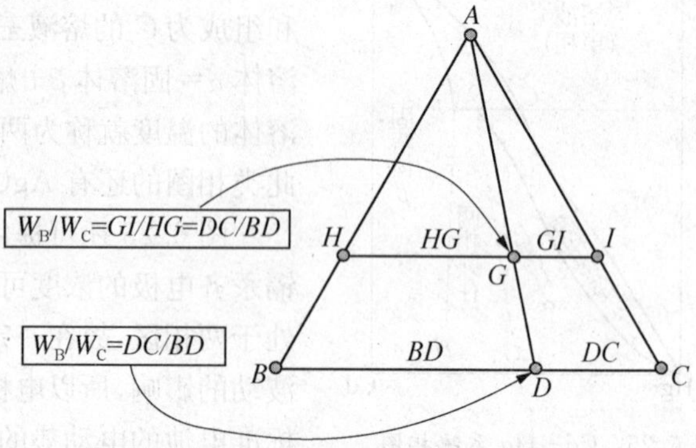

图 6.28　三组分系统的组成表示法(3)

(3) 两个三组分系统 M 和 N 合并组成新的系统，则新物系点 O 必在 MN 连线上，如图 6.29 所示。各物系点的量服从杠杆规则：

$$W_M/W_N=ON/OM$$

(4) 若由三个系统合成一个新系统，新系统的物系点必在原来三物系点 D，E，F 所组成的三角形 DEF 中，可以多次运用杠杆规则求出新的物系点，如图 6.29 所示。先由 F，E 用杠杆规则求出合成系统的物系点 G，再由 D，G 用杠杆规则求出新系统的物系点 H。

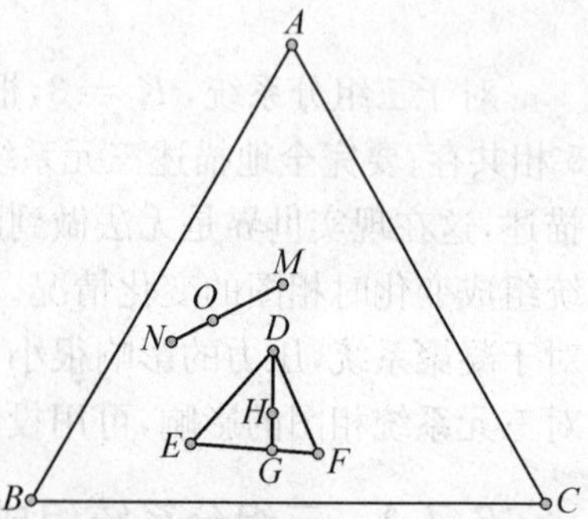

图 6.29　三组分系统的组成表示法(4)

6.7.2 三组分盐水系统

三组分盐水系统是指系统组成为二盐与一水的系统。两种盐和水构成的三组分系统在科学研究和生产过程中经常遇到，这类系统的相图各式各样，这里只介绍两种盐中有一个共同离子者，否则由于交互作用可形成多于三个物种的系统，如 NaCl, KNO_3 和 H_2O 构成的系统中可以生成 KCl 和 $NaNO_3$，在此不讨论这种类型。

1. 没有复盐和水合物生成的系统

以 A(H_2O)，B(NH_4Cl)，C(NH_4NO_3)三组分相图为例，如图 6.30 所示。系统相律为 $f=3-\Phi$。图中各面区的含义简述如下：1 区，单相溶液，$f=2$；2 区，B(s)+l，$f=1$；3 区，C(s)+l，$f=1$；4 区，l+B(s)+C(s)，$f=0$。若有 B, C 混合物，其组成由 G 点表示。向此系统加水，物系点将沿 GA 线向纯水组分 A 点移动，物系点移动到扇形区 CEF 区间内，如移动到 H 点，系统为两相共存，一相为 C(NH_4NO_3) 的饱和溶液，另一相为纯固态 C，通过过滤的方法可以得到纯 C。若 B, C 混合物的初始组成为 P 点，加入水后，物系点将进入扇形区 BDF，通过过滤的方法可得到纯 B(NH_4Cl)。

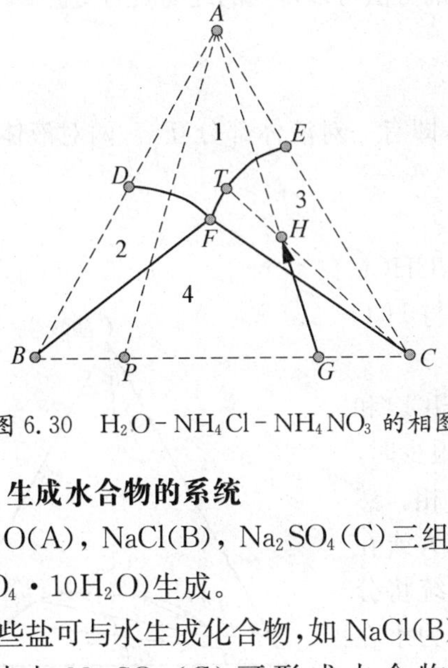

图 6.30 H_2O - NH_4Cl - NH_4NO_3 的相图

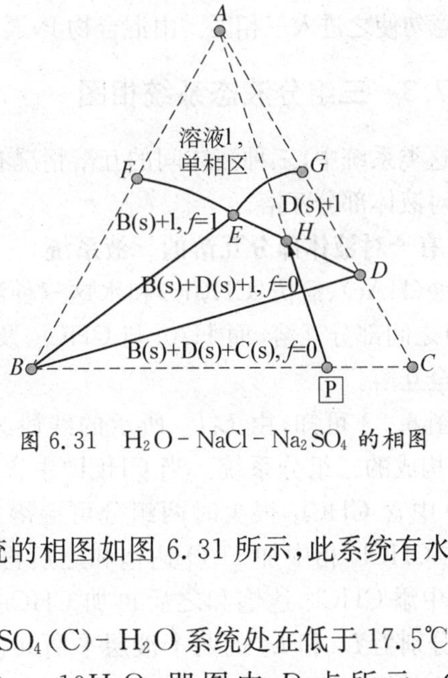

图 6.31 H_2O - NaCl - Na_2SO_4 的相图

2. 生成水合物的系统

H_2O(A)，NaCl(B)，Na_2SO_4(C)三组分系统的相图如图 6.31 所示，此系统有水合物 D($Na_2SO_4 \cdot 10H_2O$)生成。

有些盐可与水生成化合物，如 NaCl(B)-Na_2SO_4(C)-H_2O 系统处在低于 17.5℃的某温度时，其中 Na_2SO_4(C) 可形成水合物 $NaSO_4 \cdot 10H_2O$，即图中 D 点所示。G 点为 $Na_2SO_4 \cdot 10H_2O$ 在水中的溶解度，F 点为 NaCl 在水中的溶解度。显然，FE 为 Na_2SO_4 存在时 NaCl 的溶解度曲线，EG 则为 NaCl 存在时水合物 $Na_2SO_4 \cdot 10H_2O$ 的溶解度曲线。两曲线交点 E 为 NaCl 及 $Na_2SO_4 \cdot 10H_2O$ 同时饱和的溶液组成点。BFE 扇形区为饱和溶液与 NaCl 平衡共存的两相区，而 DEG 则为饱和溶液与 $Na_2SO_4 \cdot 10H_2O$ 固体盐平衡共存的两相区，$AFEG$ 为盐的不饱和溶液单相区。BDE 是 NaCl, $Na_2SO_4 \cdot 10H_2O$ 和溶液 E 的三相区，BDC 是 B, C 和 $Na_2SO_4 \cdot 10H_2O$ 的三相共存区，这两个三相区都是 $\Phi=3$，$f^*=0$，即各相组成都恒定不变。

3. 生成复盐的系统

H_2O(A)，NH_4NO_3(B)，$AgNO_3$(C)三组分系统的相图如图 6.32 所示。此系统有复盐 D($NH_4NO_3 \cdot AgNO_3$)生成。

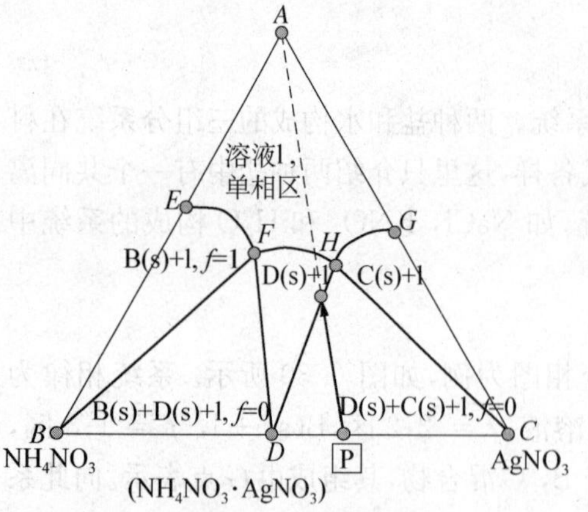

图 6.32　$NH_4NO_3-AgNO_3-H_2O$ 的相图

两种盐之间往往还能形成一种复盐，如 $NH_4NO_3-AgNO_3-H_2O$ 三组分系统即为其中一例。图中 D 点代表复盐的组成，FH 曲线为复盐 D 的溶解度曲线，F 点为 B 及复盐 D 同时饱和的溶液组成点，H 点为 C 及复盐 D 同时饱和的溶液组成点，F 点和 H 点都是三相点。FBD 为 B、复盐 D 和组成为 F 的溶液的三相区域，HCD 为 C、复盐 D 和组成为 H 的溶液的三相区域。这些三相点、三相区，其自由度 $f^*=0$，即为无变量系统。$AEFHG$ 为两盐的不饱和溶液区（$\Phi=1$，$f^*=2$），EFB 为纯盐 B 与其饱和溶液的两相共存区，$FHBD$ 为复盐 D 与其饱和溶液的两相区，HGC 为纯盐 C 与其饱和溶液的两相区。物系点处于 AF 线左侧的不饱和溶液蒸发可得纯的 B(NH_4NO_3)，物系点处于 AH 线右侧的不饱和溶液蒸发可得纯的 C($AgNO_3$)，而物系点处于 AH 和 AF 之间的不饱和溶液蒸发则得复盐 D($NH_4NO_3\cdot AgNO_3$)，但应注意勿使之进入三相区。由混合物 P，通过加水的方法可以得到的纯物质为复盐 D。

6.7.3　三组分液态系统相图

在这类系统中，三种液体间的互溶情况有三种，即有一对液体部分互溶、两对液体部分互溶或三对液体部分互溶。

1. 有一对液体部分互溶的三液系统

醋酸(HAc)、氯仿($CHCl_3$)和水这三种液体中，$CHCl_3$ 与 H_2O 之间部分互溶，而 HAc 与 $CHCl_3$ 及 HAc 与 H_2O 均为完全互溶。

由图 6.33 可知，由 L_1L_2 所示的线段为由 $CHCl_3$ 和 H_2O 所构成的二组分系统。当 $CHCl_3$ 中含 H_2O 很少时，或 H_2O 中含 $CHCl_3$ 很少时两组分可混溶成均匀相。然而，若在 $CHCl_3$ 相中加 H_2O 达饱和之后再添 H_2O，或在 H_2O 相中添 $CHCl_3$ 达饱和之后再加 $CHCl_3$，则系统将分成组成分别为 L_1 和 L_2 的两个液层平衡共存。L_1 为水在 $CHCl_3$ 中的饱和溶液，而 L_2 为 $CHCl_3$ 在水中的饱和溶液。若物系点介于 L_1 和 L_2 之间，如图中的 d 点（d 点位于 L_1L_2 连线上），则必分为 L_1，L_2 两个液层，其质量分数由“杠杆规则”确定。

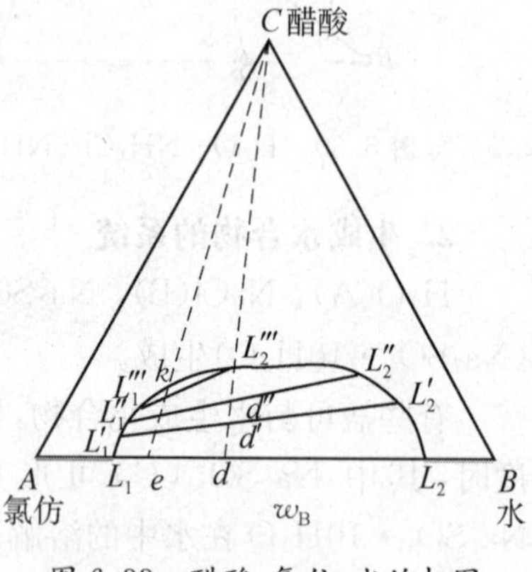

图 6.33　醋酸-氯仿-水的相图

若在 $CHCl_3$ 和 H_2O 系统中加入 HAc，则其相互溶解度将增加。这时就已经成为三组分系统了。例如，自 d 点加入 HAc，使之上升至组成为 d' 点的三组分系统混合物，此时系统中有 L_1' 和 L_2' 两液层共存。L_1' 为有 HAc 存在时 H_2O 在 $CHCl_3$ 中的饱和溶液，而 L_2' 为有 HAc 存在时 $CHCl_3$ 在 H_2O 中的饱和溶液。通常把 L_1 和 L_2 以及 L_1' 和 L_2' 等每一对平衡共存的两个液层，称为“共轭溶液”。不难看出，因为 HAc 的加入使其相互溶解度增加，故当物系点沿着 dC 线上升时，共轭层相点连接线逐渐缩短直至两相点汇合到 k 点为止，由于 HAc 在两液层中并非等量分配，所以这些连接线不一定和底边 BC 平行。连接线是根据实验结果绘制的，不能人为地任意杜撰。在 k 点上，两液层浓度相同，分层消失而变成均匀单相系统(三组分溶液)，k 点称为“会熔点”，又叫“临界点”。曲线 L_1kL_2 称为双结线，它是在定温以及 HAc 存在下 $CHCl_3$ 与 H_2O 的互溶度曲线。连接 $L_1'k$ 点形成的左半支曲线为水在 $CHCl_3$ 中的溶解度曲线，而连接 $L_2'k$ 点形成的右半支曲线为 $CHCl_3$ 在水中的溶解度曲线。两曲线合并即成帽形的 $CHCl_3-H_2O$ 溶液对的部分互溶溶解度曲线。它把相图分成两个区域，曲线以外是均匀的单一液相区，曲线以内为共轭的两液相共存区。

由图中可以看出：欲从两相区过渡到单相区，可通过加入 HAc 使共轭两相浓度逐渐靠近直至超出临界点，或可通过改变两相的相对质量以至最后有一相的质量趋于零而进入单相。

2. 有两对液体部分互溶的三液系统

如果有两对液体部分互溶，则相图中有两个帽形区(如图 6.34 所示)，在两个帽形区内系统为两相共存，各相组成可由通过物系点的连接线读出。两个帽形区以外是单一液相区。当温度降低时，不互溶的区域一般将扩大，最后两个帽形区可互相重合，此时帽形区为两相共存区，其他区域则均为单相。

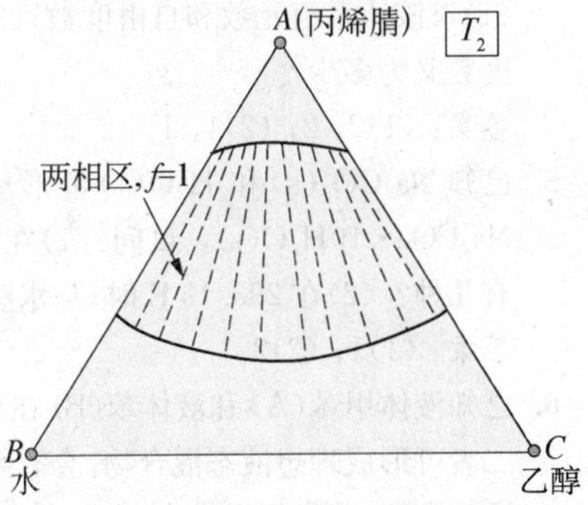

图 6.34 水-乙醇-丙烯腈的相图

3. 有三对液体部分互溶的三液系统

这类三液系统的相图，有三个帽形区，其中系统为两相共存，其他区域则均为单相区。若温度降得相当低，三个帽形区逐渐扩大直至重合，相图将变为如图 6.35 所示的形状。

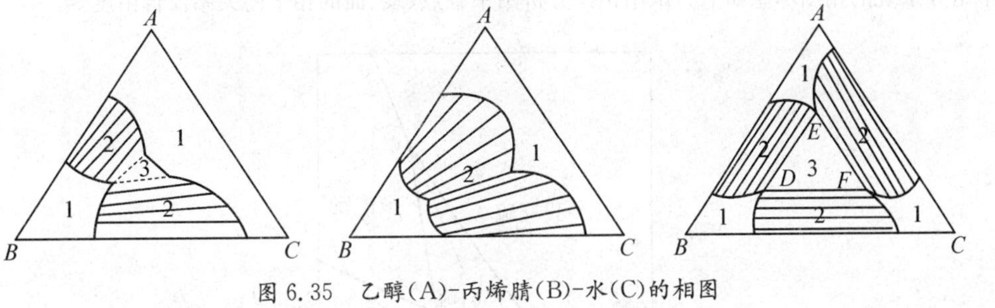

图 6.35 乙醇(A)-丙烯腈(B)-水(C)的相图

各图中区域 1 是单相，帽形区域是两相，三角形区域则是三相共存。依相律在恒温恒压下，$\Phi=3$，$f^*=K-\Phi+2-n'=3-3+2-2=0$，三相区为无变量区，故落于此 D，E，F 区内的物系点，其三相的组成就由 D，E，F 三相点表示，而三相质量分数可用前述三角坐标系性质的“重心规则”求之。

三组分液态系统相图的特点在工业上的连续多级萃取过程中有着重要的应用。例如，可用二乙二醇醚作萃取剂(即溶剂)，将正庚烷从苯与正庚烷的混合物中分离出来。

习 题

1. 一种含有 K^+，Na^+，SO_4^{2-}，NO_3^- 的水溶液系统，求其组分数是多少？在某温度和压力下，此系统最多能有几相平衡？

答案：5，4。

2. 请说明在固-液平衡系统中，稳定化合物、不稳定化合物与固溶体三者的区别，它们的相图各有何特征？

答案：略。

3. 试计算下列平衡体系的自由度数：(1) 298.15 K，101 325 Pa 下固体 NaCl 与其水溶液平衡；(2) $I_2(s) \rightleftharpoons I_2(g)$；(3) NaCl(s)与含有 HCl 的 NaCl 饱和溶液。

答案：(1)0；(2)1；(3)3。

4. 固体 NH_4HS 和任意量的 H_2S 及 NH_3 气体混合物组成的体系按下列反应达到平衡：

$$NH_4HS(s) \rightleftharpoons NH_3(g) + H_2S(g)$$

(1)求该体系组元数和自由度数；(2)若将 NH_4HS 放在一抽空容器内分解，平衡时，其组元数和自由度数又为多少？

答案：(1)2，2；(2)1，1。

5. 已知 $Na_2CO_3(s)$ 和 $H_2O(l)$ 可形成的水合物有三种：$Na_2CO_3 \cdot H_2O(s)$，$Na_2CO_3 \cdot 7H_2O(s)$ 和 $Na_2CO_3 \cdot 10H_2O(s)$。试问：(1)在 101 325 Pa 下，与 Na_2CO_3 水溶液及冰平衡共存的含水盐最多可有几种？(2)在 293.15 K 时，与水蒸气平衡共存的含水盐最多可有几种？

答案：(1)1；(2)2。

6. 已知液体甲苯(A)和液体苯(B)在 90℃ 时的饱和蒸气压分别为 $p_A^* = 54.22\ kPa$ 和 $p_B^* = 136.12\ kPa$。二者可形成理想液态混合物。今有系统组成为 $x_{B,0} = 0.3$ 的甲苯-苯混合物 5 mol，在 90℃ 下成气-液两相平衡，若气相组成为 $y_B = 0.455\ 6$，求：(1) 平衡时液相组成 x_B 及系统的压力 p；(2) 平衡时气、液两相的物质的量 $n(g)$，$n(l)$。

答案：(1)0.25，74.70 kPa；(2)$n(g) = 1.216\ mol$，$n(l) = 3.784\ mol$。

7. 单组分系统的相图示意如下。试用相律分析图中各点、线、面的相平衡关系及自由度。

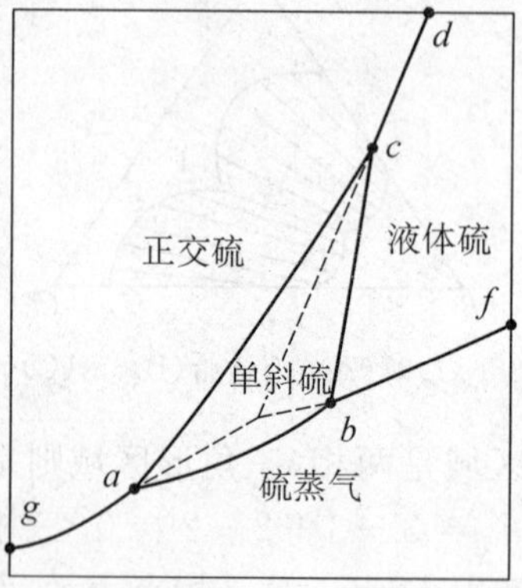

答案：略。

8. CCl_4 的蒸气压 p_1^* 和 $SnCl_4$ 的蒸气压 p_2^* 在不同温度时的测定值如下：

T/K	350	353	363	373	383	387
p_1^*/kPa	101.325	111.458	148.254	193.317	250.646	—
p_2^*/kPa	—	34.397	48.263	66.261	89.726	101.325

(1)假定这两个组元形成理想溶液，绘出其沸点-组成图；(2)CCl_4 的摩尔分数为 0.2 的溶液在 101.325 kPa下蒸馏时，于多少温度开始沸腾？最初的馏出物中含 CCl_4 的摩尔分数是多少？

答案：(1)略；(2)约为 376.5 K，0.42。

9. 为了将含非挥发性杂质的甲苯提纯，在 86.0 kPa 压力下用水蒸气蒸馏。已知：在此压力下该系统的共沸点为 80℃，80℃时水的饱和蒸气压为 47.3 kPa。试求：(1)气相的组成(含甲苯的摩尔分数)；(2)欲蒸出 100 kg 纯甲苯，需要消耗水蒸气多少千克？

答案：(1)$y_{H_2O}=0.55$，$y_{C_7H_8}=0.45$；(2)23.9 kg。

10. 下列数据为乙醇和乙酸乙酯在 101.325 kPa 下蒸馏时所得，乙醇在液相和气相中摩尔分数分别为 x 和 y。

T/K	350.3	348.15	344.96	344.75	345.95	349.55	351.45
$x(C_2H_5OH)$	0.000	0.100	0.360	0.462	0.710	0.942	1.000
$y(C_2H_5OH)$	0.000	0.164	0.398	0.462	0.600	0.880	1.000

(1)依据表中数量绘制 $T-x$ 图；(2)在溶液成分 $x(C_2H_5OH)=0.75$ 时最初馏出物的成分是什么？(3)用分馏塔能否将 $x(C_2H_5OH)=0.75$ 的溶液分离成纯乙醇和纯乙酸乙酯？

答案：(1)略；(2)$y_{乙醇}=0.64$ 的混合气体；(3)不能。

11. $NaCl-H_2O$ 二元体系在 252 K 时有一个共晶点，此时冰、$NaCl\cdot 2H_2O(s)$ 和质量分数为 22.3%的 NaCl 水溶液平衡共存。在 264 K 时 $NaCl\cdot 2H_2O$ 分解成无水 NaCl 和 27% NaCl 水溶液，已知无水 NaCl 在水中的溶解度受温度的影响不大。(1)试绘出相图，并标明各相区的稳定相；(2)在冰水平衡体系中加入固态 NaCl 作制冷剂，可获得的最低温度是多少？(3)若 1 kg 质量分数为 28%的 NaCl 水溶液由 433 K 冷到 264 K，最多能析出纯 NaCl 多少克？

答案：(1)略；(2)252 K；(3)约为 13.7 g。

12. (1) 试标明右边相图中各区的稳定相；

(2) 图中两条水平线分别表示哪些相平衡？

(3) 画出体系点 x，y 及 M 的冷却曲线。

答案：略。

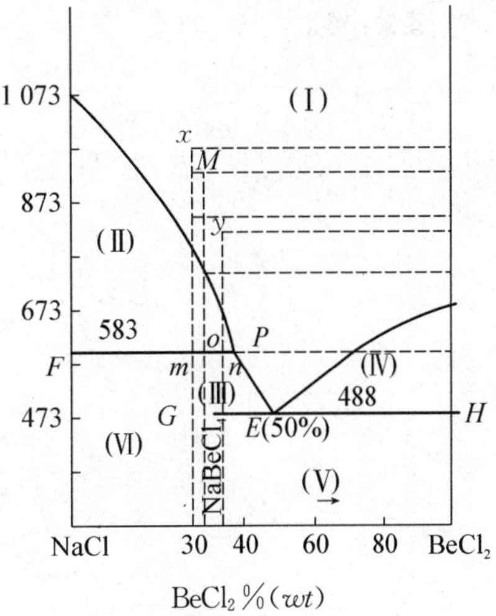

13. 固态氨的饱和蒸气压与温度的关系可表示为 $\ln\left(\frac{p}{p^{\ominus}}\right)=4.707-\frac{767.3}{T}$；液体氨的该关系为 $\ln\left(\frac{p}{p^{\ominus}}\right)=3.983-\frac{626.0}{T}$，试求：(1)三相点的温度及压强；(2)三相点时的蒸发热、升华热和熔化热。

答案：(1)195.17 K，2.17 Pa；(2)5 204.56 $J\cdot mol^{-1}$，6 379.33 $J\cdot mol^{-1}$，1 174.77 $J\cdot mol^{-1}$。

14. 某 A－B 二组分凝聚系统相图如下图所示，指出各相区的稳定相、三相线上的相平衡关系。

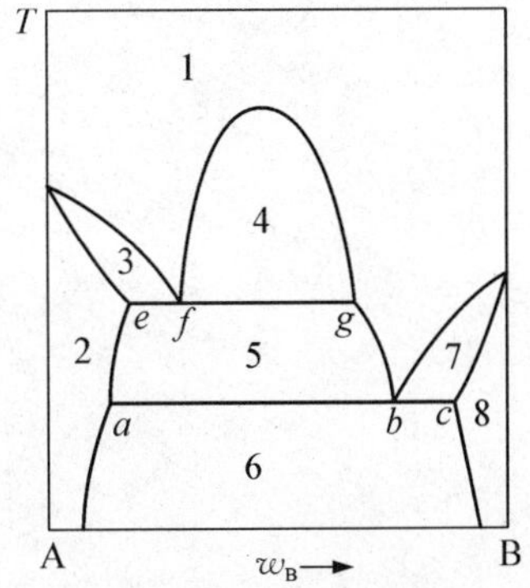

答案：略。

15. Mg 的熔点为 923 K，$MgNi_2$ 的熔点为 1 418 K，Ni 的熔点为 1 725 K。Mg_2Ni 无熔点，但在 1 043 K 分解成 $MgNi_2$ 及含 Ni 50%的液体，在 783 K(含 Ni 25%)及 1 353 K(含 Ni 89%)有两个最低共熔点。各固相互不相溶，试作出 Mg－Ni 体系的相图。(各组成均为质量分数)

答案：略。

16. 指出下图中二组分凝聚系统的相图内各相区的平衡相，指出三相线的相平衡关系。

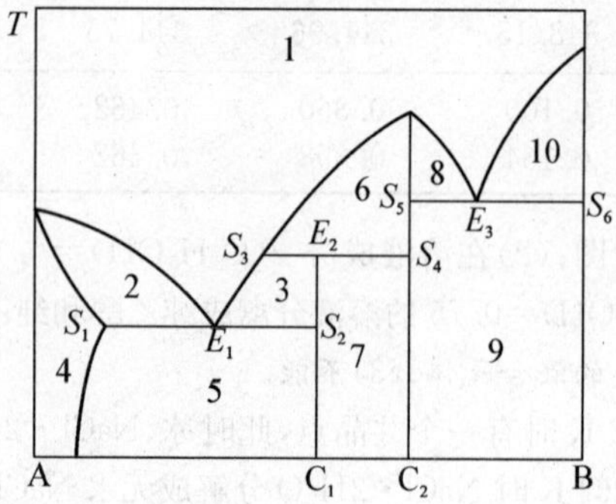

答案：略。

第 7 章

电 化 学

电化学是研究电能和化学能之间的相互转化及转化过程中有关规律的科学。电化学理论的成熟及电化学工业的发展，促使电化学技术向更广阔的科学领域扩散与渗透，形成了许多跨学科或边缘领域的学科。电化学作为一门学科在电化学实践，特别是化学电源、电镀、电冶金、电解工业、腐蚀与防护、电化学加工和电化学分析等工业部门得到了广泛应用。近二十年来，它在高新技术领域，如新能源、新材料、微电子技术、生物电化学等方面也扮演着十分重要的角色。电化学的应用已远远超出化学领域，在国民经济的很多部门发挥了巨大的作用。

电化学的研究一般包括以下几个方面的内容。

(1) 电解质溶液理论，电离、水合、离子缔合、电导、电离平衡等；

(2) 电化学平衡，可逆电池、电极电势、电动势以及可逆电池电动势与热力学函数之间的关系等；

(3) 电极过程，极化现象、极化反应动力学等；

(4) 实用电化学，电化学原理在各相关领域中的应用(半导体电化学、燃料电池、水处理等)。

本章着重介绍电化学的基本原理和共同规律，将分电解质溶液、可逆电池、电解与极化三个部分进行讨论。

7.1　电化学基本概念和法拉第定律

7.1.1　电化学基本概念和术语

1. 电子导体和离子导体

导体是能够在电场下导电的物体，可分为两类。第一类导体称为电子导体，又称为金属导体，依靠物体内部自由电子在电场作用下的定向漂移运动而导电，主要有金属、合金和石墨等。当电流通过时，这类导体本身除发热外，不发生任何化学变化。当温度升高时，导体内部质点的热运动加剧，会阻碍自由电子的定向运动，从而导致电阻增大，导电能力降低。第二类导体称为离子导体，依靠物体内部的离子在电场下的定向移动而导电，主要有电解质溶液、熔融电解质及固体电解质等。当温度升高时，由于溶液的黏度降低，离子迁移速率加快，从而导致电阻减小，导电能力增加。

2. 电解池和原电池

由于离子导体本身并不能构成回路，为了使电流流过电解质溶液，须将两个电子导体作为电极(electrode)浸入溶液，使电极与溶液直接接触，产生电子导体和离子导体的接触界面，界面上不同载流子之间通过电极反应传递电荷，保持回路中电流的连续性。化学能和电能的转换需要在电化学反应池中进行，可将其看作是由电子导体和离子导体构成的导电回路，其中电子导体作为电极材料，与外电路构成电子导电通路，离子导体为电解质溶液，依靠阴、阳离子的移动传输电流，而在界面处则通过氧化或还原反应传递电子。

若用第一类导体连接两个电极并使电流在两极间通过构成外电路，这种装置就叫作电池(cell)。若在外电路中并联一个有一定电压的外加电源，则将有电流从外加电源流入电池，迫使电池中发生化学变化，此时电能就转变为化学能，该电池就称为电解池(electrolytic cell)。若电池能自发地在两极上发生化学反应，并产生电流，此时化学能转化为电能，该电池就称为原电池(primary cell)。

图 7.1(a)所示为电解池，由与外电源相连的两个铂电极插入 HCl 水溶液构成。溶液中，由于电场力作用，H^+ 向与外电源负极相连的电极(即电位较低的 Pt 电极，称为阴极)迁移，而 Cl^- 向与外电源正极相连的电极(即电位较高的 Pt 电极，称为阳极)迁移。这些带电离子的定向迁移使得电流在溶液中通过。在电极与溶液界面处，发生了如下化学反应。

阴极附近的 H^+ 会与电极上的电子结合，发生还原作用而放出氢气：

$$2H^+ + 2e^- \longrightarrow H_2(g)$$

阳极附近的 Cl^- 将放出电子给正极，发生氧化作用而形成氯气：

$$2Cl^- - 2e^- \longrightarrow Cl_2(g)$$

两电极上发生的氧化还原反应，分别放出或消耗了电子，其效果就像在阴极有电子进入了溶液，在阳极有电子离开了溶液，从而使电流在电极与溶液界面处得以连续，加上两电极间的外电路上第一类导体的电子迁移导电，共同构成了完整的电流回路。

当断开外电源与电解池中两个电极间的连接时，电解过程便停止了。此时，如果快速地在外回路中连接一个电阻和一个电流计，则在外回路中能观测到有电流通过，该电池称为原电池，如图 7.1(b)所示。此电流的产生是电解池反应的逆过程所致，其中氢气在电极上放电形成 H^+，在电极上释放的电子通过外电路流到另一个电极，使氯气还原成 Cl^-。电极与溶液界面处发生如下化学反应。

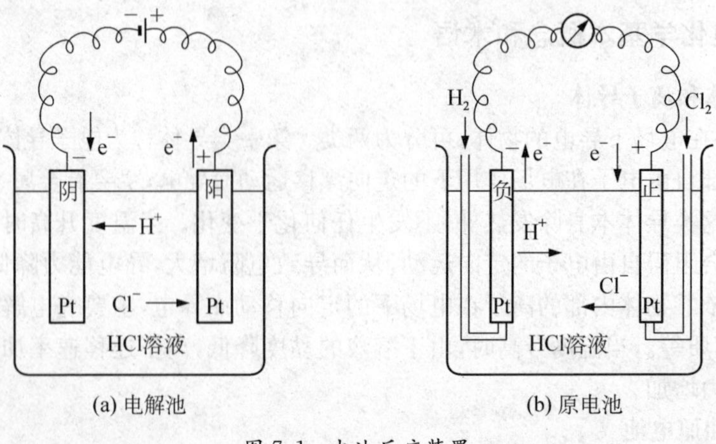

图 7.1　电池反应装置

负极附近 H_2 发生氧化反应，失去电子而生成 H^+：

$$H_2(g) - 2e^- \longrightarrow 2H^+$$

正极附近 Cl_2 发生还原反应，接受电子而生成 Cl^-：

$$Cl_2(g) + 2e^- \longrightarrow 2Cl^-$$

实际上，因电解时产生的氢气和氯气在水中的溶解度很小，电解反应所产生的气体将很快从水溶液中溢出，所以观测到的电流将很快变为零。但是，如果在两个电极附近持续通氢气和氯气，则可观测到流过原电池的电流将保持不变。在这种情况下，可持续地通过原电池将化学能转化为电能。

无论是原电池还是电解池，它们的两极都有电位(势)高和电位(势)低之分，但两极上发生的反应和电子的流向视原电池或电解池而不同。作原电池时，电势低的电极失去电子，起氧化反应，而电势高的电极得到电子，起还原反应；作电解池时，两极的反应刚好相反。

由于电极反应的实质是电子得、失过程，有必要按特定的电极反应是得到或失去电子来划分电极的性质与行为。为此，定义发生氧化反应的电极为阳极(anode)，发生还原反应的电极为阴极(cathode)。阳极反应或阴极反应也相应地称为阳极过程或阴极过程。某一特定的电极在不同的条件和时刻可以有不同的性质与行为，可以作为阳极或阴极，发生阳极过程或阴极过程。

对于图 7.1(a)中的电解池，电势低的电极起还原反应，是阴极，从外电路获得电子；电势高的电极起氧化反应，是阳极，向外电路输出电子。对于图 7.1(b)中的原电池，电势低的电极起氧化反应，是负极，向外电路输出电子；电势高的电极起还原反应，是正极，从外电路获得电子。无论原电池还是电解池，电解液的阴离子总是向高电势的电极迁移，而阳离子则总是向低电势的电极迁移，整个电解液的电流传导由阴、阳离子的迁移共同承担。表 7.1 归纳了这些电极名称和反应过程。

表 7.1 电极名称和过程

电池	电极	化学反应
原电池	负极(电势低)	氧化反应
	正极(电势高)	还原反应
电解池	阳极(电势高)	氧化反应
	阴极(电势低)	还原反应

7.1.2 法拉第定律

法拉第定律是 1833 年法拉第(Faraday)在大量电解实验基础上总结归纳出的一条基本规律，用来描述电极上通过的电量与电极反应物质量之间的关系，又称为电解定律。它又分为两个子定律，其内容分别介绍如下。

1. 法拉第第一定律

电解过程中，当电流通过某一溶液时，电极上析出(或溶解)物质的质量与通过溶液的电量成正比。当我们讨论的是金属的电沉积时，用公式可以表示为：

$$m = KQ = KIt \tag{7.1}$$

式中：m 为析出金属的质量；K 为比例常数，它的物理意义可以从 $K=m/Q$ 式中看出，当 $Q=1$ 时，$K=m$，即单位电量所能析出的产物的质量；Q 为通过的电量；I 为电流强度；t 为通电时间。

对具有基元电荷 e_0 的离子（1 价离子）来说，在电极上氧化或还原 1 mol 物质时所需的电量 $Q_m=N_A e_0$，其中 N_A 为阿伏伽德罗常数；同理，在电极上转化 1 mol 多价（z）离子所需的电量应是 $Q_m=zN_A e_0$，其中 $N_A e_0$ 的乘积在数值上等于 96 485 $C\cdot mol^{-1}$，该数值称为法拉第常数，以 F 表示（即 1 mol 电子所具有电量的绝对值）。因此，在电极上通过 1 C 电量能够转化 $M/(96\,485z)$ g 物质，其中 M 为转化物质的摩尔质量。式(7.1)也可以改写为：

$$m = \frac{Q}{zF}M \tag{7.2}$$

2. 法拉第第二定律

电解过程中，通过的电量相同，所析出或溶解的不同物质的物质的量相同。结合第一定律，也可以说用相同的电量通过不同的电解质溶液时，在电极上析出（或溶解）的物质与它们的物质的量成正比。用公式可以表示为：

$$\frac{m_1}{m_2} = \frac{\dfrac{M_1}{z_1}}{\dfrac{M_2}{z_2}} \tag{7.3}$$

式中：M/z 为离子当量的摩尔质量。上式表明，通过相同电量的两个电极上转化的物质的质量比与它们的离子当量的摩尔质量比相等。

法拉第定律是法拉第根据多次实验结果归纳总结而得，属于经验定律，是贯穿整个电化学研究和应用的基础，对电化学的发展起了巨大作用。它反映电量与电极上起变化的化学物质的量的定量关系，在任何温度和压力下均适用，也不受电解质浓度、电极材料及溶剂性质的影响。此外，不管是电解池还是原电池、是多个电化学装置构成的串联反应还是同一电极上的平行反应，法拉第定律都同样适用。

在实际电解过程中，电极反应是很复杂的，电极上常有副反应或次级反应发生。例如电解食盐溶液时，在阳极上所生成的氯气，有一部分溶解在溶液中发生次级反应而生成次氯酸盐和氯酸盐。又如镀锌时，在阴极上除了进行锌离子的还原反应外，同时还可能发生氢离子还原的副反应。因此，要析出一定质量的某一物质时，实际上所消耗的电量要比按法拉第定律计算所需的理论电量多一些，也就是对目的产物来说，存在着电流效率的问题。通常可将电流效率 η 定义为在一定物质质量下，根据法拉第定律计算所需电量与实际消耗电量之比：

$$\eta = \frac{\text{理论电量}}{\text{实际电量}} \times 100\% \tag{7.4}$$

或在给定的电量下，实际获得的物质质量与根据法拉第定律计算应得的物质质量之比：

$$\eta = \frac{\text{实际产物质量}}{\text{理论产物质量}} \times 100\% \tag{7.5}$$

一般情况下，电流效率小于 100%，而且阴极和阳极的电流效率不同。但偶尔也有电流效率大于 100%的情况发生，这主要是由电化学反应以外的原因引起的。

【例题 1】 在 $CuCl_2$ 溶液中，通过 0.1 A 电流 10 min，问：(1)理论上应析出多少克铜？(2)实际情况下，阴极上仅析出 0.018 77 g 铜，试计算电流效率为多少？

〖解〗 (1) $m_{\text{理论}}=\dfrac{\frac{63.54}{2}}{96\,485}\times 0.1\times 10\times 60=0.019\,75\ \text{g}$

(2) $\eta=\dfrac{0.018\,77}{0.019\,75}\times 100\%=95\%$

7.2 离子迁移数

7.2.1 离子迁移数的定义

离子在外电场作用下发生的定向运动称为离子的电迁移。电迁移的存在是电解质溶液导电的必要条件。当通电于电解质溶液之后，溶液中的阴、阳离子分别向阳、阴两极移动，并分别在两电极界面上发生氧化或还原反应，两电极附近溶液的浓度也随之发生改变。下面结合图 7.2 来说明电迁移过程。

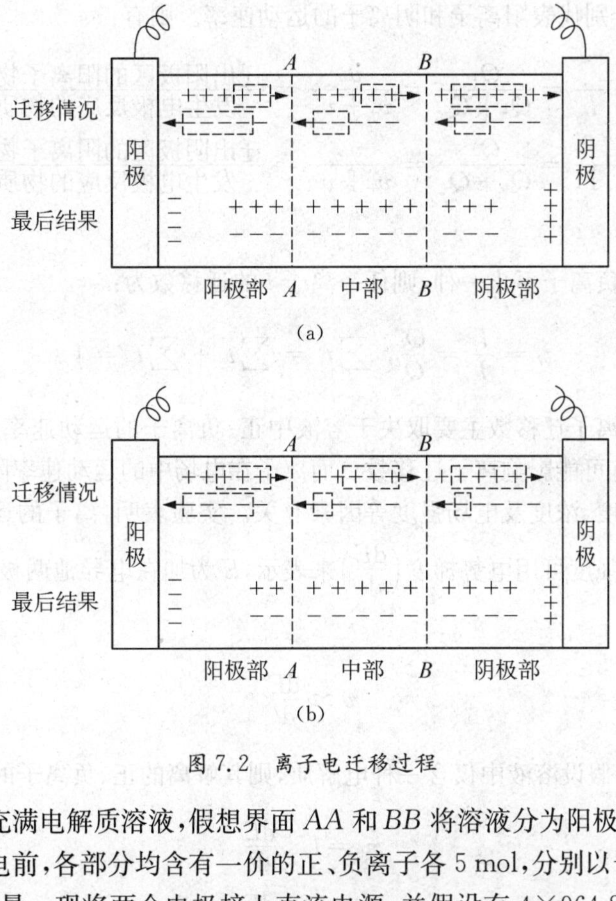

图 7.2　离子电迁移过程

两惰性电极间充满电解质溶液，假想界面 AA 和 BB 将溶液分为阳极部、中部及阴极部三个部分。假定未通电前，各部分均含有一价的正、负离子各 5 mol，分别以＋、－号数量来表示正、负离子的物质的量。现将两个电极接上直流电源，并假设有 4×964 85 C 的电量通过，根据法拉第定律：阴极上，阳离子得到 4 mol 电子，发生还原反应；阳极上，阴离子要失去 4 mol 电子，发生氧化反应；溶液中的离子也同时发生迁移。溶液中通电时的整个导电任务是由正、负离子共同分担的，每种离子所迁移的电量随其迁移速率不同而不同，假设有以下两种情况。

(1) 正、负离子迁移速率相等，则导电任务各分担一半。如图 7.2(a)所示，AA 平面上各有 2 mol 正、负离子逆向通过，在 BB 平面上亦是如此。通电完毕后，中部溶液浓度没有变化，而阴、阳两极部溶液浓度虽然相同，但与原溶液相比，正、负离子各少了 2 mol。

(2) 正离子的迁移速率是负离子的 3 倍，则如图 7.2(b)所示，在任一平面上有 3 mol 正离子及 1 mol 负离子逆向通过。通电完毕后，中部溶液的浓度仍保持不变，但阴、阳两极部正、负离子的浓度互不相同，且两极部的浓度比原溶液都有所下降，但降低的程度不同。

以上分析说明，正、负离子运动速率的不同决定了正、负离子迁移的电量在通过溶液的总电量中所占比例不同，也决定了迁出相应电极区的离子物质的量不同，即：

$$\frac{\text{阳离子运动速率 } v_+}{\text{阴离子运动速率 } v_-} = \frac{\text{阳离子运载的电量 } Q_+}{\text{阴离子运载的电量 } Q_-} = \frac{\text{迁出阳极区的阳离子物质的量}}{\text{迁出阴极区的阴离子物质的量}}$$

由于正、负离子所带电荷不等，迁移速率不同，在导电时迁移的电量也不同，定义某离子运载的电流与通过溶液的总电流之比为该离子的迁移数，用 t 表示，量纲为 1。当溶液中只有一种阳离子和一种阴离子时，以 I_+，I_- 和 I 分别代表阳离子、阴离子运载的电流及总电流（$I = I_+ + I_-$）；v_+ 和 v_- 分别代表阳离子和阴离子的运动速率。则有：

$$\begin{aligned} t_+ &= \frac{I_+}{I_+ + I_-} = \frac{Q_+}{Q_+ + Q_-} = \frac{v_+}{v_+ + v_-} = \frac{\text{迁出阳极区的阳离子物质的量}}{\text{发生电极反应的物质的量}} \\ t_- &= \frac{I_-}{I_+ + I_-} = \frac{Q_-}{Q_+ + Q_-} = \frac{v_-}{v_+ + v_-} = \frac{\text{迁出阴极区的阴离子物质的量}}{\text{发生电极反应的物质的量}} \end{aligned} \tag{7.6}$$

显然，$t_+ + t_- = 1$。

若溶液中的正、负离子不止一种，则任一离子 i 的迁移数为：

$$t_i = \frac{I_i}{I} = \frac{Q_i}{Q},\ \sum t_i = \sum t_+ + \sum t_- = 1$$

由式(7.6)可知离子迁移数主要取决于溶液中正、负离子的运动速率，故凡是能影响离子运动速率的因素均有可能影响离子迁移数。而离子在电场中的运动速率除与离子本性及溶剂性质有关外，还与温度、浓度及电场强度等因素有关。实验表明，离子的运动速率 v 与外加电场强度成正比，电场强度可用电势梯度 $\left(\frac{\mathrm{d}E}{\mathrm{d}l}\right)$ 来表示，E 为加在电导池两极间的电压，而 l 为两极间的距离，即：

$$v \propto \frac{\mathrm{d}E}{\mathrm{d}l}$$

设比例系数为 U_i，并假设溶液中仅含一种电解质，则其解离的正、负离子的运动速率分别为：

$$\begin{aligned} v_+ &= U_+ \frac{\mathrm{d}E}{\mathrm{d}l} \\ v_- &= U_- \frac{\mathrm{d}E}{\mathrm{d}l} \end{aligned} \tag{7.7}$$

式中：v_+ 和 v_- 分别为正离子和负离子的运动速率；U_+ 和 U_- 分别为正、负离子在单位电势梯度(1 V·m^{-1})情况下的运动速率,称为正离子和负离子的"离子淌度"(ionic mobility),又称离子的电迁移率,单位为 $m^2 \cdot s^{-1} \cdot V^{-1}$。离子淌度与离子本性、溶剂种类、温度和浓度有关。

根据迁移数的定义,显然有:

$$t_+ = \frac{U_+}{U_+ + U_-}$$
$$t_- = \frac{U_-}{U_+ + U_-} \tag{7.8}$$

应当指出,电场强度虽影响离子运动速率,但并不影响离子迁移数,因为当电场强度改变时,正、负离子的运动速率按相同比例改变。

7.2.2* 离子迁移数的测定

离子迁移数常用的测定方法有希托夫(Hittorf)法和界面移动法两种。

1. 希托夫法

由式(7.6)可以看出,只要测定迁出阳极区的阳离子或迁出阴极区的阴离子的物质的量及发生电极反应的物质的量,即可求得离子的迁移数,这就是希托夫法的根据。

希托夫法测定迁移数的实验装置如图 7.3 所示。管内装有已知浓度的电解质溶液,接通电源,适当控制电压,让很小的电流通过电解质溶液。此时正、负离子分别向阴、阳两极迁移,同时在电极上发生化学反应,致使电极附近的溶液浓度不断改变,而中部溶液的浓度基本不变。通电一段时间后,把阴极部(或阳极部)的溶液小心放出,进行称量和分析,根据阴极部(或阳极部)溶液中电解质含量的变化及串联在电路中的电量计上测得的通过的总电荷量,即可算出离子的迁移数。考虑到离子本身往往是水合的,迁移时常带着水化外壳随之运动,在浓度变化同时常伴随体积变化,故浓度计算常以一定质量溶剂为基准。希托夫法测定手续虽较简单,但在实验过程中很难避免由于对流、扩散、振动等引起溶液相混,所以数据的准确性往往较差。另外,由于在计算时没有考虑水分子随离子的迁移,这样得到的迁移数常称为表观迁移数。

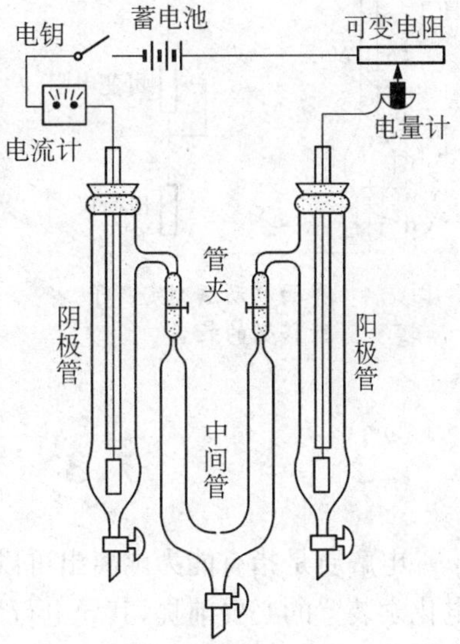

图 7.3 希托夫法测定离子迁移数的装置

【例题 2】 某 $AgNO_3$ 溶液每克水中含 0.014 78 g $AgNO_3$,今将此溶液置于迁移数管中并插入两银电极进行电解。实验中银电量计中析出 0.156 0 g 银。实验后分析阳极区溶液组成为每 40.00 g 水中含 0.721 1 g $AgNO_3$。试求 Ag^+ 和 NO_3^- 的迁移数。

〖解〗 $M_{AgNO_3} = 169.88\ g \cdot mol^{-1}$, $M_{Ag} = 107.87\ g \cdot mol^{-1}$

已知实验中银电量计中析出 0.156 0 g 银,则通电法拉第数为:

$$Q = \frac{0.156\,0\ g}{107.87\ g \cdot mol^{-1}} = 0.001\,446\ mol$$

阳极反应为：$Ag \longrightarrow Ag^{+} + e^{-}$，故除有 Ag^{+} 从阳极迁出外，尚有 0.001 446 mol Ag 溶入阳极溶液中，实际由于迁移引起的 Ag^{+} 浓度变化应扣除此部分。

$$\Delta n_{+} = (n_{+})_{始} - (n_{+})_{终}$$

$$= \left[\frac{0.01478 \times 40}{169.88} - \left(\frac{0.7211}{169.88} - 0.001446\right)\right]\text{mol} = 0.000675\ \text{mol}$$

$$t_{Ag^{+}} = \frac{\Delta n_{+}}{Q} = \frac{6.75 \times 10^{-4}}{1.446 \times 10^{-3}} = 0.467$$

$$t_{NO_3^{-}} = 1 - t_{Ag^{+}} = 1 - 0.467 = 0.533$$

2. 界面移动法

界面移动法是直接测定溶液中离子淌度的方法，此法能获得较为精确的结果。这种方法所使用的两种电解质溶液具有一种共同的离子。它们被小心地放在一个垂直的细管内。利用溶液密度的不同，使这两种溶液之间形成一个明显的界面（通常可以借助于溶液的颜色或折射率的不同使界面清晰可见），如图 7.4 所示。在管中先放 $CdCl_2$ 溶液，然后再小心放入 HCl 溶液，形成 bb' 界面。在通电过程中，Cd 从阳极上溶解下来，$H_2(g)$ 在上面阴极处释放出来，溶液中 H^{+} 向上移动，bb' 界面也上移。由于 Cd^{2+} 的淌度比 H^{+} 小，Cd^{2+} 跟在 H^{+} 之后向上移动，所以不会产生新的界面。根据管子的横截面积、通电时间内界面移动的距离及通过该电解池的电荷量就可计算出离子的迁移数。在图7.4所示的实验装置中，$CdCl_2$ 溶液是指示溶液，Cd^{2+} 的移动速率不能大于 H^{+} 的移动速率，否则会使界面模糊不清。要使界面清晰，两种离子的移动速率应尽可能接近。

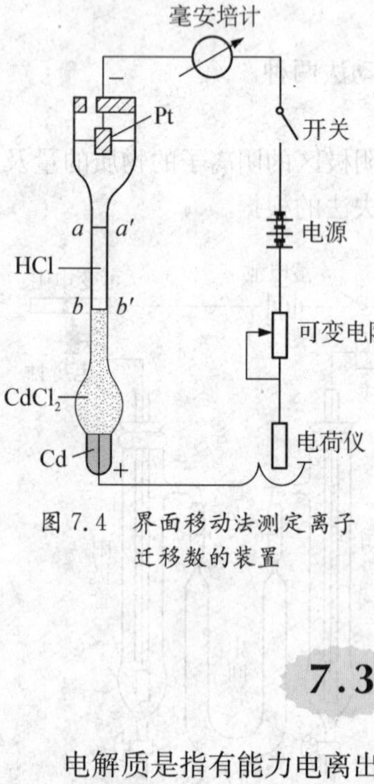

图 7.4　界面移动法测定离子迁移数的装置

7.3　电解质溶液的导电性质

电解质是指有能力电离出可以自由移动的离子的物质。电解质溶液作为离子导体是构成电化学装置的必要前提，其导电行为直接影响原电池或电解池的能量转换效率。

7.3.1　电导、电导率、摩尔电导率

电解质溶液的导电能力可用电阻(R)来表示，单位为欧姆(Ω)，也可用电导(G)来表示，电导是电阻的倒数，单位为西门子(S 或 Ω^{-1})。电导是衡量导体导电能力的物理量，导电能力与导体的尺寸有关，均匀导体在均匀电场中的电导与导体截面积 A 成正比，与其长度 l 成反比。根据电导和电阻率的定义有：

$$G = \frac{1}{R} = \frac{1}{\rho} \cdot \frac{A}{l} \tag{7.9}$$

式中：ρ 为电阻率，其倒数为电导率，用 κ 表示，则上式可改写为：

$$\kappa = \frac{1}{\rho} = G\frac{l}{A} \tag{7.10}$$

由式(7.10)可知，κ 是指长度为 1 m，截面积为 1 m^2 的导体的电导，单位为 $S \cdot m^{-1}$ 或 $\Omega^{-1} \cdot m^{-1}$。电导率是规定了导体几何尺寸并定义为单位立方体的电导，是更具比较性的物理量。

溶液的电导率不仅与温度有关，而且与电解质溶液的浓度有关。

由于电解质溶液导电是由溶液中离子的迁移引起的，温度升高，溶液的黏度降低，离子电迁移速率增加，因此电导率 κ 增大。

对于强电解质溶液，由于强电解质的解离度与浓度无关，如图 7.5 所示，其电导率将与电解质浓度呈线性关系，但这种线性关系只对稀溶液体系成立。随着电解质溶液浓度增加，离子间距离变小，离子间的静电作用迅速增大，使高浓度电解质溶液的电导率只随浓度的增加而缓慢增加，从而使溶液的电导率值偏离稀溶液时的线性关系。对于浓度很高的电解质溶液，离子间的距离变得非常小，正、负离子间强的库仑作用使离子发生缔合，形成中性粒子，这些中性粒子对溶液电导率没有贡献。因此，当电解质溶液浓度达到一定值后，其电导率不是随着浓度增加而增大，而是随着浓度增加而下降。

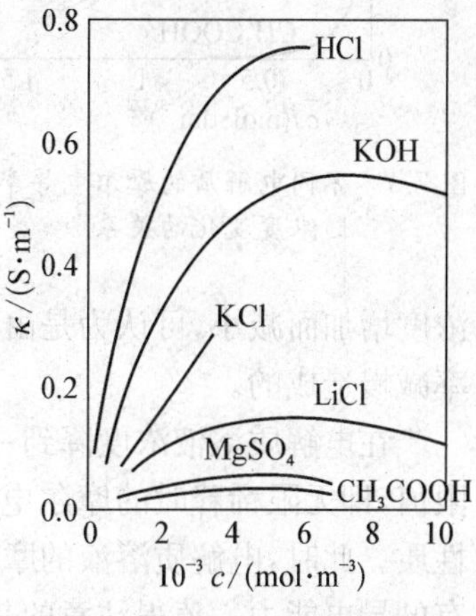

图 7.5　不同电解质的电导率随浓度变化的关系

对于弱电解质溶液，由于浓度增加会使其电离度减小，因此溶液中离子数目变化不大，弱电解质溶液的电导率随浓度的变化不显著。

为了更好地比较各种电解质溶液的导电能力，引入摩尔电导率的概念。摩尔电导率 Λ_m(molar conductivity)是指把含有 1 mol 电解质的溶液(浓度不定)置于两个相距为 1 m 但面积可变的平行板电极之间，称该溶液所具有的电导为摩尔电导率，如图 7.6 所示。

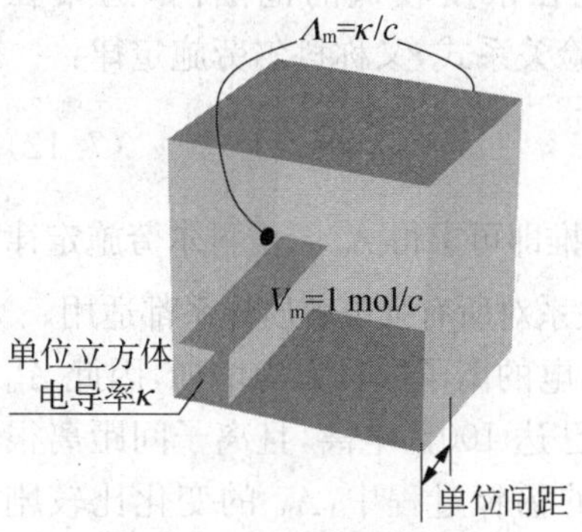

图 7.6　摩尔电导率的定义

用公式表示为：

$$\Lambda_m = \kappa V_m = \frac{\kappa}{c} \tag{7.11}$$

式中：Λ_m 的单位为 $S \cdot m^2 \cdot mol^{-1}$；$V_m$ 为含有 1 mol 电解质的溶液的体积，单位为 $m^3 \cdot mol^{-1}$；c 为电解质溶液的物质的量浓度，单位为 $mol \cdot m^{-3}$。可以想象，由于电极间距已确定，对于较稀电解质溶液，包含 1 mol 电解质所需的电极面积较大，而对于较浓电解质溶液则需要的电极面积较小，但无论何种情形都有 $V_m = \frac{1}{c}$。

一种溶液的摩尔电导率不是直接测得的，而是由测得的溶液电导率和溶液已知浓度代入式(7.11)计算得到的。以 Λ_m 对 $\sqrt{c}$ 作图，如图 7.7 所示。摩尔电导率随浓度的变化与电导率随浓度的变化不同，因溶液中能导电物质的物质的量已给定，均为 1 mol，当浓度降低时，由于粒子之间相互作用力减弱，正、负离子的运动速率将增加，故而摩尔电导率增加。

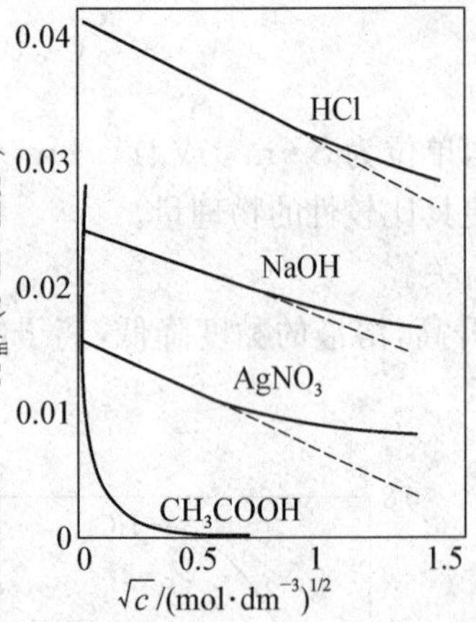

图 7.7　不同电解质的摩尔电导率随浓度变化的关系

对于强电解质溶液，摩尔电导率随浓度的变化在低浓度范围内有很好的线性关系，可以外推到浓度为零。当浓度降低到一定程度之后，强电解质的摩尔电导率值接近为一定值，而弱电解质的摩尔电导率值则完全没有这种情况。

电解质溶液的导电能力，首先取决于离子在电场作用下的移动速率，移动速率大的导电能力也较大；其次决定于离子的数目和价数，在移动速率相同的情况下，二价离子的导电能力应比一价离子大一倍。

强电解质溶液不论浓度大小，全部以离子的形式存在于溶液中，根据摩尔电导率的定义，不同电解质溶液具有总数相同的电荷数，因而对于强电解质无须考虑离子的数目和价数对摩尔电导率的影响，也就是说，强电解质的摩尔电导率只受控于溶液中各种离子的移动速率。对同一种强电解质，Λ_m 随浓度增加而减小，可认为是由于浓度增加使离子间距缩小、离子间静电作用加强而导致移动速率减慢造成的。

在电解质溶液浓度降到一定程度时，离子之间作用力已降到极限，此时摩尔电导率趋于极限值，即无限稀释时的摩尔电导率 Λ_m^∞(limiting molar conductivity)，这是电解质的一个重要性质。此时，电解质溶液的摩尔电导率为定值，它反映了粒子之间的静电力消失时电解质所具有的导电能力。值得注意的是，无限稀释是指浓度趋于零的状态，溶液中仍然含有 1 mol 电解质分子，只是需要有想象中的无限大的电极面积来包含这 1 mol 电解质分子的溶液。

虽然 Λ_m^∞ 有客观存在的数值，但却无法由实验直接测出。1900 年，科尔劳施(Kohlrausch)在总结了大量的强电解质溶液 Λ_m 与浓度的关系后，发现在浓度较低的范围内(通常在 0.001 mol・L^{-1}以下)，Λ_m，Λ_m^∞ 与浓度 c 之间存在着下列经验关系式，又称科尔劳施定律：

$$\Lambda_m = \Lambda_m^\infty(1 - A\sqrt{c}) \tag{7.12}$$

式中：A 是与浓度无关的常数，将 Λ_m 对$\sqrt{c}$作图所得直线部分外推即可求得 Λ_m^∞。由科尔劳施定律可知，在低电解质溶液浓度时，Λ_m 对$\sqrt{c}$表现为线性关系，这一关系对所有强电解质体系都适用。

但对弱电解质来说，溶液变稀时解离度增大，致使参加导电的离子数目大为增加，因此 Λ_m 数值随浓度的降低而显著增大。当溶液无限稀释时，电解质已达 100% 电离，且离子间距离很大，相互作用力可以忽略。因此，弱电解质溶液在低浓度区的稀释过程中，Λ_m 的变化比较剧烈，且 Λ_m 与 Λ_m^∞ 相差甚远，Λ_m 与 c 之间也不存在式(7.12)所示的关系。

引入摩尔电导率概念的目的是为了限制在被测量的体积内，溶液无论稀、浓都必须包含 1 mol电解质。对同一种电解质，由于规定了电解质的量，溶液中可能携带的总量是固定的，电导只受电离度和离子运动速率的影响。因此，Λ_m 是比 κ 更为有用的衡量电解质溶液导电能力的物理量。

7.3.2　离子独立运动定律和离子的摩尔电导率

溶液中真正起导电作用的是离子，而不是电解质“分子”，因此用离子的摩尔电导率表征电解质溶液的导电能力更为合理。

对于强电解质来说，可以利用外推法求出其在无限稀释时的摩尔电导率，但弱电解质的摩尔电导率却不能以此方法得到。科尔劳施研究了大量的强电解质溶液，并根据大量实验数据发现了一些规律，这一规律可由表7.2中数据看出：在指定的温度下，无限稀释时，不论负离子为何，K盐和Li盐导电能力的差值基本不变，可推断此时正离子的导电能力不受共存负离子的影响；同理，在指定温度下，无限稀释时负离子的导电能力不受共存正离子的影响。

表7.2 强电解质的极限摩尔电导率(298.15 K)

电解质	$\Lambda_m^\infty/(S\cdot m^2\cdot mol^{-1})$	Δ(差值)	电解质	$\Lambda_m^\infty/(S\cdot m^2\cdot mol^{-1})$	Δ(差值)
KCl	0.014 99	0.003 49	HCl	0.042 62	0.000 49
LiCl	0.011 50		HNO_3	0.042 13	
KNO_3	0.014 50	0.003 49	KCl	0.014 99	0.000 49
$LiNO_3$	0.011 01		KNO_3	0.014 50	
KOH	0.027 15	0.003 48	LiCl	0.011 50	0.000 49
LiOH	0.023 67		$LiNO_3$	0.011 01	

根据上述事实，科尔劳施提出了离子独立运动定律：在无限稀释溶液中，离子彼此独立运动，互不影响，无限稀释电解质的摩尔电导率等于无限稀释时阴、阳离子的摩尔电导率之和。由这一定律可得出以下两点推论：

(1) 无限稀释时，任何电解质的 Λ_m^∞ 应是正、负离子极限摩尔电导率的简单加和，即：

$$\Lambda_m^\infty(M_{\nu_+}A_{\nu_-}) = \nu_+\Lambda_{m,+}^\infty + \nu_-\Lambda_{m,-}^\infty \tag{7.13}$$

无限稀释时的离子极限摩尔电导率用 $\Lambda_{m,+}^\infty$ 或 $\Lambda_{m,-}^\infty$ 表示。

(2) 一定温度下，任一种离子的极限摩尔电导率为一定值。

利用上述结论，可由相关强电解质的 Λ_m^∞ 求得弱电解质的 Λ_m^∞ 值。需要注意的是，无限稀释时离子间库仑力趋于零，但离子与溶剂的作用依然存在，所以不同离子有不同的离子极限摩尔电导率，这反映了离子本身在特定溶剂中的特征。

7.3.3 电导的测定及其应用

1. 电导的测定

电导率 κ 的实验测定实际上是通过测定电解质溶液的电阻来间接进行的，测量时先测定电解质溶液的电阻 R，然后通过计算得出 κ。测定电阻最方便的方法是平衡电桥(或称惠斯顿电桥)法。由于电解质溶液导电过程必然伴随着电极反应，为了防止电解反应和极化现象影响所测电导的可靠性，电导测定不能使用直流电源，而必须采用较高频率的交流电源(频率一般为1～4 kHz)，使测量尽可能处于电极反应的平衡状态。此外，由于溶剂水也具有一定的导电能力，除应用高纯蒸馏水作溶剂外，测量低电导率溶液时，应从观测值中扣除水的电导率。而且，由于温度每升高1℃，溶液的电导率约增加2%～2.5%，因此电导池应置于恒温槽中，并在测量过程中严格控制恒温温度。

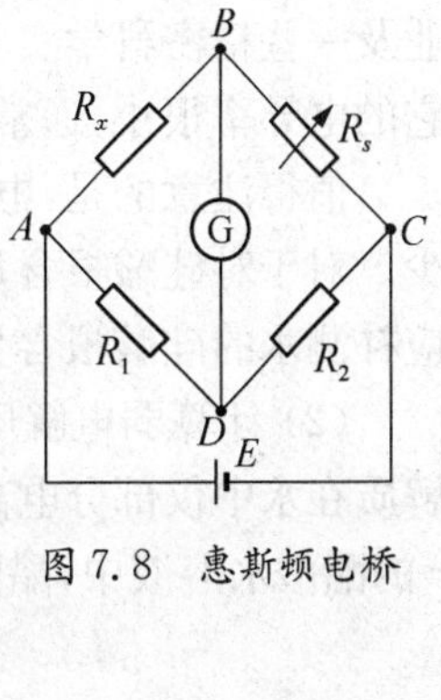

图7.8 惠斯顿电桥

图7.8是惠斯顿电桥的示意图。图中 $ABCD$ 是一个四臂电阻，由 R_1，R_2，R_s 和 R_x 四个电阻组成，其中 R_1，R_2 是固定电阻；R_s 是可变电阻；R_x 是电导池内待测溶液的电阻。E 是一定频率的交流电

源，G是耳机(或阴极示波器)。

接通电源后，调节R_s，直到耳机中声音音量最小(或示波器中无电流通过)为止，此时电桥上的B，D两点电势相等，BGD线路中电流几乎为0，电桥达到平衡，四个电阻满足下列关系：

$$\frac{R_s}{R_x}=\frac{R_1}{R_2}$$

式中：R_1，R_2，R_s在实验中均可直接读出，因此可以根据上式计算R_x，并由R_x求出电导G以及电导率κ等物理量。即：

$$R_x=\frac{R_sR_2}{R_1},\ G=\frac{1}{R_x}=\frac{R_1}{R_sR_2}=\kappa\frac{A}{l}$$

但是在实际当中，电导池形状多种多样，电导池两极的截面积A和两极的距离l很难由实验直接测定，通常都是通过已知电导率的溶液(常用一定浓度的KCl溶液)来求出电导池的$\frac{l}{A}$值，称为电导池常数，用K_{cell}表示，单位为$\mathrm{m^{-1}}$。不同的电导池有不同的$\frac{l}{A}$值，已知电导池常数K_{cell}后，可按下式计算电导率：

$$\kappa=\frac{K_{\mathrm{cell}}}{R}\ 或\ \kappa=G\cdot K_{\mathrm{cell}} \tag{7.14}$$

【例题3】 25℃时在一电导池中装入0.01 mol·dm^{-3}的KCl溶液，测得电阻为300.0 Ω。换上0.01 mol·dm^{-3}的$AgNO_3$溶液，测得电阻为340.3 Ω。25℃时KCl溶液的电导率$\kappa_{\mathrm{KCl}}=0.140\,887\ \Omega^{-1}\cdot\mathrm{m^{-1}}$。试计算：(1)电导池常数；(2)上述$AgNO_3$溶液的电导率；(3)$AgNO_3$溶液的摩尔电导率。

〖解〗 (1) $\frac{l}{A}=\kappa_{\mathrm{KCl}}\cdot R_{\mathrm{KCl}}=0.140\,887\ \Omega^{-1}\cdot\mathrm{m^{-1}}\times 300\ \Omega=42.26\ \mathrm{m^{-1}}$

(2) $\kappa_{\mathrm{AgNO_3}}=\frac{\frac{l}{A}}{R_{\mathrm{AgNO_3}}}=\frac{42.26\ \mathrm{m^{-1}}}{340.3\ \Omega}=0.124\,2\ \Omega^{-1}\cdot\mathrm{m^{-1}}$

(3) $\Lambda_{\mathrm{m}}=\frac{\kappa}{c}=\frac{0.124\,2\ \Omega^{-1}\cdot\mathrm{m^{-1}}}{0.01\times10^{3}\ \mathrm{mol\cdot m^{-3}}}=0.012\,42\ \Omega^{-1}\cdot\mathrm{m^2}\cdot\mathrm{mol^{-1}}$

2. 电导测定的应用

(1) 检验水的纯度。电导测定常用来检验水处理中水的纯度。纯水的电导率很小，普通蒸馏水的电导率κ约为$1\times10^{-3}\ \mathrm{S\cdot m^{-1}}$，但是如果其中含有一些电解质杂质，则水的电导率将大大增加，因此，可以通过测定水的电导率相对地反映水中杂质的含量(含盐量)。在电子工业及一些精密科学实验中常常需要使用纯度很高的水，这种高纯度水称作电导水(无离子水)，它的电导率很小，通常在$1\times10^{-4}\ \mathrm{S\cdot m^{-1}}$以下。

值得注意的是，电导率只能近似地表示水中含盐量的多少，不能表示水中硅酸根含量的多少。对于对硅酸根含量有严格要求的工业用水不能仅凭电导率数值来判定水质是否达标，而应补测水的硅酸根含量。

(2) 计算弱电解质的解离度及解离常数。根据阿伦乌斯(Arrhenius)的电离理论，弱电解质在水中仅部分电离，离子和未解离分子之间存在动态平衡。以弱电解质醋酸为例，浓度为c的醋酸水溶液中，醋酸部分解离，解离度为α时：

$$CH_3COOH \rightleftharpoons H^+ + CH_3COO^-$$

解离前 $\quad c \quad 0 \quad 0$

解离平衡时 $\quad c(1-\alpha) \quad c\alpha \quad c\alpha$

解离常数 $K^\ominus$ 与醋酸的浓度和解离度的关系为：

$$K^\ominus = \frac{(c\alpha/c^\ominus)^2}{c(1-\alpha)/c^\ominus} = \frac{\alpha^2}{1-\alpha} \times \frac{c}{c^\ominus} \tag{7.15}$$

若测得浓度 c 时弱电解质的摩尔电导率为 Λ_m，由于弱电解质是部分电离，对电导率有贡献的仅为已电离部分，溶液中离子浓度又很低，可认为已电离的离子能够独立运动，故近似有：

$$\Lambda_m = \alpha\Lambda_m^\infty，即\ \alpha = \frac{\Lambda_m}{\Lambda_m^\infty} \tag{7.16}$$

Λ_m^∞ 可根据式(7.13)计算，有了 α，即可由式(7.15)计算弱电解质的解离常数 $K^\ominus$。

(3) 计算难溶盐的溶解度。难溶盐的溶解度非常小，用测定电导的方法可以计算出难溶盐(如 AgCl，$BaSO_4$ 等)的溶解度及溶度积，测定步骤大致如下：

① 用已知电导率的高纯水配制难溶盐的饱和溶液；

② 测定此饱和溶液的电导率，扣除水的电导率后即为盐的电导率；

③ 以难溶盐的 Λ_m^∞ 值代替 Λ_m，根据式(7.11)计算出难溶盐的溶解度 c；

④ 求 K_{sp}。

【例题 4】 测得 25℃时氯化银饱和水溶液的电导率为 $3.41\times10^{-4}\ S\cdot m^{-1}$，已知同温度下配制此溶液所用的水的电导率为 $1.60\times10^{-4}\ S\cdot m^{-1}$。试计算 25℃时氯化银的溶解度。

〖解〗 氯化银在水中溶解度极小，其饱和水溶液的电导率 κ(溶液)为氯化银的电导率 κ(AgCl)与水的电导率 $\kappa(H_2O)$之和，即：

$$\begin{aligned}\kappa(AgCl) &= \kappa(溶液) - \kappa(H_2O)\\ &= (3.41\times10^{-4} - 1.60\times10^{-4})S\cdot m^{-1}\\ &= 1.81\times10^{-4}\ S\cdot m^{-1}\end{aligned}$$

AgCl 饱和水溶液的摩尔电导率 Λ_m 可看作无限稀释溶液的摩尔电导率 Λ_m^∞，故可根据式(7.13)由阴、阳离子的无限稀释摩尔电导率求和算出。查表可知：

$$\Lambda_m^\infty(Ag^+) = 61.92\times10^{-4}\ S\cdot m^2\cdot mol^{-1}$$
$$\Lambda_m^\infty(Cl^-) = 76.34\times10^{-4}\ S\cdot m^2\cdot mol^{-1}$$

故 $\Lambda_m(AgCl) \approx \Lambda_m^\infty(AgCl) = \Lambda_m^\infty(Ag^+) + \Lambda_m^\infty(Cl^-) = 138.26\times10^{-4}\ S\cdot m^2\cdot mol^{-1}$

由式(7.11)可计算出氯化银的溶解度：

$$c = \frac{\kappa}{\Lambda_m} = \frac{1.81\times10^{-4}\ S\cdot m^{-1}}{138.26\times10^{-4}\ S\cdot m^2\cdot mol^{-1}} = 0.013\,09\ mol\cdot m^{-3}$$

(4) 电导滴定。电解质溶液的电导率取决于离子的浓度和类型，电导测量能灵敏地监测溶液相中化学反应过程离子浓度的变化。利用滴定过程中溶液电导变化的转折来确定滴定终点的方法称为电导滴定。以 $Ba(OH)_2$ 和 $MgSO_4$ 的沉淀反应为例：

$$Ba(OH)_2 + MgSO_4 \longrightarrow Mg(OH)_2\downarrow + BaSO_4\downarrow$$

将 $Ba(OH)_2$ 溶液加入 $MgSO_4$ 溶液生成 $Mg(OH)_2$ 和 $BaSO_4$ 沉淀，随着 $Ba(OH)_2$ 溶液的不断加入，所有离子反应生成沉淀，使溶液中离子浓度不断减小，溶液电导也随之逐渐减小。

如果反应过程中一种离子被转化成另一种具有更高或更低电导率的离子，即使反应过程中溶液的总离子浓度不发生变化，该反应过程仍可由电导测量进行监测。例如强碱 KOH 滴定强酸 HCl 的中和反应，随着反应进行，电导率较大的 H_3O^+ 被电导率较小的 K^+ 取代，因此整个溶液的电导率将随着 KOH 的加入而逐渐变小。

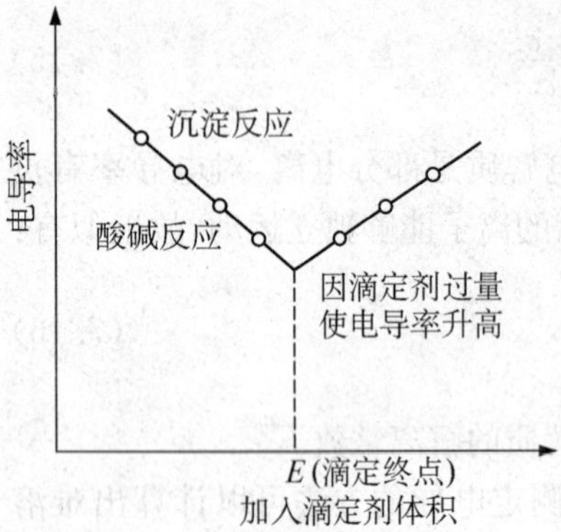

图 7.9　沉淀反应和酸碱反应的电导滴定曲线

在以上两例中，电导池溶液中初始存在的离子在滴定终点时完全被消耗，此时继续添加 $Ba(OH)_2$ 或 KOH，均将引起溶液电导率升高。如图 7.9 所示，根据溶液电导率随滴定剂体积变化情况可准确地确定滴定终点，此电导滴定图对沉淀反应和酸碱反应均适用。此外，电导滴定也适用于氧化还原反应终点的确定。电导滴定的优点在于其滴定终点不受溶液颜色和浊度干扰，且可用于极稀溶液。根据电导滴定的原理，使用现代仪器可以使滴定过程实现自动化。

7.4　强电解质溶液的活度和活度系数

7.4.1　活度、活度系数和离子强度

电解质是指能够电离出自由移动离子的物质。溶解于水中能完全电离的电解质称为强电解质，而只能部分电离的称为弱电解质。电解质的强弱由物质内部结构决定。

对于非电解质溶液，当溶液浓度变稀时，随着分子间距离的增加，分子间相互作用减弱，所以非电解质的稀溶液接近理想溶液；但电解质溶液却不然，特别是对于强电解质，即使浓度相当稀，离子间距离很大，离子间的静电作用仍不可忽视。从热力学观点考虑，可将电解质溶液当作“非理想溶液”处理，应用活度的概念代替浓度以描述其性质，并以活度系数衡量其对理想溶液的偏差。

在强电解质溶液中，溶质在溶剂中按下式全部解离为离子：

$$M_{\nu_+}A_{\nu_-} \rightleftharpoons \nu_+ M^{z+} + \nu_- A^{z-}$$

式中：$M_{\nu_+}A_{\nu_-}$ 为一价型的强电解质；M^{z+} 和 A^{z-} 分别是价数为 z＋和 z－的正、负离子；ν_+ 和 ν_- 分别为正、负离子的化学计量数。

电化学中浓度常用质量摩尔浓度(m)表示，则整个强电解质的化学势公式为：

$$\mu = \mu^{\ominus} + RT\ln a = \mu^{\ominus} + RT\ln \gamma\left(\frac{m}{m^{\ominus}}\right) \tag{7.17}$$

电解质溶液中正、负离子的化学势为：

$$\mu_+ = \mu_+^{\ominus} + RT\ln a_+ = \mu_+^{\ominus} + RT\ln \gamma_+\left(\frac{m_+}{m^{\ominus}}\right) \tag{7.18}$$

$$\mu_- = \mu_-^\ominus + RT\ln a_- = \mu_-^\ominus + RT\ln \gamma_- \left(\frac{m_-}{m^\ominus}\right) \quad (7.19)$$

显然，整个电解质的化学势可以用正、负离子的化学势之和来表示，即：

$$\begin{aligned} \mu &= v_+ \mu_+ + v_- \mu_- \\ \mu^\ominus &= v_+ \mu_+^\ominus + v_- \mu_-^\ominus \end{aligned} \quad (7.20)$$

将式(7.18)和式(7.19)代入式(7.20)，得：

$$\mu = (v_+ \mu_+^\ominus + v_- \mu_-^\ominus) + RT\ln(a_+^{v_+} a_-^{v_-}) = \mu^\ominus + RT\ln(a_+^{v_+} a_-^{v_-})$$

对照式(7.17)整理得：

$$a = a_+^{\nu_+} a_-^{\nu_-} \quad (7.21)$$

由于在电解质溶液中正、负离子总是同时存在的，还没有严格的实验方法能够将某种离子单独从其他离子中分离出，测定单个离子的活度，故而引进离子平均活度 $a_\pm$，离子平均活度系数 $\gamma_\pm$ 和离子平均质量摩尔浓度 $m_\pm$ 的概念，并定义：

$$a_\pm = (a_+^{\nu_+} a_-^{\nu_-})^{\frac{1}{\nu}} \quad (7.22a)$$

$$\gamma_\pm = (\gamma_+^{\nu_+} \gamma_-^{\nu_-})^{\frac{1}{\nu}} \quad (7.22b)$$

$$m_\pm = (m_+^{\nu_+} m_-^{\nu_-})^{\frac{1}{\nu}} \quad (7.22c)$$

式中：$\nu = \nu_+ + \nu_-$；$a_\pm = \gamma_\pm \left(\frac{m_\pm}{m^\ominus}\right)$。则：

$$a = a_+^{\nu_+} a_-^{\nu_-} = a_\pm^{\nu} \quad (7.23)$$

由于离子的平均活度系数可以通过冰点降低、电池电动势、溶解度等热力学方法测定，因而可以根据上述关系求得离子的平均活度。表7.3列出了一些电解质溶液在298.15 K下的平均活度系数值。

表7.3 电解质的平均活度系数(298.15 K)

$m/(\text{mol}\cdot\text{kg}^{-1})$	HCl	NaCl	KCl	NaOH	$CaCl_2$	$ZnCl_2$	H_2SO_4	$ZnSO_4$	$LaCl_3$
0.001	0.966	0.966	0.966	—	0.888	0.881	—	0.734	0.853
0.005	0.930	0.928	0.927	—	0.786	0.767	0.643	0.477	0.716
0.01	0.906	0.903	0.902	0.899	0.732	0.708	0.545	0.387	0.637
0.02	0.873	0.872	0.869	0.860	0.669	0.642	0.455	0.298	0.552
0.05	0.833	0.821	0.816	0.805	0.584	0.556	0.341	0.202	0.417
0.10	0.798	0.778	0.770	0.759	0.524	0.502	0.266	0.148	0.356
0.20	0.768	0.732	0.719	0.719	0.491	0.448	0.210	0.104	0.298
0.50	0.769	0.679	0.652	0.681	0.510	0.376	0.155	0.063	0.303
1.00	0.881	0.656	0.607	0.667	0.725	0.325	0.131	0.044	0.387
1.50	0.898	0.655	0.586	0.671	—	0.290	—	0.037	0.583
2.00	1.011	0.670	0.577	0.685	1.554	—	0.125	0.035	0.954
3.00	1.310	0.719	0.572	—	3.384	—	0.142	0.041	—

由表 7.3 的数据可总结出如下三条重要规律：

(1) 离子平均活度系数值随溶液浓度的降低而增加(无限稀释时达到极限值 1)，一般情况下总是小于 1，但当浓度增加到一定程度时，$\gamma_\pm$ 值可能随浓度增加而变大，甚至大于 1。这是由于离子的水化作用使较浓溶液中的许多溶剂分子被束缚在离子周围的水化层中不能自由行动，相当于使溶剂量相对下降。

(2) 同价型(如Ⅰ-Ⅰ型的 NaCl 和 KCl，Ⅰ-Ⅱ型的 $CaCl_2$ 和 $ZnCl_2$)的电解质，在稀溶液中当浓度相同时其平均活度系数近似相等。

(3) 同一浓度的不同电解质，正、负离子价数的乘积越大，与理想溶液的偏差越大。

上述实验现象说明，在稀溶液中，影响离子平均活度因子 $\gamma_\pm$ 的主要因素是离子的浓度和价数，其中离子价数比浓度的影响更大，且价数越高，影响越大。据此，在 1921 年 Lewis 和 Randall 提出了"离子强度 I"的概念。离子强度(ionic strength)等于溶液中所有离子的质量摩尔浓度(m_i)乘以该离子价数的平方和的 1/2，即：

$$I=\frac{1}{2}\sum m_i z_i^2 \tag{7.24}$$

式中：m_i 是第 i 种离子的真实质量摩尔浓度，若是弱电解质，其真实浓度用它的浓度与解离度相乘而得；z_i 是第 i 种离子的价数；I 的单位与 m_i 相同。

对仅含有一种电解质 B 的溶液，其离子强度为：

$$I=\frac{1}{2}(\nu_+ m_B z_+^2+\nu_- m_B z_-^2)=\frac{1}{2}(\nu_+ z_+^2+\nu_- z_-^2)m_B \tag{7.25}$$

可将上式改写为：

$$I=km_B,\ k=\frac{1}{2}(\nu_+ z_+^2+\nu_- z_-^2) \tag{7.26}$$

式中：k 为与离子的化合价有关的数值。对于任意电解质 $M_{\nu_+}A_{\nu_-}$，可以从表 7.4 找到 k 值，从而很容易得到离子强度值。例如，电解质 B 为 M_2A_3(即 $M_2^{3+}A_3^{2-}$)，从表 7.4 中找出 $k=15$，所以 $I=15m_B$。

表 7.4　离子强度计算中 k 值与化合价的关系

k	A^-	A^{2-}	A^{3-}	A^{4-}
M^+	1	3	6	10
M^{2+}	3	4	15	12
M^{3+}	6	15	9	42
M^{4+}	10	12	42	16

Lewis 和 Randall 综合大量实验数据后进一步总结出：在稀溶液范围内，离子平均活度系数和离子强度符合如下的经验式：

$$\lg\gamma_\pm=-k'\sqrt{I} \tag{7.27}$$

式中：k' 在指定温度和溶剂时为常数。值得注意的是，$\gamma_\pm$ 是指定电解质的离子平均活度系数，而 I 的计算则涉及溶液中所有离子的贡献。可见影响电解质 $\gamma_\pm$ 的不是存在于溶液中的离子性质，而是与所有离子浓度和价数有关的离子强度。

7.4.2　德拜-休克尔极限公式

1923年德拜-休克尔(Debye - Hückel)提出强电解质离子互吸理论，并由此导出德拜-休克尔极限公式来计算离子平均活度系数。强电解质离子互吸理论的主要假设为：强电解质全部电离(故该理论只适用于稀溶液)；电解质溶液与理想溶液的偏差主要由离子间的静电引力引起，分子间的其他作用力可忽略不计；离子相互作用的势能小于热运动能；每个离子都被一群符号相反的离子包围，形成"离子氛"。

1. 离子氛

溶液中有正、负离子共存，根据库仑定律，同性离子相斥，异性离子相吸。在静电作用力影响下，离子趋向于规则排列，但热运动则力图使离子均匀地分散在溶液中。由于这两种力的相互作用，在一定时间间隔内平均来看，任意一个离子(可称为中心离子)周围，异性离子分布的平均密度大于同性离子分布的平均密度，中心离子就像是被一层异号电荷包围着，这层异号电荷的总电荷在数值上等于中心离子的电荷。从统计的角度看，这层异号电荷是球形对称的，将其称为离子氛。可设想任意中心离子的周围均存在一个异号离子构成的离子氛。如果选择离子氛中任意一离子作为新的中心离子，则原来的中心离子就成为新中心离子的离子氛中的一员。这种情况在一定程度上可与离子晶体中的单位晶格相比拟。但与晶格不同，由于离子的热运动，离子在溶液中所处的位置经常发生变化，因而离子氛是瞬息万变的。

由于中心离子与离子氛的电荷大小相等，符号相反，因此它们作为一个整体是电中性的，这个整体与溶液中其他部分之间不再存在静电作用。所以，根据球形对称的离子氛可以形象化地将溶液中的静电作用完全归结为中心离子与离子氛之间的作用，从而将所研究的问题及理论推导简化。

2. 德拜-休克尔极限公式的推导

通过上述的简化处理并引入一些适当的假设，德拜-休克尔推导出了稀溶液中的单个离子活度系数公式：

$$\lg \gamma_i = -Az_i^2\sqrt{I} \tag{7.28}$$

式(7.28)即为德拜-休克尔极限公式，由于推导过程中的一些假设只有在溶液无限稀释时才能成立，故该公式只适用于稀溶液。

由于单个离子的活度系数无法直接由实验测定，因此推导出平均离子活度系数公式：

$$\lg \gamma_{\pm} = -A\,|\,z_+ z_-\,|\sqrt{I} \tag{7.29}$$

式(7.28)和式(7.29)中 A 为与溶剂性质、温度等有关的常数。在298.15 K水溶液中：

$$A = 0.509(\text{mol}^{-1}\cdot\text{kg})^{\frac{1}{2}}$$

德拜-休克尔极限公式的正确性已为实验结果所证实。由公式可知，不同电解质，只要其价型相同，$\lg\gamma_{\pm}$ 与 $\sqrt{I}$ 应呈直线关系，斜率应为 $-A|z_+z_-|$。图7.10是298.15 K时一些电解质的活度系数与 $\sqrt{I}$

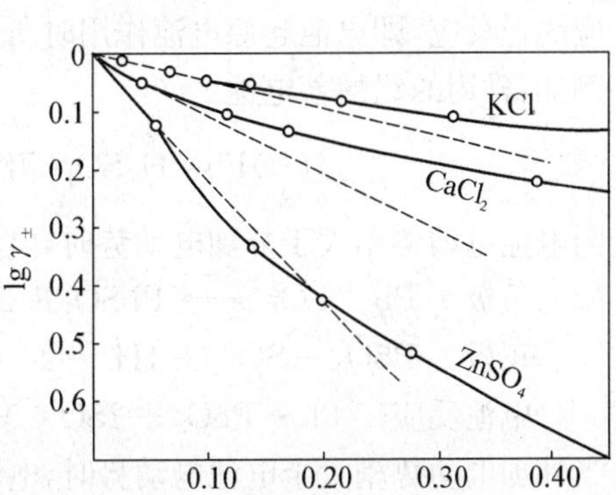

图7.10　电解质活度系数与 $\sqrt{I}$ 的关系(298.15 K)

的关系曲线，图中虚线是德拜-休克尔极限公式预期的结果，实线是实验测定的结果。

由图中结果可以看出，在稀溶液范围内，德拜-休克尔极限公式的预测结果与实验结果能较好地吻合。

7.5 可逆电池电动势

原电池是利用电极上的氧化还原反应实现化学能（即 $\Delta_r G$）转换为电能的装置。根据 Gibbs 函数变化的定义，在等温、等压条件下，当系统发生变化时，系统 Gibbs 函数变化的减少等于系统对外所做的最大非膨胀功，在本章讨论的情况中，非膨胀功只有电功。若转变过程是热力学可逆过程，电池反应的 $\Delta_r G$ 即为可逆电功，用公式表示为：

$$(\Delta_r G)_{T,p} = -W_{f,\max} = -nEF \tag{7.30}$$

式中：n 为电池输出元电荷的物质的量，单位为 mol；E 为可逆电池的电动势，单位为伏特（V）；F 是法拉第常数。

如果该可逆电池按电池反应式进行，当反应进度 $\xi = 1$ mol 时，其 Gibbs 函数变化为：

$$(\Delta_r G_m)_{T,p} = \frac{-nEF}{\xi} = -zEF \tag{7.31}$$

式中：z 为电极反应式中电子的计量系数。式(7.30)和式(7.31)是将热力学和电化学联系起来的重要关系式，可以通过可逆电池电动势的测定求得反应的 $\Delta_r G$，进而解决热力学问题。同时，由于当电池中的化学能以不可逆的方式转变为电能时，两电极间的不可逆电势差一定小于可逆电动势 E，该式也揭示了化学能转变为电能的最高限度，为改善电池性能或研制新的化学电源提供了理论依据。

7.5.1 可逆电池

可逆电池（reversible cell）是指电池充、放电时进行的任何反应与过程都必须是可逆的一类电池。这里的“可逆”应按照热力学上可逆的概念来理解，因此可逆电池必须满足以下两个条件，缺一不可。

第一个条件是电池反应必须可逆。电池反应可向正、逆两个方向进行，电解反应为电池反应的逆反应，即电池起原电池作用时所进行的反应恰是起电解池作用时所进行反应的逆反应。例如，常用的铅酸蓄电池：

$$(-)\mathrm{Pb}\,|\,\mathrm{H_2SO_4}(\text{相对密度为 } 1.22 \sim 1.28)\,|\,\mathrm{PbO_2}(+)$$

当电池电动势稍大于外加电动势时，电池为原电池，电池将放电，电极反应分别为：

负极　$Pb + SO_4^{2-} \longrightarrow PbSO_4 + 2e^-$

正极　$PbO_2 + SO_4^{2-} + 4H^+ + 2e^- \longrightarrow PbSO_4 + 2H_2O$

电池反应　$Pb + PbO_2 + 2SO_4^{2-} + 4H^+ \longrightarrow 2PbSO_4 + 2H_2O$

当外加电动势稍大于电池电动势时，电池为电解池，电池将充电，电极反应分别为：

阴极　$PbSO_4 + 2e^- \longrightarrow Pb + SO_4^{2-}$

阳极　$PbSO_4 + 2H_2O \longrightarrow PbO_2 + SO_4^{2-} + 4H^+ + 2e^-$

电池反应　$2PbSO_4 + 2H_2O \longrightarrow Pb + PbO_2 + 2SO_4^{2-} + 4H^+$

由此可见，铅酸蓄电池在充电时发生的化学反应恰好是放电时的逆反应，因此从化学反应来看，铅酸蓄电池属于可逆电池。

但是，有些电池其放电和充电反应不同，电池反应后不能复原，因而是不可逆电池。例如将铜和锌电极插入硫酸溶液中组成的电池：

$$(-)Zn \mid H_2SO_4 \mid Cu(+)$$

放电时：负极　$Zn \longrightarrow Zn^{2+} + 2e^-$

正极　$2H^+ + 2e^- \longrightarrow H_2$

电池反应　$Zn + 2H^+ \longrightarrow Zn^{2+} + H_2$

充电时：阴极　$2H^+ + 2e^- \longrightarrow H_2$

阳极　$Cu \longrightarrow Cu^{2+} + 2e^-$

电池反应　$Cu + 2H^+ \longrightarrow Cu^{2+} + H_2$

显然，放电和充电时的电池反应完全不同，因此属于不可逆电池。

第二个条件是可逆电池在工作时，不论是充电或放电，所通过的电流必须十分微小，电池始终在接近平衡状态下工作。此时若作为原电池能做出最大有用功，若作为电解池则消耗的电能最小。从热力学角度看来，可逆电池所做的最大有用功是化学能转变为电能的极限，如果能把电池放电时所放出的能量全部储存起来，则用这些能量充电，恰好可以使系统和环境都恢复到原来的状态，即可逆电池中能量的转换也是可逆的。

只有同时具备上述两个条件的电池才能称为可逆电池。

7.5.2 原电池的设计和原电池符号的书写规则

为简洁和方便起见，原电池的结构常用特定的符号来表示。根据惯例，书写时须遵守以下规则：

(1) 从左至右按电池中各物质的接触次序，用化学式或元素符号写出各物质。进行氧化反应的负极(阳极)写在左边，进行还原反应的正极(阴极)写在右边。

(2) 注明各物质的状态。气体注明分压，溶液注明浓度，一些常见的固体电极单质或氧化物可不必注明。

(3) 有界面电势差的接界用单竖线“|”表示；若电极所处的溶液中同时存在两种性质不同的电解质，则在二者间以逗号“,”间隔；对气体电极，在惰性电极与气体之间也用逗号“,”分开。

(4) 当两个电极分别需要不同的电解质溶液时，需要用盐桥将两种电解质溶液隔开，用双竖线“||”代表盐桥，表示液接电势可忽略。

如果要由原电池符号写出其化学反应式，应分别写出左边电极(负极)所进行的氧化反应和右边电极(正极)所进行的还原反应，然后相加即得原电池反应。

【例题5】 写出下列原电池的电池反应：

$$(-)Pt,\ H_2(101\,325\ Pa) \mid HCl(a=1) \mid AgCl(s),\ Ag(s)(+)$$

〖解〗 负极(左边)：$H_2(101\,325\ Pa) \longrightarrow 2H^+[a(H^+)] + 2e^-$

正极(右边)：$2AgCl(s) + 2e^- \longrightarrow 2Ag(s) + 2Cl^-[a(Cl^-)]$

电池反应：$H_2(101\,325\ Pa) + 2AgCl(s) \longrightarrow 2Ag(s) + 2HCl(a=1)$

对于此原电池，在写正极反应时，应注意溶液中不可能存在 Ag^+，故不会出现 Ag^+ 的还原反应。

如果要根据已知化学反应式设计电池，首先必须确定正、负极的电极反应，然后按电池书写规则写出电池表示式。对于反应式中涉及价态变化的元素，可根据其反应前后的价态变化确定发生的是阳极反应（氧化反应）还是阴极反应（还原反应）；对不涉及元素价态变化的反应式，则应先根据产物及反应物的种类确定电池所用的其中一个电极及电极反应，再用该电极反应与总反应之差确定另一电极反应，最后写出电池表示式。

【例题 6】 请根据以下化学反应设计电池，并按规则标记。

$$2I^-(0.1\ \mathrm{mol\cdot kg^{-1}}) + 2Ce^{4+}(0.1\ \mathrm{mol\cdot kg^{-1}}) \longrightarrow I_2(s) + 2Ce^{3+}(0.01\ \mathrm{mol\cdot kg^{-1}})$$

〖**解**〗 分析反应式可知，I^- 被氧化为 I_2，而 Ce^{4+} 被还原为 Ce^{3+}，相应的负极和正极反应为：

$$(-)2I^-(0.1\ \mathrm{mol\cdot kg^{-1}}) \longrightarrow I_2(s) + 2e^-$$

$$(+)2Ce^{4+}(0.1\ \mathrm{mol\cdot kg^{-1}}) + 2e^- \longrightarrow 2Ce^{3+}(0.01\ \mathrm{mol\cdot kg^{-1}})$$

显然，正、负极反应涉及的物种不能共处于同一溶液，必须以盐桥隔开；此外，还需要用两个惰性电极作为电子导体，提供或移走电子。按书写规则，该电池表示式为：

$$(-)Pt,\ I_2(s)\ |\ I^-(0.1\ \mathrm{mol\cdot kg^{-1}})\ ||\ Ce^{4+}(0.1\ \mathrm{mol\cdot kg^{-1}}),\ Ce^{3+}(0.01\ \mathrm{mol\cdot kg^{-1}})\ |\ Pt(+)$$

7.5.3 可逆电池电动势的产生

一个电池的总电动势可能由以下几种电势所构成。

1. 电极与电解质溶液界面间的电势

金属可看作是金属离子与自由电子的组合体。当把金属插入含有该金属离子的溶液中时，由于金属离子在两相中的化学势不同，它们将在相间发生转移。若在金属相中的化学势大于溶液相中的，则金属离子将从金属相转移到溶液相，使金属表面带负电荷，而靠近金属的溶液相带正电荷；若金属离子在金属相中的化学势小于溶液相中的，则溶液相中的金属离子将转移到电极表面而使其带正电荷，靠近电极的溶液相则带负电荷。上述两种情况均会导致金属相与溶液相之间出现电势。金属离子转移过程达到稳定状态后，电势就具有确定的数值。

如果金属表面带负电荷，则溶液中金属附近的正离子将被吸引到金属表面附近，负离子受到排斥，使得金属附近的溶液所带的电荷与金属本身的电荷恰恰相反。当静电吸引和热运动达到平衡时，在金属表面与溶液相界面处，由电极表面上的电荷层与溶液中多余的反号离子层形成了双电层(double layer)，如图 7.11 所示。又由于离子的热运动，带有相反电荷的离子并不完全集中在金属表面的液层中，而是逐渐扩散远离金属表面，溶液层中与金属靠得较紧密的一层称为紧密层(contact double layer)，扩散到溶液中去的称为扩散层(diffused double layer)。紧密层的厚度约为 10^{-10} m，扩散层的厚度约为 10^{-8} m。由图 7.12 可以看出，金属-溶液界面电势 φ 是紧密层电势 φ_1 和扩散层电势 φ_2 之和。

2. 接触电势

通常两种金属接触时，会在界面上产生电势差，称为接触电势(contact potential)。由于原电池中常用金属导线与电极相连，因而产生不同金属间的接触电势，它也是构成电池总电动势的一部分。接触电势的产生是因为不同金属的电子逸出功不同，接触时相互逸入的电子数目不相等，因而在接触界面上电子分布不相同而产生电势差。

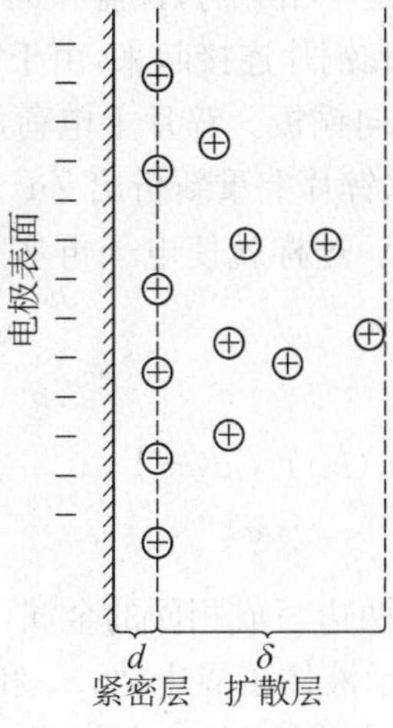

图 7.11 双电层结构

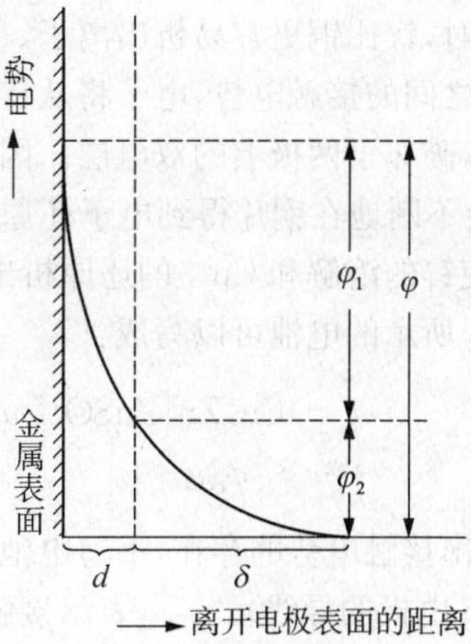

图 7.12 双电层电势

3. 液体接界电势

对于两种不同的电解质溶液或是电解质相同但浓度不同的溶液所形成的界面，界面上存在着微小的电势差（通常不超过 0.03 V），称为液体接界电势（liquid junction potential）。形成液体接界电势的主要原因是离子迁移速率不同。例如，在两种浓度不同的 HCl 溶液界面上，HCl 将从浓的一侧向稀的一侧扩散。但是，由于 H^+ 的迁移速率比 Cl^- 快，因而稀的一侧会出现过剩的 H^+ 而带正电，浓的一侧则会出现过剩的 Cl^- 而带负电，从而在不同浓度的 HCl 溶液界面上产生电势差。电势差的产生使得 H^+ 的扩散速率减慢，而 Cl^- 的扩散速率加快，并最终达到平衡状态。此时，两种离子以恒定的速率扩散，液体接界电势保持恒定。又如，浓度相同的 $AgNO_3$ 与 HNO_3 溶液接触时，由于浓度相同，可认为 NO_3^- 不发生扩散。但由于 H^+ 的扩散速率比 Ag^+ 的大得多，所以在 $AgNO_3$ 一侧带正电而在 HNO_3 一侧带负电，从而在溶液界面上形成了电势差。电势差的存在使 H^+ 的迁移速率降低，而 Ag^+ 的迁移速率增大。达到稳定状态时，二者的扩散速率相等，液体接界电势保持恒定。

液体接界电势的存在会使电池电动势的测定难以得到稳定的数值，因此应尽量避免使用有液体接界的电池。在不能消除不同电解质的接界时，就需要尽量减小液体接界电势。盐桥是减小液体接界电势的有效方法。盐桥是充满正、负离子迁移速率十分接近的高浓度电解质的通道，将盐桥的两端分别插入两种电解质溶液中，则盐桥跨接的两个电解质溶液的液体接界电势可以降至最小以至接近消除。常用的盐桥是含有 1%～2% 琼脂的饱和 KCl 盐桥，由于 K^+ 和 Cl^- 的迁移速率十分接近，而且 KCl 的浓度远大于其他电解质，因此扩散和迁移主要由 K^+ 和 Cl^- 完成。使用饱和 KCl 盐桥可使液体接界电势降至 1～2 mV，在电动势测量中一般可略去不计。如果电解质溶液遇 Cl^- 会产生沉淀，则可用 NH_4NO_3 代替 KCl 作盐桥。

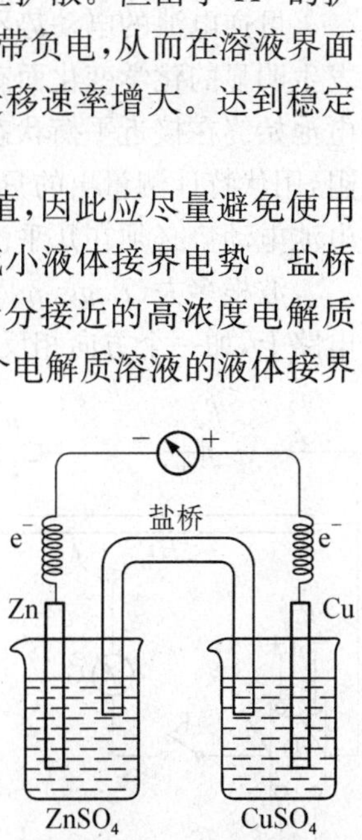

图 7.13 原电池装置

4. 电动势的产生

原电池的电动势等于构成原电池各相间界面上所产生的电势的代数和。对于如图 7.13 所示的原电池，将锌片和铜片分别插入锌盐和铜盐溶液中，为了消除或降低液体接界电势，以盐桥连接两种溶液。锌、铜两种金属在溶解和沉积平衡状态时的电势是不相等的，锌盐和铜盐溶液浓度相等或相差不大时，锌比铜更容易析出离子。用导线将锌片和铜片连接起来，由于它们之间的电势差以及锌铜之间的接触电势，电子将从锌极通过导线流向铜极。锌片上电荷的减少和铜片上电荷的增多，破坏了两极上的双电层。因此，会不断地从锌片上重新析出 Zn^{2+} 到溶液中，同时一些 Cu^{2+} 会不断地在铜片得到电子还原为金属铜析出。这样就使电子再从外电路由锌片流到铜片，并使锌的溶解和 Cu^{2+} 的还原析出过程继续进行。

如图 7.13 所示的电池可以写成：

$$(-)\mathrm{Cu}|\mathrm{Zn}|\mathrm{ZnSO_4}(m_1) \quad || \quad \mathrm{CuSO_4}(m_2)|\mathrm{Cu}(+)$$

$$\varphi_{接触} \quad \varphi_{-} \qquad\qquad \varphi_{扩散} \qquad\qquad \varphi_{+}$$

为了表示出接触电势的存在，书写电池符号时将左右两边写成相同的金属(左方的 Cu 实际上是连接 Zn 电极的导线)。$\varphi_{接触}$ 表示接触电势，$\varphi_{扩散}$ 表示液体接界电势，φ_{-} 和 φ_{+} 表示电极与溶液间的电势，其绝对值是无法求得的。

综上所述，整个电池的电动势 E 为：

$$E = \varphi_{+} + \varphi_{-} + \varphi_{接触} + \varphi_{扩散} \tag{7.32}$$

由于 $\varphi_{扩散}$ 可通过加入盐桥等方式将其降至最小或消除，而 $\varphi_{接触}$ 很小，因此 $\varphi_{扩散}$ 和 $\varphi_{接触}$ 均可忽略不计。上式可简化为：

$$E = \varphi_{+} + \varphi_{-}$$

7.5.4 可逆电池电动势的测定

1. 对消法测定可逆电池电动势

可逆电池的电动势不能用伏特计直接测定，因为当伏特计和待测电池接通之后，电池中将发生明显的化学变化而有电流通过，这违背了“可逆电池工作时所通过的电流必须十分微小，电池始终在接近平衡状态下工作”的要求，此时的电池已不是可逆电池。而且，电池本身有内阻，用伏特计测量出的只是两电极间的端电压或电压降而不是可逆电池的电动势。所以，可逆电池电动势必须在几乎没有电流通过的情况下测量。

波根多夫(Poggendorf)对消法是常用的电池电动势测量方法，其原理是在待测电池的外电路上，加一个方向相反但数值几乎相同的电势差或电压降，用来对抗待测电池的电动势，使电路中几乎无电流通过。图 7.14 是对消法测电动势的示意图，工作电池经 AB 构成一个通路，在均匀的滑线电阻 AB 上产生均匀电势差。D 是双臂电钥，D 向下时与待测电池(E_x)连通，待测电池的正极经过检流计(G)连接到一个滑动接触点 C 上，负极和工作电池的负极并联。这样，就相当于在待测电池的外电路中加上了一个方向相反的电势差，它的大小由滑动接触点的位置决定，改变滑动接触点的位置，找到 C 点，若电钥闭合时检流计中无电流通过，则待测电池的电动势恰好被 AC 段的电势差完全抵消。

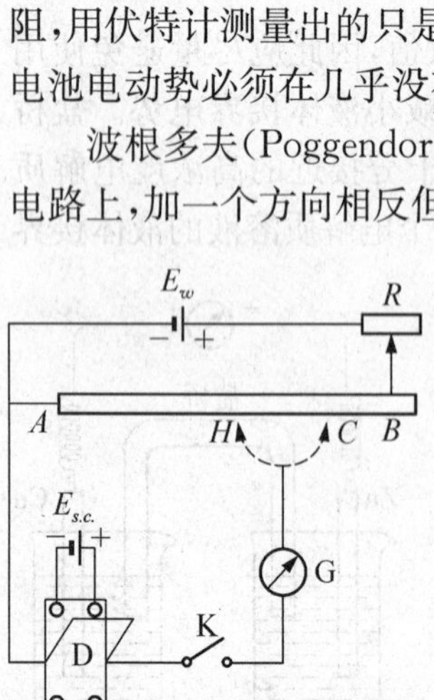

图 7.14 对消法测量电动势

为了求得 AC 段的电势差，可将 D 向上与标准电池($E_{s.c.}$)连通，标准电池的电动势是已知的，而且保持恒定，设为 E'。用同样方法可以找出检流计中无电流通过的另一点 C'，AC' 段的电势差就等于E'，因为滑线电阻是均匀的，电势差的数值与电阻线的长度成正比，故待测电池的电动势为：

$$E_x = E' \frac{AC}{AC'}$$

2. 韦斯顿标准电池

在可逆电池电动势测量中，需要在电路中并联一个电动势已知的标准电池，以校正和确定待测电池的电动势。实验室常用的标准电池是韦斯顿(Westone)电池，它的最大优点是电动势稳定，随温度改变小。

韦斯顿标准电池是一种高度可逆的电池，其装置如图7.15所示。电池的负极是含Cd 5%～14%的镉汞齐，将其浸于硫酸镉溶液中，该溶液为$CdSO_4 \cdot \frac{8}{3}H_2O$晶体的饱和溶液。正极为汞与硫酸亚汞的糊状体，此糊状体也浸在硫酸镉的饱和溶液中。为了使引出的导线与糊状体接触紧密，在糊状体的下面放少许汞。

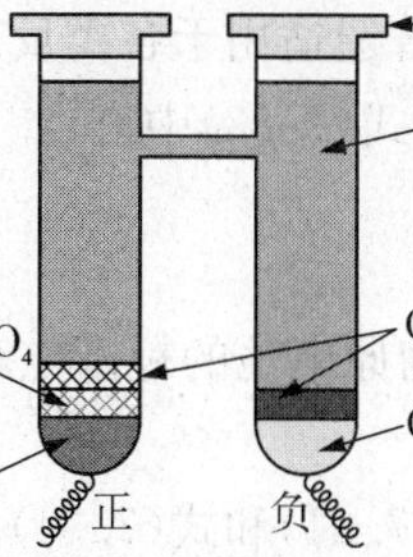

图7.15　韦斯顿标准电池

韦斯顿标准电池的表示式为：

$$(-)\ \text{镉汞齐} \mid w(\text{Cd}) = 5\% \sim 14\% \mid CdSO_4 \cdot \frac{8}{3}H_2O(s) \mid CdSO_4\ \text{饱和溶液} \mid Hg_2SO_4(s) \mid Hg(+)$$

当电池起作用时进行的反应为：

负极　$Cd(\text{汞齐}) \longrightarrow Cd^{2+} + 2e^-$

$$Cd^{2+} + SO_4^{2-} + \frac{8}{3}H_2O(l) \longrightarrow CdSO_4 \cdot \frac{8}{3}H_2O(s)$$

$$Cd(\text{汞齐}) + SO_4^{2-} + \frac{8}{3}H_2O(l) \longrightarrow CdSO_4 \cdot \frac{8}{3}H_2O(s) + 2e^-$$

正极　$Hg_2SO_4(s) + 2e^- \longrightarrow 2Hg(l) + SO_4^{2-}$

电池反应　$Cd(\text{汞齐}) + Hg_2SO_4(s) + \frac{8}{3}H_2O(l) \longrightarrow CdSO_4 \cdot \frac{8}{3}H_2O(s) + 2Hg(l)$

7.6　可逆原电池热力学

原电池热力学建立了可逆电池的电动势与相应电池反应的热力学函数变化量之间的关系，因而可以通过对电动势的精确测量来确定相应的热力学函数变化量。

7.6.1　能斯特方程

1889年，德国人能斯特(Nernst)提出了电动势E与电极反应各组分活度的关系方程，即能斯特方程。能斯特方程给出了化学能与电能的转换关系，它反映了电池的电动势与参加反应的各组分的性质、浓度、温度等的关系。

对于电池反应：

$$aA + bB \rightleftharpoons gG + hH$$

在一定温度和压力下，当电池反应可逆进行时，根据式(7.31)有：

$$\Delta_r G_m = -zEF$$

又根据化学反应等温式，有：

$$\Delta_r G_m = \Delta_r G_m^\ominus + RT\ln\frac{a_C^g a_H^h}{a_A^a a_B^b} \tag{7.33}$$

式(7.33)普遍适用于各类反应，当然也适用于电池反应。式中 $\Delta_r G_m^\ominus$ 为标准摩尔吉布斯函数变化量，在式(7.33)中有：

$$\Delta_r G_m^\ominus = -zE^\ominus F \tag{7.34}$$

式中：$E^\ominus$ 为原电池的标准电动势，它等于参加电池反应的各物质均处于各自标准态时电池的电动势。

将式(7.31)和式(7.34)代入等温方程(7.33)，得：

$$E = E^\ominus - \frac{RT}{zF}\ln\frac{a_C^g a_H^h}{a_A^a a_B^b} \tag{7.35}$$

式(7.35)称为能斯特方程，是原电池的基本方程式，它表示一定温度下可逆电池的电动势与参加电池反应的各组分的活度之间的关系。如改用常用对数表示，上式可写为：

$$E = E^\ominus - \frac{2.303RT}{zF}\lg\frac{a_C^g a_H^h}{a_A^a a_B^b} \tag{7.36}$$

298 K 时，$(2.303RT/F) = 0.059\,2\ \mathrm{V}$。

7.6.2 标准电动势与平衡常数的关系

由公式 $\Delta_r G_m^\ominus = -RT\ln K^\ominus$ 和 $\Delta_r G_m^\ominus = -zE^\ominus F$ 可得：

$$E^\ominus = \frac{RT}{zF}\ln K^\ominus \tag{7.37}$$

式(7.37)指出了标准电动势与热力学标准平衡常数间的关系。若标准电动势数据已知，即可由上式计算出电池反应的标准平衡常数 $K^\ominus$。反之，若已知电池反应的标准平衡常数，即可估算其标准电动势 $E^\ominus$。

7.6.3 由电动势 E 及其温度系数求电池反应的 $\Delta_r S_m$ 和 $\Delta_r H_m$

根据热力学基本公式有：

$$dG = -SdT + Vdp$$

$$\left(\frac{\partial \Delta_r G_m}{\partial T}\right)_p = -\Delta_r S_m$$

已知 $\Delta_r G_m = -zEF$，代入上式得：

$$\left[\frac{\partial(-zEF)}{\partial T}\right]_p = -\Delta_r S_m$$

即：
$$\Delta_r S_m = zF\left(\frac{\partial E}{\partial T}\right)_p \tag{7.38}$$

式中：$\left(\frac{\partial E}{\partial T}\right)_p$ 称为原电池电动势的温度系数，它表示恒压下电动势随温度的变化率，单位为 $V \cdot K^{-1}$，其值可通过实验测定一系列不同温度下的电动势求得。

此外，根据热力学函数关系可得：

$$\Delta_r H_m = \Delta_r G_m + T\Delta_r S_m = -zEF + zFT\left(\frac{\partial E}{\partial T}\right)_p \tag{7.39}$$

按照上式计算出的 $\Delta_r H_m$ 是该反应在不做非体积功的情况下进行时的恒温恒压反应热。由于电动势测量精确度一般比量热法要高，对于电池中发生的反应，由电池电动势和电动势温度系数的测量，可得出较准确的热力学数据。

7.6.4 原电池可逆放电时反应热的计算

原电池可逆放电时，化学反应热为可逆热 Q_r，在恒温下，$Q_r = T\Delta S$，将式(7.38)代入得：

$$Q_{r,m} = zFT\left(\frac{\partial E}{\partial T}\right)_p \tag{7.40}$$

由上式可知，在恒温下电池可逆放电时：

若 $\left(\frac{\partial E}{\partial T}\right)_p = 0$，$Q_r = 0$，电池不吸热也不放热；

若 $\left(\frac{\partial E}{\partial T}\right)_p > 0$，$Q_r > 0$，电池从环境吸热；

若 $\left(\frac{\partial E}{\partial T}\right)_p < 0$，$Q_r < 0$，电池向环境放热。

值得注意的是，电池反应的可逆热，不是该反应的恒压反应热，因为通常所说的反应热要求过程无非体积功，而电池可逆热是有非体积功的过程热。

【例题 7】 有电极一 $Ag(s) \mid AgI(s) \mid I^-(a)$ 和电极二 $I_2(s) \mid I^-(a)$。已知 298 K 时，$E_1^\ominus$(电极) $< E_2^\ominus$(电极)，电池的温度系数 $\left(\frac{\partial E}{\partial T}\right)_p = 1.00 \times 10^{-4}\ V \cdot K^{-1}$。

(1) 写出电池表示式、电极反应和电池反应；

(2) 在 298 K，$p^\ominus$ 压力下测得电池短路放电 289 500 C 时，放热 190.26 kJ，求电池 298 K 时工作在可逆状态下的标准电动势。

〖**解**〗 (1) 根据题给条件可以判断，电极二为正极，电极一为负极。

电池表示式：$(-)Ag(s), AgI(s) \mid I^-(a) \mid I_2(s), Pt(+)$

电极反应：$(-)Ag(s) + I^-(a) \longrightarrow AgI(s) + e^-$

$(+)\ \frac{1}{2}I_2(s) + e^- \longrightarrow I^-(a)$

电池反应：$Ag(s) + \frac{1}{2}I_2(s) \longrightarrow AgI(s)$

(2) 短路放电时，$E = 0$，$\Delta_r H = Q_p = -190.26$ kJ

当工作于可逆状态时，则有：

$$\Delta_r S^{\ominus} = nzF\left(\frac{\partial E}{\partial T}\right)_p = 289\,500 \times 1.00 \times 10^{-4} = 28.95\ \text{J} \cdot \text{K}^{-1} (\text{C} \cdot \text{V} = \text{J})$$

$$\Delta_r G^{\ominus} = \Delta_r H^{\ominus} - T\Delta_r S^{\ominus} = -190.26 - 298 \times 28.95 \times 10^{-3} = -198.90\ \text{kJ}$$

$$E^{\ominus} = -\frac{\Delta_r G^{\ominus}}{nzF} = \frac{198\,900}{289\,500} = 0.687\,0\ \text{V}$$

7.7 可逆电极电势

7.7.1 电极电势

原电池由两个相对独立的电极组成，每个电极相当于一个“半电池”，分别进行氧化和还原作用。在忽略液体接界电势和接触电势的情况下，原电池的电动势 E 就是组成该电池的两个电极的电极电势之差，即式(7.32)的简化表达式为：

$$E = E_{+} - E_{-} \tag{7.41}$$

式中：E_{+} 为电池正极的电极电势；E_{-} 为电池负极的电极电势。

根据式(7.41)，原电池的电动势是两个单电极的电极电势之差，是可以直接测定的，而单个电极的电极电势的绝对值是无法直接测得的。通常解决的办法是：选择一个电极作为参比电极，并假定它的电极电势为某已知数值，把待测电极与参比电极组成原电池，测定该原电池的电动势 E，再根据式(7.41)计算出待测电极的电极电势 $E_{\text{电极}}$。

国际纯粹与应用化学联合会(IUPAC)规定，采用标准氢电极作为标定任意电极的电极电势(相对)数值的标准电极，并令其电极电势数值为零伏；任意电极的氢标电势就是待测电极与同温下氢标准电极所组成的电池的电动势。

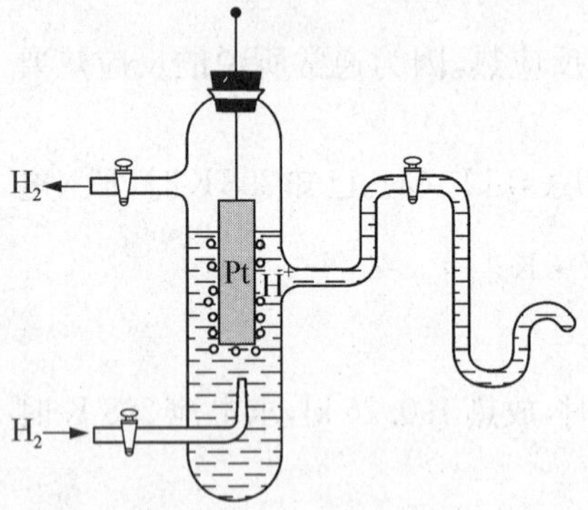

图 7.16　标准氢电极

标准氢电极是把镀铂黑(用电镀法在铂片的表面上镀一层呈黑色的铂微粒)的铂片插入氢离子活度 $a(\text{H}^+)=1$ 的溶液中，并不断用 101 325 Pa 的纯氢气冲击铂片所构成，如图 7.16 所示。

电极表示式为：$\text{Pt},\ \text{H}_2(\text{g},\ p^{\ominus} = 100\ \text{kPa}) \mid \text{HCl}(a = 1)$

标准氢电极的电极反应为：

$$\frac{1}{2}\text{H}_2(\text{g},\ p_{\text{H}_2}) \longrightarrow \text{H}^+\ (a_{\text{H}^+}) + \text{e}^-$$

由于氢电极电势的温度系数很小，可认为基本上不随温度变化，规定标准氢电极在任何温度下的电极电势都为零伏。

任意电极的电极电势实际上是一个相对电势，它的引入为比较不同电极的电极电势的大小及计算任意两个电极组成的电池的电动势提供了方便。如果按照式(7.41)计算电池电动势，必须一律采用还原电极电势来计算。所谓还原电极电势是将标准氢电极放在待测(或标定)电池表示式的左边作负极(发生氧化反应)，而待测(或标定)电极放在待测(或标定)电池表示式的右边作正极(发生还原反应)，这样组成的原电池所测得的电动势，即待测电极的电极电势为还原电极电势，全称为氢标还原电极电势。

为了防止发生混淆，氢标还原电极电势符号后面需依次注明氧化态与还原态，即 $E_{电极}$（氧化态/还原态）。若待测（或标定）电极实际上进行的是还原反应，即与标准氢电极组成的电池反应是自发的，则 $E_{电极}$（氧化态/还原态）为正值；反之，若待测（或标定）电极实际上进行的是氧化反应，与标准氢电极组成的电池反应是非自发的，则 $E_{电极}$（氧化态/还原态）为负值。

7.7.2 标准电极电势

在电极电势的计算过程中，为了便于比较，必须确定一个电极的标准状态。当电极组分中的离子浓度为 $1\ mol \cdot L^{-1}$，气体压力为 101 325 Pa，固体为纯净物或单质时称电极处于标准状态，此时的电极电势称为标准电极电势，以 $E^{\ominus}_{电极}$（氧化态/还原态）表示（在不与电池电动势造成混淆的情况下，可略去“电极”两字）。若组成原电池的两个半电池均处于标准状态，测得的电池电动势称为标准电动势，以 $E^{\ominus}$ 表示，参照式(7.41)有：

$$E^{\ominus} = E^{\ominus}_{+} - E^{\ominus}_{-} \tag{7.42}$$

将待测标准电极和标准氢电极组成标准原电池，测定标准原电池的电动势，代入式(7.42)即可求得待测标准电极的标准电极电势值。例如欲测氯化银电极的标准电极电势，可在 298 K 时，将标准氯化银电极与标准氢电极构成标准原电池：

$$(-)Pt,\ H_2(p^{\ominus} = 100\ kPa) \mid HCl(a = 1),\ AgCl(s) \mid Ag(+)$$

测得该原电池电动势为 0.222 4 V。

因为：$E^{\ominus} = E^{\ominus}(AgCl/Ag) - E^{\ominus}(H^+/H_2) = E^{\ominus}(AgCl/Ag) - 0$

所以：$E^{\ominus}(AgCl/Ag) = E^{\ominus} = 0.222\ 4\ V$

表 7.5 列出了 298.15 K 时水溶液中一些电极的标准电极电势，这些标准电极电势都是氢标还原电极电势。

表 7.5 水溶液中一些电极的标准电极电势(298.15 K)

电极反应	$E^{\ominus}_{电极}/V$	电极反应	$E^{\ominus}_{电极}/V$
酸性溶液($a_{H^+}=1$)		酸性溶液($a_{H^+}=1$)	
$Ag^+ + e^- = Ag$	0.799 6	$H_2O_2 + 2H^+ + 2e^- = 2H_2O$	1.776
$AgBr + e^- = Ag + Br^-$	0.071 3	$Cd^{2+} + 2e^- = Cd(Hg)$	−0.352 1
$AgCl + e^- = Ag + Cl^-$	0.222 3	$Hg_2Cl_2 + 2e^- = 2Hg + 2Cl^-$	0.268 08
$AgF + e^- = Ag + F^-$	0.779	$Hg_2SO_4 + 2e^- = 2Hg + SO_4^{2-}$	0.612 5
$AgI + e^- = Ag + I^-$	−0.152 2	$I_2 + 2e^- = 2I^-$	0.535
$Ag_2SO_4 + 2e^- = 2\ Ag + SO_4^{2-}$	0.654	$Na^+ + e^- = Na$	−2.71
$Al^{3+} + 3e^- = Al$	−1.662	$Ni^{2+} + 2e^- = Ni$	−0.257
$Ba^{2+} + 2e^- = Ba$	−2.912	$O_2 + 2H^+ + 2e^- = H_2O_2$	0.695
$Br_2(l) + 2e^- = 2Br^-$	1.066	$K^+ + e^- = K$	−2.931
$Ca^{2+} + 2e^- = Ca$	−2.868	$La^{3+} + 3e^- = La$	−2.522
$Cd^{2+} + 2e^- = Cd$	−0.403 0	$Li^+ + e^- = Li$	−3.040 1
$Ce^{3+} + 3e^- = Ce$	−2.483	$Mg^{2+} + 2e^- = Mg$	−2.372
$Cl_2(g) + 2e^- = 2Cl^-$	1.358 27	$Mn^{2+} + 2e^- = Mn$	−1.185
$Co^{2+} + 2e^- = Co$	−0.28	$Fe^{2+} + 2e^- = Fe$	−0.447

续 表

电极反应	$E^{\ominus}_{电极}$/V	电极反应	$E^{\ominus}_{电极}$/V
酸性溶液($a_{H^+}=1$)		酸性溶液($a_{H^+}=1$)	
$CO_2+2H^++2e^- \longrightarrow HCOOH$	−0.199	$Fe^{3+}+3e^- \longrightarrow Fe$	−0.037
$Cr^{3+}+e^- \longrightarrow Cr^{2+}$	−0.407	$Fe^{3+}+e^- \longrightarrow Fe^{2+}$	0.770
$Cr^{3+}+3e^- \longrightarrow Cr$	−0.744	$Pb^{2+}+2e^- \longrightarrow Pb$	−0.126 2
$Cu^++e^- \longrightarrow Cu$	0.521	$PbSO_4+2e^- \longrightarrow Pb+SO_4^{2-}$	−0.358 8
$Cu^{2+}+e^- \longrightarrow Cu^+$	0.153	$Zn^{2+}+2e^- \longrightarrow Zn$	−0.763
$Cu^{2+}+2e^- \longrightarrow Cu$	0.337	$F_2+2e^- \longrightarrow 2F^-$	2.866
碱性溶液($a_{OH^-}=1$)		碱性溶液($a_{OH^-}=1$)	
$O_2+2H_2O+4e^- \longrightarrow 4OH^-$	0.401	$MnO_4^-+2H_2O+3e^- \longrightarrow MnO_2+4OH^-$	0.595
$2H_2O+2e^- \longrightarrow H_2+2OH^-$	−0.827 7	$HgO+H_2O+2e^- \longrightarrow Hg+2OH^-$	0.097 7
$S+2e^- \longrightarrow S^{2-}$	−0.476 3	$SO_4^{2-}+H_2O+2e^- \longrightarrow SO_3^{2-}+2OH^-$	−0.93
$Cu(OH)_2+2e^- \longrightarrow Cu+2OH^-$	−0.222	$Fe(OH)_3+e^- \longrightarrow Fe(OH)_2+OH^-$	−0.56
$Ag_2O+H_2O+2e^- \longrightarrow 2Ag+2OH^-$	0.342	$Ba(OH)_2+2e^- \longrightarrow Ba+2OH^-$	−2.99

表 7.5 列出的标准还原电极电势的大小，可作为电极进行电极反应时相对于标准氢电极而言的得失电子能力的量度。对于还原电势，电极电势越负，失电子的趋势越大；相反，电极电势越正，得电子的趋势越大。因此，利用标准电极电势可初步判断由任意两个电极所构成的可逆原电池的正、负极；也可以初步估计在水溶液中电解时，各种金属离子在阴极上放电的先后顺序。必须说明的是，用标准电极电势分析问题时，只限于判断水溶液中电极反应在标准状态下进行的可能性，而不涉及反应速率问题，也未考虑作用物浓度。

7.7.3 可逆电极电势与浓度的关系

标准电极电势的代数值是电极反应的各物质都处在标准状态下测得的数值。当电极处于非标准状态时，电极电势将随温度、浓度或压力等因素变化而变化。由于温度不是电极标准态的规定条件，因此，在定温下浓度(或压力)是影响电极电势的主要因素。

以铜-锌电池为例：

电池反应　$Cu^{2+}(a_{Cu^{2+}})+Zn(a_{Zn}=1) \longrightarrow Zn^{2+}(a_{Zn^{2+}})+Cu(a_{Cu}=1)$

负极反应　$Zn(a_{Zn}=1) \longrightarrow Zn^{2+}(a_{Zn^{2+}})+2e^-$

正极反应　$Cu^{2+}(a_{Cu^{2+}})+2e^- \longrightarrow Cu(a_{Cu}=1)$

根据可逆电池电动势的 Nernst 方程，铜-锌电池的电动势可表示为：

$$E=E^{\ominus}-\frac{RT}{zF}\ln\frac{a_{Zn^{2+}}\cdot 1}{a_{Cu^{2+}}\cdot 1} \tag{7.43}$$

根据式(7.42)，标准电动势 $E^{\ominus}$ 可看成是两个半电池的标准电极电势之差，则式(7.43)可拆分为两项，即：

$$E=\left(E_+^{\ominus}-\frac{RT}{zF}\ln\frac{1}{a_{Cu^{2+}}}\right)-\left(E_-^{\ominus}-\frac{RT}{zF}\ln\frac{1}{a_{Zn^{2+}}}\right)=E_+-E_-$$

式中的两项为：

$$E_{+}=E_{+}^{\ominus}-\frac{RT}{zF}\ln\frac{1}{a_{Cu^{2+}}}$$

$$E_{-}=E_{-}^{\ominus}-\frac{RT}{zF}\ln\frac{1}{a_{Zn^{2+}}}$$

每一项相当于一个 Nernst 方程。此例可以推广到任意电极，若电极反应通式为：

$$\text{氧化态}+ze^{-}\longrightarrow\text{还原态}$$

则其电极还原电势的 Nernst 方程为：

$$E(\text{氧化态}/\text{还原态})=E^{\ominus}(\text{氧化态}/\text{还原态})-\frac{RT}{zF}\ln\frac{a_{\text{还原态}}}{a_{\text{氧化态}}}\tag{7.44}$$

若有几种物质参加电极反应，反应通式为：

$$aA+bB+ze^{-}\longrightarrow gG+hH$$

则电极还原电势的 Nernst 方程为：

$$E(\text{氧化态}/\text{还原态})=E^{\ominus}(\text{氧化态}/\text{还原态})-\frac{RT}{zF}\ln\frac{a_{G}^{g}a_{H}^{h}}{a_{A}^{a}a_{B}^{b}}\tag{7.45}$$

式(7.44)和式(7.45)都是电极电势的 Nernst 方程，它表示了电极电势与参加反应的各物质活度的关系。

【例题 8】 试判断在 298.15 K，标准状态下，亚铁离子能否使碘(I_2)还原为碘离子(I^-)？

〖解〗 假设 Fe^{2+} 能使 I_2 还原为 I^-，则下列反应能自发向右进行：

$$2Fe^{2+}(a_1=1)+I_2(s)\longrightarrow 2I^-(a_3=1)+2Fe^{3+}(a_2=1)$$

将此反应设计为原电池：

负极反应　$2Fe^{2+}-2e^{-}\longrightarrow 2Fe^{3+}$

正极反应　$I_2(s)+2e^{-}\longrightarrow 2I^{-}$

则电池表达式为：(−)Pt | $Fe^{3+}(a_2=1)$，$Fe^{2+}(a_1=1)$ || $I^-(a_3=1)$ | $I_2(s)$，Pt(+)

由表 7.5 查得 $E^{\ominus}(Fe^{3+}/Fe^{2+})=0.770$ V，$E^{\ominus}(I_2/I^-)=0.535$ V，此原电池的电动势为：

$$E=E^{\ominus}-\frac{RT}{zF}\ln\frac{a_2^2\cdot a_3^2}{a_1^2}=E^{\ominus}=E^{\ominus}(I_2/I^-)-E^{\ominus}(Fe^{3+}/Fe^{2+})=-0.235\ \text{V}$$

$$\Delta_rG_m=\Delta_rG_m^{\ominus}=-zE^{\ominus}F=-2\times(-0.235\ \text{V})\times 96\,485\ \text{C}\cdot\text{mol}^{-1}=45\,348\ \text{J}\cdot\text{mol}^{-1}$$

由于 $E<0$，$\Delta_rG_m>0$，故上述反应不能自动进行，说明在此恒温恒压条件下，Fe^{2+} 不能使 I_2 还原为 I^-。

7.7.4 可逆电极

构成可逆电池的电极，其本身也必须是可逆的，即电极反应的方向可逆，且电极反应在接近平衡(电流无限小)的状态下进行。根据电极反应的不同特点，可逆电极主要分成以下三类。

1. 第一类可逆电极

第一类可逆电极又称金属电极或气体电极。此类电极中参与电极反应的物质涉及两个相，主要包括金属电极(将金属浸在含有该金属离子的溶液中达到平衡后构成的电极)和气体电极(将吸附了某种气体的惰性金属置于含有该气体元素离子的溶液中达到平衡后构成的电极，如氢电极、氧电极和卤素电极等）。这类电极的电极电势与溶液中金属离子或氢离子、氢氧根离子、卤素离子的活度有关，还与金属的活度及气体物质的分压有关。

2. 第二类可逆电极

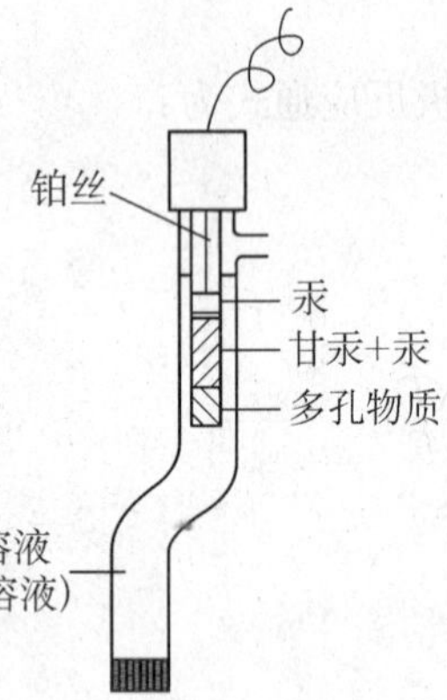

图 7.17　甘汞电极

第二类可逆电极又称沉积物电极。将一种金属及其相应的微溶性盐浸入含有该微溶性盐负离子的溶液中达成平衡后所构成的电极称为第二类可逆电极。最常见的有甘汞电极和银-氯化银电极。由于甘汞电极和银-氯化银电极制备比较容易，电极电势又相当稳定，使用也比氢电极方便，因此在电化学测定电极电势时常用来代替标准氢电极作为参比电极。甘汞电极的结构如图 7.17 所示，制备时只需在纯汞表面加一层氯化亚汞和汞的糊状体，冲入一定浓度的氯化钾溶液即可，放置数日后，电势趋于稳定，使用极为方便。甘汞电极的电极符号为：Pt，Hg(l) | Hg_2Cl_2(s) | KCl(a)。电极反应为：

$$Hg_2Cl_2(s) + 2e^- \longrightarrow 2Hg(l) + 2Cl^-\ (a)$$

甘汞电极根据所用 KCl 浓度不同分为三种，具体电极电势数据见表 7.6。

表 7.6　常用甘汞电极数据(298.15 K)

电极符号	$E^{\ominus}_{电极}$/V
Pt，Hg(l) | Hg_2Cl_2(s) | KCl(0.1 mol · L^{-1})	0.333 8
Pt，Hg(l) | Hg_2Cl_2(s) | KCl(1 mol · L^{-1})	0.280 0
Pt，Hg(l) | Hg_2Cl_2(s) | KCl(饱和)	0.244 4

3. 第三类可逆电极

第三类可逆电极又称氧化还原电极。它是由惰性金属(如铂丝)插入含有同一离子的两种不同氧化态的溶液中构成的电极，其中惰性金属只起导电作用。除电子外，电极反应的其他物质均处于同一溶液相中，如铁离子氧化还原电极 $Fe^{3+}(a_1)$，$Fe^{2+}(a_2)$|Pt，其电极反应为：

$$Fe^{3+}(a_1) + e^- \longrightarrow Fe^{2+}(a_2)$$

醌氢醌电极也属于这一类，它是对 H^+ 可逆的氧化还原电极，可以作为测定溶液 pH 的指示电极，在无机和分析化学中十分重要。

7.8　浓差电池

前面所讨论的电池，其电池反应中最终都会有物质发生化学变化，所以称为化学电池。另外还有一类电池叫作浓差电池，这类电池是通过一种物质从高浓度状态转入低浓度状态而获得电动势。浓差电池有两类，即电解质浓差电池和电极浓差电池。

电解质浓差电池由两个材料和浓度相同的金属或金属微溶盐电极，或两个材料和气体分压皆相同的气体电极，插入浓度不同的同种电解质溶液中构成。例如：

$$(-)Pt,\ H_2(p) \mid HCl(a_1) \parallel HCl(a_2) \mid H_2(p),\ Pt(+)$$

在这个电池中,电极材料和电解质都相同,但电解质的浓度不同。

负极：$$\frac{1}{2}H_2(p) \longrightarrow H^+(a_{H^+})_1 + e^-$$

正极：$$H^+(a_{H^+})_2 + e^- \longrightarrow \frac{1}{2}H_2(p)$$

电池总反应：$$H^+(a_{H^+})_2 \longrightarrow H^+(a_{H^+})_1$$

根据式(7.35),电池电动势为：

$$E = E^\ominus - \frac{RT}{F}\ln\frac{(a_{H^+})_1}{(a_{H^+})_2} = -\frac{RT}{F}\ln\frac{(a_{H^+})_1}{(a_{H^+})_2}$$

由上式可以看出，当$(a_{H^+})_1 < (a_{H^+})_2$时，电动势$E$为正值,随着电池反应的进行,正极的$H^+$由于在电极上进行还原反应,活度逐渐减小,而负极的$H^+$则由于$H_2$氧化而活度逐渐增大,从而使正、负极的$H^+$活度趋于相等而达到平衡。

电极浓差电池由两个材料相同但浓度不同的金属电极或气体分压不同的气体电极构成,电解质溶液中相应离子的浓度相同。例如：

$$(-)Pt,\ H_2(p_1) \mid HCl(a) \mid H_2(p_2),\ Pt(+)$$

在这个电池中,电极材料和电解质溶液都相同,但电极上氢的压力不同。

负极：$$\frac{1}{2}H_2(p_1) \longrightarrow H^+(a_{H^+}) + e^-$$

正极：$$H^+(a_{H^+}) + e^- \longrightarrow \frac{1}{2}H_2(p_2)$$

电池总反应：$$\frac{1}{2}H_2(p_1) \longrightarrow \frac{1}{2}H_2(p_2)$$

根据式(7.35),电池电动势为：

$$E = -\frac{RT}{2F}\ln\frac{p_2}{p_1}$$

由上式可以看出,在指定温度下,电池电动势仅取决于两电极上氢气的压力比,而与溶液中氢离子活度无关。

浓差电池的概念对下文将要阐述的电解过程的浓差极化、金属腐蚀等问题很有帮助。

7.9 电动势测定的应用

电动势测定的应用范围非常广泛。除了前面已提及的可通过测定电池电动势求得电池反应的热力学数据$\Delta_r G_m$，$\Delta_r H_m$和$\Delta_r S_m$之外,下面再列举几方面的应用实例。

7.9.1 标准电极电势和平均活度系数的测定

通过对可逆电池电动势的实验测定,可以得到一系列的物理化学和热力学数据,下面举例说明利用电动势确定标准电极电势和平均活度系数的方法。

对下列电池：

$$(-)\mathrm{Pt},\ \mathrm{H_2}(p^{\ominus})\mid \mathrm{HCl}(a),\ \mathrm{AgCl(s)}\mid \mathrm{Ag(s)}(+)$$

电池反应为：

$$\mathrm{H_2}(p^{\ominus})+2\mathrm{AgCl(s)}\longrightarrow 2\mathrm{H^+}(a_{\mathrm{H^+}})+2\mathrm{Cl^-}(a_{\mathrm{Cl^-}})+2\mathrm{Ag(s)}$$

298 K 时的电池电动势为：

$$E=E^{\ominus}-\frac{RT}{2F}\ln\frac{a_{\mathrm{H^+}}^2 a_{\mathrm{Cl^-}}^2}{p_{\mathrm{H_2}}/p^{\ominus}}=[E^{\ominus}(\mathrm{AgCl+Ag/Cl^-})-E^{\ominus}(\mathrm{H^+/H_2})]-\frac{RT}{F}\ln a_{\mathrm{H^+}}a_{\mathrm{Cl^-}}$$

式中的标准氢电极电势为零，而对于Ⅰ-Ⅰ价型电解质，$m_+=m_-=m$，故：

$$a_{\mathrm{H^+}}a_{\mathrm{Cl^-}}=\gamma_+\frac{m_{\mathrm{H^+}}}{m^{\ominus}}\cdot\gamma_-\frac{m_{\mathrm{Cl^-}}}{m^{\ominus}}=\left(\gamma_\pm\frac{m_{\mathrm{HCl}}}{m^{\ominus}}\right)^2$$

代入电动势计算式得：

$$E=E^{\ominus}(\mathrm{AgCl+Ag/Cl^-})-\frac{2RT}{F}\ln\frac{m_{\mathrm{HCl}}}{m^{\ominus}}-\frac{2RT}{F}\ln\gamma_\pm \tag{7.46}$$

由于 $E^{\ominus}(\mathrm{AgCl+Ag/Cl^-})$可从电极电势表里查得，而不同浓度 HCl 溶液的电动势 E 可以通过实验测得，因此可以通过式(7.46)求出不同浓度时的 $\gamma_\pm$ 值。反之，如果已知平均活度系数，则可根据德拜-休克尔公式，求得 $E^{\ominus}_{电极}$ 值。对于上述电池，假设 $E^{\ominus}(\mathrm{AgCl+Ag/Cl^-})$未知，根据式(7.46)得：

$$E^{\ominus}(\mathrm{AgCl+Ag/Cl^-})=E+\frac{2RT}{F}\ln\frac{m_{\mathrm{HCl}}}{m^{\ominus}}+\frac{2RT}{F}\ln\gamma_\pm \tag{7.47}$$

对于Ⅰ-Ⅰ价型电解质，有 $I=m$，$z_+=|z_-|=1$，则德拜-休克尔公式为：

$$\ln\gamma_\pm=-A'\mid z_+z_-\mid\sqrt{I}=-A'\sqrt{m} \tag{7.48}$$

将式(7.48)代入式(7.47)，得：

$$E^{\ominus}(\mathrm{AgCl+Ag/Cl^-})=E+\frac{2RT}{F}\ln\frac{m_{\mathrm{HCl}}}{m^{\ominus}}-\frac{2RTA'}{F}\sqrt{m_{\mathrm{HCl}}} \tag{7.49}$$

设式(7.49)右边诸项之和为 E'，以 E' 对 m 或 $\sqrt{m}$ 作图，在稀溶液范围内可近似得一直线，外推到 $m\to 0$ 时，这时 $E'(m\to 0)=E^{\ominus}(\mathrm{AgCl+Ag/Cl^-})$。

7.9.2 难溶盐活度积的测定

难溶盐的活度积又称溶度积，常用 K_{sp} 表示，是一种平衡常数，无量纲。以 AgCl 为例设计原电池来说明 K_{sp} 的计算方法。

$$\mathrm{AgCl(s)}\rightleftharpoons \mathrm{Ag^+}(a_{\mathrm{Ag^+}})+\mathrm{Cl^-}(a_{\mathrm{Cl^-}})$$

$$K_{\mathrm{sp}}=\frac{a_{\mathrm{Ag^+}}a_{\mathrm{Cl^-}}}{a_{\mathrm{AgCl}}}=a_{\mathrm{Ag^+}}a_{\mathrm{Cl^-}}$$

设计一个原电池，电池的净反应就是 AgCl(s)的溶解反应，该电池可表示为：

$$(-)\mathrm{Ag(s)}\mid \mathrm{Ag^+}(a_{\mathrm{Ag^+}})\parallel \mathrm{Cl^-}(a_{\mathrm{Cl^-}})\mid \mathrm{AgCl(s)}\mid \mathrm{Ag(s)}(+)$$

负极反应： $Ag(s) \longrightarrow Ag^+ (a_{Ag^+}) + e^-$

正极反应： $AgCl(s) + e^- \longrightarrow Ag(s) + Cl^- (a_{Cl^-})$

电池反应： $AgCl(s) \longrightarrow Ag^+ (a_{Ag^+}) + Cl^- (a_{Cl^-})$

可见所设计的原电池的电池反应与 AgCl(s)的溶解反应相符。

该原电池的标准电动势为：

$$E^{\ominus} = E_+^{\ominus}(AgCl + Ag/Cl^-) - E_-^{\ominus}(Ag^+/Ag) = 0.222\,3\ \text{V} - 0.799\,6\ \text{V} = -0.576\,8\ \text{V}$$

$$\Delta_r G_m^{\ominus} = -zE^{\ominus}F = -RT\ln K_{sp}$$

$$K_{sp} = \exp\left(\frac{zE^{\ominus}F}{RT}\right) \tag{7.50}$$

298.15 K 时：

$$K_{sp} = \exp\left(\frac{1\times(-0.576\,8\ \text{V})\times 96\,485\ \text{C}\cdot\text{mol}^{-1}}{8.314\ \text{J}\cdot\text{mol}^{-1}\cdot\text{K}^{-1}\times 298.15\ \text{K}}\right) = 1.776\times10^{-10}$$

所设计的原电池的 $E^{\ominus}$ 为负值，说明该原电池反应不能自发向正向进行。由于本例只是通过计算（并非实测）以求出 K_{sp}，所以得出 $E^{\ominus}$ 为负无关紧要。此外，本例介绍的求 K_{sp} 的方法，还可以用于求弱酸（或弱碱）的解离常数、水的离子积常数和络合物不稳定常数等。

7.9.3 溶液 pH 的测定

过去将溶液的 pH 定义为 $pH = -\lg a(H^+) = -\lg[\gamma(H^+)\cdot c(H^+)]$，但是在这个定义中包含不能直接测定的单个离子的活度。所以，要测定某一溶液的 pH，可以用指示电极和参比电极（通常采用甘汞电极）构成如下原电池：

(一) 指示电极 | 待测溶液($pH = x$) | 参比电极(+)

在一定温度下测定该电池的电动势 E，就能求出溶液的 pH。用于 pH 测定的指示电极有氢电极、醌氢醌电极、锑电极和玻璃电极。氢电极对 pH 为 0～14 的溶液都适用，但实际应用起来却有许多不便。目前，氢电极除作为基准之外甚少应用，测定溶液 pH 时常用醌氢醌电极或玻璃电极作为指示电极。

1. 醌氢醌电极

醌氢醌是醌和氢醌以等物质的量结合的分子化合物，是墨绿色晶体，分子式为 $C_6H_4O_2\cdot C_6H_4(OH)_2$，常简写为 $Q\cdot H_2Q$。它在水中的溶解度很小，只需在待测溶液中放入少量醌氢醌晶体，并插入惰性电极，就构成了醌氢醌电极，电极反应为：

$$Q + 2H^+ + 2e^- \rightleftharpoons H_2Q$$

298.15 K 时，$E^{\ominus}(Q/H_2O) = 0.699\,5\ \text{V}$，若与甘汞电极组成原电池：

(一) 甘汞电极 || $H^+(a_{H^+})$ | $Q\cdot H_2Q$ | Pt(+)

298.15 K 时，该原电池的电动势为：

$$E = E^{\ominus}(Q/H_2Q) - E^{\ominus}(\text{甘汞}) + \frac{RT}{F}\ln a_{H^+}$$

$$= E^{\ominus}(Q/H_2Q) - E^{\ominus}(甘汞) - 0.0592\,pH$$

$$pH = \frac{0.6995 - E^{\ominus}(甘汞) - E}{0.0592} \tag{7.51}$$

式(7.51)仅适用于 pH<7 的溶液。当 pH>7 时，氢醌部分离解并易为空气氧化而影响实验结果。若溶液中存在强氧化剂和强还原剂，其电势都会受到影响。

2. 玻璃电极

玻璃电极是在吹成薄泡状的玻璃膜内插入已知氢离子浓度的内参比电极而构成。若用 Ag-AgCl 电极作为内参比电极，则玻璃电极的构造如图 7.18 所示，电极表示式为：

$$Ag \mid AgCl(s), HCl(0.1\,mol \cdot kg^{-1}) \mid 玻璃膜 \mid 待测溶液\ a(H^+)$$

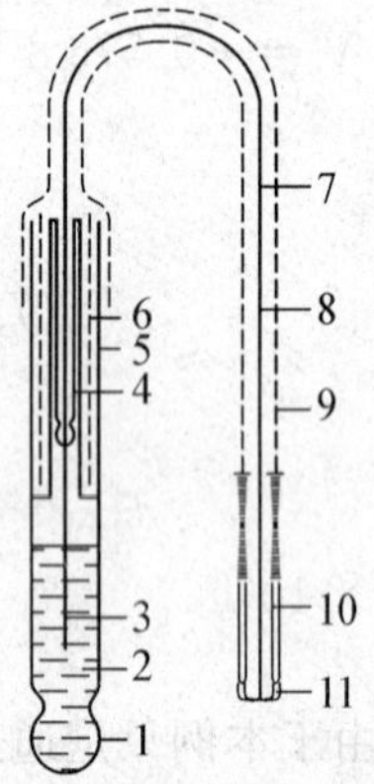

图 7.18 玻璃电极的构造

1—玻璃球膜；2—缓冲溶液；3—Ag-AgCl 电极；4—电极导线；5—玻璃管；6—静电隔离层；7—电极导线；8—塑料绝缘线；9—金属隔离罩；10—塑料绝缘线；11—电极接头

实验表明，玻璃电极的电极电势与溶液中的氢离子活度有关，298.15 K 时，玻璃电极的电极电势与 pH 的关系可表示为：

$$E(玻璃) = E^{\ominus}(玻璃) - \frac{RT}{F}\ln\frac{1}{a_{H^+}} = E^{\ominus}(玻璃) - \frac{RT}{F}2.303pH$$

若将玻璃电极与甘汞电极(外参比电极)插入待测溶液中构成原电池，此电池表示式如下：

$$(-)Ag \mid AgCl(s), HCl(0.1\,mol \cdot kg^{-1}) \mid 玻璃膜 \mid 待测溶液\ a(H^+) \parallel 甘汞电极(+)$$

298.15 K 时，该电池的电动势为：

$$E = E(甘汞) - E(玻璃) = E(甘汞) - \left[E^{\ominus}(玻璃) - \frac{RT}{F}2.303pH\right]$$

$$= 0.2800\,V - [E^{\ominus}(玻璃) - 0.0592\,V \times pH]$$

$$pH = \frac{E - 0.2800 + E^{\ominus}(玻璃)}{0.0592} \tag{7.52}$$

式中：E 值可以通过实验测定。对指定的玻璃电极而言，$E^{\ominus}$(玻璃)是常数。若先用一个已知 pH 的缓冲溶液测定原电池的 E 值，就可以通过上式算出 $E^{\ominus}$(玻璃)。由于玻璃电极不受溶液中强氧化剂和还原剂及各种毒物的影响，并且操作简单，因此在实际中应用很广。

7.10 极 化 现 象

与原电池相反，将电能转变成化学能的装置称为电解池(electrolytic cell)。无论原电池还是电解池，只要有一定量的电流通过，电极上就有极化作用发生，破坏电极的平衡状态，该过程就是不可逆过程。实际当中，为了使电解池能连续正常工作，通常要提供比电池的电动势大很多的外加电压来克服电阻和电极的极化作用。因此，研究不可逆电极反应及其规律性对电化学工业十分重要。

7.10.1 分解电压

电解池中与外接电源负极相连的叫阴极，与外接电源正极相连的叫阳极。逐渐增加外接电压使之大于电池的电动势 E,使电池反应发生逆转,电解质溶液中的正离子在阴极上得电子被还原,负离子在阳极上失电子被氧化,这就是电解。使某电解质溶液能连续不断发生电解所必需的最小外加电压,称为电解质溶液的分解电压。从理论上讲,理论分解电压是由负离子和正离子的可逆电极电势决定的。但实际上,保持电解反应持续进行的外加电压要比理论分解电压高得多。这主要有两方面的原因:一是由于电解质溶液、导线和接触点都有一定的电阻,欲使电流通过必须以一部分电压克服电阻的电位降,因而将一部分电能转换为热;二是由于实际电解时,两电极上进行的电极过程往往是不可逆过程,即要使正离子在阴极得到电子,外加电压所形成的阴极电势一定要比电极本身的可逆电极电势更负一些;要使负离子在阳极失去电子,外加电压所形成的阳极电势一定要比电极本身的可逆电极电势更正一些。此时阴极或阳极的电极电势称为不可逆电极电势,以 $E_{不可逆}$ 表示,将这种电极电势偏离可逆电极电势的现象称为极化现象。

实际分解电压可用下式表示:

$$E_{分解} = E_{可逆} + \Delta E_{不可逆} + IR \tag{7.53}$$

式中:$E_{可逆}$ 指相应的原电池电动势,即理论分解电压;IR 是由导线和接触点、电池内溶液等的电阻所引起的电势降(当电流通过时,相当于把 I^2R 的电能转化为热);$\Delta E_{不可逆}$ 则是阴、阳电极的不可逆反应,即电极极化效应(polarization effect)所致。

7.10.2 电极极化

如上文所述,当电极上无电流通过时,电极处于平衡状态,与之相对应的电势是平衡(可逆)电极电势。随着电极上电流密度增加,电极的不可逆程度越来越大,电极电势对平衡电极电势的偏离也越来越大,即发生了电极的极化。电极发生极化的原因是当有电流流过电极时,在电极上发生一系列过程,并以一定的速率进行,而每一过程都或多或少存在阻力或势垒;要克服这些阻力,相应地需要一定的推动力,表现在电极电势上就出现这样或那样的偏离,即发生了极化现象。某一电流密度下的电极电势与其平衡电极电势之差的绝对值称为超电势,以 η 表示,η 的数值表示极化程度的大小。

根据极化产生的原因,可将极化分为两类,即浓差极化和电化学极化,并将与之相应的超电势称为浓差超电势和电化学超电势。

1. 浓差极化

浓差极化是由于电解过程中电极附近溶液的浓度和本体溶液(指离开电极较远、浓度均匀的溶液)浓度有差别所致。以 Zn^{2+} 的阴极还原过程为例说明浓差极化现象:当电流通过电极时,由于阴极表面附近液层中的 Zn^{2+} 沉积到阴极上,因而降低了其在阴极附近的浓度。如果本体溶液中的 Zn^{2+} 未及时补充到阴极附近,则阴极附近液层中 Zn^{2+} 的浓度将低于其在本体溶液中的浓度,就像是将电极浸入一个浓度较小的溶液中一样。而通常所说的平衡电极电势都是对应于本体溶液的浓度而言,所以,显然此电极电势将低于其平衡值,这种现象称为浓差极化。在外加电势不太大的情况下,将溶液剧烈搅拌可减小浓差极化,但由于电极表面扩散层的存在,不可能将浓差极化完全去除。

2. 电化学极化

由于电极反应通常是分若干步进行的,这些步骤当中可能有某一步反应速率比较缓慢,需要较高的活化能,所以电解池的外加电压除了克服电极的浓差极化和溶液电阻、各部分接触电阻之外，仍需提供一部分额外的电压，这部分电压称为电化学超电势。下面同样以 Zn^{2+} 的阴极还原过程为例说明电化学极化现象。

当电流通过电极时，由于电极反应速率有限，因而当外电源将电子供给电极以后，Zn^{2+} 来不及立即被还原而及时消耗外界输送来的电子，结果使电极表面积累了多于平衡状态的电子，电极表面自由电子数量增多就相当于电极电势向负方向移动。这种由于电化学反应本身的迟缓性而引起的极化现象称为电化学极化。

电化学极化是极化现象中最重要的一种。除第八族元素 Fe，Co，Ni 之外，一般金属电化学超电势很小。特别是有气体析出的体系（如氢电极、氧电极、氯电极等），电化学超电势较大，氯对许多金属能产生腐蚀作用，而氧的析出机理尚不十分清楚，目前研究得较为深入的是涉及氢气析出的电极过程。由实验结果得知氢超电势不仅与电流密度有关，还取决于电极材料的性质和表面性状、溶液的本性和组成以及温度等因素。

1905 年塔菲尔（Tafel）提出了一个经验式，表明氢超电势 η 与电流密度 j 的关系，称为塔菲尔公式：

$$\eta = a + b\ln j \tag{7.54}$$

式中：a 和 b 为经验常数。

综上所述，阴极极化的结果，使电极电势变得更负；阳极极化的结果，使电极电势变得更正。在一定电流密度下，每个电极的实际电极电势（即不可逆电极电势）等于可逆电极电势加上浓差超电势和电化学超电势。

7.10.3 极化曲线

1. 极化曲线测定

实验证明电极电势与电流密度有关。描述电流密度与电极电势间关系的曲线称为极化曲线。利用如图 7.19 所示的超电势测定装置可以测定在有电流流过电极时的电极电势，由电流和电极电势的关系即可得到极化曲线。图中甘汞电极的一端拉成毛细管，称为鲁金（Luggin）毛细管，使其靠近电极 1 的表面，以减少溶液中的欧姆降即 IR 值。

假设要测量电极 1 的极化曲线。首先将待测电极 1 和辅助电极 2 组成一个电解池，如图 7.19 所示。测量时调节外电路中的电阻，以改变通过待测电极的电流密度大小，其数值可用安培计读出（将浸入溶液的电极面积除以电流，即为电流密度）。当待测电极上有电流流过时，其电势会偏离可逆电势。为了测量待测电极在不同电流密度下的电极电势，需要在电解池中加入一个电势比较稳定的参比电极（如甘汞电极），将待测电极和参比电极构成一个待测电池，用电位计测量该电池的电动势。由于甘汞电极的电极电势已知，故可求出待测电极的电极电势。以电极电势 $E_{电极}$ 为纵坐标，电流密度 j 为横坐标，将测量结果绘制成图，即得待测电极 1 的极化曲线。同理可测得另一电极的极化曲线。

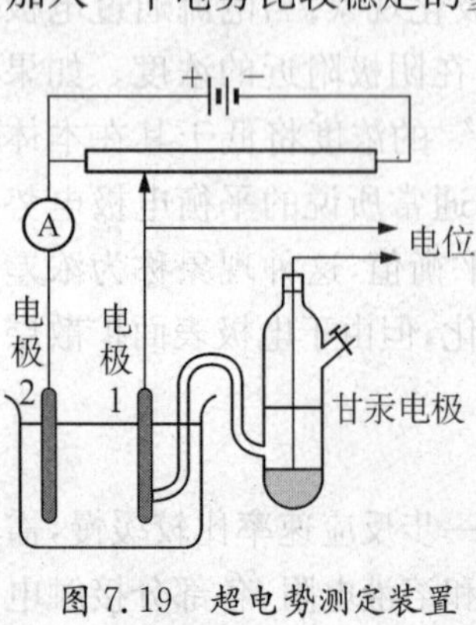

图 7.19　超电势测定装置

根据计算得到的平衡电极电势，减去实验测得的不同电流密度下的电极电势，并对差值取绝对值（超电势按规定只能为正值，不能为负值），即可得到不同电流密度下的电极超电势。影响超电势的因素很多，如电极材料、电极的表面状态、电流密度、温度、电解质的性质、浓度及溶液中的杂质等，因此，超电势测定的重现性不太好。一般说来析出金属的超电势较小，而析出气体，特别是氢和氧的超电势较大。

2. 电解池和原电池极化现象的差别

讨论单个电极的极化问题与超电势时，只需指明该电极是阳极还是阴极，而不必区分该电极是在电解池还是原电池中工作。但是，研究由两个电极组成的电化学装置的两极电势差时，却必须区分是电解池还是原电池。

对于电解池，由于电解池的阳极连接于正极，阴极连接于负极，阳极电势的数值高于阴极电势；而且，阳极极化时电极电势正移，阴极极化时电极电势负移。因此，在电流密度与电极电势关系图中，如图 7.20(a)所示，随着电流密度增加，即不可逆程度增大，则电解池端电压也增大。也就是说，在电解时电流密度增加，则两电极上所需的外加电压增大，消耗的能量也增多。

对于原电池，由于原电池的正极所进行的为阴极过程，极化时电极电势负移；负极所进行的为阳极过程，极化时电极电势正移。所以在电流密度与电极电势关系图中，如图 7.20(b)所示，原电池端电压随电流密度增大而减小。也就是说随着电池放电电流密度的增大，原电池输出的电功减小。

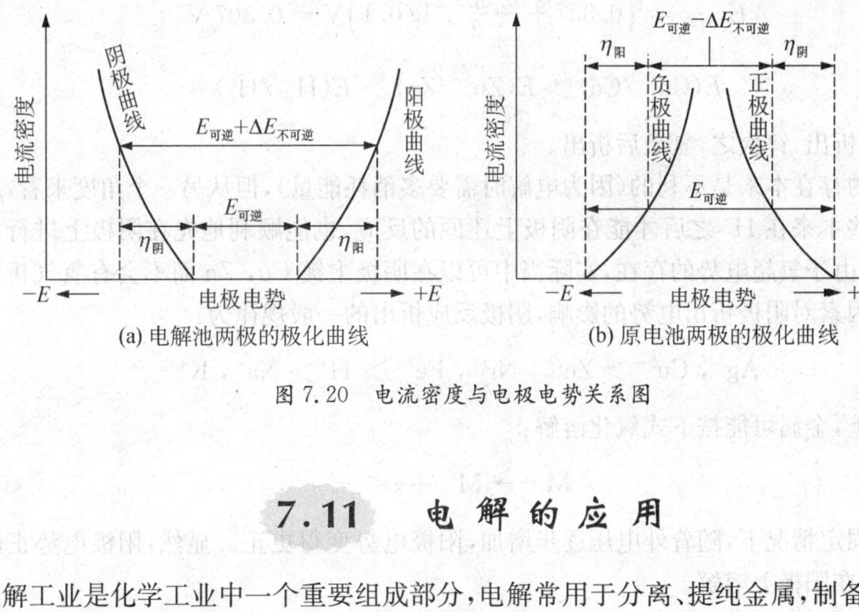

图 7.20 电流密度与电极电势关系图

7.11 电解的应用

电解工业是化学工业中一个重要组成部分，电解常用于分离、提纯金属，制备化学物质以及作为分析手段等，应用范围相当广泛。下面举例说明电解过程的实际应用。

7.11.1 金属的阴极析出及阳极溶出

当电解金属盐类水溶液时，溶液中的金属离子和 H^+ 都将趋向于阴极。在阴极上，金属可按下式还原析出：

$$M^{z+} + ze^- \longrightarrow M$$

当阳极电势固定时，电解时随着外加电压逐步增大，阴极电势变得更负。在一定电流密度下，阴极上还原电势越正者，其氧化态越先还原而析出。电流密度不大时，对一般金属离子可不必考虑其超电势，而对 H^+ 离子的析出，则需考虑一定温度下它在不同性质和表面状态的电极物质上的超电势。

【例题 9】 在 298 K 时，用铜电极电解浓度均为 $0.1\ mol \cdot L^{-1}$ 的 $CuSO_4$ 和 $ZnSO_4$ 混合

液,当电流密度 $j=0.01\ \mathrm{A\cdot cm^{-2}}$ 时,氢在铜上的超电势为 0.584 V,而锌与铜析出的超电势都很小,可忽略不计。电解时阳极上析出氧,问阴极上 Cu, Zn, H_2 的析出顺序如何?(设各物质的活度系数均为 1)

〖解〗 溶液中有 H^+, Zn^{2+} 和 Cu^{2+} 离子可以在阴极上还原。各种离子还原的先后次序由极化电势的大小来决定,电势越正,越易还原。

对于氢气,$2H^+ + 2e^- \longrightarrow H_2(g)$,设溶液 pH = 7, $p_{H_2} = p^{\ominus}$,则:

$$E_{不可逆} = E^{\ominus}(H^+/H_2) + \frac{RT}{2F}\ln\frac{a_{H^+}^2}{p_{H_2}/p^{\ominus}} - \eta = (-0.059\,2\times 7 - 0.584)\mathrm{V} = -0.998\ \mathrm{V}$$

对于锌:

$$Zn^{2+} + 2e^- \longrightarrow Zn$$

$$E_{不可逆} = \left(-0.763 + \frac{0.059\,2}{2}\lg 0.1\right)\mathrm{V} = -0.793\ \mathrm{V}$$

对于铜:

$$Cu^{2+} + 2e^- \longrightarrow Cu$$

$$E_{不可逆} = \left(0.337 + \frac{0.059\,2}{2}\lg 0.1\right)\mathrm{V} = 0.307\ \mathrm{V}$$

计算表明: $E(Cu^{2+}/Cu) > E(Zn^{2+}/Zn) > E(H^+/H_2)$

所以,铜首先析出,锌次之,氢最后析出。

超电势的存在本来是不利的(因为电解时需要多消耗能量),但从另一个角度来看,超电势存在使得某些本来在 H^+ 之后才能在阴极上还原的反应,也能顺利地先在阴极上进行。如例题 9 的结果,由于氢超电势的存在,实际当中可以在阴极上镀 Cu, Zn 而不会有氢气析出。综合考虑各种因素对阴极析出电势的影响,阴极反应析出的一般规律为:

$$Ag^+, Cu^{2+} > Zn^{2+}, Ni^{2+}, Fe^{2+} > H^+ > Na^+, K^+$$

在阳极上,金属可能按下式氧化溶解:

$$M \longrightarrow M^{z+} + ze^-$$

在阴极电势固定情况下,随着外电压逐步增加,阳极电势变得更正。显然,阳极电势正值较小的金属,较易在阳极上溶解。

如果阳极材料是 Pt 等惰性金属,则电解时的阳极反应只能是负离子放电,即 Cl^-, Br^-, I^- 和 OH^- 等离子氧化成 Cl_2, Br_2, I_2 和 O_2,一般含氧酸根的离子如 SO_4^{2-}, PO_4^{3-}, NO_3^- 等因析出电势很高,在水溶液中是不可能在阳极上放电的。

如果阳极材料是 Zn, Cu 等较为活泼的金属,则电解时的阳极反应既可能是金属电极溶解成为金属离子,也可能是 OH^- 等负离子放电,即氧气析出。一般是溶解电势低者或析出电势低者优先发生。综合考虑各种因素对阳极溶解或析出电势的影响,阳极溶解或析出的一般规律为:

$$较活泼的金属 > Cl^-, Br^-, I^- > OH^- > SO_4^{2-}, PO_4^{3-}, NO_3^-$$

7.11.2 电解在水处理中的应用

通过选择合适的电极和电压/电流条件,可以利用电化学的方法选择性地沉积或破坏液相(通常是水溶液)中的有害物质,达到净化水质的目的,这是电解实际应用的另一领域。电解法处理废水工艺出水的水质稳定,化学药剂投加量少,占地面积小,操作管理方便,具有广阔的发展前景。

1. 电解氧化法

电解过程中,通过阳极发生的氧化反应将废水中的有毒有害物质转化为对环境无害物质的过程称为电解氧化法。例如用石墨阳极处理电镀含氰废水,阳极反应为:

$$CN^- + 2OH^- - 2e^- \longrightarrow CNO^- + H_2O$$

$$2CNO^- + 4OH^- - 6e^- \longrightarrow 2CO_2\uparrow + N_2\uparrow + 2H_2O$$

通过电解氧化反应,氰被转化为无毒而稳定的无机物。上述直接电化学氧化法要求溶剂的分解电势高于待分解的杂质,或能够开发一种合适的电催化剂,因而在工业上应用极少。通常采用间接电化学氧化法处理废水,即在受污染水中插入石墨或尺寸稳定的钛阳极,通过电解在阳极上产生强氧化剂氯或 ClO^-(如需要,可事先加入 Cl^-),能破坏液相中的大多数微生物和有机化合物。用这种方法可以去除的有机杂质包括酚类、硫醇类、环烷烃、重油微量残留物、醛类、羧酸类、腈类、胺类和染料等。

2. 电解还原法

电解过程中,废水在阴极上发生还原反应使氧化型色素还原为无色物质或使重金属离子在阴极还原析出,这个过程称为电解还原法。电镀含铬废水处理采用的就是电解间接还原法。电解法处理含铬废水是在一个以铁板作阴、阳极的电解池中,加入少量食盐于含铬废水中,通入直流电源,并通入压缩空气进行电解处理。在电解作用下,铁板阳极被氧化后产生亚铁离子,将废水中的六价铬还原成三价铬离子,而在铁板阴极上则发生氢离子放电析出氢气的还原反应,也使少量的六价铬在阴极上直接得到电子还原成三价铬。

3. 电凝聚法

当用铝或铁为阳极时,阳极发生溶解使 Al^{3+} 或 Fe^{3+} 离子进入溶液中。当 $pH>3.8$ 时,$Al^{3+} + 3OH^- \longrightarrow Al(OH)_3$,反应生成的 $Al(OH)_3$ 或 $Fe(OH)_3$ 是活性较大的正电性胶体,呈多孔性凝胶结构,具有表面电荷作用和较强的吸附作用,用于水处理中能对废水中的有机或无机污染物起接触凝聚作用。当生成的絮凝物比重较小时就上浮分离,比重较大时就下沉分离,从而达到净化水质的目的。这个水处理过程称为电凝聚法。

4. 电浮选法

电解时,在阴极产生具有还原性的氢气泡,在阳极产生具有氧化性的氧气泡。将含有胶状杂质或悬浮态污染物或泥浆的废水,引入电解槽中正在迅速析氢和析氧的电极之间,当这些氢气泡和氧气泡上升时,就将黏附在气泡上的杂质一起带到水面形成浮渣。通过人工或机械刮除浮渣的方式可将水中悬浮污染物除去,这种方法称为电浮选法。

5. 电渗析法

渗析就是利用特定的滤膜从溶液中分离相对分子质量较低的物质。如果待分离物以离子态存在,则通常可利用外加电场来加速分离进程,甚至可以逆浓度梯度进行分离。电渗析可以用于海水淡化过程,同时还可应用于去除水中的各种矿物质,达到深度净水的目的。

7.12 金属的腐蚀与防护

7.12.1 金属的腐蚀

金属暴露于环境中,与周围介质发生化学及电化学反应造成表面损坏的过程称为腐蚀,其特征为金属氧化形成化合物，而环境中某种氧化剂被还原。由于金属腐蚀而遭受到的损失是非常严重的。据统计，全世界每年由于腐蚀而报废的金属设备和材料的量约为金属年产量的20%～30%。因此研究金属的腐蚀和防腐是一项很重要的工作。

金属腐蚀可分为化学腐蚀、生物化学腐蚀和电化学腐蚀三类。金属表面与氧化剂直接接触而损坏的过程称为化学腐蚀。实验室中侵蚀性气体(如具挥发性的酸)溶于凝结在金属表面上的水膜使金属损坏属于这一类型。生物化学腐蚀是由各种微生物生命活动所引起的，这些微生物以金属作为培养基或放出能侵蚀金属的产物而使金属损坏。金属表面与介质如潮湿空气、电解质溶液等接触时，因形成微电池发生电化学作用引起的腐蚀，叫作电化学腐蚀。在腐蚀作用中，尤以电化学腐蚀情况最为严重。

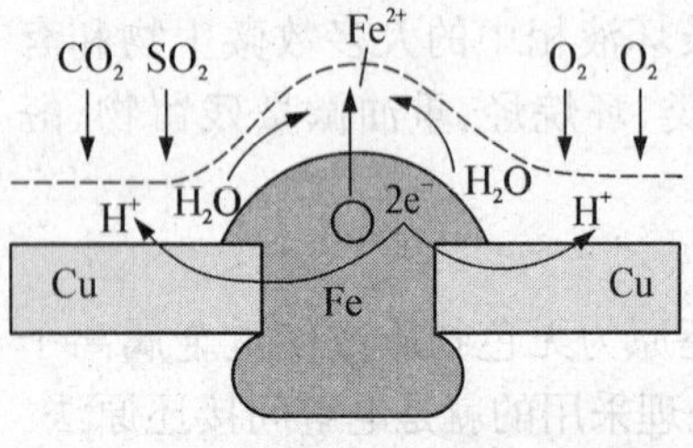

图 7.21　电化学腐蚀示意图

举例说明电化学腐蚀过程。在一个铜制器件上打了铁的铆钉(如图 7.21 所示)，长期搁置在空气中，铆钉部位特别容易生锈，这是因为器件长期暴露于空气中，在它的表面凝结着一层薄薄的水蒸气，空气里的 CO_2、厂区的 SO_2、沿海地区的 NaCl 尘埃都可能溶解到水汽层里成为薄层电解质溶液。这时在器件表面形成一个局部电池，铁是负极，铜是正极，铁放出电子生成铁离子 Fe^{2+}，电极反应为：$Fe \longrightarrow Fe^{2+} + 2e^-$；空气中的氧扩散到薄层电解质里，在铜极接收电子发生还原反应，电极反应为：$O_2 + 4H^+ + 4e^- \longrightarrow 2H_2O$。生成的二价铁在空气中进一步氧化、脱水为水合氧化铁，即铁锈的主要成分。

此外，工业上使用的单一金属，如铁器、钢板等，也常常发生电化学腐蚀。这是由于这些金属中常存在一些杂质，在表面上金属的电势和杂质的电势不尽相同，因而构成了以金属和杂质为电极的许多微电池(或称局部电池)，并最终导致电化学腐蚀。

有时，在同一金属表面上由于各个部分氧气分布不均匀形成浓差电池也能构成电化学腐蚀。例如，在一块铁板的清洁表面上滴上一滴电解质溶液作为腐蚀介质，数天后可以发现在液滴所在圆圈中心已腐蚀，而在原液滴的外缘上形成发亮的带环，带环与中心之间形成了一棕色粉屑构成的圆圈。这是由于液滴之下氧气较边缘处贫乏，在边缘上易发生如下反应：$O_2 + 4H^+ + 4e^- \longrightarrow 2H_2O$，构成阴极区。而在液滴之下铁的表面构成阳极区，发生铁的腐蚀反应：$Fe \longrightarrow Fe^{2+} + 2e^-$，$Fe^{2+}$ 离子往阴极迁移，与来自阴极的 OH^- 离子形成 $Fe(OH)_2$ 并进一步氧化脱水生成铁锈，从而在阳极区和阴极区之间形成了一个棕色的铁锈环。

腐蚀电池电动势的大小直接影响腐蚀的倾向和速度，两种金属一旦构成微电池，由于有电流产生，电极就会发生极化，而极化作用的结果会改变腐蚀电池的电动势，因而需要研究极化对腐蚀的影响，特别是研究金属在各种介质中的极化曲线。

7.12.2　金属的防腐

腐蚀现象使得每年有大量的机械或材料变为废品。因此，保护金属免致腐蚀是一重大课题。电化学防腐蚀法包括镀层、阳极保护、阴极保护、添加缓蚀剂等，视不同情况采用不同方法。

1. 非金属保护层

将耐腐蚀的物质如油漆、喷漆、搪瓷、陶瓷、玻璃、沥青或高分子材料如塑料、橡胶、聚酯等涂覆于金属表面，或以磷酸盐、硫酸盐、铬酸盐或浓硝酸等处理金属表面使之形成不溶性氧化膜，使金属与腐蚀介质隔开，起到防腐的作用。

2. 金属保护层

用电镀或化学镀的方法在金属表面镀一层别的金属或合金作为保护层。保护层可分为阳极保护层和阴极保护层。前者是镀上去的金属比被保护的金属有较负的电极电势，例如把锌镀在铁上（一旦发生电化学腐蚀时锌为阳极，铁为阴极）；后者是镀上去的金属有较正的电极电势，例如把锡镀在铁上（此时锡为阴极，铁为阳极）。就把被保护的金属与外界介质隔开这一点来说，两种保护层的作用并无原则上的区别。但当保护层受到损坏而变得不完整时，情况就完全不同：阴极保护层失去了保护作用，它和被保护的金属形成原电池，由于被保护的金属是阳极，阳极要氧化，所以保护层的存在反而加速了被保护金属的腐蚀；阳极保护层则不然，即使保护层被破坏，由于被保护的金属是阴极，所以受腐蚀的是保护层本身，而被保护的金属则不受腐蚀。

3. 电化学保护

(1) 保护器保护：将电极电势较低的金属和被保护的金属连接在一起，构成原电池，电极电势较低的金属作为阳极而溶解，被保护的金属作为阴极可以避免腐蚀。例如钢板在含2%～3 %NaCl的海水中很容易腐蚀，为了防止船身的腐蚀，除了涂油漆外，还在海轮的底下每隔10 m左右焊一块锌的合金作为防腐措施。船身埋在海水里，形成了以锌为负极，铁为正极，海水为电解质的局部电池。此时，船体是阴极受到保护，锌块是阳极代替船体受到腐蚀，所以有时将锌块称为保护器。这种方法保护了阴极，牺牲了阳极，所以也称为牺牲阳极保护法。

(2) 阴极电保护：利用外加直流电，把负极接到被保护的金属上，让它成为阴极，正极接到一些废铁上成为阳极，使它受到腐蚀。那些废铁实际上也是牺牲性阳极，它保护了阴极，只不过它是在外加电流下的阴极保护。在化工厂中一些装有酸性溶液的容器或管道、水中的金属闸门以及地下的水管或输油管常用这种方法防腐。

(3) 阳极电保护：把被保护的金属接到外加电源的正极上，使被保护的金属进行阳极极化，电极电势向正的方向移动，使金属"钝化"（金属表面状态变化使其具有贵金属的某些特征，如低的腐蚀速率、正的电极电势等）而得到保护。金属可以在氧化剂的作用下钝化，也可以在外电流的作用下钝化。

4. 加缓蚀剂防腐

缓蚀剂的加入可减缓腐蚀的速率，其机理随缓蚀剂性质而异。多数液相缓蚀剂为具有表面活性的有机高分子化合物，而气相缓蚀剂则为挥发性较大的低分子量胺盐，当撒在容器或包装箱中能自动溶解于金属表面上的水膜中并吸附在金属表面上，可降低金属的腐蚀速率。由于缓蚀剂的用量少，方便而且经济，故是一种最常用的金属防腐方法。

7.13* 化学电源概要

化学电源是通过化学反应获得电能的一种能量转换装置，具有转换效率高、环境污染少、使用方便、资源可再生等特点。在目前化石燃料短缺及环境污染严重的情况下，迫切需要发展清洁高效的化学电源。

根据使用特点，化学电源可分为三类。

第一类是一次电池：直接利用化学能源产生电能，电池反应不可逆，无法重新充电，放电之后就不能再次使用了。如果原电池中的电解质不能流动，则称为干电池。最常用的一次电池是锌-锰干电池，电池表示式为：

$$(-)Zn \mid NH_4Cl(20\%\text{淀粉糊体}), ZnCl_2(a), MnO_2 \mid C(+)$$

在锌-锰干电池中，正极的电活性组分是 MnO_2，负极的电活性组分是金属锌，电解液为 pH 中性的 NH_4Cl 水溶液。电极反应为：

负极 $Zn \longrightarrow Zn^{2+} + 2e^-$

正极 $2MnO_2 + 2H_2O + 2e^- \longrightarrow 2MnOOH + 2OH^-$

电解液中的反应 $Zn^{2+} + 2NH_4Cl + 2OH^- \longrightarrow Zn(NH_3)_2Cl_2 + 2H_2O$

正是由于最后的这个反应使此类电池不容易再次充电。整个电池的总反应为：

$$2MnO_2 + Zn + 2NH_4Cl \longrightarrow Zn(NH_3)_2Cl_2 + 2MnOOH$$

锌-锰干电池的工作电压约为 1.6 V，价格便宜，但能量密度不大，只有 25～30 Wh · kg^{-1}。

第二类是二次电池（蓄电池）：这类电池工作时，在正、负极上进行的电极反应近乎可逆，因此电池放电后可反复充电以重新使用。充电反应为放电反应的逆反应，然而因为有其他副反应的存在，充电效率无法达到百分之百。

以铅酸蓄电池为例，正极和负极的电活性组分分别是二氧化铅和金属铅，电解液为硫酸水溶液。电极反应为：

$$PbO_2 + (2H^+ + SO_4^{2-}) + 2H^+ + 2e^- \underset{\text{充电}}{\overset{\text{放电}}{\rightleftharpoons}} PbSO_4 + 2H_2O$$

$$Pb + (2H^+ + SO_4^{2-}) \underset{\text{充电}}{\overset{\text{放电}}{\rightleftharpoons}} PbSO_4 + 2H^+ + 2e^-$$

整个电池的总反应如下：

$$PbO_2 + Pb + 2H_2SO_4 \longrightarrow 2PbSO_4 + 2H_2O$$

电池的工作电压约为 2 V。铅酸蓄电池的充、放电过程并非完全可逆，而且即使在不使用情况下也会发生局部反应，导致电极物质自发消耗，故每间隔一段时间，常需充电以使电极活性物质恢复。铅酸蓄电池价格低廉，但较笨重，能量密度仅为 20～40 Wh · kg^{-1}，而且会污染环境。

第三类是燃料电池：这类电池的作用是使燃料和氧化剂分别在电池的阳极和阴极上反应，将化学能直接转变为电能，代替燃料与氧化剂直接燃烧放出热能，以提高能量的利用率。和一般化学电源相比，燃料电池的特点是在电极上所需要的燃料和氧化剂储存在电池的外部，燃料电池本身只是一个载体，只要根据需要将燃料和氧化剂连续供给电池，就能长期不断地输出电能。燃料电池的电极本身在工作时并不消耗和变化，而一般化学电源（即一般的一次电池和二次电池），其反应物质在电池体内，系统和环境之间只有能量交换而反应物不能继续补充，因而其容量受电池的体积和质量限制。燃料电池的另一优点与一般的电池一样，它不受 Carnot 循环的热机效率的限制，可由化学能直接转换为电能，不需要通过热机和发电机来转换，能量的转换效率高。

按照电池所采用的电解质不同，燃料电池可以分为碱性氢氧燃料电池（AFC）、磷酸型燃料电池（PAFC）、质子交换膜燃料电池（PEMFC）、熔盐碳酸型燃料电池（MCFC）及固体氧化物燃料电池（SOFC）等。

下面以低温氢氧燃料电池为例，说明燃料电池的工作特点。氢氧燃料电池是以氢气作还原剂、氧气作氧化剂的一类燃料电池。由于它的正、负极之间使用了质子交换膜，也称其为质子交换膜燃料电池。氢气和氧气分别从电池外部通过管道输入负极室和正极室，然后在电催化剂的作用下分别发生氧化反应和还原反应：

负极 $H_2 \longrightarrow 2H^+ + 2e^-$

正极 $O_2 + 4H^+ + 4e^- \longrightarrow 2H_2O$

电池总反应 $2H_2 + O_2 \longrightarrow 2H_2O$

负极反应生成的质子通过质子交换膜转移到正极室，正极反应生成的水及水蒸气以冷凝水的形式排出电池，电池通过外电路输出电能。理论上，氢氧燃料电池的电动势为 1.23 V，但实际工作电压约为 0.8～1.0 V，需要用燃料电池组工作。

燃料电池能量效率高，环境友好，可靠性高，是一种不间断电源，具有极大的研究价值。降低成本是燃料电池走向实用的必然途径。

习 题

1. 在 300 K，100 kPa 压力下，用惰性电极电解水制备氢气。设所用直流电的强度为 5 A，电流效率为 100%。如欲获得 1 m^3 $H_2(g)$，需通电多长时间？如欲获得 1 m^3 $O_2(g)$，需通电多长时间？已知在该温度下水的饱和蒸气压为 3 565 Pa。

答案：414.5 h，829.0 h。

2. 用铂电极电解 $CuCl_2$ 溶液。通过的电流为 20 A，经过 15 min 后，问：(1)在阴极上能析出多少质量的 Cu？(2)在 27℃，100 kPa 下阳极上能析出多少体积的 $Cl_2(g)$？

答案：(1)5.927 g；(2)2.326 dm^3。

3. 在 298 K 时，用 Ag | AgCl 为电极，电解 KCl 的水溶液，通电前溶液中的 KCl 质量分数为 $\omega(KCl) = 1.494\,1\times10^{-3}$，通电后在质量为 120.99 g 的阴极部溶液中 $\omega(KCl) = 1.940\,4\times10^{-3}$，串联在电路中的银库仑计中有 160.24 mg Ag 沉积出来，求 K^+ 和 Cl^- 的迁移数。

答案：0.49，0.51。

4. 用 Pb(s)电极电解 $PbNO_3$ 溶液。已知溶液浓度为 1 g 水中含有 $PbNO_3$ 1.66×10^{-2} g。通电一定时间后，测得与电解池串联的银库仑计中有 0.165 8 g 银沉积。阳极区的溶液质量为 62.50 g，其中含有 $PbNO_3$ 1.151 g，求 Pb^{2+} 的迁移数。

答案：0.479。

5. 用银电极电解 $AgNO_3$ 溶液。通电一定时间后，测知在阴极上析出 0.078 g Ag，并知阳极区溶液重 23.376 g，其中含 $AgNO_3$ 0.236 g。已知通电前溶液浓度为 1 kg 水中溶有 7.39 g $AgNO_3$。求 Ag^+ 和 NO_3^- 的迁移数。

答案：0.47，0.53。

6. 某电导池内装有两个直径为 0.04 m 并相互平行的圆形银电极，电极之间的距离为 0.12 m。若在电导池内盛满浓度为 0.1 $mol\cdot dm^{-3}$ 的 $AgNO_3$ 溶液，施以 20 V 的电压，则所得电流强度为 0.197 6 A。试计算电导池常数、溶液的电导、电导率和 $AgNO_3$ 的摩尔电导率。

答案：95.49 m^{-1}，9.88×10^{-3} S，0.943 4 $S\cdot m^{-1}$，9.434×10^{-3} $S\cdot m^2\cdot mol^{-1}$。

7. 已知 25℃时 0.02 $mol\cdot dm^{-3}$ 的 KCl 溶液的电导率为 0.276 8 $S\cdot m^{-1}$。一电导池中充以此溶液，在 25℃时测得其电阻为 453 Ω。在同一电导池中装入同样体积的质量浓度为 0.555 $mol\cdot dm^{-3}$ 的 $CaCl_2$ 溶液，测得电阻为 1 050 Ω。计算：(1)电导池系数；(2)$CaCl_2$ 溶液的电导率；(3)$CaCl_2$ 溶液的摩尔电导率。

答案：(1)125.4 m^{-1}；(2)0.199 4 $S\cdot m^{-1}$；(3) 0.023 88 $S\cdot m^2\cdot mol^{-1}$。

8. 291 K 时，已知 KCl 和 NaCl 的无限稀释摩尔电导率为 $\Lambda_m^\infty(KCl) = 1.296\,5\times10^{-2}$ $S\cdot m^2\cdot mol^{-1}$ 和

$\Lambda_m^\infty(NaCl) = 1.081\,0\times10^{-2}\ S\cdot m^2\cdot mol^{-1}$，$K^+$ 和 Na^+ 的迁移数分别为 $t(K^+) = 0.496$，$t(Na^+) = 0.397$，试求在 291 K 和无限稀释时：(1) KCl 溶液中 K^+ 和 Cl^- 的离子摩尔电导率；(2) NaCl 溶液中 Na^+ 和 Cl^- 的离子摩尔电导率。

答案：(1) $6.431\times10^{-3}\ S\cdot m^2\cdot mol^{-1}$，$6.534\times10^{-3}\ S\cdot m^2\cdot mol^{-1}$；(2) $4.311\times10^{-3}\ S\cdot m^2\cdot mol^{-1}$，$6.549\times10^{-3}\ S\cdot m^2\cdot mol^{-1}$。

9. 已知 25℃ 时水的离子积 $K_w = 1.008\times10^{-14}$，NaOH，HCl 和 NaCl 的 Λ_m^∞ 分别等于 $0.024\,811\ S\cdot m^2\cdot mol^{-1}$，$0.042\,616\ S\cdot m^2\cdot mol^{-1}$ 和 $0.021\,254\,5\ S\cdot m^2\cdot mol^{-1}$，$\Lambda_m^\infty(Ag^+) = 61.9\times10^{-4}\ S\cdot m^2\cdot mol^{-1}$，$\Lambda_m^\infty(Br^-) = 78.1\times10^{-4}\ S\cdot m^2\cdot mol^{-1}$。

(1) 求 25℃时纯水的电导率；

(2) 利用该纯水配制 AgBr 饱和水溶液，测得溶液的电导率 κ(溶液) $= 1.664\times10^{-5}\ S\cdot m^{-1}$，求 AgBr(s) 在纯水中的溶解度。

答案：(1) $\kappa(H_2O) = 5.500\times10^{-6}\ S\cdot m^{-1}$；(2) $c = 7.957\times10^{-4}\ mol\cdot m^{-3}$。

10. 在 298 K 时，浓度为 $0.01\ mol\cdot dm^{-3}$ 的 HAc 溶液在某电导池中测得电阻为 2 220 Ω。已知该电导池常数 $K_{cell} = 36.7\ m^{-1}$，试求该条件下 HAc 的解离度和解离平衡常数。

答案：0.042 2，1.86×10^{-6}。

11. 分别计算下列各溶液的离子强度，设所有电解质的浓度均为 $0.025\ mol\cdot kg^{-1}$：(1) NaCl；(2) $MgCl_2$；(3) $CuSO_4$；(4) $LaCl_3$；(5) NaCl 和 $LaCl_3$ 的混合溶液，浓度各为 $0.025\ mol\cdot kg^{-1}$。

答案：(1) $0.025\ mol\cdot kg^{-1}$；(2) $0.75\ mol\cdot kg^{-1}$；(3) $0.10\ mol\cdot kg^{-1}$；(4) $0.15\ mol\cdot kg^{-1}$；(5) $0.175\ mol\cdot kg^{-1}$。

12. 应用德拜-休克尔极限公式计算 25℃时 $0.002\ mol\cdot kg^{-1}$ 的 $CaCl_2$ 溶液中的 $\gamma(Ca^{2+})$，$\gamma(Cl^-)$ 和 $\gamma_\pm$。

答案：0.699 5，0.913 2，0.834 0。

13. 写出下列电池中各电极反应和电池反应：

(1) $Pt \mid H_2(p_{H_2}) \mid HCl(a) \mid Cl_2(p_{Cl_2}) \mid Pt$；

(2) $Pt \mid H_2(p_{H_2}) \mid H^+(a_{H^+}) \| Ag^+(a_{Ag^+}) \mid Ag(s)$；

(3) $Pt \mid H_2(p_{H_2}) \mid H^+(aq) \mid Sb_2O_3(s) \mid Sb(s)$；

(4) $Pt \mid H_2(p_{H_2}) \mid NaOH(a),\ HgO(s) \mid Hg(l)$；

(5) $Pt \mid Fe^{3+}(a_1),\ Fe^{2+}(a_2) \| Ag^+(a_{Ag^+}) \mid Ag(s)$。

答案：略。

14. 试将下列化学反应设计成电池：

(1) $AgCl(s) = Ag^+(a_{Ag^+}) + Cl^-(a_{Cl^-})$；

(2) $H_2(p_{H_2}) + HgO(s) = Hg(l) + H_2O(l)$；

(3) $2H_2(p_{H_2}) + O_2(p_{O_2}) = 2H_2O(l)$；

(4) $H_2O(l) = H^+(a_{H^+}) + OH^-(a_{OH^-})$；

(5) $Pb(s) + HgO(s) = Hg(l) + PbO(s)$。

答案：略。

15. 电池 $Zn \mid ZnCl_2(0.05\ mol\cdot kg^{-1}) \mid AgCl(l) \mid Ag(s)$ 的电动势与温度的关系为 $E/V = 1.015 - 4.92\times10^{-4}(T/K - 298)$。试计算在 298 K，当电池有 2 mol 电子的电荷量输出时，电池反应的 $\Delta_r G_m$，$\Delta_r H_m$，$\Delta_r S_m$ 和此过程的可逆热效应 Q_r。

答案：$-195.9\ kJ\cdot mol^{-1}$，$-224.2\ kJ\cdot mol^{-1}$，$-94.96\ J\cdot mol^{-1}\cdot K^{-1}$，$-28.30\ kJ\cdot mol^{-1}$。

16. 电池 $Pt \mid H_2(101.325\ kPa) \mid HCl(0.10\ mol\cdot kg^{-1}) \mid Hg_2Cl_2(s) \mid Hg$ 的电动势 E 与温度 T 的关系为：

$$E/V = 0.069\,4 + 1.881\times10^{-3}\,T/K - 2.9\times10^{-6}(T/K)^2$$

(1) 写出电池反应；

(2) 计算 25℃时该反应的 $\Delta_r G_m$，$\Delta_r S_m$，$\Delta_r H_m$ 以及电池恒温可逆放电时该反应过程的 $Q_{r,m}$。

(3) 若反应在电池外在同样条件恒压下进行,计算系统与环境交换的热。

答案：(1) $\frac{1}{2}H_2(g) + \frac{1}{2}Hg_2Cl_2(s) = Hg(l) + HCl(aq)$；(2) $-35.94\ kJ \cdot mol^{-1}$，$14.64\ J \cdot mol^{-1} \cdot K^{-1}$，$-31.57\ kJ \cdot mol^{-1}$，$4.36\ kJ \cdot mol^{-1}$；(3) $-31.57\ kJ \cdot mol^{-1}$。

17. 试为下述反应设计一电池：

$$Cd(s) + I_2(s) = Cd^{2+}(a_{Cd^{2+}}) + 2I^-(a_{I^-})$$

求电池在 298 K 时的标准电动势 $E^\ominus$,反应的 $\Delta_r G^\ominus$ 和平衡常数 $K^\ominus$。如将电池反应写成 $1/2Cd(s) + 1/2I_2(s) = 1/2Cd^{2+}(a_{Cd^{2+}}) + I^-(a_{I^-})$，再计算 $E^\ominus$，$\Delta_r G^\ominus$ 和 $K^\ominus$，比较二者的结果。

答案：0.938 4 V，$-181.1\ kJ \cdot mol^{-1}$，$5.54 \times 10^{31}$；0.938 4 V，$-90.55\ kJ \cdot mol^{-1}$，$7.44 \times 10^{15}$。

18. 298 K 时,已知如下三个电极的反应及标准还原电极电势,如将电极(1)与(3)和(2)与(3)分别组成自发电池(设活度均为 1),写出电池的书面表达式、电池反应式并计算电池的标准电动势。

(1) $Fe^{2+}(a_{Fe^{2+}}) + 2e^- = Fe(s)$，$E^\ominus(Fe^{2+}/Fe) = -0.440\ V$；

(2) $AgCl(s) + e^- = Ag(s) + Cl^-$，$E^\ominus(AgCl + Ag/Cl^-) = 0.222\ 3\ V$；

(3) $Cl^-(p^\ominus) + 2e^- = 2Cl^-(a_{Cl^-})$，$E^\ominus(Cl_2/Cl^-) = 1.358\ 3\ V$。

答案：电极(1)与(3)组成的电池:电池表达式为 $Fe(s) \mid FeCl_2(a_{FeCl_2} = 1) \mid Cl_2(p^\ominus) \mid Pt(s)$；电池反应为 $Cl_2(p^\ominus) + Fe(s) = Fe^{2+}(a_{Fe^{2+}} = 1) + 2Cl^-(a_{Cl^-})$；$E^\ominus = 1.798\ 3\ V$。

电极(2)与(3)组成的电池:电池表达式为 $Ag(s) \mid AgCl(s) \mid HCl(a = 1) \mid Cl_2(p^\ominus) \mid Pt(s)$；电池反应为 $2Ag(s) + Cl_2(p^\ominus) = 2AgCl(s)$；$E^\ominus = 1.136\ 0\ V$。

19. 甲烷燃烧过程可设计成燃料电池,当电解质为微酸性溶液时,电极反应和电池反应分别为：

阳极　$CH_4(g) + 2H_2O(l) = CO_2(g) + 8H^+ + 8e^-$

阴极　$2O_2(g) + 8H^+ + 8e^- = 4H_2O(l)$

电池反应　$CH_4(g) + 2O_2(g) = CO_2(g) + 2H_2O(l)$

已知,25℃时有关物质的标准摩尔生成吉布斯函数 $\Delta_f G_m^\ominus$ 为：

物质	$CH_4(g)$	$CO_2(g)$	$H_2O(l)$
$\Delta_f G_m^\ominus / kJ \cdot mol^{-1}$	−50.72	−394.359	−237.129

计算 25℃时该电池的标准电动势。

答案：1.059 5 V。

20. 在 298 K 时,分别用金属 Fe 和 Cd 插入下述溶液中,组成电池。试判断何种金属首先被氧化?

(1) 溶液中含 Fe^{2+} 和 Cd^{2+} 的活度均为 0.1；

(2) 溶液中含 Fe^{2+} 的活度为 0.1,而含 Cd^{2+} 的活度为 0.003 6。

答案：(1)Fe(s)首先被氧化成 Fe^{2+}；(2)Cd(s)首先被氧化成 Cd^{2+}。

21. 已知 25℃时 $E^\ominus(Fe^{3+}/Fe) = -0.036\ V$，$E^\ominus(Fe^{3+}/Fe^{2+}) = 0.770\ V$。试计算 25℃时电极 $Fe^{2+} \mid Fe$ 的标准电极电势 $E^\ominus(Fe^{2+}/Fe)$。

答案：−0.439 V。

22. 已知 25℃ 时 AgBr 的溶度积 $K_{sp}^\ominus = 4.88 \times 10^{-13}$，$E^\ominus(Ag^+/Ag) = 0.799\ 4\ V$，$E^\ominus(Br_2(g)/Br^-) = 1.006\ V$。试计算25℃时：(1)银-溴化银电极的标准电极电势 $E^\ominus(AgBr + Ag/Br^-)$；(2)AgBr(s)的标准生成吉布斯函数。

答案：(1)0.071 2 V；(2)$-96.0\ kJ \cdot mol^{-1}$。

23. 电池 $Pt \mid H_2(100\ kPa) \mid HCl(b = 0.10\ mol \cdot kg^{-1}) \mid Cl_2(100\ kPa) \mid Pt$ 在25℃时电动势为1.488 1 V，

试计算 HCl 溶液中 HCl 的平均离子活度因子。

答案：0.793 1。

24. 在 298 K 时，有电池：$Ag(s) \mid AgCl(s) \mid NaCl(aq) \mid Hg_2Cl_2(s) \mid Hg(l)$。已知化合物的标准生成吉布斯自由能分别为 $\Delta_r G_m^{\ominus}(AgCl, s) = -109.79\ kJ \cdot mol^{-1}$，$\Delta_r G_m^{\ominus}(Hg_2Cl_2, s) = -210.75\ kJ \cdot mol^{-1}$。试写出该电池的电极反应和电池反应，并计算电池的电动势。

答案：电极反应为(−) $Ag(s) + Cl^- = AgCl(s) + e^-$，(+) $\frac{1}{2}Hg_2Cl_2(s) + e^- = Hg(l) + Cl^-$；

电池反应为 $Ag(s) + \frac{1}{2}Hg_2Cl_2(s) = Hg(l) + AgCl(s)$；$E = 0.045\ 75\ V$。

25. 浓差电池 $Pb \mid PbSO_4(s) \mid CdSO_4(b_1, \gamma_{\pm,1}) \| CdSO_4(b_2, \gamma_{\pm,2}) \mid PbSO_4(s) \mid Pb$，其中 $b_1 = 0.2\ mol \cdot kg^{-1}$，$\gamma_{\pm,1} = 0.1$；$b_2 = 0.02\ mol \cdot kg^{-1}$，$\gamma_{\pm,2} = 0.32$。已知在两液体接界处 Cd^{2+} 离子的迁移数的平均值为 $t(Cd^{2+}) = 0.37$。

(1) 写出电池反应；

(2) 计算 25℃时液体接界电势 E(液界)及电池电动势 E。

答案：(1) $CdSO_4(a_{\pm,1}) \longrightarrow CdSO_4(a_{\pm,2})$；(2) E(液界) $= 3.805 \times 10^{-3}\ V$，$E = 0.010\ 83\ V$。

26. 已知 298 K 时，电极 $Hg_2^{2+}(a=1) \mid Hg(l)$ 的标准还原电极电势为 0.789 V，$Hg_2SO_4(s)$ 的活度积 $K_{sp}^{\ominus} = 8.2 \times 10^{-7}$，试求电极 $SO_4^{2-}(a=1) \mid Hg_2SO_4(s) \mid Hg(l)$ 的 $E^{\ominus}$。

答案：0.609 V。

27. 298 K 时测定下述电池的电动势：玻璃电极 | pH 缓冲溶液 | 饱和甘汞电极。当所用缓冲溶液的 pH = 4.00 时，测得电池的电动势为 0.112 0 V。若换用另一缓冲溶液重测电动势，得 $E = 0.386\ 5\ V$。试求该缓冲溶液的 pH。当电池换用 pH = 2.50 的缓冲溶液时，计算电池的电动势 E。

答案：8.64，0.023 3 V。

28. 电池 $Pt \mid H_2(g, 100\ kPa) \mid$ 待测 pH 的溶液 $\| 1\ mol \cdot dm^{-3}\ KCl \mid Hg_2Cl_2(s) \mid Hg$，在 25℃ 时测得电池电动势 $E = 0.664\ V$，在所给条件下甘汞电极的电极电势为 0.279 9 V。试计算待测溶液的 pH。

答案：6.49。

29. 已知 298 K，100 kPa 时，C(石墨)的标准摩尔燃烧焓 $\Delta_c H_m^{\ominus} = -393.5\ kJ \cdot mol^{-1}$。如将 C(石墨)的燃烧反应安排成燃料电池：C(石墨,s) | 熔融氧化物 | $O_2(g) \mid M(s)$，则能量的利用率将大大提高，也防止了热电厂用煤直接发电所造成的能量浪费和环境污染。试根据一些热力学数据计算燃料电池的电动势。已知这些物质的标准摩尔熵为：

物质	C(石墨,s)	$CO_2(g)$	$O_2(g)$
$S_m^{\ominus}/J \cdot mol^{-1} \cdot K^{-1}$	5.74	213.74	205.14

答案：1.022 V。

30. 25℃时，实验测定电池 $Pb \mid PbSO_4(s) \mid H_2SO_4(0.01\ mol \cdot kg^{-1}) \mid H_2(g, p^{\ominus}) \mid Pt$ 的电动势为 0.170 5 V。已知 25℃ 时，$\Delta_f G_m^{\ominus}(H_2SO_4, aq) = \Delta_f G_m^{\ominus}(SO_4^{2-}, aq) = -744.53\ kJ \cdot mol^{-1}$，$\Delta_f G_m^{\ominus}(PbSO_4, s) = -813.0\ kJ \cdot mol^{-1}$。

(1) 写出上述电池的电极反应和电池反应；

(2) 求 25℃时的 $E^{\ominus}(SO_4^{2-} \mid PbSO_4 \mid Pb)$；

(3) 计算 $0.01\ mol \cdot kg^{-1}\ H_2SO_4$ 溶液的 $a_{\pm}$ 和 $\gamma_{\pm}$。

答案：(1) 正极：$2H^+ + 2e^- = H_2(g, p^{\ominus})$，负极：$Pb(s) + SO_4^{2-} - 2e^- = PbSO_4(s)$，电池反应：$H_2SO_4(0.01\ mol \cdot kg^{-1}) + Pb(s) = PbSO_4(s) + H_2(g, p^{\ominus})$；(2) −0.354 8 V；(3) 8.369×10^{-3}，0.527。

31. 25℃时，电池 $Pt \mid H_2(g, 100\,kPa) \mid H_2SO_4(b) \mid Ag_2SO_4(s) \mid Ag$ 的标准电动势 $E^{\ominus} = 0.627\,V$。已知 $E^{\ominus}(Ag^+ \mid Ag) = 0.7994\,V$。

(1) 写出电极反应和电池反应；

(2) 25℃时实验测得 H_2SO_4 浓度为 b 时，上述电池的电动势为 0.623 V。已知此 H_2SO_4 溶液的离子平均活度因子 $\gamma_{\pm}=0.7$，求 b 为多少？

(3) 计算 $Ag_2SO_4(s)$ 的活度积 $K_{sp}^{\ominus}$。

答案：(1)阳极：$H_2(g, 100\,kPa) - 2e^- \rightleftharpoons 2H^+$；阴极：$Ag_2SO_4(s) + 2e^- \rightleftharpoons 2Ag(s) + SO_4^{2-}$；电池反应：$H_2(g, 100\,kPa) + Ag_2SO_4(s) \rightleftharpoons 2Ag(s) + 2H^+ + SO_4^{2-}$；(2)0.9984 $mol \cdot kg^{-1}$；(3)1.481×10^{-6}。

32. 要在一面积为 100 cm^2 的薄铁片两面都镀上厚度为 0.05 mm 的均匀镍层，计算所需的时间。已知所用的电流为 2.0 A，电流效率为 96%。其中，$\rho(Ni, s) = 8.9\,g \cdot cm^{-3}$，$M(Ni, s) = 58.7\,g \cdot mol^{-1}$。

答案：4.23 h。

33. 在 298 K 和标准压力下，用镀铂黑的铂电极电解 $a_{H^+} = 1.0$ 的水溶液，当所用的电流密度 $j = 5\times10^{-3}\,A \cdot cm^{-2}$ 时，计算使电解能顺利进行的最小分解电压。已知 $\eta_{O_2} = 0.487\,V$，$\eta_{H_2} \approx 0$，忽略电阻引起的电位降，$H_2O(l)$ 的标准摩尔生成吉布斯自由能 $\Delta_f G_m^{\ominus} = -237.129\,kJ \cdot mol^{-1}$。

答案：1.7156 V。

34. 25℃时用铂电极电解 1 $mol \cdot dm^{-3}$ 的 H_2SO_4。

(1) 计算理论分解电压；

(2) 若两电极面积均为 1 cm^2，电解液电阻为 100 Ω，$H_2(g)$ 和 $O_2(g)$ 的超电势 η 与电流密度的关系分别为：

$$\frac{\eta[H_2(g)]}{V} = 0.472 + 0.118\lg\frac{j}{A \cdot cm^{-2}}$$

$$\frac{\eta[O_2(g)]}{V} = 1.062 + 0.118\lg\frac{j}{A \cdot cm^{-2}}$$

问当通过的电流为 1 mA 时，外加电压为多少。

答案：(1)1.229 V；(2)2.155 V。

35. 在 298 K 时使用下述电解池发生电解作用：

$$Pt(s) \mid CdCl_2(1.0\,mol \cdot kg^{-1}), NiSO_4(1.0\,mol \cdot kg^{-1}) \mid Pt(s)$$

问当外加电压逐渐增加时，两电极上首先分别发生什么反应？这时外加电压至少为多少？(设活度因子均为 1，超电势可忽略)

答案：阴极上 Ni^{2+} 被还原成 Ni(s)，阳极上 OH^- 被氧化，析出氧气；1.065 V。

36. 在锌电极上析出氢气的 Tafel 公式为 $\eta/V = 0.72 + 0.116\lg[j/(A \cdot cm^{-2})]$。在 298 K 时，用 Zn(s) 作阴极，惰性物质作阳极，电解浓度为 0.1 $mol \cdot kg^{-1}$ 的 $ZnSO_4$ 溶液，设溶液 pH 为 7.0，若要使 $H_2(g)$ 不和锌同时析出，应控制什么条件？

答案：电流密度 $> 1.135\times10^{-3}\,A \cdot cm^{-2}$。

第8章

表 面 现 象

近年来，由于现代科学技术的迅速发展，物质表面现象的研究显得十分重要，已经逐渐发展成为一门独立的科学分支——表面科学。这门学科涉及许多领域，尤其以表面化学、表面物理、表面技术更为突出。严格说来，表面应是物体的界面，即在相与相之间存在着的物理界面。按照两相的聚集状态的差异，有不同类型的界面，其中重要的有液-气、固-气、固-液和液-液等界面。任意两相之间的接触面称之为界面，在相界面上发生的现象，习惯上称之为表面现象，在实际工作中，界面和表面不是严格区分的，往往将其他界面统称为表面。

表面现象是自然界中普遍存在的现象，比如水滴、汞滴总是自动呈现球形，吹出的肥皂泡也是呈现球形，又如油灯的灯芯会自动吸油、油污的衣服加入洗衣粉后会清洗干净等，这些日常生活中常见的现象都与表面现象有关。

表面现象产生的原因是表面分子处境与内部分子不一样，因而使表面分子具有一定的特殊性，呈现不同的表面现象，如固体和液体的表面吸附、固-液之间的润湿现象等。发生在表面上的现象有物理的，也有化学的。通常对一般的化学反应可以较少注意表面现象，但是在研究化学反应中的多相催化作用、物质的吸附作用、胶体和乳状液等方面时，都涉及表面突出的系统，表面现象就显得很重要。

8.1 比表面、表面吉布斯自由能和表面张力

8.1.1 比表面

一定量的物质的总表面积与物质的分散度（粉碎程度）有很大关系，分散度越大，粒子越细，粒子数越多，表面积也就越大。这种关系可用比表面 S_0 表示，它是物质的总表面积与该物质总体积的比值，即单位体积的物质所具有的表面积。用数学式表示为：

$$S_0 = \frac{A(\text{物质的总表面积})}{V(\text{物质的总体积})}$$

当把边长为 1 cm 的立方体逐渐分割成更小的立方体时，我们会发现，分割得越细，比表面积就越大。在胶体体系中粒子的大小约为 1 nm～0.1 μm，它具有很大的表面积，突出地表现出表面效应。因此，实际上胶体化学中所研究的许多问题都是属于表面化学的问题。此外，某些多孔性物质或粗粒分散体系也常具有相当大的表面积，它们的表面现象也是不能忽视的。

对于多孔性的固体如活性炭、硅胶、分子筛等吸附剂，它们不仅有外观的表面，内部还有许

多微孔和孔道，因此还有内表面，这时外表面对于内表面是微不足道的。在这种情况下，比表面常以单位质量的固体物质所具有的表面积来表示，即：

$$S_0 = \frac{A(\text{物质的总表面积})}{m(\text{物质的总质量})}$$

优质的活性炭吸附剂比表面积可以达到 $500 \sim 1\,500\ \mathrm{m^2 \cdot g^{-1}}$。

8.1.2 表面吉布斯自由能和表面张力

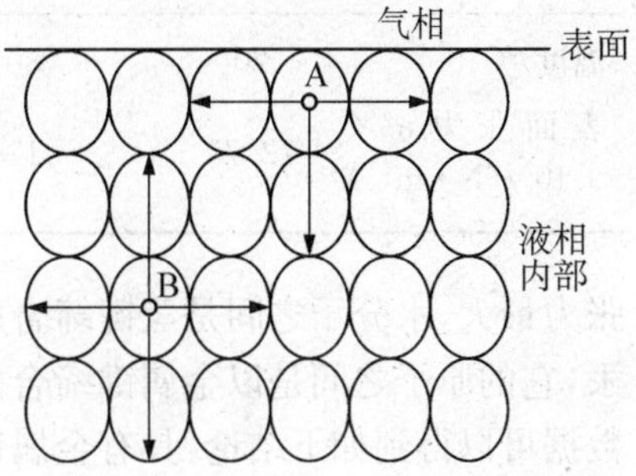

图 8.1 表面分子和相内分子受力状态

如图 8.1 所示，表面上的分子(A)和内部分子(B)所处的状态不同，因而能量各异。例如，液体内部分子在各个方向上均受到邻近分子的吸引力，这些力平均来说是相等的，所以这些作用可相互抵消，分子受力是平衡的、均匀的、饱和的。但是，表面分子除了受到本相内部分子的作用外，还要受到另一方气相分子的作用。由于液体的密度远远大于气体的密度，所以下半部邻近分子对表面分子的吸引力要大于上半部，也就是说，表面分子受力是不平衡的、不均匀的、不饱和的，其结果是液体表面分子受到垂直向内的拉力，这种拉力使得液体表面具有自动收缩的趋势。如果要扩展液体表面，把分子从液体内部移到表面来就必须克服这种向内的拉力(即分子间的吸引力)而对表面做功，所做的功就转化为表面分子的势能，因而处于表面的分子比内部分子高出一部分能量。当液体表面收缩时，系统就对外做出表面功。设在恒温恒压无化学变化的条件下可逆的扩展表面为 $\mathrm{d}A$ 时，环境对系统所要做的功为 $\delta W'_{\mathrm{R}}$，其大小显然与 $\mathrm{d}A$ 成正比，即：

$$\delta W'_{\mathrm{R}} = \sigma \mathrm{d}A$$

在一定温度、压力下，将 $\mathrm{d}G = -S\mathrm{d}T + V\mathrm{d}p + \delta W'_R = \delta W'_{\mathrm{R}}$ 代入上式，得：

$$\mathrm{d}G_{\mathrm{sur}} = \sigma \mathrm{d}A \tag{8.1}$$

或：

$$\sigma = \left(\frac{\partial G_{\mathrm{sur}}}{\partial A}\right)_{T,p} \tag{8.2}$$

以上公式表明，在恒温恒压条件下，在表面变化过程中，环境所做的功 W'_{R}在数值上等于系统吉布斯自由能的增加。由于这是因发生表面积的变化所导致的，故这部分吉布斯自由能就称为表面吉布斯自由能；而比例系数 σ 的物理意义就是在一定温度、压力和组成下，增加系统单位面积时，系统表面吉布斯自由能的增量。σ 称为比表面吉布斯自由能，单位是 $\mathrm{J \cdot m^{-2}}$。又由于 $\mathrm{J = N \cdot m}$，所以，σ 也可用 $\mathrm{N \cdot m^{-1}}$ 表示，因此物理学上称这个物理量为表面张力，认为 σ 是沿着与表面相切(平行)的方向作用在每单位长度上的力。比表面吉布斯自由能和表面张力数值相同，单位也能统一，但它们是从不同的角度来反映表面特征的。物理化学中把二者作为同义词，在实际应用时习惯上用得比较多的是表面张力这一名词。表 8.1 列出的是一些液体的表面张力。

表 8.1 是液体与其蒸气(或空气)接触时测出的数据，它是物质分子间引力的量度，因此又与分子的极性有关。从表 8.1 中可以清楚地看到，就物质结构之不同而言，不同的结构有不同的分子之间作用力，物质分子间相互作用力越大，表面张力也就越大，在一般液体中，水的表面

表 8.1　某些物质的表面张力(液面上为空气)

物质	$N_2(l)$	$O_2(l)$	$Cl_2(l)$	苯	CCl_4	CH_3OH	C_2H_5OH	乙醚	钠肥皂溶液
温度/℃	−198	−182	−72	20	20	20	20	20	20
表面张力/$\sigma\times10^3/(N\cdot m^{-1})$	8.3	13.23	33.65	28.88	26.77	22.61	22.80	17.00	40.00

物质	H_2O	NaCl(熔化)	Na_2CO_3(熔化)	Hg(l)	Pb(l)	Cu(l)	Zn(l)
温度/℃	20	801	850	20	325	1080	600
表面张力/$\sigma\times10^3/(N\cdot m^{-1})$	72.75	114	179	471.6	509.0	581.0	770

张力最大,水分子之间是氢键缔合的,因而表面张力很大,$\sigma_{H_2O}=72.75\times10^3\ N\cdot m^{-1}$。又如汞,它的原子之间是以金属键缔合的,作用力更大,$\sigma_{Hg}=471.6\times10^3\ N\cdot m^{-1}$。综合比较上述数据可以得到如下结论:具有金属键的物质(汞、铜、锌等)表面张力最大,其次是具有离子键的物质(熔盐),再次为极性分子物质,如水等,最小者为具有共价键的液体物质。

表面张力还与温度有关,它一般随着温度的升高而降低,这是因为温度升高引起物质体积膨胀,密度降低,分子之间的距离增大,结果削弱了物质内部分子对表面分子的相互吸引力。当温度升高到临界温度时,液-气之间的界面消失,表面张力等于零。但也有少数物质,如熔融的 Cd, Fe, Cu 及其合金,以及某些硅酸盐等液态物质的表面张力却随着温度的升高而增大,这种反常现象至今尚无一致的解释。对于同一种物质,当它与不同性质的其他物质相接触时,表面层分子所处的力场不同,因而表面张力(准确地说应是界面张力)有明显不同。表 8.2 给出的是在 20℃时,水与不同的液相接触时的界面张力数值。

表 8.2　水与不同的液相接触时的界面张力(20℃)

界　面	$\sigma\times10^3/(N\cdot m^{-1})$	界　面	$\sigma\times10^3/(N\cdot m^{-1})$
$H_2O-C_6H_{13}COOH$	7.0	$H_2O-C_5H_{11}OH$	4.42
$H_2O-C_8H_{17}COOH$	8.5	$H_2O-C_6H_6$	35
$H_2O-C_8H_{18}$	50.8	H_2O-CCl_4	45
$H_2O-C_4H_9OH$	1.76		

实验证明:水与有机液体之间相互溶解度越大,则界面张力越小。表面张力在两相界面都是存在的,如固-气、固-液、液-气等界面。

8.2　表面热力学

过去我们研究一个系统的热力学性质如吉布斯自由能 G 时,认为 G 只是温度、压力和组成的函数,而忽略了表面大小对它的影响。但是对于高度分散系统,它具有很大的比表面,这时表面大小的影响不但不能忽视,而且成为必须考虑的因素。在水处理技术中常用活性炭吸附剂进行水质处理,还有含油废水的浮选处理等问题都涉及表面现象,因此了解表面现象的基本规律对于我们在今后的工作和学习中分析问题、解决问题是很重要的。一个系统的吉布斯自由能，可以认为是体相吉布斯自由能（内部吉布斯自由能 G_{int}）和表面吉布斯自由能 G_{sur} 之和，即：

$$G_{tot} = G_{int} + G_{sur} = G_{int} + \sigma A$$

如果系统的表面积（分散度）很小，则 G_{sur} 只占 G_{tot} 中极小的一部分，因而可以忽略，本章以前的内容就是这样处理的。但在高度分散系统中，因表面积很大，G_{sur} 所占的比重很大，这对系统性质影响很大甚至起决定性作用。如果系统的温度、压力和组成不变，G_{int} 为一常数，则系统的吉布斯自由能变化仅决定于表面吉布斯自由能的变化，即：

$$dG_{tot} = dG_{sur} = d(\sigma A) = \sigma dA + A d\sigma \tag{8.3}$$

式(8.3)为研究表面变化的方向提供了一个热力学准则，从它可以得出一些重要的结论。

(1) 当 σ 一定时，式(8.3)简化为：

$$dG = \sigma dA$$

若要 $dG < 0$，则必须 $dA < 0$，所以缩小表面积的过程是自发过程。

(2) 当 A 一定时（即分散度不变时）：

$$dG = A d\sigma$$

若要 $dG < 0$，则必须 $d\sigma < 0$。也就是说，表面张力减少的过程是自发过程，所以系统力图通过降低其表面张力以降低吉布斯自由能，使之趋向稳定。这就是固体和液体物质表面具有吸附作用的原因。

(3) σ 和 A 二者均有变化，即系统通过表面张力和表面积的减少，使吉布斯自由能降低。8.4 节所讨论的润湿现象就是这种情况。

8.3 弯曲液面的特性

8.3.1 附加压力

静止液体的表面一般是一个平面，如图 8.2(a)所示。对某一小面积 AB，AB 以外的表面对 AB 面具有表面张力作用，此时表面张力 σ 也是水平的。当平衡时，沿着周界的表面张力相互抵消。这时液体表面内外的压力相等，而且等于表面承受的外压力 p_0。

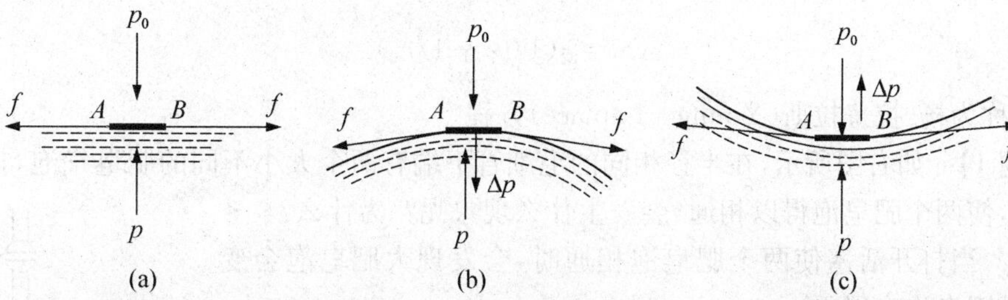

图 8.2 弯曲液面的附加压力

如果液体表面是弯曲的，例如在毛细管中的液面，由于表面张力的作用，在弯曲液面的内外，所受到的压力是不相等的。此时沿 AB 周界上的表面张力 σ 不是水平的，其方向如图 8.2

(b)，(c)所示。平衡时表面张力将有一合力：当液面为凸形时，合力指向液体内部；当液面为凹形时，合力指向液体外部。这个合力就是弯曲液面的压力差，称为附加压力，用 Δp 表示，即：

$$\Delta p = p_{内} - p_{外} = p - p_0$$

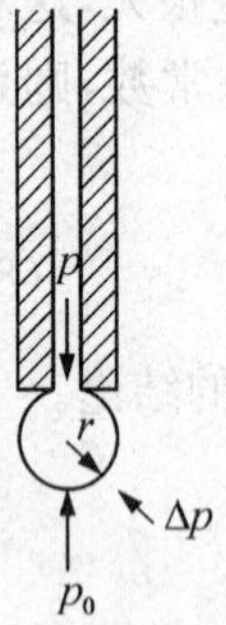

图 8.3 附加压力与曲率半径的关系

附加压力的大小与弯曲液面的曲率半径有关。以凸形液面讨论，如图 8.3 所示，有一充满液体的毛细管，管端有半径为 r 的球形液滴与之平衡。因为液滴表面分子受到向内的附加压力 Δp，同时受到外压 p_0，则液滴内部压力是 $\Delta p + p_0$，在液滴处于平衡时，它向外的压力 $p = \Delta p + p_0$。

若对活塞稍加以压力，管端液滴体积增加 $\mathrm{d}V$，其表面积相应地增加 $\mathrm{d}A$，此时，环境为克服附加压力而对液滴所做的功应为 $(p - p_0)\mathrm{d}V$。在可逆进行的条件下，这些功转化为表面吉布斯能 $\sigma \mathrm{d}A$，故：

$$(p - p_0)\mathrm{d}V = \sigma \mathrm{d}A$$

液滴表面积 $A = 4\pi r^2$，体积 $V = 4/3\pi r^3$，所以：

$$(p - p_0)(4\pi r^2 \mathrm{d}r) = \sigma(8\pi r \mathrm{d}r)$$

则有：

$$\Delta p = p - p_0 = 2\sigma/r \tag{8.4a}$$

式(8.4a)称为拉普拉斯(Laplace)方程。由此式得知：

(1) 对于指定的液体，弯曲液面的附加压力与液体表面的曲率半径成反比。

对于凸液面，$\sigma > 0$，$\Delta p = p - p_0 > 0$，Δp 为正值，指向液体。

对于凹液面，$\sigma < 0$，$\Delta p = p - p_0 < 0$，Δp 为负值，指向气体。

总之，附加压力的方向总是指向曲面的球心。

(2) 对于不同的液体，曲率半径相同时，弯曲液面的附加压力与表面张力成正比。

对于像肥皂那样的球形液膜，由于液膜有内外两个表面，它们均产生指向球心的附加压力，因此，泡内气体的压力比泡外空气的压力大，其差值为：

$$\Delta p = 2(2\sigma/r) = 4\sigma/r$$

描述一个曲面，一般需要两个曲率半径，对于球面，两个曲率半径相等，所以附加压力更一般的形式为：

$$\Delta p = \sigma(1/r_1 + 1/r_2) \tag{8.4b}$$

式(8.4b)称为杨-拉普拉斯(Young - Laplace)方程。

【例题 1】 如右图所示，在半径相同的毛细管下端有两个大小不同的肥皂气泡，打开玻璃管的活塞，使两个肥皂泡得以相通，会发生什么现象呢？为什么？

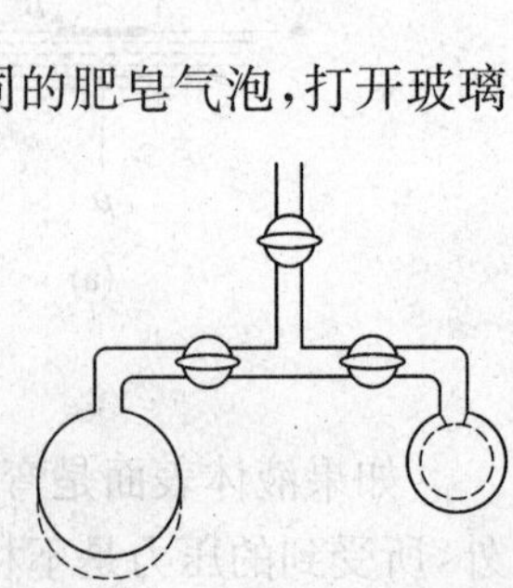

〖解〗 当打开活塞使两个肥皂泡相通时，会发现大肥皂泡会变得更大，小肥皂泡变得更小。

原因如下：

设大气泡的半径为 r_1；泡内气体压力为 p_1；小气泡半径为 r_2；泡内气体压力为 p_2；肥皂泡外气压为 p_0，根据肥皂泡内外压力差，即附

加压力 $\Delta p = 4\sigma/r$，有以下关系：

$$p_1 - p_0 = 4\sigma/r_1$$
$$p_2 - p_0 = 4\sigma/r_2$$

因为 $r_1 > r_2$，故 $p_1 < p_2$。可见，由于附加压力的影响，小气泡中的气压大于大气泡中的气压。因此，当两气泡相通后，气体会由小气泡流向大气泡，使小气泡越缩越小，而大气泡越胀越大，直到小气泡收缩到毛细管口，其液面的曲率半径与大气泡相等为止。

一些常见的现象都和弯曲液面与附加压力有关，如把毛细管插入水中或汞中时，管内液体将上升或下降；自由液滴或气泡通常都呈球形等，这些现象都是弯曲液面的附加压力所致。

8.3.2 弯曲液面的饱和蒸气压

由于弯曲液面存在附加压力，使弯曲液面下的液体所受的压力与平面液体不同，因此弯曲液面下的液体的化学势与平面液体化学势不同，相应的与液体成平衡的饱和蒸气压也不同。

设外压为 p，球形小液滴的半径为 r，平衡的饱和蒸气压为 p_r，与平面液体平衡的饱和蒸气压为 p_0。恒温、恒压下气液两相达成平衡时，任一组分在两相的化学势相等，由此可得球形小滴的化学势和平面液体的化学势 μ_r 和 $\mu_{平}$ 分别为：

$$\mu_r = \mu^{\ominus} + RT\ln(p_r/p^{\ominus})$$
$$\mu_{平} = \mu^{\ominus} + RT\ln(p_0/p^{\ominus})$$
$$\Delta\mu = \mu_r - \mu_{平} = RT\ln(p_r/p_0)$$

根据化学势与压力的关系，可得：

$$\Delta\mu = \int_p^{p+\Delta p}\left(\frac{\partial\mu}{\partial p}\right)_T \mathrm{d}p = \int_p^{p+\Delta p} V_{\mathrm{m}}(\mathrm{l})\mathrm{d}p$$

略去压力对液体体积的影响，可得：

$$\Delta\mu = V_{\mathrm{m}}(\mathrm{l})\Delta p = V_{\mathrm{m}}(\mathrm{l})2\sigma/r = RT\ln(p_r/p_0)$$

若液体的密度为 ρ，液体的摩尔质量为 M，则 $V_{\mathrm{m}}(\mathrm{l}) = M/\rho$，代入上式中，则有：

$$\ln\frac{p_r}{p_0} = \frac{2\sigma M}{r\rho RT}$$

式中：σ 为液体的表面张力；r 为液滴的曲率半径。上式称为开尔文(Kelvin)方程。

对于凸液面(液滴)，$r > 0$，$p_r > p_0$，即液滴的蒸气压大于平面液体的蒸气压，且 r 越小，其饱和蒸气压越大；

对于凹液面(气泡)，$r < 0$，$p_r < p_0$，即气泡内的蒸气压小于平面液体的蒸气压，且 r 越小，其饱和蒸气压越小。

【例题 2】 在 298.15 K 时，水的饱和蒸气压为 2 337.8 Pa，密度为 $0.998\,2\times10^3$ kg·m^{-3}，表面张力为 72.75×10^{-3} N·m^{-1}。试分别计算球形小液滴、小气泡的半径在 10^{-5}～10^{-9} m之间的不同数值下饱和蒸气压之比 p_r/p_0 各为若干？

〖解〗 小液滴的半径为 10^{-5} m时，根据开尔文方程，有：

$$\ln\frac{p_r}{p_0} = \frac{2\sigma M}{r\rho RT} = \frac{2\times72.75\times10^{-3}\times18.015\times10^{-3}}{10^{-5}\times998.2\times8.314\times298.15} = 1.07\times10^{-4}$$

$$\frac{p_r}{p_0} = 1.0001$$

对于小气泡，曲率半径 $r = -10^{-5}$ m，根据开尔文方程，有：

$$\ln\frac{p_r}{p_0} = -1.001 \times 10^{-4}$$

$$\frac{p_r}{p_0} = 0.9999$$

饱和蒸气压之比 p_r/p_0 计算结果如下：

r/m	10^{-5}	10^{-6}	10^{-7}	10^{-8}	10^{-9}
小液滴	1.000 1	1.001	1.01	1.114	2.937
小气泡	0.999 9	0.998 9	0.989 7	0.897 7	0.340 5

开尔文方程不仅适用于液体，也适用于微小的固体物质，此时 r 为与固体粒子体积相等的球形粒子的半径。

8.3.3 毛细管效应

我们在日常生活中常见到玻璃毛细管插入水中或汞中，管内液面将上升或下降，像这种具有细微缝隙的固体与液体接触时，液体沿缝隙上升或下降的现象称为毛细管效应。

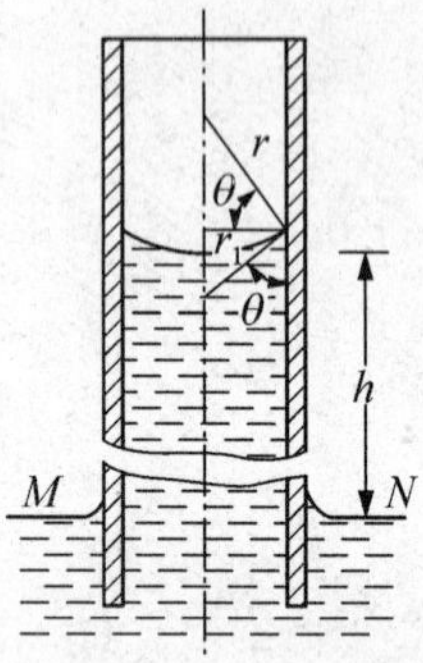

图 8.4　毛细管现象

当把毛细管插入液体时，如果液体能润湿固体，即 $\sigma_{s-g} > \sigma_{s-l}$，接触角 $\theta < 90°$，管中液体表面呈凹形曲面，而管外液体实际上为平面。由于附加压力的存在，使管内凹面下液体所受到的压力小于管外平面上液体所受到的压力，因此管外液体将被压入管内，致使管内液柱上升到一定高度，此时在 MN 平面处液柱的静压力与凹面的附加压力（弯曲液面内外的压力差称为弯曲液面的附加压力）相等，如图 8.4 所示。

若液柱上升高度为 h，则有：

$$\Delta p = \rho g h \tag{8.5}$$

式中：Δp 为凹液面的附加压力；ρ 为液体的密度；g 为重力加速度。由于毛细管半径 r_1 与管内凹形液面的曲率半径 r 的关系为：

$$r_1/r = \cos\theta$$

根据拉普拉斯方程式 $\Delta p = 2\sigma/r$ 可得：

$$2\sigma/r = 2\sigma\cos\theta/r_1 = \rho g h \tag{8.6}$$

式中：σ 为表面张力。由式(8.6)可得液柱上升高度为：

$$h = 2\sigma\frac{\cos\theta}{\rho g r_1} \tag{8.7}$$

式(8.7)说明，毛细管半径 r_1 越小，液面上升越高。

当液体不能润湿管壁时，如果把玻璃毛细管插入汞中，接触角 $\theta > 90°$，管内汞液面呈凸形曲面，由于附加压力的作用，汞液面将下降，下降的深度仍可用式(8.7)计算，此时 h 为负值，表示管内液面的下降深度。

通过上述讨论可以看出，毛细现象产生的根源是表面张力，表面张力使弯曲液面产生附加压力，附加压力引起毛细现象。毛细管中弯曲液面的凸与凹，决定于液体对毛细管壁的润湿与否。

8.3.4 微小物质的特性

由于曲率半径(分散度)的变化而引起的饱和蒸气压、溶解度以及一些其他性质的变化，只有在颗粒非常小时才可能产生显著的影响。例如，曲率半径为 10^{-7} m 的水珠，在 100 kPa 压力下的沸点只比平面水的沸点低 0.17 K。所以在一般情况下，这种表面效应并不明显。但在新相生成的过程中，最初新相的颗粒是极其微小的，其体积(或质量)表面和单位表面吉布斯函数都很大，系统处于不稳定状态。由于新相难以生成，从而引起各种过饱和现象。过饱和蒸气、过饱和溶液、过热和过冷液体所处的状态称为亚稳状态。

1. 过饱和蒸气

在一定温度下，当蒸气分压力已超过该温度下的饱和蒸气压，而蒸气仍不凝结的现象称为蒸气的过饱和现象，此时的蒸气称为过饱和蒸气。

蒸气凝结成液体时，刚出现的新相必然是微小的液滴，根据开尔文方程必有 $p_r > p$，(p_r，p 分别为微小液滴及平面液体的饱和蒸气压)，当蒸气压力为 p 时，对平面液体是饱和的，而对小液滴却尚未饱和，故小液滴难以形成。直到压力增大并超过 p_r 时，才有半径为 r 的小液滴出现。压力大于 p 的蒸气即为过饱和蒸气。

2. 过饱和溶液

在一定温度、压力下，当溶液中溶质的浓度已超过该温度、压力下溶质的溶解度，而溶质仍不析出的现象称为溶液的过饱和现象，此时的溶液称为过饱和溶液。

3. 过热液体

在一定压力下，当液体的温度已高于该压力下的沸点，而液体仍不沸腾的现象称为液体的过热现象，此时的液体称为过热液体。

当液体沸腾时，不仅在液体表面进行汽化，而且在液体内部亦通过不断生成大量的微小气泡，由小变大，逸出表面而进行汽化。若使小气泡生成，必须使小气泡内的蒸气压力等于与之对抗的三项压力之和，这三项压力分别是小气泡内的凹液面产生的附加压力 Δp(凹)，小气泡生成处液体产生的静压力 p(静)以及外压力 p(外)。根据计算比较这三项压力的相对大小，以 Δp(凹)的数量级最大。液体沸腾时，由开尔文方程可知小气泡内的蒸气压 p_r(凹)小于 p(平)，更远小于与之对抗的三项压力之和。因此，必须继续加热，使小气泡内的蒸气压 p_r(凹)等于与之对抗的三项压力之和，小气泡才可能产生，液体才开始沸腾，此时液体的温度必然高于该液体的正常沸点而形成过热液体，容易发生暴沸。

4. 过冷液体

在一定压力下，当液体的温度已低于该压力下的凝固点，而液体仍不凝固的现象称为液体的过冷现象，此时的液体称为过冷液体。

当液体凝固时，刚出现的固体必然是微小晶体，根据开尔文方程必有 $p_r > p$(p_r，p 分别为微小晶体及大晶体的饱和蒸气压)。在正常凝固点时，液体的饱和蒸气压等于大晶体的饱和蒸气压，但小于小晶体的饱和蒸气压，故小晶体不可能存在，凝固不可能发生，温度必须继续下降。温度下降时，液体的饱和蒸气压比固体的饱和蒸气压减小得更多。只有当液体的饱和蒸气压等于固体的饱和蒸气压时，小晶体才可能存在，凝固才可能发生。

在日常生活、生产和科学实验中常遇到过饱和、过热、过冷等现象，需要根据有关原理去解决一些问题。例如，人工降雨是当云层中的水蒸气达到饱和或过饱和状态时用飞机向云层喷撒干冰（固体 CO_2）颗粒作为新相（雨滴）生成的种子（核心），从而达到降雨的目的。又如，在一些科学实验中，为了防止液体的过热现象，常在液体中投入一些素烧瓷管（或沸石）或毛细管等，因为这些多孔性物质的孔中储有气体，可作为新相生成（形成气泡）的种子，从而降低过热程度，防止暴沸现象的产生。此外，在盐类结晶操作时，为防止因过饱和程度太大而形成的微细晶粒造成过滤或洗涤的困难，并影响产品质量，通常采用事先向结晶器中投入晶种的方法，从而有利于获得大颗粒的盐的晶体。还有，为了改善金属的晶体结构性能，常采取淬火、退火等称之为热处理的措施。

8.4 润湿现象

8.4.1 液体对固体表面的润湿作用

水在玻璃上能铺展成一薄层，叫作玻璃被水润湿了。水滴在石蜡表面上，水很少铺展，基本上还是聚集成液滴，这叫作石蜡不被水所润湿。可见润湿现象是固-液界面之间的表面现象。润湿与不润湿，以及润湿程度的大小可用润湿角（即接触角）的大小来衡量。

当水滴在固体表面时，它可以铺展开来或取一定形状而达到平衡，如图 8.5 所示。在三相交点 A，对液滴表面作切线 AM，AM 与固-液界面 AN 所形成的夹角 θ 就是润湿角（或称接触角）。润湿角 $\theta=0^\circ$ 称为完全润湿，$\theta<90^\circ$ 称为润湿，$\theta>90^\circ$ 称为不润湿。测定润湿角的方法很多，常用的方法是将图 8.5 投影于屏幕上得到放大图像，用量角器或其他仪器测量 θ 角。

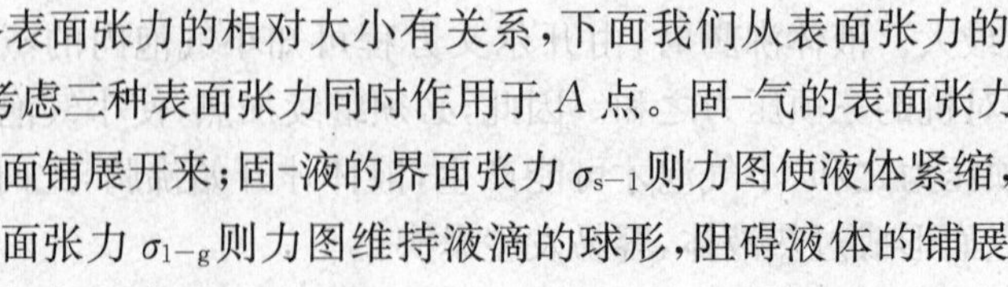

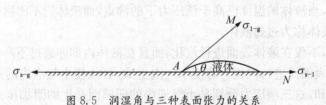

图 8.5　润湿角与三种表面张力的关系

θ 角的大小与各表面张力的相对大小有关系，下面我们从表面张力的性质出发来讨论润湿条件。由图 8.5 考虑三种表面张力同时作用于 A 点。固-气的表面张力 σ_{s-g} 力图将液体拉开，使液体往固体表面铺展开来；固-液的界面张力 σ_{s-l} 则力图使液体紧缩，阻止液体往固体表面铺展开；液体的表面张力 σ_{l-g} 则力图维持液滴的球形，阻碍液体的铺展。根据力学平衡条件，三个表面张力之间应服从下列关系：

$$\sigma_{s-g}=\sigma_{s-l}+\sigma_{l-g}\cos\theta$$

或：

$$\cos\theta=\frac{\sigma_{s-g}-\sigma_{s-l}}{\sigma_{l-g}} \tag{8.8}$$

式(8.8)清楚地表明 θ 值与各表面张力之间相对大小的关系，称之为杨氏（Young）方程。由杨氏方程可知：

(1) 如果 $\sigma_{s-g} > \sigma_{s-l}$，$\cos\theta > 0$，则 $\theta < 90°$，润湿。

(2) 如果 $\sigma_{s-g} < \sigma_{s-l}$，$\cos\theta < 0$，则 $\theta > 90°$，不润湿。

能够被水润湿的固体称为亲水性固体。常见的亲水性固体有玻璃、石英、硫酸盐、碳酸盐、金属氧化物、金属矿物等，它们多半是离子型晶体和分子间作用力很强的固体。不被水所润湿的固体称为憎水性固体，憎水性固体有石蜡、石墨、有机物质、植物的叶子等。总的来说，极性固体均为亲水性，而非极性固体大多为憎水性。

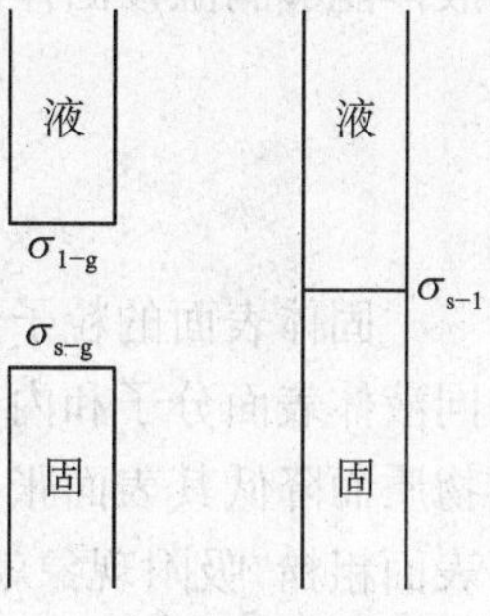

图 8.6 固液接触时的 ΔG 变化

现在来研究润湿过程中系统表面吉布斯自由能的变化。从热力学理论来讨论润湿可从固-液界面形成过程的吉布斯自由能降低来衡量润湿程度，降低得越多，润湿程度越高。设有截面积为 1 m^2 的固体柱和液柱，如图 8.6 所示，固-液接触前，系统的表面吉布斯自由能为 $\sigma_{l-g} + \sigma_{s-g}$，固-液接触后，系统的表面吉布斯自由能为 σ_{s-l}，因此，恒温恒压下固-液接触过程中吉布斯自由能变化为：

$$-\Delta G = (\sigma_{l-g} + \sigma_{s-g}) - \sigma_{s-l} \tag{8.9}$$

因 σ_{s-g} 与 σ_{s-l} 难以测定，可将式(8.8)代入式(8.9)得：

$$-\Delta G = \sigma_{l-g} + \sigma_{l-g}\cos\theta = \sigma_{l-g}(1+\cos\theta) \tag{8.9a}$$

液体表面张力 σ_{l-g} 和 θ 都可以测定，因此由式(8.9a)可得到润湿过程中的 ΔG。上式表明，θ 越小，$-\Delta G$ 越大，润湿程度越高。当 $\theta = 0°$ 时，$\cos\theta = 1$，$-\Delta G$ 最大，其值为 $2\sigma_{l-g}$。当 $\theta = 180°$ 时，$-\Delta G$ 最小，其值为零，此时称液体对固体"完全不润湿"。通常把 $\theta \leqslant 90°$ 时称为液体对固体润湿，$\theta > 90°$ 时称为液体对固体不润湿。

8.4.2 液体和气体对固体表面润湿的关系

关于液体和气体对固体表面润湿的关系，我们可以用图 8.7 和图 8.8 来说明。图 8.7 中的固体是亲水性的，液滴能够在表面展开，平衡时的接触角 $\theta_1 < 90°$，而气泡的接触角 $\theta_2 > 90°$。图 8.8 的情况则相反，固体是憎水性的，气泡能够在上面展开，接触角 $\theta_2 < 90°$，而液体的接触角 $\theta_1 > 90°$。

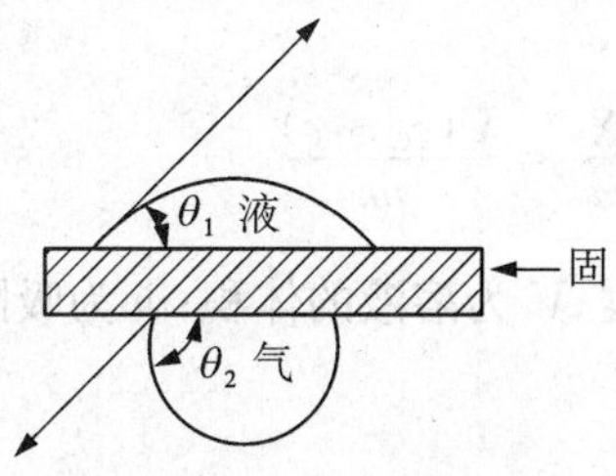

图 8.7 亲水固体

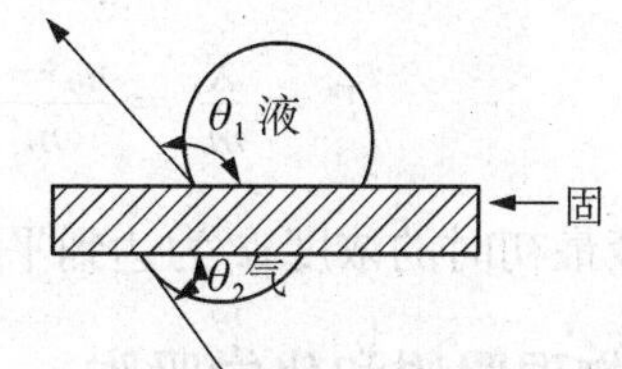

图 8.8 憎水固体

在上面两种情况下，θ_1 与 θ_2 互为补角，即 $\theta_1 + \theta_2 = 180°$，由此可见，气体对固体的润湿性和液体对固体的润湿性恰好相反，固体的憎水程度越大，则固体越易被气体润湿，越易附着在气泡上，与之一起上升到液面，浮选的原理就是气体对固体的润湿作用。

例如，乳化油的处理常采用浮选的方法，其基本原理也是因为油粒与水的接触角 $\theta > 90°$，即油粒表面是憎水性的，水不能润湿油粒。相反，油类会被气体所润湿，当把空气泡通入乳化油的浮选池时，油粒就能够附聚在气泡表面，随气泡一起上升到液面，再利用刮油机（板）刮走表面的油沫后，水质就得到净化。两种互不相溶的液体与一固体同时接触时，也存在着哪一种液体能够润湿该固体的问题，其情况与上面谈论的相类似。

8.5 气体在固体表面上的吸附

固体表面的粒子（或分子或离子）和在固体内部所有的粒子（或分子或离子）间的关系，是同液体表面分子和内部分子间的关系相似的。固体表面也有一定的表面张力，也有吸附某些物质而降低其表面张力的倾向，所以固体吸附气体（或液体）也是一种自动的过程。由于固体表面粗糙，吸附现象就更加突出。所谓吸附就是物质在相界面上浓度自动发生变化的过程，亦即在固体（或液体）表面层中某组分浓度与主体（内层）浓度相异的现象。如在充满溴蒸气的玻璃瓶中加入一些活性炭，经过一段时间，我们会发现瓶中的红棕色气体在逐渐消失。这是由于溴蒸气在向活性炭中集中，因此瓶中的溴蒸气减少，颜色消失，也就是说活性炭吸附了溴蒸气。在系统中，具有吸附作用的物质称为“吸附剂”（如活性炭），被吸附的物质称为“吸附质”（如溴蒸气）。

气体分子被固体表面吸附为正向过程；被吸附分子也会从表面上脱离，这个过程称为解吸（或脱附），这是逆向过程。在一定条件下，正、逆两过程速率相等时，吸附达到平衡，这时被吸附物质的量即吸附量（用符号 Γ 表示）将为一定值。由于吸附作用发生在固体表面上，因此吸附量的表示方法应为单位面积上所吸附物质的数量（$mol \cdot m^{-2}$），但是固体吸附剂的表面往往高低不平或带有大量孔隙，很难准确测定其面积，所以一般常用单位质量吸附剂所吸附物质的数量来表示，即：

$$\Gamma = \frac{X}{m} \tag{8.10}$$

式中：m 为吸附剂的质量（克）；X 为被吸附物质的数量，单位是摩尔、克或标准状态下的气体体积（毫升）；Γ 为吸附平衡时的吸附量。

吸附量实际上是用吸附物在原有的气相或液相中的浓度变化来测定的。如果吸附前在气体或溶液中含有吸附物 n_0 摩尔，当达到吸附平衡后，气体或溶液中被吸附物质的数量减少到 n 摩尔，则：

$$\Gamma = \frac{X}{m} = \frac{n_0 - n}{m} \text{或} \Gamma = \frac{X}{m} = \frac{V(c_0 - c)}{m} \tag{8.10a}$$

式中：c_0 为溶液最初时的浓度；c 为达到平衡时的浓度；V 为溶液的体积；m 为吸附剂的质量。

8.5.1 物理吸附和化学吸附

一般来讲，气体的吸附可分为物理吸附和化学吸附两种，其主要区别是看吸附过程与哪种力有关。

1. 物理吸附

(1) 吸附剂与被吸附物之间的力是范德华（Van der Waals）引力，此种力就是气体凝结成液体的作用力。

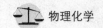

(2) 吸附热的数值和液化热相近。

(3) 物理吸附一般是没有选择性的吸附,任何固体都可以吸附气体,但吸附过程会随着吸附剂与被吸附物的种类不同,存在着较大差异。

(4) 物理吸附的速度很快,气体只需与固体接触就可立即发生。

(5) 物理吸附可以是单分子层吸附,也可以是多分子层吸附。

2. 化学吸附

(1) 吸附剂与被吸附物之间的力和化合物中原子间的力相似,都比范德华力强得多。

(2) 化学吸附热与化学反应热相近。

(3) 只有某一吸附剂对于某些气体才会发生化学吸附,其选择性较强。

(4) 化学吸附像化学反应一样需要一定的活化能才能进行,所以速度较慢。

(5) 化学吸附总是单分子层吸附。

3. 物理吸附和化学吸附的特征比较

物理吸附和化学吸附的特征比较见表 8.3。

表 8.3 物理吸附和化学吸附的特征

项目 \ 特征 \ 吸附类型	物理吸附	化学吸附
吸附力	范德华力	化学键力
吸附热	较小,近于液化热,8～30 kJ·mol^{-1}	较大,近于反应热,40～400 kJ·mol^{-1}
选择性	无选择性	有选择性
分子层	单层或多层	单层
吸附速率	较快,易平衡,也易脱附,受温度影响较小,不需要活化能	较慢,不易平衡,较难脱附,温度升高则速率加快,需要活化能

应该指出,这两类吸附可以相伴发生,例如氧在某金属上的吸附同时有三种情况:有的氧是以原子状态被吸附的,属纯粹的化学吸附;有的氧是以分子状态被吸附的,属纯粹的物理吸附;还有一些氧分子被物理吸附在已吸附的氧原子上。通常在低温时发生的是物理吸附,高温时发生的是化学吸附。

还应指出,不论是物理吸附还是化学吸附,吸附作用一定是放热过程,即 ΔH_{ads}(吸附热)总是负值。这是不难理解的:按照热力学公式,$\Delta G=\Delta H-T\Delta S$,由于吸附过程是自发的,所以 ΔG 一定是负值,而气体分子被吸附后,必然比吸附前混乱度要小,即 $\Delta S<0$,所以 ΔH 一定是负值。ΔH_{ads} 是研究吸附现象很重要的参数之一,人们经常将其数值的大小作为吸附强度的一种量度。

吸附量(Γ)与吸附剂和吸附物的本性、温度、压力等因素有关。当吸附剂、吸附物一定时,有:

$$\Gamma = f(T,\ p)$$

这个函数极其复杂,到目前为止尚不能预先推断,只能通过实验来确定。如果实验时温度恒定,对确定的某一固体和气体来说,吸附量是压力的函数,即吸附量与平衡压力的关系可用一曲线来表示,这种曲线叫作吸附等温线。实验表明,吸附等温线一般可分为如图 8.9 所示的 5 种类型。其中第Ⅰ种类型是最常见的,也是研究得比较清楚的一种。

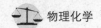

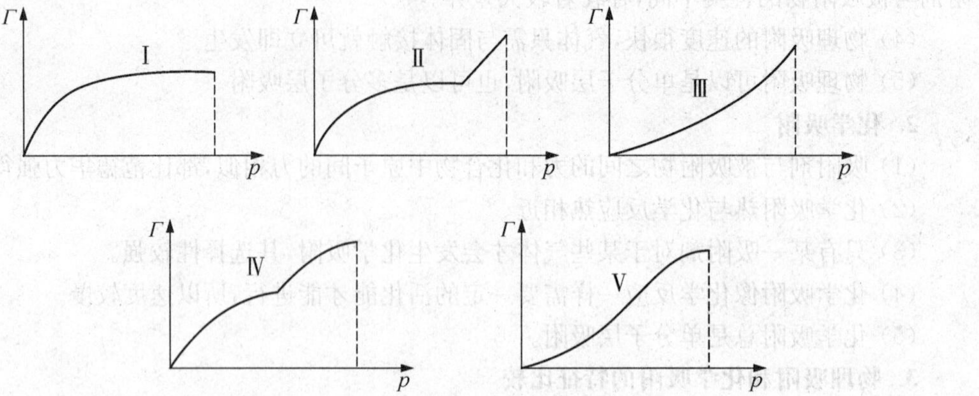

图 8.9　吸附等温线的 5 种类型

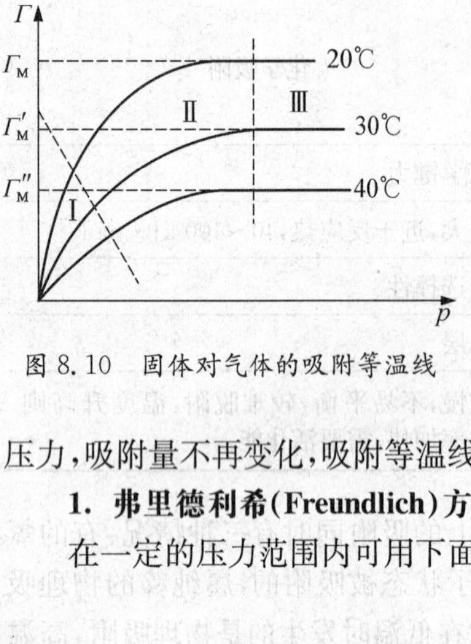

图 8.10　固体对气体的吸附等温线

8.5.2　弗里德利希吸附经验式

从图 8.10 中看出,气体的浓度越大,也就是气体的压力越大,则吸附量越大。每条吸附等温线可分成 3 个部分。第Ⅰ部分是吸附的最初阶段,此时吸附量随着压力的增加而成正比例增加,所得的是一条直线。第Ⅱ部分是吸附的中间阶段,随着压力增加,吸附量虽有所增加,但增加值逐渐变小,不再成正比例,是一条曲线。第Ⅲ部分是吸附的饱和阶段,压力增大到某一数值时,吸附量达到最大的饱和值(图中的 Γ_M, Γ'_M, Γ''_M),此后再增加压力,吸附量不再变化,吸附等温线是一条水平线。

1. 弗里德利希(Freundlich)方程式

在一定的压力范围内可用下面的经验方程式表示吸附等温线:

$$\Gamma = X/m = Kp^n \tag{8.11}$$

式(8.11)称为弗里德利希吸附经验方程式。式中:X 为气体被吸附的量(g 或 mL);m 为吸附剂的量(g);p 为吸附达到平衡时气体的压力(Pa)。K 与 n 为经验常数,随温度、气体和吸附剂的不同有不同的数值。n 的数值在 0~1,对于一条等温线来说,开始的直线部分 $n=1$,水平部分 $n=0$。

如果把式(8.11)取对数,则可以把指数式变成直线式,如图 8.11 所示:

$$\lg\Gamma = \lg K + n\lg p \tag{8.11a}$$

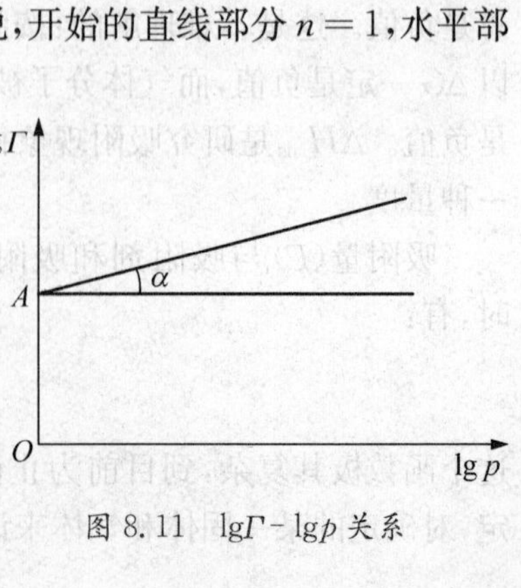

图 8.11　lgΓ-lgp 关系

这样我们可以更方便地用此式来验证公式的适用性,如果实验曲线符合弗里德利希公式,则 $\lg\Gamma$ 对 $\lg p$ 作图应得一条直线。$\lg K$ 是直线的截距,n 是直线的斜率,因此从直线的截距和斜率可求出 K 和 n 值。图 8.11 中

OA 应等于 $\lg K$，斜率$=n$。

实验发现，固体从液体中吸附溶质的吸附等温式也可用弗里德利希公式来描述，只是将式中气体的压力改为溶质的浓度，即：

$$\Gamma = X/m = Kc^n \tag{8.11b}$$

式中：c 为溶液中溶质在吸附达到平衡时的浓度。

2. 温度对吸附的影响

吸附大多为放热过程，所以升高温度会使吸附量减少(见图 8.10)，反之，如果温度下降则吸附量将增加。但是，升高温度可以使吸附速度增加，较快达到平衡状态，所以既要速度快，又要吸附量大，就要选择一个适当的温度。至于溶液的吸附作用，温度关系并不像气体那样简单，在升高温度时，吸附量反而增加的例子很多，不过溶液中的吸附量随温度不同的变化一般不是太大。

上述的吸附经验式，一般在气体压力(或溶质浓度)不太大也不太小时，能够很好地符合实验结果，但在压力较低或压力较高时，就产生较大的偏差。另外，式中的经验常数 K 和 n 都没有物理意义。

为了更好地阐明吸附的机理，兰格缪尔提出了单分子层吸附理论，该理论的适用范围较弗里德利希经验式更广。下面我们介绍兰格缪尔单分子层吸附理论。

8.5.3 兰格缪尔单分子层吸附理论

兰格缪尔(Langmuir)在研究低压下气体在金属上的吸附时，根据实验数据发现了一些规律，然后又从动力学的观点提出了一个吸附公式。其基本假设有四点：①固体表面的吸附作用是单分子层的吸附；②相邻的被吸附分子之间的相互作用小到可以忽略；③表面各处的吸附能力相同，即表面是均匀的；④吸附平衡是动态平衡。以气体 B 为例：

$$B(\mathrm{g}) \Leftrightarrow B(\mathrm{ads})$$

ads 表示被吸附的状态。

公式推导：设 θ 代表某时刻已吸附气体的固体表面积，对固体总表面积之比为一分数，即固体表面被覆盖的分数。$(1-\theta)$代表未吸附气体的固体表面积对总表面积之比的分数，即空白表面占总表面的分数。

气体从单位表面积(或单位量的固体)上解吸的速率和 θ 成正比：

$$\text{解吸速率} = k_1 \cdot \theta$$

式中：k_1 是一定温度时的比例常数，相当于 $\theta=1$ 时的解吸速率。

单位表面积对气体的吸附速率应和$(1-\theta)$成正比，并决定于单位时间内碰撞到单位面积上气体的分子数，而后者又与气体压力成正比，所以得到：

$$\text{吸附速率} = k_2 \cdot p \cdot (1-\theta)$$

式中：k_2 是一定温度下的比例常数，相当于 $p=1$，$\theta=0$ 时的吸附速率。k_1，k_2 的值决定于温度、吸附剂和吸附气体的本性。在吸附过程中，θ 逐渐增大，所以解吸速率不断增大，吸附速率不断减小，最后二者相等，达到了吸附平衡，因此：

$$k_1\theta = k_2 p(1-\theta)$$

所以：

$$\theta = \frac{k_2 p}{k_1 + k_2 p}$$

若令：

$$b = \frac{k_2}{k_1}$$

则有：

$$\theta = \frac{bp}{1 + bp} \tag{8.12}$$

如果以 Γ 表示在气体压力为 p 时的吸附量，以 Γ_∞ 表示在吸附剂表面盖满一层气体分子时的吸附量(称为饱和吸附量)，则：

$$\theta = \frac{\Gamma}{\Gamma_\infty} \quad \Gamma = \Gamma_\infty \theta$$

所以：

$$\Gamma = \Gamma_\infty \frac{bp}{1 + bp} \tag{8.12a}$$

式(8.12a)就是兰格缪尔吸附等温式，它是一个比较完整的理论公式。在一定温度下，对一定的吸附剂和吸附物来说，Γ_∞ 和 b 均为常数(Γ_∞ 为饱和吸附量，b 为吸附系数，b 的大小反映了吸附的强弱)。

兰格缪尔吸附等温式很好地说明了前述的吸附等温线。在低压时，p 很小，式(8.12a)右边的分母中 bp 项与1相比较可忽略，于是公式变为 $\Gamma = \Gamma_\infty bp$，即吸附量与气体压力成正比。在高压时，式(8.12a)右边分母中1与 bp 项相比较，1可以忽略不计，于是公式变为 $\Gamma = \Gamma_\infty$，即吸附达到饱和，吸附量与气体的压力无关(与压力的零次方成正比)。在中压时，压力介于低压和高压之间，式(8.12a)所代表的关系与弗里德利希经验式相符合。

为了方便计算常数 Γ_∞ 和 b，通常将式(8.12a)取倒数，变成如下形式：

$$\frac{1}{\Gamma} = \frac{1 + bp}{\Gamma_\infty bp} = \frac{1}{\Gamma_\infty} + \frac{1}{\Gamma_\infty bp}$$

因此，以 $1/\Gamma$ 为纵坐标，以 $1/p$ 为横坐标作图时，同样应得到一条直线。直线的截距为 $1/\Gamma_\infty$，斜率为 $1/(\Gamma_\infty \cdot b)$，因此可以求得 Γ_∞ 和 b 的数值。

设吸附质每个分子的横截面积为 A_m(m^2)，吸附剂的比表面积为 S_0($m^2 \cdot kg^{-1}$)，饱和吸附量 Γ_∞ 为每千克吸附剂在盖满单分子层时所吸附吸附质的物质的量($mol \cdot kg^{-1}$)，则有：

$$S_0 = \Gamma_\infty N_A A_m \tag{8.13}$$

式中：N_A 为阿伏伽德罗常数(6.02×10^{23})。

若已知 A_m(或 S_0)，则可结合式(8.12)计算 S_0(或 A_m)。有时为了方便，也可将覆盖分数 θ 用 V/V_∞ 来表示，其中 V 和 V_∞ 分别是分压 p 时所吸附的体积和吸附剂被盖满一层时被吸附的气体(均在标准状态下)的体积，将 $\theta = V/V_\infty$ 代入式(8.12)可得：

$$V = V_{\infty}\frac{bp}{1+bp}$$

或：

$$\frac{1}{V} = \frac{1}{V_{\infty}} + \frac{1}{V_{\infty}bp}$$

若用 $1/V$ 对 $1/p$ 作图，应得到一条直线，其截距为 $1/V_{\infty}$，斜率为 $1/(V_{\infty}\cdot b)$，由直线的截距和斜率可求得 b 和 V_{∞} 的值。由 V_{∞} 和 A_m 的值也可计算吸附剂的比表面 S_0。

【例题 3】 由实验测得每克硅胶吸附单分子层 N_2 时，需要 129 mL(0℃，101.325 kPa) N_2，试计算硅胶的比表面积 S_0。

〖解〗 为计算硅胶的比表面积 S_0，需先知道每个氮分子的横截面积 A_m。有人假设氮分子是球形的，在液态时是紧密堆积的，由液态的密度估算出每个氮分子的截面积 A_m 为 $16.2\times10^{-20}\ m^2$，则：

$$\begin{aligned} S_0 &= (V_{\infty}/22.4)\times N_A\times A_m\times 1\,000 \\ &= (0.129/22.4)\times 6.02\times10^{23}\times 16.2\times10^{-20}\times 1\,000 \\ &= 5.60\times10^5\ m^2\cdot kg^{-1} \end{aligned}$$

最后，应该指出，我们在推导兰格缪尔方程式时做了许多简化假设，而实际情况往往比基本假设所描绘的情况要复杂得多。我们假设固体表面是均匀的，而实际情况是很不均匀的，因此在整个固体表面上，吸附系数 b 不是常数，这样即使在压力很小时，V 与 p 也不呈直线关系。我们又假设吸附层为单分子层，这就必然得出当压力很高时，吸附量与气体压力无关的结论，但实际情况并非如此，吸附层也可以是多分子层。因此，最后的吸附量并不接近于一个常数。为此就有了多分子层吸附理论。

8.5.4* BET 多分子层理论

在较高压力下，兰格缪尔等温式与实际有矛盾。原因之一是气体分子在固体表面上的吸附不是单分子层吸附，而是多分子层吸附。1938 年勃劳纳尔(Brunauer)、爱密特(Emmet)和泰勒(Teller)三人提出了多分子层理论，简称 BET 理论。

BET 理论以物理吸附为基础，它是兰格缪尔单分子层吸附理论的推广。BET 公式是应用统计方法导出的一个吸附等温式，即：

$$V = \frac{V_m Cp}{(p_0 - p)\left[1+(C-1)\dfrac{p}{p_0}\right]} \tag{8.14}$$

式中：V 和 V_m 分别是气体压力为 p 时和吸附剂被盖满一层时被吸附气体在标准状态下的体积；p_0 是实验温度下能使气体凝聚为液体的饱和蒸气压；p/p_0 是相对压力；C 是吸附热的函数。对指定温度和一定的固-气吸附系统，C 是常数，它反映了固体与气体分子作用力的强弱。

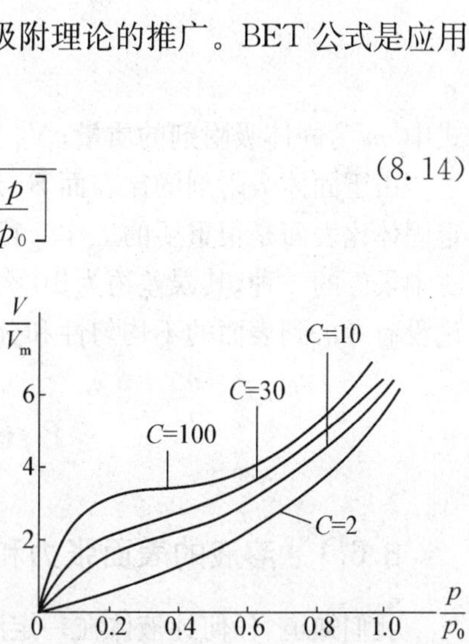

图 8.12 按照 BET 方程绘出的等温线

图 8.12 表明，在压力较低时，BET 等温线随 C 值有明显的差异。在 C 很大的情况下，曲线一开始上升就很陡，以后很快转为平缓，甚至接近水平，压力再加大，曲线

又上升。C值大，反映固体与气体分子间作用力很强，第一层吸附的趋势特别大，所以第一层已经吸附了，第二层还没有开始，曲线才有一个平缓的阶段，直到压力继续增大，才发生多分子层吸附，$C=100$ 的曲线显示了这个特点。在特定情况下，C 值很大，可以在 p 远小于 p_0 时，基本完成单层吸附，而第二层吸附还没有显著发生，这时 BET 等温式就转化为兰格缪尔等温式了：因为 C 远大于 1，BET 式中的 $C-1\approx C$，p 远小于 p_0 时，$p_0-p\approx p_0$，则式(8.14)可改写为：

$$V=V_{\mathrm{m}}\frac{Cp}{p_0\left(1+\frac{C}{p_0}p\right)} \tag{8.14a}$$

令 $\frac{C}{p_0}=b$，则上式为：

$$V=V_{\mathrm{m}}\frac{bp}{1+bp}$$

反之，C 很小时，第一层吸附并无特别强的趋势，各层吸附同时发生，所以，吸附量 V 随 p 均匀上升，$C=2$ 的曲线显示了这个特征。当常数 C 值由大变小时，如从 $C=100$ 到 $C=2$ 时，吸附等温线由类型Ⅱ过渡到类型Ⅲ。

BET 公式能适用于单分子层吸附和多分子层吸附，能对图 8.9 中的第Ⅰ，Ⅱ，Ⅲ类型的吸附等温线给予说明。此外，BET 公式的重要用途是测定计算固体吸附剂的比表面。此时需要将式(8.14a)重排成下列形式：

$$\frac{p}{V(p_0-p)}=\frac{1}{V_{\mathrm{m}}C}+\frac{C-1}{V_{\mathrm{m}}C}\frac{p}{p_0}$$

可以看出，当以 $p/[V(p_0-p)]$ 对 p/p_0 作图时应得到一条直线，直线的斜率是 $(C-1)/(V_{\mathrm{m}}C)$，截距是 $1/(V_{\mathrm{m}}C)$，从斜率和截距之值可以求出 V_{m} 和 C，即 $V_{\mathrm{m}}=1/$(斜率＋截距)，$C=$(斜率＋截距)/截距。

在求得 V_{m} 之后，如果知道被吸附分子的截面积 A_{m}，就可以算出固体吸附剂的比表面积 S_0，因为：

$$S_0=\frac{V_{\mathrm{m}}}{22\,400}\times\frac{N_{\mathrm{A}}A_{\mathrm{m}}}{m}$$

式中：m 为固体吸附剂的质量；N_{A} 为阿伏伽德罗常数。

由于固体吸附剂的比表面 S_0 是一个很重要的物理量，对吸附性能有很大的影响，所以测定固体比表面是很重要的工作。目前，利用 BET 公式测定计算比表面的方法被公认为所有方法中最好的一种，其误差约为 10%左右。BET 理论基本上描述了吸附的一般规律，但 BET 理论没有考虑到表面的不均匀性和分子之间的相互作用，因此对Ⅳ和Ⅴ类型的等温线不能解释。

8.6 溶液表面的吸附

8.6.1 溶液的表面张力和表面活性物质

我们知道，任何纯液体在一定温度时都有一定的表面张力。纯水是单组分系统，在一定温度下，其表面张力 σ 也具有定值。对于溶液就不同了，加入溶质之后，水溶液的 σ 值就会发生改变。

我们做一个简单的试验。在一个小烧杯中盛放自来水，中间放置一根火柴，在纯水中火柴受两边表面张力的作用处于平衡状态，如图 8.13 所示。

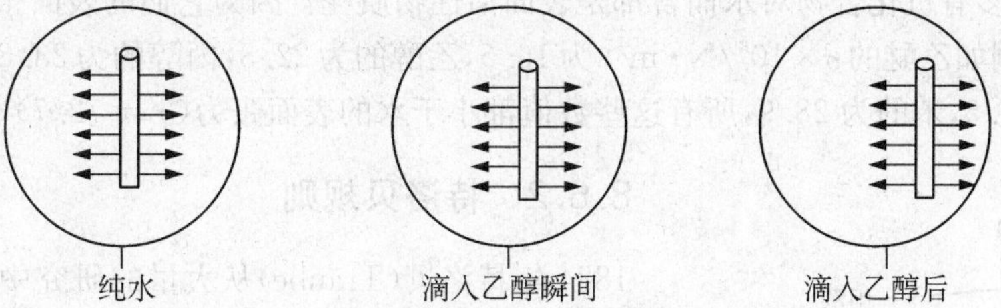

图 8.13 溶液表面张力降低示意图

若在火柴的左边沿着烧杯壁小心缓慢滴加 2 滴乙醇，就可以观察到火柴随即向右移动，这说明乙醇水溶液的表面张力小于纯水。实验发现，在纯水中加入任何一种溶质后，都要引起水的表面张力发生变化，而且随溶质浓度的增加有着不同的变化情况。从许多对溶液表面张力的研究结果知道，表面张力随溶质浓度而变化的规律主要有图 8.14 中所示的三种情况。第一种情况是水溶液的表面张力随溶质浓度的增加而升高，且近于直线上升（Ⅰ线）。就水溶液而言，属于此种类型的溶质有多数无机盐、不挥发性的无机酸和碱（如 NaCl，Na_2SO_4，NH_4Cl，KNO_3，KOH）等无机化合物，以及含有多个羟基的有机化合物（如蔗糖、甘油等）。第二种情况是溶液的表面张力随着溶质浓度的增加而缓慢下降（Ⅱ线），这类溶质包括大多数相对分子质量较小的水溶性极性有机物（如醇、酸、醛、脂、胺及其衍生物等）。第三种情况是溶液浓度很低时，表面张力就急剧下降并很快达到最低点，而达到一定浓度后表面张力不再变化，达到最低点时的浓度一般在 1%以下（Ⅲ线）。属于这类溶质的多为两亲有机物，如有机酸盐（含 8 个碳以上）、有机胺盐、磺酸盐、苯磺酸盐等。

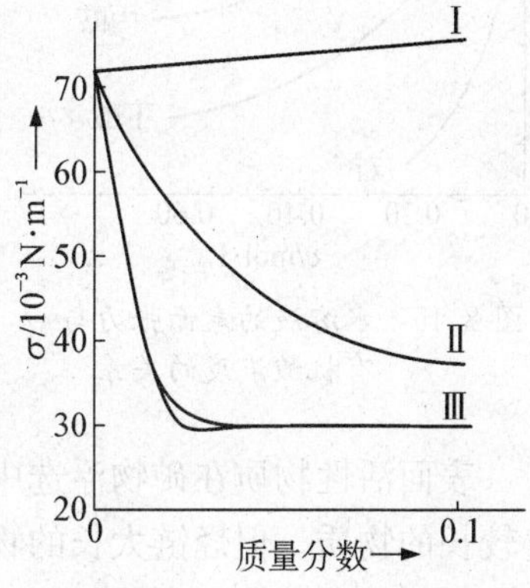

图 8.14 溶液浓度与表面张力的关系

溶质能使溶剂（主要指水）表面张力降低的性质称为表面活性，具有表面活性的物质称为表面活性物质（如类型Ⅱ和类型Ⅲ）。由于Ⅲ类表面活性物质具有在低浓度范围内显著降低表面张力的特点，这类物质也称为表面活性剂。例如在 25℃时，在 0.008 $mol \cdot dm^{-3}$ 的十二烷基硫酸钠水溶液中，水的表面张力从 0.072 $N \cdot m^{-1}$ 降到 0.039 $N \cdot m^{-1}$。

若任一种物质 A 能显著地降低另一液体 B 的表面张力，则 A 对 B 而言为表面活性物质。可见，所谓“表面活性”是指降低表面张力的能力。在此要注意，表面活性只是一种相对的概念，它决定于溶液成分的表面张力之间的相对大小。

例如，已知甲苯、苯胺、水的表面张力（$\sigma \times 10^3 / N \cdot m^{-1}$）分别是 28.5，63 和 72.7。当在甲苯中加入苯胺，溶液的表面张力有所增大，所以苯胺为表面惰性物质。如在苯胺中加入甲苯，则溶液的表面张力明显降低，所以甲苯为表面活性物质。如果在水中加入苯胺，则溶液的表面张力明显降低，所以，对水而言，苯胺为表面活性物质。因此，同是苯胺，因液体的种类（甲苯、水）不同，它可以是表面惰性物质，也可以是表面活性物质。

再例如，将少量的水加入酒精中，只引起液体表面张力的轻微增大，这里水对酒精而言是表面惰性物质。但将少量的酒精加入水中，则引起液体水的表面张力显著降低，这里酒精对水而言是表面活性物质。

为什么许多有机化合物对水而言都是表面活性物质呢？因为它们的表面张力全都低于水的表面张力，例如乙醚的$\sigma \times 10^3/\mathrm{N \cdot m^{-1}}$为16.5，乙醇的为22.3，丙醇的为23.8，醋酸的为27.6，丁酸的为26.5，苯的为28.9，所有这些数值都小于水的表面张力($\sigma = 72.7$)。

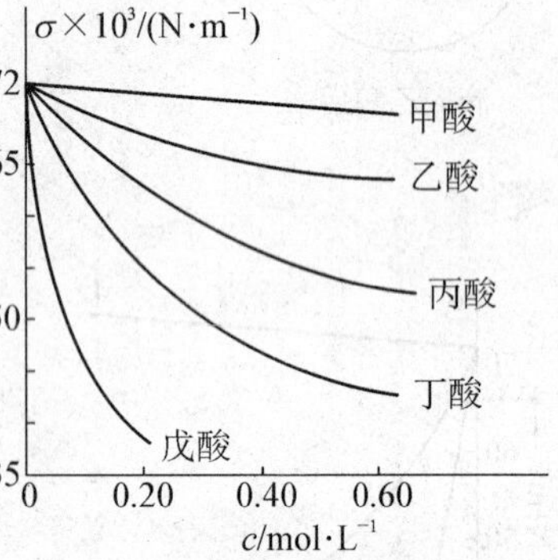

图 8.15　水溶液的表面张力与有机酸浓度的关系

8.6.2　特洛贝规则

1884 年特洛贝(Traube)从大量的研究中得到一个经验规律，其内容是正脂肪酸、醇类、醛类等短烃链的表面活性物质，它们的同系物的表面张力几乎相等，但溶解于水后降低水的表面张力的能力却随着碳氢链的增长而快速增加。在稀溶液时，对有机酸或醇类的同系化合物，每增加一个CH_2基，表面张力的降低近似地按照$1:3:3^2:3^3\cdots\cdots$的比例增加。图 8.15 是几种有机酸水溶液的表面张力等温线。

特洛贝规则指出：在同系物的稀溶液中，欲使表面张力降低一样多，所需溶液的浓度因分子每增加一个CH_2基可以减少 2/3。

表面活性物质在矿物浮选中常用作起泡剂，为了减少起泡剂的用量，我们总是喜欢使用烃链较长的物质。但烃链太长的物质溶解度往往很小，不易在水中分散而失去表面活性的特色，因此也不宜使用。矿物浮选中所用的起泡剂，碳原子数大多在 5～11。

总之，表面吸附是溶液为了自发地降低表面张力从而降低系统表面吉布斯函数而发生的一种界面现象。溶液表面上溶质吸附量的大小，可用吉布斯吸附等温式来计算。

8.6.3　吉布斯吸附等温式

表面活性物质在溶液表面层发生正吸附，但究竟吸附了多少物质呢？这个问题迄今还没有得到很好的解决，因为表面活性物质积聚在薄薄的只有几个分子厚的表面上，无法准确测定出它的浓度。

吉布斯(Gibbs)1877 年用热力学原理推导出了在指定温度下吸附量与溶液表面张力和溶液浓度的关系，至今仍被广泛应用。

$$\Gamma = -\frac{c}{RT}\frac{\mathrm{d}\sigma}{\mathrm{d}c} \tag{8.15}$$

式(8.15)就是著名的吉布斯吸附等温式，它表明了吸附量Γ决定于溶液浓度c及溶液表面张力随溶液浓度改变的变化率$\mathrm{d}\sigma/\mathrm{d}c$，是溶质表面活性的量度。

从式(8.15)看出，如果浓度增加时，溶液的表面张力降低，即$\mathrm{d}\sigma/\mathrm{d}c < 0$时，$\Gamma$为正值，即凡能降低溶液表面张力的溶质，在表面层的浓度必大于其在溶液内部的浓度，进行正吸附，前述的有机物对水的关系就是这一类例子。反之，当$\mathrm{d}\sigma/\mathrm{d}c > 0$时，$\Gamma$为负值，前述的无机物对水的关系就属这一类例子。当$\mathrm{d}\sigma/\mathrm{d}c = 0$时，$\Gamma = 0$，即无吸附作用。从公式还可看出，温度$T$升高时，吸附量$\Gamma$降低，这是分子热运动加剧的结果。这些结论与前面的定性讨论是一致的。

从式(8.15)还可以知道，如果表面活化度 $d\sigma/dc$ 越大，即吸附质降低溶液表面张力越大，则吸附量 Γ 的值越大，也就越容易被吸附。因此，根据吉布斯方程和特洛贝规则可知：

醇类吸附量大小顺序为：甲醇＜乙醇＜丙醇＜……

脂肪酸吸附量大小顺序为：甲酸＜乙酸＜丙酸＜……

图 8.16 是表面活性物质水溶液表面张力随浓度变化的等温线（$\sigma-c$ 曲线），从低浓度到高浓度依次选几个点，作各点的切线，可求出相应的 c 和 $d\sigma/dc$，或从实验测得两个不同浓度的溶液的表面张力 $d\sigma/dc$，从而近似地求出某一平衡浓度溶液在表面上溶质的吸附量。

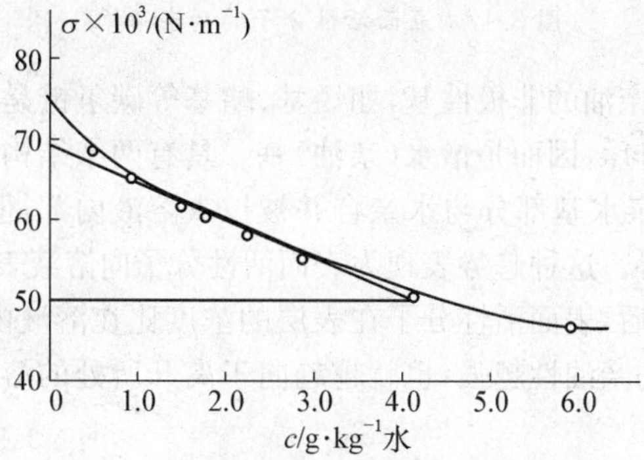

图 8.16 有机酸水溶液表面张力与浓度的关系

【例题 4】 21.5℃时，测得某有机酸水溶液的表面张力和浓度的数据如下：

$c/(g\cdot kg^{-1}$水)	0.502 6	0.961 7	1.050 07	1.750 6	2.351 5	3.002 4	4.114 6	6.129 1
$\sigma\times10^3/(N\cdot m^{-1})$	69.006	66.49	63.63	61.32	59.25	56.14	52.46	47.24

试求当浓度为 1.5 $g\cdot kg^{-1}$ 水时溶质的表面吸附量。

〖解〗 以 σ 对 c 作曲线图，当 $c=1.5\ g\cdot kg^{-1}$ 水时：

$$曲线的斜率\ d\sigma/dc=\frac{(70.4-50.0)\times10^{-3}}{0-4.0}=-5.10\times10^{-3}\ N\cdot kg\cdot m^{-1}\cdot g^{-1}$$

$$吸附量\ \Gamma=-\frac{c}{RT}\left(\frac{d\sigma}{dc}\right)_T=\frac{1.5}{8.314\times294.5}\times5.10\times10^{-3}=3.1\times10^{-6}\ mol\cdot m^{-2}$$

8.6.4 表面活性剂及其应用

1. 表面活性剂的结构特点

水是最重要的溶剂，本书在下面讨论的表面活性物质都是对水而言的。与加入溶质后引起溶液表面张力变化密切相关的另一个表面现象就是吸附。溶质在液体表面层中的浓度和在液体内部是不相同的，这种浓度改变的现象称为溶液表面的吸附。溶质在表面的吸附量(Γ)，定义为单位的表面层所含溶质的摩尔数与同量溶剂在本体溶液中所含溶质摩尔数之差值。简言之，吸附量又称表面过剩量，即表面浓度和本体浓度之差。若溶质在表面层的浓度大于在内部的浓度，称为正吸附；反之，若小于内部的浓度则称为负吸附。实验证明：表面活性物质在水溶液中呈正吸附，而非表面活性物质呈负吸附，这都与溶质的结构特性有关。

表面活性物质的分子具有两亲结构，如图 8.17 所示。分子的一端是亲水的极性基，例如，醇类、酸类、胺类中的—OH，—COOH，—NH_2 都是极性的，能够吸引极性的水分子，因此是

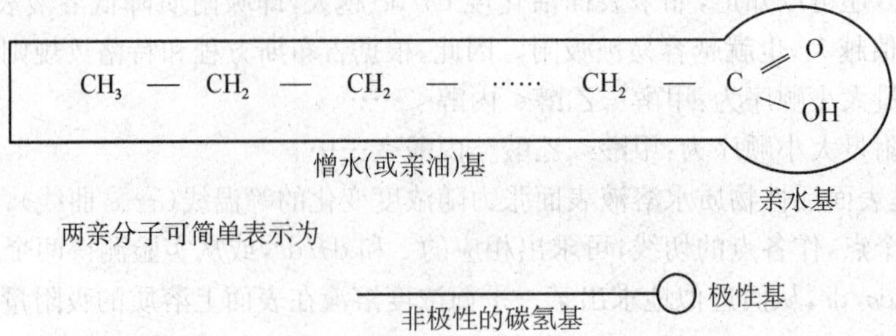

图 8.17　*表面活性分子的两亲结构*

亲水基。分子的另一端是亲油的非极性基，如烃基、酯基等碳氢链是非极性的，不仅不能吸引水分子，还将遭水分子的排斥，因而是憎水（亲油）基。具有两亲结构的分子称为两亲分子，将这类分子溶于水中，分子亲水基部分与水亲合并被拉入溶液内部，但分子的亲油基部分却相反，有逃向溶液表面的趋势。这种趋势表现为表面活性分子向溶液表面层积聚。因此，当这种作用与扩散作用达到平衡后，表面活性分子在表层的浓度比在溶液内部的大，即产生正吸附。亲油基越长，则整个分子的亲油性越强，也就越趋向于离开所处的溶液而到达溶液的表面，结果其吸附量也就越大。

基于结构的特点，表面活性分子在溶液表面上是有一定取向的。分子的亲水基指向极性溶剂，而亲油基则伸向表面另一侧的空气中。当在纯水中溶入表面活性物质后，在液面上，部分水就被这类分子所代替，在其中所形成的定向排列减轻了原来表面受力不平衡的程度，从而减少了表面吉布斯自由能，降低了表面张力。显然，如果表面分子的亲油基越长，在表面积聚越多，吸附量就越大，同时使溶液表面吉布斯自由能和表面张力降低越多，也就是该物体的表面活性越大。

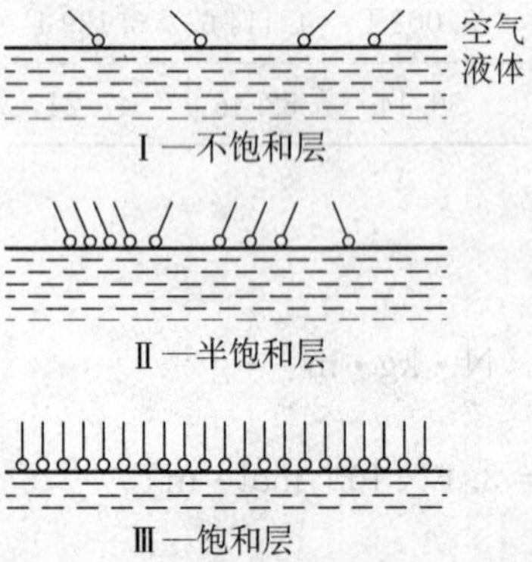

图 8.18　*表面活性分子在液面上的定向排列*

当开始向水中加入少量表面活性物质后，由于浓度很小，表面活性分子的碳氢链大致平躺在表面上，但两亲分子受到水分子的吸引和排斥，故虽为平躺也还有一定的取向，如图 8.18 中不饱和层所示。随着浓度增大，吸附量增多，分子之间相互挤压，碳氢链便斜向空气，如图 8.18 中半饱和层所示。随着浓度继续增大，分子则垂直规则地排列如栅栏，溶液的全部表面均为表面活性分子占据，并形成一层单分子膜，如图 8.18 中饱和层所示。

2. 表面活性剂的应用

表面活性剂由于具有润湿或抗黏、乳化或破乳、起泡或消泡以及增溶、分散、洗涤、防腐、抗静电等一系列物理化学作用及相应的实际应用，成为一类灵活多样、用途广泛的精细化工产品。表面活性剂除了在日常生活中作为洗涤剂，其他应用几乎可以覆盖所有的精细化工领域，同时在石油开采、环境保护领域也具有广泛的应用。

(1) 增溶。表面活性剂在溶液中形成胶束后可增大难溶性药物在溶剂中的溶解度，具有增溶作用的表面活性剂称为增溶剂。应用增溶剂可增加难溶性药物的溶解度，改善液体制剂的澄明度，同时提高制剂的稳定性。

(2) 乳化。表面活性剂能降低油-水界面张力，使乳浊液易形成，同时表面活性剂在分散相液滴周围形成保护膜，防止液滴相互碰撞时聚集，提高乳浊液的稳定。

(3) 润湿。液体在固体表面铺展或渗透的作用称为润湿。制备混悬液时，常出现分散介质不易在药物粉末表面铺展的现象，使药物粉末漂浮或下沉。润湿剂降低了固-液界面张力，使固体被润湿。

(4) 起泡与消泡。皂苷、树胶等化合物具有表面活性，在浸提、浓缩时产生稳定的泡沫而影响操作。为了破坏泡沫，加入少量 HLB 值(亲水亲油平衡值，其概念见 9.7.3 节)为 1～3 的亲油性表面活性剂(消泡剂)，可与泡沫液层争夺液膜表面而吸附在泡沫表面上，替代泡沫表面上原来的表面活性物质(起泡剂)，而本身不能形成稳定的液膜，使泡沫破坏。

(5) 去污。去污剂亦称洗涤剂，系指用于除去污垢的表面活性剂，常用的去污剂有脂肪酸的钠皂、钾皂、十二烷基硫酸钠等。

(6) 消毒、杀菌。表面活性剂在医药行业中可作为杀菌剂和消毒剂使用，其杀菌和消毒作用归结于它们与细菌生物膜蛋白质的强烈相互作用使之变性或失去功能，这些消毒剂在水中都有比较大的溶解度，根据使用浓度，可用于手术前皮肤消毒、伤口或黏膜消毒、器械消毒和环境消毒。

(7) 抗硬水性。甜菜碱表面活性剂对钙、镁离子均表现出非常好的稳定性，即自身对钙、镁硬离子的耐受能力以及对钙皂的分散力。在使用过程中要防止钙皂的沉淀，提高使用效果。

(8) 水处理。近些年，表面活性剂在废水处理中的应用越来越受到人们的广泛关注。目前，主要是利用胶束增强超滤法和液膜法来除去水中的重金属离子和有机废物。

丙烯酰胺(AM)具有优良的水溶性，适于水溶液聚合；丙烯酸(AA)除具有较高的反应活性和较好的水溶性外，能使共聚物嵌入适量羧基，使其在碱性废水中强化增黏、增稠效果；甲基丙烯酰氧乙基二甲基辛基溴化铵(ADMOAB)具有表面活性，含有疏水基团从而使共聚物的溶液行为产生疏水缔合作用，形成网络结构从而增大共聚物在废水处理中的絮凝效果。因此，它们的三元共聚物可以提高在废水处理中的絮凝、脱水效果，并且可以使废水化学需氧量(COD)显著减少，污泥脱水的效果明显增强。

比较常见的两性表面活性剂有两性壳聚糖和两性淀粉。两性壳聚糖以甲壳素为原料，在碱性条件下与氯乙酸反应引入羧甲基，同时进行水解脱乙酰基，制成既可溶解于稀酸、稀碱，又可溶解于水的羧甲基壳聚糖。壳聚糖可广泛应用于冶金和含重金属工业废水的处理，只用 5×10^{-6} 浓度的壳聚糖，即可以使废水的生化需氧量(BOD)减少 80%～85%。

两性淀粉的制备是利用淀粉葡萄糖苷中羟基的反应活性，将其分别与阴、阳离子醚化剂进行反应。两性淀粉可用作造纸添加剂和涂料黏结剂以及金属离子螯合剂，据报道两性淀粉螯合剂对阴、阳金属离子均有很强的吸附能力和较高的吸附容量，可处理多种重金属离子或混合离子溶液，且螯合树脂可再生反复使用，可用于矿物或冶金工业中提取金属离子或污水处理。

3. 废水处理中的常用表面活性剂种类简介

(1) 阳离子高分子絮凝剂。现代化工业和现代化生活使排水中的有机质的质量分数大大增加，对于一些含有有机物或胶体的水体系，由于其微粒表面带负电荷，只是非离子或阴离子型高分子絮凝剂用于这类废水处理不能获得满意的效果，而阳离子高分子絮凝剂是一种水溶性高分子聚电解质，分子链上带有正电荷活性基团，它可以与水中的微粒起电荷中和及吸附架桥作用，从而使体系中的微粒脱稳、絮凝而有助于沉降和过滤脱水。它可以有效地降低水中悬浮固体的质量分数，降低水的浊度，并有使病毒沉降和降低水中三卤甲烷前体物的作用，使水中的总含碳量(TOC)降低。

阳离子高分子表面活性剂作为絮凝剂，主要应用于工业上的固液分离过程，包括沉降、澄清、浓缩及污泥脱水等工艺。主要应用于城市污水处理和造纸工业、食品加工业、石油化工、冶金工业、选矿工业、染色工业和制糖工业等各种工业的废水处理。用在城市污水及肉类、禽类、食品加工废水处理过程中的污泥沉淀及污泥脱水上，通过其所含的正电荷基团对污泥中的负电荷有机胶体的电性中和作用及高分子优异的架桥凝聚功能，促使胶体颗粒聚集成大块絮状物，从其悬浮液中分离出来，效果明显而且投加量少。在造纸工业中可用作纸张助留剂、助滤剂，能极大地提高成品纸质量、节约成本，提高造纸厂的生产能力。

① 天然高分子改性阳离子型絮凝剂。天然高分子改性阳离子型絮凝剂具有无毒、可生物降解、价廉等优点，近年来得到国内外学者的重视。其中用于废水处理的有改性阳离子淀粉的衍生物、木质素衍生物、甲壳素衍生物等。阳离子淀粉在工业废水处理中是优良的高分子絮凝剂和阴离子交换剂。用作絮凝剂时可以吸附带负电荷的有机或无机悬浮物质；用作阴离子交换剂时可以有效地除去废水中的铬酸盐、重铬酸盐、亚铁氰化物、高锰酸盐等，其交换容量与阳离子化的取代度有关，当交换失活后可再生重复使用。对甲壳素的改性研究在许多国家也取得很大进展，对甲壳素进行适当的分子改造，脱除其乙酰基，得到壳聚糖，它是一种很好的阳离子絮凝剂。

② 两性有机高分子絮凝剂。两性有机高分子絮凝剂在同一高分子链节上兼具阴离子、阳离子两种基团。在不同介质条件下，其所带离子类型可能不同，适于处理带不同电荷的污染物。它的另一优点是适用范围广，在酸性介质、碱性介质中均可应用。对废水中由阴离子表面活性剂所稳定的分散液、乳浊液、各类污泥、各种胶态分散液，均有较好的絮凝及污泥脱水功效。该产品还在油田堵水调剖作业中显示了优良的性能，是近年来新发展起来的堵水调剖剂。

③ 改性类两性高分子水处理剂。改性类两性高分子水处理剂具有原料来源丰富、无毒、可生化降解、制备工艺简单、成本较低、价格便宜等优点，加上天然高分子本身结构多样，分子内活性基团可选择性大，易于采用不同的改性工艺制备结构多样、适应不同使用目的的两性高分子絮凝剂。我国动植物资源丰富，这类两性水处理剂将有良好的应用前景。

(2) 阴离子型高分子絮凝剂。阴离子聚丙烯酰胺(简称 A－PAM)易溶于水，几乎不溶于有机溶剂，在中性和碱性介质中呈高聚合物电解质的特征，对盐类电解质敏感，与高价金属离子能交联成不溶性的凝胶体。阴离子型 PAM 作为絮凝剂用于选矿、冶金、洗煤、食品行业中的固液分离，在油田工业中也有广泛应用，主要用作三次采油的注水增稠剂。

(3) 非离子型絮凝剂。非离子型聚丙烯酰胺能够通过其高分子长链把污水中的许多细小颗粒或油珠吸附后缠在一起而形成架桥。它是一种絮凝能力非常强的絮凝剂，它的絮凝速度比阴离子型 PAM 快。在处理油田含油污水时，通常与铝盐配合使用。使用前要通过实验确定其最佳用量，用量过低不起作用，用量过高反而起反作用。这是因为超过一定浓度后，PAM 不但不起絮凝作用，反而起分散稳定作用。加药时应使用较低的浓度，以保证混合均匀。非离子型 PAM 作为高选择性的絮凝剂，用于使用膨润土的低固相钻井泥浆中，因为它可以絮凝被钻下的岩屑，而使膨润土仍然保持分散状态。

习　题

1. 在 293 K 时，将半径为 1 mm 的水滴分散成半径为 1 μm 的小水滴，问此过程使比表面增加了多少倍？

表面吉布斯自由能增加多少？环境至少需做功多少？已知 293 K 时 $\sigma(H_2O) = 72.75\ mN \cdot m^{-1}$。

答案：10^3 倍，9.14×10^{-4} J，9.14×10^{-4} J。

2. 已知 20℃时，汞溶胶中粒子的直径为 2.20×10^{-10} m(设为球形)，1 dm^{-3} 溶胶含有 Hg 0.08 g，试问 $1\times10^{-3}\ dm^3$ 该溶胶中粒子数为多少？离子总表面积为多大？

答案：2.4×10^{17} 个，$0.146\ m^2$。

3. 试分别计算 20℃时半径为 10^{-4} m，10^{-6} m，10^{-7} m，10^{-9} m 的水滴所承受的附加压力，并讨论计算结果说明了什么。已知 20℃时水的表面张力为 $72.75\times10^{-3}\ N \cdot m^{-1}$。

答案：$\Delta p = 1.456$ kPa，1.456×10^2 kPa，1.456×10^3 kPa，1.456×10^5 kPa。

4. 在 298 K 时，1,2-二硝基苯(NB)在水中所形成的饱和溶液的浓度为 $5.9\times10^{-3}\ mol \cdot L^{-1}$，试计算直径为 1×10^{-8} m 的 NB 微球在水中的溶解度。已知 298 K 时 NB/水的表面张力为 $25.7\ mN \cdot m^{-1}$，NB 的密度为 $1\,566\ kg \cdot m^{-3}$。

答案：$1.567\times10^{-3}\ mol \cdot dm^{-3}$。

5. 纯水在 303.2 K 时的蒸气压为 4.243 kPa，密度为 $996\ kg \cdot m^{-3}$，表面张力为 $71.18\times10^{-2}\ J \cdot m^{-2}$，如果将水喷成雾状，使雾滴的半径为 1 nm，问此时系统中蒸气压为多少？

答案：11.77 kPa。

6. 373 K 时，水的表面张力为 $58.9\ mN \cdot m^{-1}$，密度为 $958.4\ kg \cdot m^{-3}$，在 373 K 时直径为 1×10^{-7} m 的气泡内的水蒸气压为多少？在 101.325 kPa 外压下，能否从 373 K 的水中蒸发出直径为 1×10^{-7} m 的气泡？

答案：99.91 kPa，不能。

7. 水蒸气骤冷会发生过饱和现象。在夏天，用干冰微粒撒于乌云中使气温骤降至 293 K，此时水汽的过饱和度(p/p_s)达 4，已知 293 K 时 $\sigma(H_2O)=72.75\ mN \cdot m^{-1}$，$\rho(H_2O)=997\ kg \cdot m^{-3}$。求算：(1)开始形成雨滴的半径；(2)每一滴雨中所含的水分子数。

答案：(1) 7.8×10^{-10} m；(2) 66 个。

8. 已知 293 K 时，$\sigma(H_2O) = 72.75\ mN \cdot m^{-1}$，$\sigma$(汞-$H_2O$) $= 37.5\ mN \cdot m^{-1}$，σ(汞) $= 483\ mN \cdot m^{-1}$。试判断水能否在汞表面上铺展开来？

答案：$\cos\theta = 1.48$，能。

9. 在 298 K，101.325 kPa 下，将直径为 1 μm 的毛细管插入水中，在管内需加多大压强才能防止水面上升？若不加额外压强，则管内液面能升多高？已知该温度下 $\sigma(H_2O) = 72.0\times10^{-3}\ N \cdot m^{-1}$，$\rho(H_2O) = 1\,000\ kg \cdot m^{-3}$，接触角 $\theta = 0$，重力加速度 $g = 9.8\ m \cdot s^{-2}$。

答案：$p_S = 288$ kPa，$h = 29.38$ m。

10. 氧化铝陶瓷上需要涂银，当加热到 1 273 K 时，液体银能否润湿陶瓷表面？已知该温度下 $\sigma(Al_2O_3) = 1.0\ N \cdot m^{-1}$，液态银 $\sigma(Ag) = 0.88\ N \cdot m^{-1}$，$\sigma(Al_2O_3 - Ag) = 1.77\ N \cdot m^{-1}$。

答案：接触角为 150°，不能润湿。

11. 273.15 K 和 293.15 K 时，水的饱和蒸气压分别为 610.2 Pa 和 2 333.1 Pa。在吸附一定量水的糖炭上，在上述温度下吸附平衡时水的蒸气压分别为 104.0 Pa 和 380.0 Pa。计算：(1)糖炭吸附 1 mol 水蒸气的吸附热；(2)糖炭吸附 1 mol 液体水的吸附热。(设吸附热与温度和吸附量无关)

答案：(1) $-43\,095.2\ J \cdot mol^{-1}$；(2) $1\,464.4\ J \cdot mol^{-1}$。

12. A 与 B 两种液体组成理想溶液，某温度下溶液的蒸气压为 53.5 kPa，A 在溶液中与在蒸气中的摩尔分数分别为 0.65 和 0.45，计算此温度下纯 A 和纯 B 的蒸气压。

答案：A 的蒸气压为 36.39 kPa，B 的蒸气压为 83.8 kPa。

13. 苯与甲苯可组成理想溶液，计算 80℃时苯的摩尔分数为 0.142 的苯-甲苯溶液液面上蒸气相的组成。已知 80℃时苯与甲苯的蒸气压分别为 100.4 kPa 和 38.7 kPa。

答案：苯 0.301，甲苯 0.699。

14. 1 g 活性炭吸附 CO_2 气体，在 303 K 时吸附平衡压强为 79.99 kPa，在 273 K 时吸附平衡压强为 23.06 kPa，求 1 g 活性炭吸附 0.04 L 标准状态的 CO_2 气体的吸附热(设吸附热为常数)。

答案：−50.92 J。

15. 已知，在 0℃ 时，用活性炭吸附三氯甲烷的最大吸附量为 93.8 $dm^3 \cdot kg^{-1}$，三氯甲烷的分压为 13.375 kPa时的平衡吸附量为 82.5 $dm^3 \cdot kg^{-1}$。试计算：(1) 兰格缪尔吸附等温式中的 b；(2) 三氯甲烷的分压为 6.667 2 kPa 时的平衡吸附量是多少？

答案：(1) 0.545 9 kPa^{-1}；(2) 73.58 $dm^3 \cdot kg^{-1}$。

16. 473 K 时测定氧在某催化剂上的吸附作用，平衡压力为 101.3 kPa 及 1 013 kPa 时，1 kg 催化剂吸附氧的体积(换算成标准状态)分别为 2.5 dm^3 和 4.2 dm^3。设该吸附作用符合兰格缪尔吸附等温式，试计算当氧的吸附量为饱和值的一半时，平衡压力为多少？

答案：83.3 kPa。

第9章

胶体化学

胶体化学是物理化学的一个重要分支。它所研究的对象是高度分散的多相系统，即一种物质以或大或小的粒子分散在另一种物质中所构成的分散系统(disperse system)。所谓分散系统，是一种或几种物质分散在另一种物质中所构成的系统，如牛奶中奶油液滴分散在水中，颜料分散在有机液体中形成油漆等。通常把被分散的物质称为分散相，起分散作用的物质叫分散介质。

分散系统可分为均相分散系统和非均相分散系统。均相分散系统是物质彼此以分子形态分散或混合所形成的系统。此类系统的分散相及分散介质之间无相界面存在，是热力学稳定的系统。非均相分散系统是物质以微相形态分散在分散介质中所形成的多相系统。

1861年英国科学家格莱姆(T. Grahame)研究了水溶液中物质分子的扩散。他发现有些物质，如糖、无机盐、尿素等，在水溶液中扩散很快，容易通过渗析膜或半透膜(semipermeable membrance)；而另一些物质如动物胶、氢氧化铝、硅胶等扩散很慢，不易或不能通过半透膜。能够通过半透膜的这类物质当溶剂蒸发时呈晶体析出；而不能通过半透膜的那些物质当溶剂蒸发时无晶体析出，大多呈有黏稠性状的无定形胶质，就像普通的胶水。因此，格莱姆认为它们是两种完全不同的物质，分别叫作晶体和胶质(colloid)，前者的水溶液称为真溶液，而后者的水溶液称为溶胶(sol)。这是早期的胶体的概念。

后来经过人们的研究发现，这种分类是不恰当的。俄国的韦曼(Веймарн)通过实验证明，任何物质既可形成晶体，也可形成胶体。例如，食盐是典型的晶体，溶解在水中形成普通溶液，可以通过半透膜，但是若将其分散在苯中，则具有胶体的性质。这就表明，晶体和胶体并非两类不同的物质，它们是可以相互转化的，是分散质大小不同的两种状态。通常所指的胶体，是分散粒子大小在10^{-9}～10^{-7} m的分散系统。因此，胶体是一种分散系统，它是物质存在的一种状态。胶体化学就是研究胶体状态的科学。

自然界中很多物质均以胶体状态存在，例如动植物体中的蛋白质和糖类。很多矿物质也能以胶体状态存在，如蛋白石($SiO_2 \cdot nH_2O$)、褐铁矿($Fe_2O_3 \cdot nH_2O$)都属于胶体矿物。胶体化学与工农业生产、日常生活密切相关，胶体及其研究方法对于浮选、冶金、材料、食品加工、水质的净化、废水处理、石油化工等有着重要的意义。

9.1 胶体系统的分类及制备

9.1.1 胶体的分类

胶体系统是一种多相分散系统(heterogeneous dispersed system)。例如，溶液、悬浮液、乳状液和烟雾等都是分散系统。胶体是分散相粒子直径为1～100 nm的一种高度分散的分散系统。颗粒更大些的叫作粗分散系统，也属于广义的胶体范围；颗粒更小些，即分散相粒子直径小于1 nm时，称为分子分散系统（如溶液），它不属于胶体的范围。

按分散相粒子的大小，分散系统的分类如表9.1所示。本章仅就胶体分散系统作简单的讨论。

表9.1　分散系统的分类

类型		粒子直径	实例	主要特征	相数
胶体	粗分散系统（悬浮液、乳状液）	>100 nm	牛乳、烟雾	粒子不能通过滤纸，不扩散，不渗析，一般显微镜下可看见	多相热力学不稳定系统
	胶体分散系统（溶胶）	1～100 nm	氢氧化铁溶胶	粒子能通过滤纸，扩散慢，不能渗析，普通显微镜下看不见，在超显微镜下可看见	多相热力学不稳定系统
溶液	分子、离子分散系统	<1 nm	氯化钠溶液、蔗糖溶液	粒子能通过滤纸，扩散快，能渗析，只能在电子显微镜下看见	单相热力学稳定系统

胶体系统也可以按分散质和分散剂的聚集状态分类，表9.2中列出了9类，在胶体化学中最重要的是第4、第5两类，即溶胶和乳浊液。

表9.2　胶体系统的类型

类型	分散质	分散剂	名称和实例	
1	气	气	气溶胶	空气
2	液	气		云、雾
3	固	气		烟、尘
4	气	液	液溶胶	各种泡沫
5	液	液		乳浊液、牛乳
6	固	液		金属溶液、As_2S_3溶液
7	气	固	固溶胶	泡沫塑料、浮石、馒头
8	液	固		沸石、珍珠（水分散在$CaCO_3$中）
9	固	固		有色玻璃、红宝石

凡分散剂为液体的胶体系统称为液溶胶，分散剂为气体的则称为气溶胶，以此类推。

按分散相与分散介质之间亲和性的强弱，将溶液分为憎液溶胶（lyohobic sol）和亲液溶胶（lyophilic sol）。它们的主要不同点在于：

（1）亲液溶胶的分散质与分散剂有着相当大的亲和力，即分散质的质点被溶剂化生成一层溶剂化膜。这要求分散质与分散剂有着某些相似，如蛋白质含有—OH等极性基，它能成为亲水溶胶。憎液溶胶与此相反，分散质本身不能形成溶剂化膜。

（2）亲液溶胶每个粒子含有的分子数较少，甚至可由一个大分子所组成（如淀粉、蛋白质），因而在许多性质上与溶液类似，现在已将亲液溶胶（是均相的真溶液，为热力学稳定系统)改称为大分子溶液。而憎液溶胶的粒子是由许多小分子或离子聚集而成的(如氢氧化铁溶胶)。

9.1.2 胶体系统的特征

根据以上讨论可知,胶体的一个重要特征是分散的质点和分散介质之间有很大的相界面,具有很高的表面吉布斯自由能。从热力学的观点来说,它是热力学上的不稳定系统,其粒子有自动趋于聚结而下沉的倾向。大量的实验事实表明,由于胶体粒子带电,这样可使胶粒表面层的不饱和力场得到一定的补偿,从而达到相对稳定的状态。总而言之,高度分散的多相性、动力稳定性和热力学不稳定性是胶体系统的三大特征,也是胶体具有其他性质的依据。人们研究胶体系统的性质及其形成、稳定与破坏都是从这些特性出发的。

9.1.3 胶体溶液的制备

根据胶体系统中分散质粒子的大小介于粗分散系统和真溶液之间,故溶胶的制备有两条途径:一是由大变小,将大块物质(粗粒子)用机械研磨、超声分散或胶溶分散等方法,分散到胶粒大小范围,即所谓分散法;二是由小变大,即聚集(凝聚)法,与分散法相反,凝聚法是使个别分子(或原子、离子)在适当条件下由分散状态凝聚为胶体分散状态。此法不仅消耗能量少,而且比较简单。此外要得到稳定的憎液胶体,还必须满足以下两条:①分散相在介质中的溶解度要小;②需要加入第三者作为稳定剂。

9.1.4 胶体溶液的纯化

用以上各种方法制得的溶胶,往往会有很多电解质或其他杂质。少量的电解质可使胶体粒子因吸附离子而带电,因而对于稳定胶体是必要的。但过量的电解质的存在会影响胶体的稳定性。因此,制得的胶体必须经纯化处理。除去溶胶中过量电解质的过程,称为溶胶的提纯。常用的方法有渗析法和电渗析法。

1. 渗析法

这种方法利用胶粒不能透过半透膜的性质,将溶胶装在加有半透膜的容器内,将整个膜容器浸在水中,如图 9.1 所示。最常见的半透膜有羊皮纸、动物膀胱膜、硝酸纤维、醋酸纤维等。由于膜内外杂质的浓度有差别,膜内的离子或其他能透过的小分子将向膜外迁移。若不断更换膜外溶剂,则可以降低溶胶中的电解质和杂质的浓度而达到纯化的目的。有时为了提高渗析的速度,可适当加热以加速分子、离子的扩散。

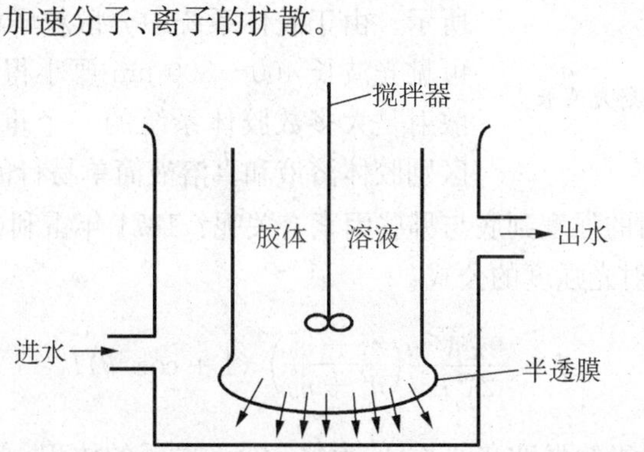

图 9.1 渗析器

2. 电渗析法

电渗析法是利用外加电场以增加离子迁移速率，其装置如图 9.2 所示。

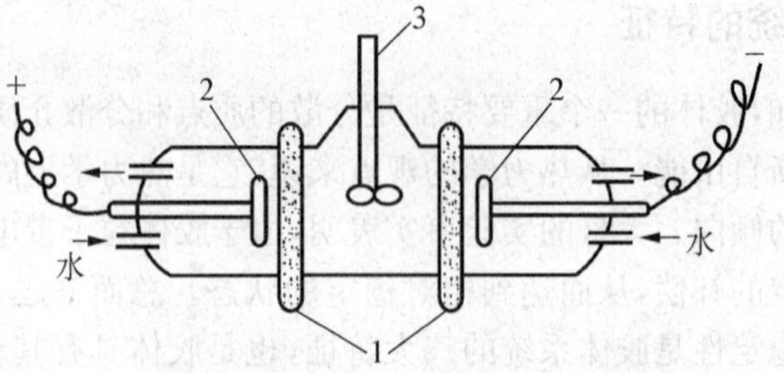

图 9.2 电渗析器

1—装半透膜之隔板；2—电极；3—搅拌器

9.2 胶体溶液的光学性质和动力性质

胶体和溶液都是分散系统，但溶液、胶体、浊液三者的分散质粒子大小不同。颗粒大小的变化必然引起质的变化，所以溶液和胶体在性质上既有相似又有不同之处。溶液和胶体靠肉眼观察是不能区别的，但我们可以依靠胶体的一系列特性来鉴别它。

9.2.1 胶体溶液的光学性质

当一束强烈的太阳光射入黑暗的房间里，我们在光束旁边可以看到很多尘土的微粒在运动，其实我们并没有真的看到这些尘粒，所看到的只是尘粒散射出的光而已。英国物理学家丁达尔(Tyndall)于 1869 年将一束强光照射通过胶体溶液，在与光束前进方向垂直的侧向上可以看到一个混浊发亮的光柱，这种微粒对光的散射作用在胶体化学中常称为丁达尔效应。类似的现象还在电影院中以及汽车的车灯、探照灯等的光路上出现。

丁达尔效应与分散质粒子的大小及入射光线的波长有关。研究发现，光线入射分散系统后，产生反向光的强弱与系统的分散度有关。若分散粒子直径大于光的波长，主要产生光反射；若分散粒子直径小于光的波长，则光波可以绕过粒子向四面八方传播，即光的散射，散射出来的光称为乳光(emulsion light)，如图 9.3 所示。由于胶体系统中分散粒子的直径在 1～100 nm，比可见光波长 400～800 nm 要小得多，因此，产生明显的光散射是大多数胶体系统的一个重要特征。丁达尔效应是区别胶体溶液和真溶液简单易行的办法。

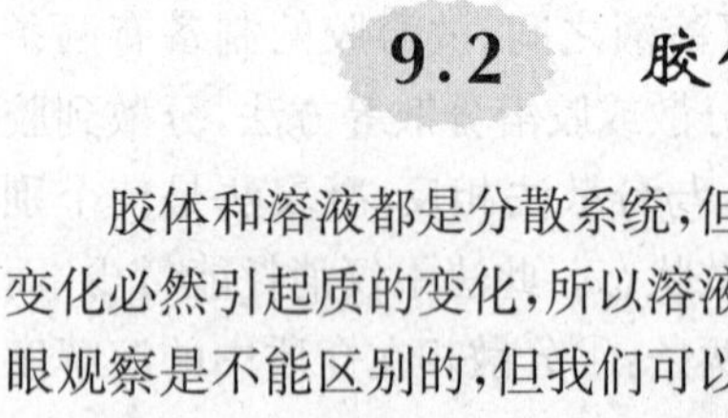

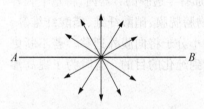

图 9.3 粒子直径小于入射光波长而产生光散射

那么粒子对光散射的强度到底与哪些因素有关呢？1871 年雷利(Rayleigh)研究了光的散射作用，提出了计算散射光强度的公式：

$$I = \frac{9\pi^2 V^2 \nu}{2\lambda^4 L^2}\left(\frac{n_1^2 - n_0^2}{n_1^2 + n_0^2}\right)^2 (1 + \cos^2\theta) I_0 \tag{9.1}$$

式中：I_0，λ 分别为入射光的强度和波长；V 为每个分散粒子的体积；ν 为单位体积中的粒子数；n_1，n_0 分别为分散相和介质的折射率；L 为观察者与散射中心的距离；θ 为散射角，即观察的方向与入射光方向间的夹角。

若 $\theta = 90^\circ$，即在与入射光垂直的方向观察，$\cos\theta = 0$，则上式变为：

$$I = \frac{9\pi^2 V^2 \nu}{2\lambda^4 L^2}\left(\frac{n_1^2 - n_0^2}{n_1^2 + n_0^2}\right)^2 I_0 \tag{9.2}$$

从式(9.1)及式(9.2)可以得出如下几点结论：

(1) 散射光的强度与入射光波长的四次方成反比，因此入射光的波长越短，散射光越强。若入射光为白光，则其中蓝色与紫色部分的散射作用强，这可以解释为什么当用白光照射胶体溶液时，从侧面看到的散射光呈蓝色，而垂射光则成红色。这是因为白光中的蓝紫光波长最短，散射光最强；而红光的波长最长，其散射作用最弱。因此，蓝光(波长为 400～500 nm)比红光(波长为600～700 nm)更容易散射。晴朗的天空呈蔚蓝色，就是因为长波长的红光散射光强度很小，而短波长的蓝光散射光强度较大。

(2) 分散相与介质之间的折射率差 $\Delta n = n_1 - n_0$ 越大，散射越强，这是光散射起因于光学不均匀性的自然结果。憎液溶胶分散相与介质之间有明显的相界面存在，其折射率相差大，乳光效应很强，而高分子真溶液是均相体系，乳光很弱，可以此区别高分子溶液与溶胶。

(3) 乳光强度与粒子体积的平方成正比，即与分散度有关，如图 9.4 所示。一般真溶液分子的体积很小，仅可产生很微弱的散射光，基本上是发生透射，而不能用肉眼观察；而粗分散系统的悬浮液中粒子大于可见光的波长，所以没有散射光，只有反射光；只有胶体溶液中可以看出很强的散射光，从而可见丁达尔效应(见图 9.5)。由此可以鉴别分散系统的种类。

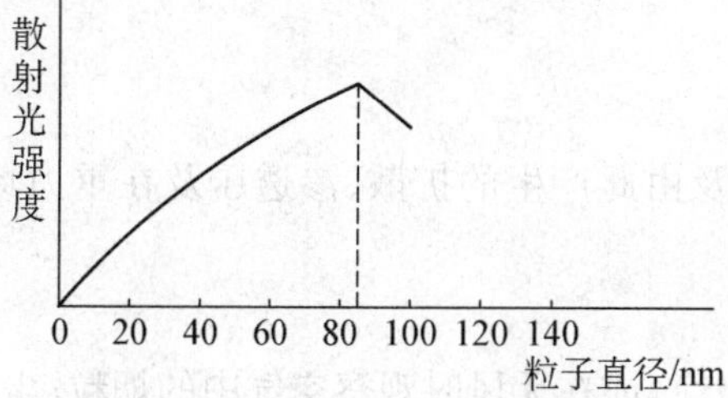

图 9.4 散射光与粒子尺寸的关系

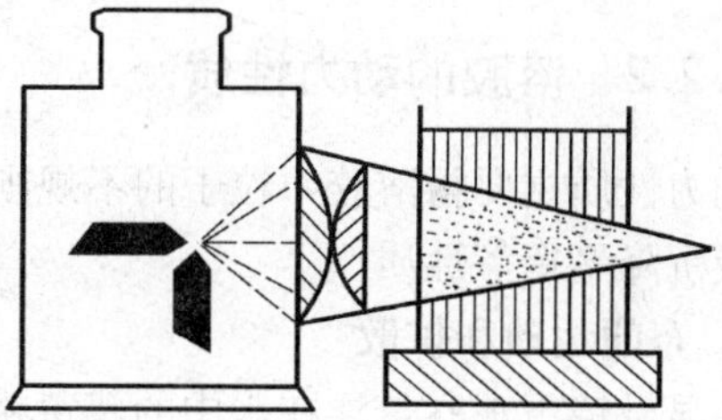

图 9.5 丁达尔效应

(4) 散射光强度(乳光强度)与单位体积内胶体粒子数 ν(浓度)成正比。若在相同的条件下，比较两种相同物质形成的溶胶，则从式(9.2)得：

$$I_1/I_2 = \nu_1/\nu_2$$

因此，在上述条件下比较两种相同物质所形成的光散射强度，就可以得知其粒子浓度的相对比值。胶体溶液的散射光强度又称浊度。若其中一种溶胶的浓度已知，则可求出另一种溶胶的浓度。这就是所谓浊度分析的原理，这类测定仪器称为浊度计，这个方法称为浊度分析。浊度是水质分析中一项比较重要的指标。

(5) 散射光强度与散射角有较大的关系，$\theta = 0^\circ$ 和 180° 时，散射光最强；$\theta = 90^\circ$ 时，散射光最弱。但在 0°看不到散射光，因为入射光比散射光强得多。

上述光散射现象，目前常用来研究高分子溶液的物理化学性质，或测定高分子化合物的相对分子质量。胶体粒子的运动除了用超显微镜之外，目前已可以利用电子显微镜进行直接观察。当电子显微镜的放大倍数为 36 万倍时，可以看到 3～4 nm 的高分散度的金胶体。电子显

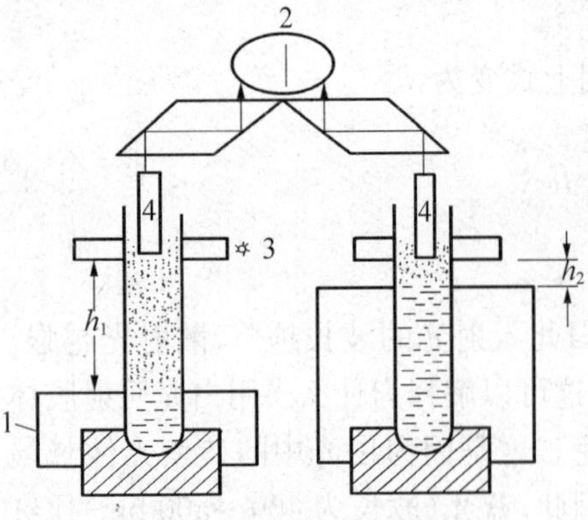

图 9.6　浊度计结构

1—隔屏；2—目镜；3—光源；4—玻璃柱

微镜将为研究胶体粒子微观性质提供有力的研究工具。

胶体系统的光散射现象可以用来测定胶体粒子的数目和大小。为此，曾设计制造了一些特殊的光学仪器，在这些仪器中，浊度计是给排水专业最常用的，利用它我们可以测定分散系统的浓度和分散程度。在实际应用中的浊度计构造如图 9.6 所示。

在两个相同试管的后面，各具有切口的隔屏 1，切口的宽度可以任意调节改变。在隔屏稍远的后面的中间装有光源 3。应用时，在一个试管中注入标准溶液（溶胶），其浓度为 c_1，而在另一试管中注入待测定的溶胶，其浓度为 c_2。再在目镜 2 中观察，就可看到两个试管有不同的亮度。调节切口宽度，可找出亮度相同的现象。这种情况发生在使光线散射的粒子数相等的时候，显然，由切口宽度所决定的溶液层的厚度和溶液的浓度成反比，即：

$$\frac{h_1}{h_2} = \frac{c_2}{c_1}$$

或者说，浓度 c 和切口宽度 h 的乘积是一个常数，即 $c_1h_1 = c_2h_2$，由此可得：

$$c_2 = \frac{c_1h_1}{h_2}$$

9.2.2　溶胶的动力性质

动力性质主要指溶胶中粒子的不规则运动以及由此产生的扩散、渗透压及在重力场下的沉降及沉降平衡等性质。

1. 布朗运动和扩散

在显微镜下观察悬浮在水中的藤黄粉、花粉微粒，或在无风时观察空气中的烟粒、尘埃，都会看到悬浮微粒永不停息地作无规则运动，温度越高，运动越激烈。它是 1827 年植物学家布朗(Brown)首先发现的，这种无规则的运动通常称作布朗运动。作布朗运动的粒子非常微小，直径约为 1～10 μm，在周围液体或气体分子的碰撞下，产生一种涨落不定的净作用力，导致微粒的布朗运动。在胶体溶液中，由于分散剂分子从各方面撞击分散质粒子，以及分散质粒子本身的热运动，使得分散质粒子产生布朗运动，如图 9.7 所示。

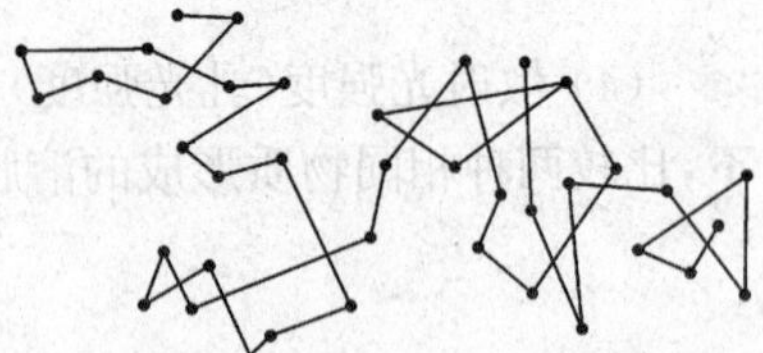

图 9.7　布朗运动

如果布朗粒子相互碰撞的机会很少，可以看成是巨大分子组成的理想气体，则在重力场中达到热平衡后，其数密度按高度的分布应遵循玻耳兹曼分布。佩兰(Perrin)的实验证实了这一点，并由此相当精确地测定了阿伏伽德罗常数及一系列与微粒有关的数据。1905 年爱因斯坦(Einstein)根据扩散方程建立了布朗运动的统计理论。布朗运动的发现、实验研究和理论分析间接地证实了分子的无规则热运动，对于气体运动理论的建立以及确认物质结构的原子性具有重要意义，并且推动了统计物理学特别是涨落理论的发展。由于布朗运动代表一种随机涨落现象，它的理论对于仪表测量精度限制的研究以及高倍放大电讯电路中背景噪声的研究等有广泛应用。

齐格蒙代(Zsigmondy)观察了一系列溶胶，其实验结果表明，粒子越小，温度越高，且介质的黏度越小，则布朗运动越激烈。1905 年，爱因斯坦运用分子运动理论的基本观点，导出了布朗运动的基本公式，即：

$$X = \sqrt{\frac{RT}{N_A} \cdot \frac{t}{3\pi\eta \cdot r}} \tag{9.3}$$

式中：X 为 t 时间内粒子的平均位移；t 为间隔的时间；r 为粒子的半径；η 为介质的黏度；N_A 为阿伏伽德罗常数。

由式(9.3)知，只要知道了 X, η, r, T 及 t，即可求出阿伏伽德罗常数 N_A。胶粒的布朗运动实质上是粒子的热运动，因此与稀溶液一样溶胶也应该具有扩散作用和渗透压。

扩散是指胶粒可以自发地从高浓度处向低浓度处迁移的过程。爱因斯坦导出了扩散系数 D 和时间 t 内胶粒的平均位移 X 之间的关系式：

$$X^2 = 2Dt \tag{9.4}$$

此即著名的爱因斯坦布朗运动公式，该公式指出了 X 与 $D^{\frac{1}{2}}$ 成比例关系。这个公式很重要，它揭示了扩散是布朗运动的宏观表现，而布朗运动则是扩散的微观基础。正因为布朗运动，才使胶粒能够实现扩散。

由式(9.3)可得：

$$X^2 = \frac{RT}{N_A} \cdot \frac{t}{3\pi\eta \cdot r}$$

与式(9.4)比较又得：

$$D = \frac{RT}{N_A} \cdot \frac{1}{6\pi\eta \cdot r}$$

由以上两式可知，胶粒越小，介质黏度越小，温度越高，则 X 越大，扩散系数 D 亦越大，换言之，D 越大，粒子越容易扩散。

2. 沉降和沉降平衡

在重力场作用下，粗分散系统(如泥沙的悬浮液)中的粒子最终要全部沉降下来。对高度分散系统则情况不同，一方面粒子受重力的作用而沉降；另一方面由于布朗运动引起的扩散又有促使浓度均一的趋势，只有当扩散速度与沉降速度相等时，粒子的分布才能达到平衡，即一定高度上的粒子浓度不再随时间而变化，这种状态称为沉降平衡。这种粒子始终保持着分散状态而不向下沉降的稳定性称为动力稳定性。

3. 沉降速度与粒子半径的关系

在重力场的作用下，分散系统中粒子的沉降速度和粒子的大小有关，因而通过对沉降速度的测定，可求得粒子的大小。这一关系可推导如下：

假定把粒子看成是球形的，其半径为 r，密度为 d，分散介质密度为 d_0，则粒子所受重力为：

$$F_{(重力)(gra)} = \frac{4}{3}\pi r^3 \cdot d \cdot g - \frac{4}{3}\pi r^3 \cdot d_0 \cdot g = \frac{4}{3}\pi r^3 (d - d_0) g \tag{9.5}$$

式中：g 为重力加速度。

另外，当粒子沉降时所受到的阻力，根据斯托克斯(Stokes)公式为：

$$F_{(\text{阻力})(\text{fes})} = 6\pi\eta ru \tag{9.6}$$

式中：η 为分散介质的黏度；u 为粒子沉降的速度。u 值越大，阻力越大，直到粒子所受阻力和重力相等时，粒子将以恒定的速度 u 下降，这时 $F_{\text{gra}} = F_{\text{fes}}$，故有：

$$\frac{4}{3}\pi r^3(d-d_0)g = 6\pi\eta ru$$

因此：

$$r^2 = \frac{9}{2}\cdot\frac{\eta u}{(d-d_0)g} \tag{9.6a}$$

对于某一悬浮体来说，它们的 d，d_0 和 η 是固定不变的，这时沉降速度 u 和粒子半径 r 的关系非常简单。上式改写为：

$$r^2 = \frac{9}{2}\frac{\eta}{(d-d_0)g}\cdot u = K\cdot u \tag{9.6b}$$

式中：$K = \frac{9}{2}\frac{\eta}{(d-d_0)g}$，$K$ 是一常数。

沉降速度 u 可以通过澄清界面的变化来确定，如图 9.8 所示，若在时间 t 内澄清界面下降距离为 h，则沉降速度为：

$$u = \frac{h}{t} \tag{9.7}$$

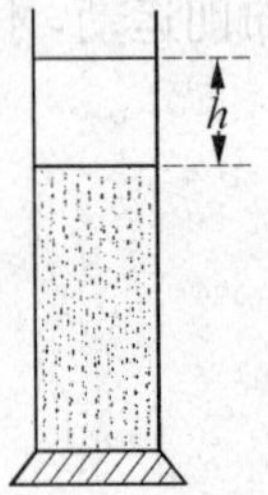

图 9.8　单粒子沉降

根据测得的沉降速度 u 和式(9.6)可以算出粒子的半径，但它只适用于单级分散系统，即粒子半径大小均匀的系统。

为了讨论沉降速度和粒子大小的关系，我们可以把式(9.6a)改写为：

$$u = \frac{2}{9}\cdot\frac{(d-d_0)\cdot g\cdot r^2}{\eta} \tag{9.8}$$

可见沉降速度与介质的黏度成反比，与分散相和分散介质的密度差值成正比，又与粒子半径的平方成正比。

【例题 1】 求 20℃时，直径为 0.002 mm 的黏土粒子在水中沉降 10 cm 高度所需的时间。设这时水和黏土的密度($\text{g}\cdot\text{cm}^{-3}$)各为 1.00 和 2.65，已知 20℃时水的 η 为 0.010 05 Pa・s。

〖解〗　$r = 1/2\times(0.002)\text{mm} = 1\times10^{-4}\ \text{cm}$

沉降时间 $t = \frac{h}{u}$，根据式(9.7)代入得：

$$\begin{aligned} t &= \frac{h}{u} = h\cdot\frac{9}{2}\cdot\frac{\eta}{(d-d_0)g\cdot r^2} \\ &= 10\times\frac{9}{2}\times\frac{0.010\,05}{(2.65-1.00)\times98.1\times(1\times10^{-4})^2} \\ &= 2.79\times10^4\ \text{s} \end{aligned}$$

9.3 溶胶的电学性质

胶体粒子常常带有一定符号和数量的电荷，这使得热力学上本不稳定的一些胶体系统具有一定的稳定性，一般认为胶体粒子表面电荷来自以下几个途径：①粒子表面某些基团解离；②粒子表面吸附某些离子带电；③在非水介质中粒子热运动引起的粒子与介质之间摩擦而带电。其中最主要的是基团解离和吸附。胶粒表面带电是胶体的重要特征。电泳和电渗是胶体粒子带电性质最重要的实验证据。

9.3.1 电泳

1803年俄国科学家列依斯将两根玻璃管插到潮湿的黏土中，在玻璃管中加入水使之达到同一高度，并在管中插上电极，通电一段时间后，可以看出在阳极的管中，黏土微粒透过砂层，由下向上移动，使水呈浑浊，但管中的水面却降低了；而在阴极的管中没有浑浊，但是液面升高了，如图9.9所示。

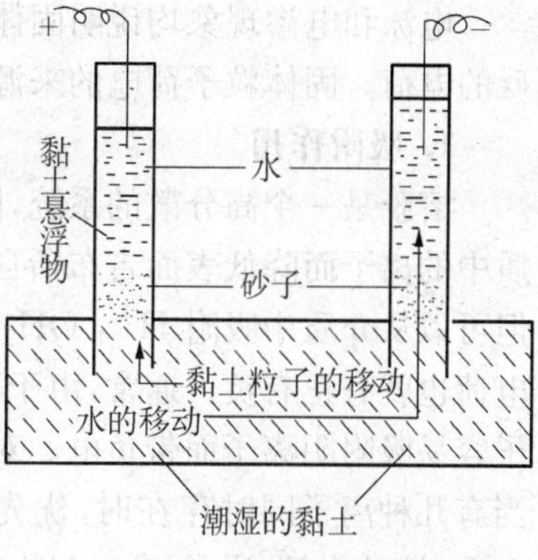

图9.9 电泳实验装置

后来的实验观察发现，不仅黏土如此，其他粒子也有这种在外电场作用下胶粒作定向运动的现象。这种在外加电场作用下，带电的分散相粒子在分散介质中向相反符号电极移动的现象称为电泳（electrophoresis）。电泳现象说明了胶粒是带电的，以及所带电荷的符号。胶粒的电泳速度受多种因素的影响：电势梯度越大，粒子带电越多，粒子的体积越小，则电泳速度越大；介质的黏度越大，则电泳速度越小。

此外，若在溶胶中加入电解质，会对电泳有显著影响。随溶胶中外加电解质的增加，电泳速度常会降低至变为零，甚至改变胶粒的电泳方向，外加电解质可以改变胶粒带电的符号。常见胶体质点（胶粒）带电情况见表9.3。

表9.3 常见胶粒的带电情况

带正电荷的溶胶	带负电荷的溶胶	带正电荷的溶胶	带负电荷的溶胶
氢氧化铁	金属（金、银、铂、铜）	氢氧化铯	硅酸、锡酸
氢氧化铝	硫、硒、碳	氧化钍	淀粉
氢氧化铬	As_2S_3，Sb_2S_3，PbS，CuS	氧化锆	黏土、玻璃粉

9.3.2 电渗

在外加电场作用下，分散介质（由过剩反离子所携带）通过多孔膜或极细的毛细管移动（此时带电的固相不动），这种现象称为电渗（electroosmosis）。如图9.10所示，若设法将固相黏土（或矿粉）固定，则可观察到在外电场的作用下液体向负极移动。同电泳一样，外加电解质对电渗也有显著影响。分散介质流动的方向及流速的大小与多孔塞的材料及流体的性质有关。溶胶中外加电解质也影响电渗速度，甚至改变液体的流动方向。

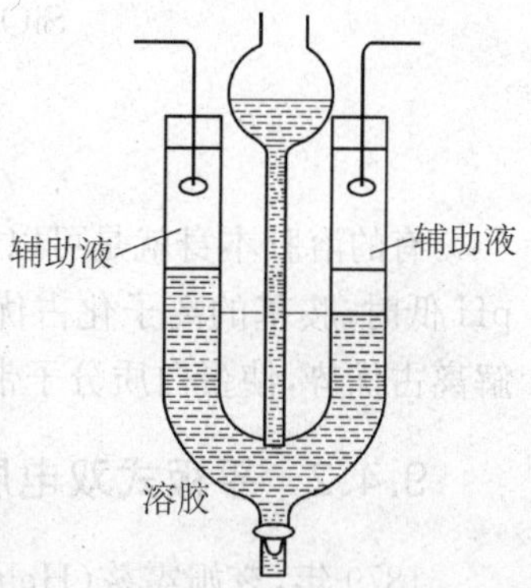

图9.10 电渗现象

电泳和电渗是两个相对的现象。在电泳中运动的是固相,而在电渗中运动的是液相。电泳和电渗都反映了带电的粒子在外加电场作用下运动的性质,总称为电动现象。电泳和电渗在工业上有很多应用。如利用带电的橡胶颗粒的电泳使橡胶镀在金属、布匹上,电泳涂漆,含水的天然石油乳状液中油水分离等,都利用了电泳的原理;而泥土和泥炭的脱水则利用了电渗原理。

9.4 双电层理论

9.4.1 固体粒子表面电荷的来源

电泳和电渗现象均说明固体粒子是带电的,固体粒子带一种电荷,而分散介质(液体)带相反的电荷。固体粒子荷电的来源主要有两个:一是固体粒子的吸附;二是固体粒子的电离。

1. 吸附作用

溶胶是一个高分散的系统,固体粒子具有巨大的表面吉布斯自由能,故固体粒子有吸附介质中的离子而降低表面吉布斯自由能的趋势。有些物质如石墨、纤维、油珠等,虽然不能电离,但可以从介质中吸附 H^+, OH^- 或其他离子而带电,根据所吸附离子的正负,固体粒子所带的电荷也就有正有负。通常,由于阳离子的水化能力比阴离子大得多,因此悬浮于水中的固体粒子容易吸附阴离子而带负电。对于由难溶的离子晶体构成的胶体粒子,法扬斯(Fajans)指出,当有几种离子同时存在时,优先吸附与固体粒子组成相同的离子,这称为 Fajans 规则。以 AgBr 溶胶为例,通常用 $AgNO_3$ 与 KBr 反应制备 AgBr 溶胶。形成的溶胶中含有 K^+, NO_3^-, Ag^+ 及 Br^-,吸附哪种离子视何种反应物过量而定。与 K^+ 及 NO_3^- 相比,先产生的 AgBr 粒子表面容易吸附 Ag^+ 或 Br^-。这是因为 AgBr 易于吸附组成相同离子连续形成晶格。若制备时 $AgNO_3$ 过量,则形成的 AgBr 将吸附过剩的 Ag^+ 而带正电,若是 KBr 过量,则 AgBr 将吸附 Br^- 而带负电。因此,Ag^+ 与 Br^- 是 AgBr 固体粒子表面电荷的来源,溶液中的 Ag^+ 与 Br^- 的浓度将直接影响固体粒子的表面电势,故称其为决定电势离子。

2. 电离作用

在分散介质中,由于固体胶粒表面的分子受到水分子的作用发生电离,有一种离子进入溶液,而异性离子仍留在胶粒的表面,从而使胶粒表面带电。例如黏土粒子带负电是由于黏土表面的 Na^+ 溶解在水中,因而使固体胶粒表面有过剩的负电荷。而硅溶胶粒子(SiO_2)所带的电荷则随溶液中 pH 的变化可以带正电也可以带负电:

$$
\begin{aligned}
SiO_2 + H_2O \longrightarrow H_2SiO_3 &\longrightarrow HSiO_3^- + H^+ \\
&\longrightarrow SiO_3^{2-} + 2H^+ \\
&\longrightarrow HSiO_2^+ + OH^-
\end{aligned}
$$

有的溶胶本身就是可以电离的大分子,例如蛋白质分子中有可以离子化的羧基与胺基,在 pH 低时,胺基的离子化占优势,形成的 $-NH_3^+$ 使蛋白质分子带正电;当 pH 增高时,羧基的解离占优势,使蛋白质分子带负电。

9.4.2 平板式双电层理论

1879 年,亥姆霍兹(Helmholtz)提出了双电层(electronic double layer)理论。他把双电层

看作一平板式电容器，如图 9.11 所示。双电层中，一面是胶粒带电的离子，由于静电吸附，溶液中的反离子(counterions，又称异电离子)紧紧地被固定在固体表面的周围。双电层的厚度相当于一个水化离子的大小，双电层间的电势随距离呈直线迅速下降。根据亥姆霍兹双电层理论，在外加电场的作用下，带电质点和溶液中的反离子分别向不同电极运动，于是发生了电动现象。这一理论对于早期电动现象的研究起过一定的作用，但它不能说明电极电势和胶粒电势(ξ电势)有何区别，以及为什么电解质对电泳和电渗速度影响很强烈。后来古依(Gouy)和查普曼(Chapman)等提出了扩散双电层理论，解决了这一问题。

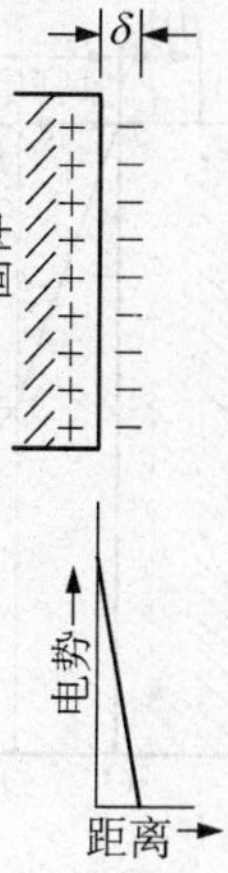

图 9.11 平板式双电层

9.4.3 扩散双电层理论

针对亥姆霍兹双电层理论中存在的问题，古依(1910 年)和查普曼(1913 年)提出，溶液中的反离子受到两个相互对抗的力的作用：反离子除受到固体表面静电吸引外，由于离子的热运动，还要向溶液内部扩散，在溶液中呈均匀分布。因此，形成的双电层不像平板式电容器而像地面上空气分子的分布那样：由于静电吸引，固体粒子表面附近的反离子浓度最大；越远离固体粒子，电场的作用越小，反离子浓度随着与固体表面距离的增加而逐渐减小，直到在某一距离处反离子与同号离子的浓度相等，如图 9.12 所示。

若固体表面带正电，则溶液中靠近固体表面的阴离子的浓度远大于阳离子的浓度。随着与固体表面距离的增加，阴离子的浓度逐渐减小，而阳离子的浓度逐渐增大，直到溶液深处阴、阳离子浓度相等。离子在溶液中的这种分布称为扩散层分布，这样的双电层叫作扩散双电层。扩散双电层的模型和电势分布曲线如图 9.13 所示。

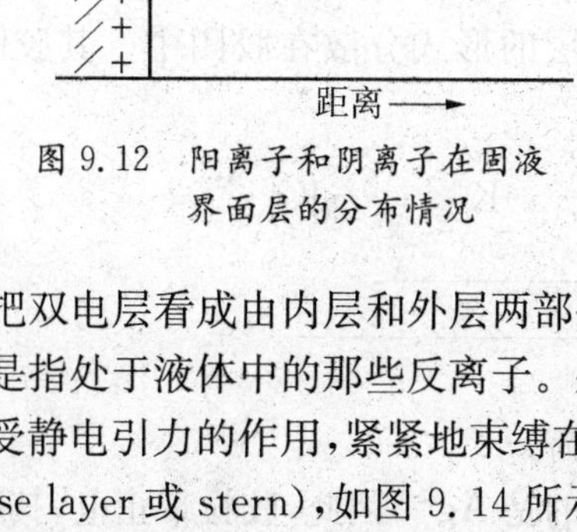

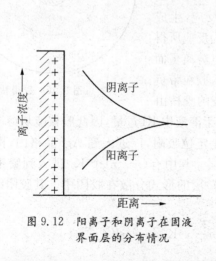

图 9.12 阳离子和阴离子在固液界面层的分布情况

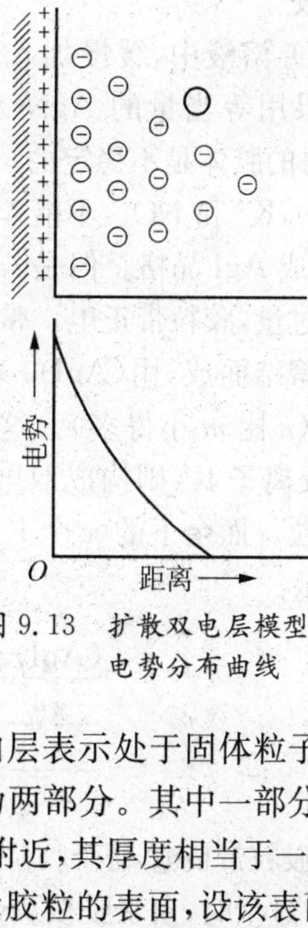

图 9.13 扩散双电层模型和电势分布曲线

在近代，把双电层看成由内层和外层两部分组成。内层表示处于固体粒子表面的那部分电荷，而外层是指处于液体中的那些反离子。外层又分为两部分。其中一部分反离子紧靠固体表面，由于受静电引力的作用，紧紧地束缚在固体表面附近，其厚度相当于一个分子大小，叫作紧密层(close layer 或 stern)，如图 9.14 所示，*AO* 表示胶粒的表面，设该表面带正电，则有等当量的反离子扩散地分布在胶粒周围，其中部分反离子与正离子一起紧密地排列在胶粒表

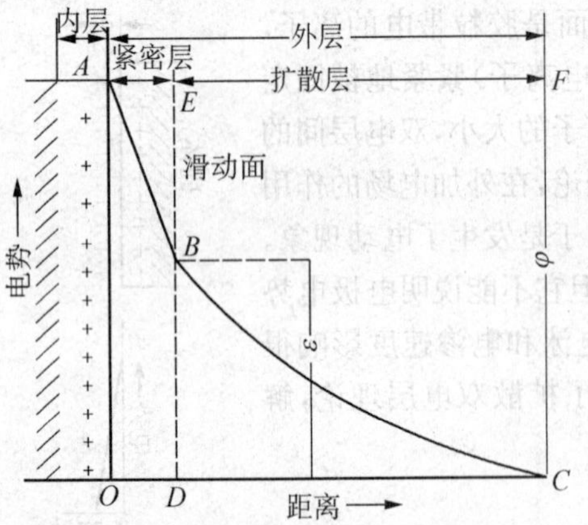

图 9.14　扩散双电层的电势分布

面，形成紧密层。紧密层的粒子分布类似于平板式电容器，其电势呈直线下降。另一部分反离子远离胶粒表面，离子分布呈扩散层形式，叫作扩散层(diffuse layer)，其电势按指数关系变化。必须指出，由于溶剂化作用的缘故，无论是紧密层还是扩散层的离子都是溶剂化的。

当发生电动现象时，即在外电场的作用下固体胶粒同液体发生相对运动时，并非固体胶粒单独移动，而是胶粒同紧密层一起移动，而液体同扩散层的离子一起移动。图中 *EBD* 即是发生电动现象时固液之间发生相对移动的切动面，叫做滑动面。这时表现出来的电现象不同于电极电势的电现象。

9.5　憎液溶胶的胶团结构和 ζ 电势

9.5.1　胶粒的扩散双电层结构

溶胶是一个复杂的系统，它是由很多胶团分散在分散介质中组成的。根据吸附和扩散双电层理论以及溶胶的电动现象，可以推演出溶液的胶团结构，如图 9.15 所示。下面以几个胶团的例子进行说明。

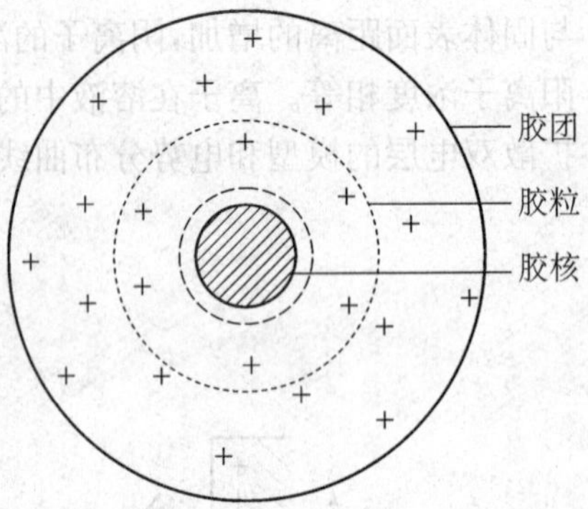

图 9.15　胶团结构

1. AgI 溶胶

在稀 $AgNO_3$ 溶液中，缓慢加入 KI 稀溶液，可得到 AgI 溶胶。如果用等当量的 $AgNO_3$ 和 KI 反应，生成 AgI 沉淀而制得的胶体是不稳定的。这是因为反应所得的电解质溶液中，K^+ 和 NO_3^- 不能作为决定电势离子而被吸附，进而形成 AgI 晶格。但是若 KI 过量，胶粒带负电；若 $AgNO_3$ 过量，胶粒带正电。带负电溶胶的胶核由 m 个 AgI 分子聚结而成，用$(AgI)_m$ 表示。由于溶液中 KI 过量，因此胶核能从溶液中选择性地吸收 n 个 I^-(n 比 m 小得多)。这种吸附是定位吸附，I^- 进入到 AgI 晶格内，构成双电层的内层。n 个反离子 K^+ 则构成双电层的外层。其中有$(n-x)$个 K^+ 进入到紧密层中与胶核一起构成胶粒。而余下的 x 个 K^+ 则以扩散层的形式分散在胶团中。其胶团结构可以用如下简图来表示：

$$\underbrace{\underbrace{[\underbrace{(AgI)_m}_{胶核} \cdot nI^- \cdot (n-x)K^+]^{x-}}_{胶粒} \cdot xK^+}_{胶团}$$

可以看出，上述胶粒带负电，每个胶粒带 x 个负电荷。

当 $AgNO_3$ 过量时，由于胶核从介质中吸附的是 Ag^+，因此，胶粒带正电，其胶团结构为：

$$[(AgI)_m \cdot nAg^+(n-x)NO_3^-]^{x+} \cdot xNO_3^-$$

带负电的 AgI 溶胶的胶团剖面图如图 9.16 所示。图中的小圆圈表示 AgI 微粒；AgI 微粒连同其表面上吸附的 I^- 为胶核；第二个圆圈表示滑动面；最外边的圆圈表示扩散层的范围，即整个胶团的大小。

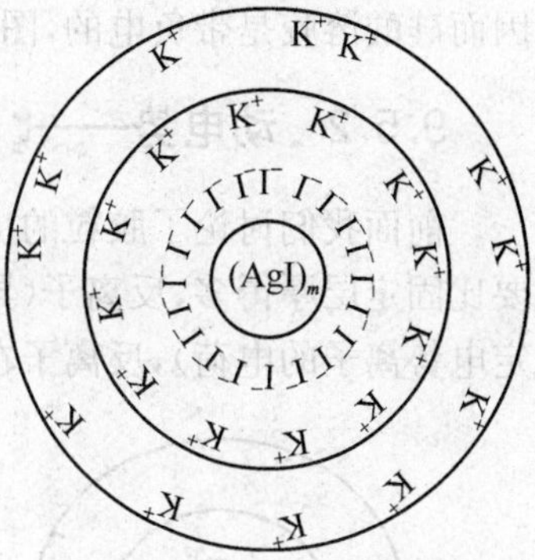

图 9.16　AgI 胶团的剖面

2. $Fe(OH)_3$溶胶

将 $FeCl_3$ 水解可制得 $Fe(OH)_3$溶胶：

$$FeCl_3 + 3H_2O = Fe(OH)_3(\text{溶胶}) + 3HCl$$

由于 $Fe(OH)_3$ 不溶于 H_2O，它们彼此结合形成胶核。胶核表面的分子与 HCl 作用：

$$Fe(OH)_3 + HCl = FeOCl + 2H_2O$$

生成的 FeOCl 电离成离子：

$$FeOCl = FeO^+ + Cl^-$$

正离子 FeO^+ 为决定电势离子，它被吸附在胶核的表面上，胶核由相当多数目的 m 个 $Fe(OH)_3$分子构成，外面就是固定层，此处包含有决定电势的离子 FeO^+ 和一部分的异电离子 Cl^-。在吸附层之后跟着有异电离子 Cl^- 所构成的扩散层，如图 9.17 所示。

$Fe(OH)_3$溶胶的胶团也可以用下式表示：

$$\{[Fe(OH)_3]_m \cdot nFeO^+ \cdot (n-x)Cl^-\}^{x+} \cdot xCl^-$$

由此可以看出，胶粒带有正电荷，即氢氧化铁溶胶是正溶胶。

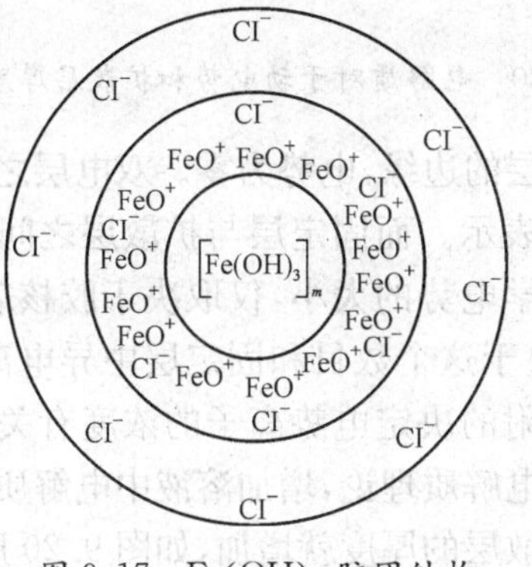

图 9.17　$Fe(OH)_3$ 胶团结构

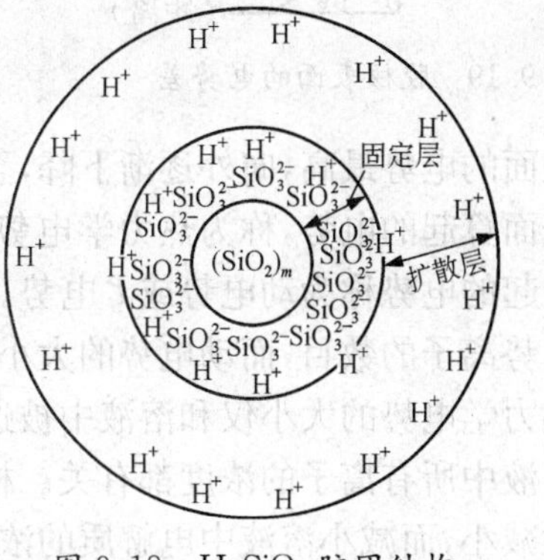

图 9.18　H_2SiO_3 胶团结构

3. 硅酸溶胶

当 SiO_2 微粒与水接触时，可生成弱酸 H_2SiO_3。硅酸很难溶于水，它们聚集起来成为硅酸溶胶的胶核。胶核表面的硅酸分子解离为离子：

$$H_2SiO_3 \longrightarrow H^+ + HSiO_3^-$$

$HSiO_3^-$ 被胶核吸附，成为胶核的定位离子，H^+ 则成为硅酸溶胶的反离子。胶团结构为：

$$[(SiO_2 \cdot yH_2O)_m \cdot nHSiO_3^- \cdot (n-x)H^+]^{x-} \cdot xH^+$$

因而硅酸溶胶是带负电的，图 9.18 为其胶团结构示意图。

9.5.2 动电势——ζ 电势

前面我们讨论了胶粒的扩散双电层结构，其中固定层是很薄的（约一个分子大小），扩散层要比固定层厚得多，反离子（异电离子）分布在固定层和扩散层中。胶核表面带有一种电荷（决定电势离子的电荷），反离子在其周围形成所谓双电层，它们之间的电势差可用图 9.19 表示。

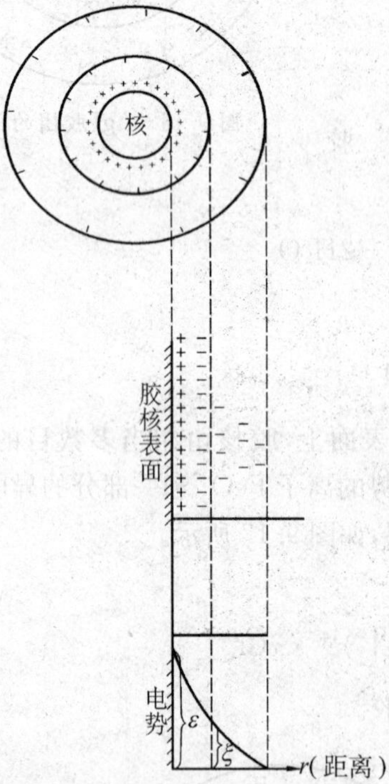

图 9.19 胶核表面的电势差

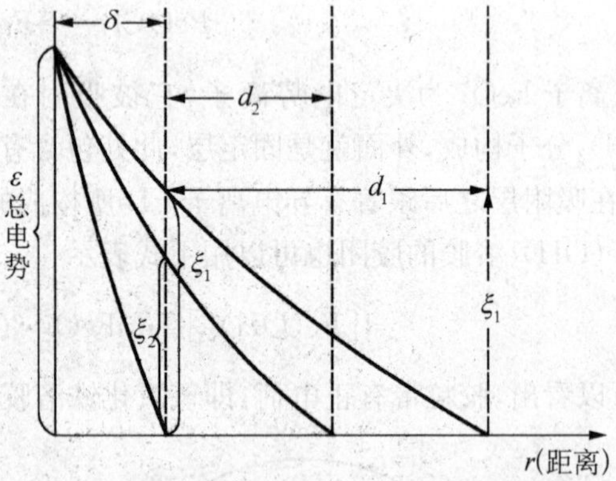

图 9.20 电解质对于动电势和扩散层厚度的影响

胶核表面的电势最高，向外逐渐下降，至扩散层的边缘，电势为零。双电层之间的总电势，即自胶核表面算起的电势，称为热力学电势，用 ε 表示。而固定层与扩散层之间的电势，即自胶粒表面算起的电势称为动电势或 ζ 电势。热力学电势的大小，仅取决于胶核表面所选择吸附的决定电势离子的数目，而动电势的大小则取决于这个数目和固定层中异电离子数目之间的差数。热力学电势的大小仅和溶液中被选择吸附的决定电势离子的浓度有关，而动电势的大小则和溶液中所有离子的浓度都有关。根据强电解质理论，增加溶液中电解质的浓度，扩散层的厚度就减小，而减小溶液中电解质的浓度，扩散层的厚度就增加，如图 9.20 所示。

增加扩散层的厚度将使部分异电离子自固定层转移到扩散层中，从而使动电势增加。反之，减小扩散层厚度，将使部分异电离子自扩散层转移到固定层中，从而使动电势减小。当所有异电离子都进入固定层时，动电势等于零。电解质的这种作用称为消电效应。消电效应主要取决于和胶粒电荷符号相反的离子，这种离子的电价越高，则消电效应越大。

溶胶的电泳（或电渗）速度与热力学电势 ε 无直接关系，而与动电势 ζ 直接相关。因此，从电泳实验中测得溶胶颗粒的电泳速度，则 ζ 电势值可按下式求得：

$$u = \frac{DE \cdot \zeta}{4\pi\eta} \tag{9.9}$$

式中:D 为介质的介电常数;η 为介质的黏度(P,1 P=0.1 Pa·s);E 为电场强度(单位长度上的电势差);u 为电泳速度(单位时间内移动的距离);ζ 为动电势(固液两相发生相对移动时所产生的电势差)。

上式中 ζ,E 均为静电系电势单位,因为 1 静电系电势单位=300 V,若用普通伏特表示,则乘以 300 或将式(9.9)改写为:

$$\zeta = \frac{4\pi\eta u}{DE} \times (300)^2 (\mathrm{V}) \tag{9.10}$$

应当指出,尽管扩散层厚度和动电势大小是随着溶液中电解质浓度而改变的,但是固定层的厚度和热力学电势的大小一般都很少变动。

固定层是和胶核一起运动的,但扩散层就不是这样。特别是在电场中,胶核和固定层向一极移动,而扩散层则向另一极移动。相对运动不是发生在胶核和固定层之间的界面上,而是发生在固定层和扩散层之间的界面上。因此,决定电泳和电渗速度的不是热力学电势,而是动电势,动电势越大则电泳和电渗速度越大。此外,胶粒和胶粒之间的排斥力也决定于动电势。因此,动电势越大,胶体越稳定。

动电势在水处理专业中是一个比较重要的概念,为了加深理解它,下面再画几个图来表示外加电解质对于动电势和扩散层厚度的影响,以便进一步理解 ζ 电势的概念。将图 9.20、图 9.21、图 9.22 对照,可以清楚地看到,外加电解质对 ζ 电势和扩散层厚度的影响是很大的。

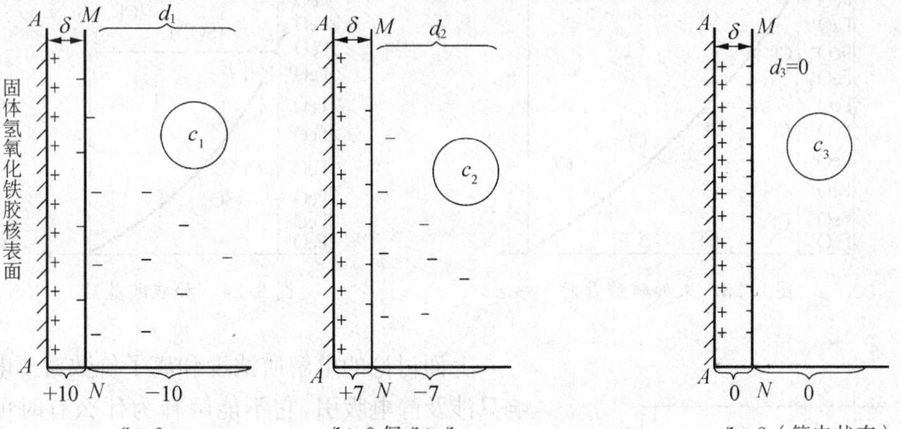

图 9.21 电解质对 ζ 电势和扩散层厚度的影响

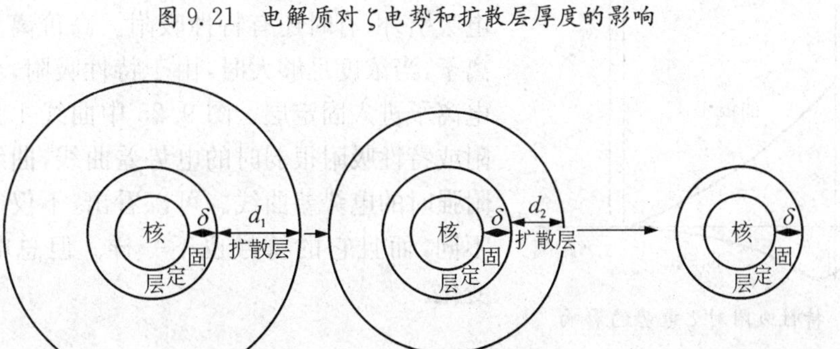

图 9.22 扩散层厚度的改变

($d_1 > d_2$,$d_3 = 0$,但固定层厚度 δ 保持不变)

图 9.21 中，δ 为固定层厚度，MN 为固定层和扩散层之间的界面。扩散层厚度 $d_1 > d_2 > d_3$，由此得出动电势和扩散层厚度的关系，即扩散层厚度越大，动电势也越大。

当胶体溶液中外加电解质的浓度由 c_1 改变到 $c_2(c_2 > c_1)$ 时，引起扩散层厚度的减小，即 $d_1 > d_2$ 及 ξ 电势的降低。而固定层厚度 δ 及热力学电势值保持不变，即与溶液内电解质浓度的变动无关。

现在我们再举一个例子，用来说明加入电解质硫酸盐对 $Fe(OH)_3$ 溶胶的 ζ 电势和扩散层厚度的影响。

图 9.23 是未加硫酸盐电解质时，固定层内有 4 个异电离子(Cl^- 离子)，图 9.24 是加了硫酸盐后，由于 SO_4^{2-} 比 Cl^- 较易被界面吸附，所以在固定层内负电荷增加，因此虚线处的电势就降低了，同时扩散层变薄了。若加入的电解质引起了 ζ 电势降低，致使胶粒的布朗运动具有的能量足够克服该 ζ 电势的势能，胶粒则相互碰撞而聚沉。由于憎液溶胶的分散度降低，以致最后发生沉降的现象称为聚沉。

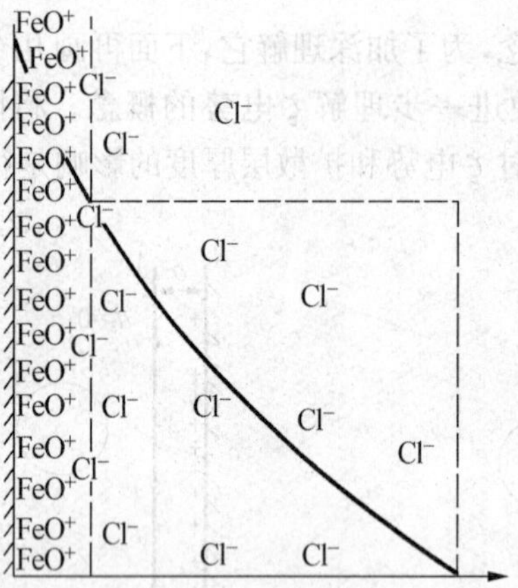

图 9.23　未加硫酸盐时

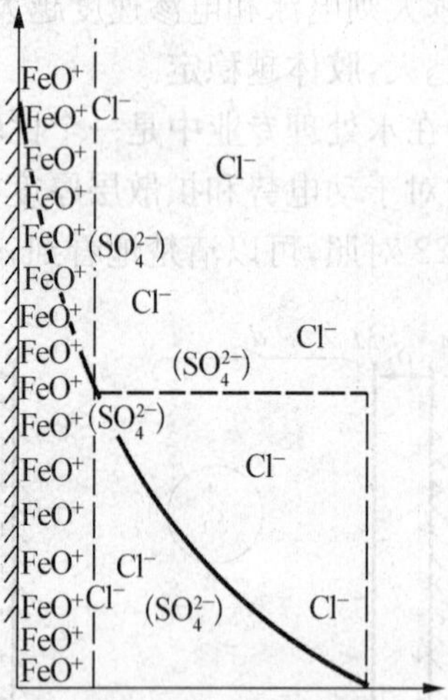

图 9.24　加硫酸盐后

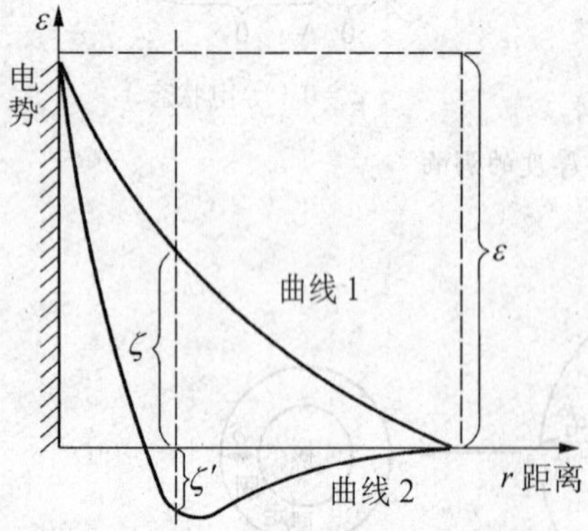

图 9.25　特性吸附对 ζ 电势的影响

上面讨论的电解质浓度和离子价数对 ζ 电势的影响只涉及静电吸引，它不能解释为什么有时可使 ζ 电势的符号发生改变。实际上固体除对异电离子有静电吸引外，有时还有特性吸附。高价离子尤其是有机离子，当浓度足够大时，由于特性吸附，会有过多的异电离子进入固定层。图 9.25 中曲线 1 是没有特性吸附或特性吸附很弱时的电势差曲线，曲线 2 是特性吸附强时的电势差曲线。可以看出，不仅 ζ 和 ζ' 的大小不同，而且它的符号也不一样。但总电势 ε 并没有变化。

9.6 胶体的稳定性与聚沉作用

9.6.1 胶体的稳定性

胶体因质点很小，强烈的布朗运动使它不致很快沉降，故具有一定的动力学稳定性；另一方面，疏液胶体是高度分散的多相体系，相界面很大，质点之间有强烈的聚结倾向，所以又是热力学不稳定体系。一旦质点聚结变大，动力学稳定性也随之消失。因此，胶体的聚结稳定性是胶体稳定与否的关键。

由于任何一种溶胶的胶粒均带有相同的电荷，电荷的存在使得胶粒之间发生静电排斥作用，它阻碍了胶粒彼此碰撞，防止胶粒合并聚结。同时，溶胶粒子之间又存在着 Van der Waals 吸引作用，因此溶胶的稳定性取决于胶粒之间吸引与排斥作用的相对大小。20 世纪 40 年代，苏联学者 Derjguin 和 Landau 与荷兰学者 Verwey 和 Overbeek 提出溶胶稳定性的 DLVO 理论。该理论以溶胶胶粒间存在相互吸引力和相互排斥力为基础，认为这两种相反的作用力决定了溶胶的稳定性。该理论的要点有：

(1) 胶粒既存在斥力位能，也存在引力位能。前者是带电胶粒靠拢、扩散层重叠时产生的静电排斥力；而后者是长程范德华力所产生的引力位能，与距离的一次方或二次方成反比，或是更复杂的关系。

(2) 胶粒间存在的斥力位能和引力位能的相对大小决定了系统的总位能，亦决定了胶体的稳定性。当斥力位能>引力位能，并足以阻止胶粒由于布朗运动碰撞而黏结时，胶体稳定，而当引力位能>斥力位能时，胶粒靠拢而聚沉。调整其相对大小，可改变胶体的稳定性。

(3) 斥力位能(E_R)、引力位能(E_A)及总位能随胶粒间距离而改变。由于 E_R 和 E_A 与距离的关系不同，会出现在一定距离范围内引力占优而在另一范围内斥力占优的现象。

(4) 理论推导的斥力位能和引力位能公式表明，加入电解质对引力位能影响不大，但对斥力位能有很大影响。加入电解质会导致系统总位能的变化，适当调整可得到相对稳定的胶体系统。

因此，在讨论溶胶的稳定性时，必须同时考虑促使其相互聚结的粒子间的引力位能及阻碍其聚结的斥力位能两方面的总效能。假设一对分散相胶粒之间的相互作用的总势能为 E，可以用其斥力位能 E_R 和引力位能 E_A 之和来表示其总势能，即：

$$E = E_A + E_R$$

若以 E 对距离 x 作图，即得总的势能曲线，如图 9.26 所示。当两胶粒距离较远时，双电层未重叠，吸引能起主要作用，因此 E 为负值。当粒子靠近一定距离使双电层重叠时，则 $E_R > E_A$，排斥能起主要作用，势能显著增加。同时，粒子间的吸引能则随距离的缩短而增大。当距离缩短到一定程度时，吸引能又占优势，总势能 E 又随之下降。从图中可以看出，要粒子相互聚结在一起，必须克服

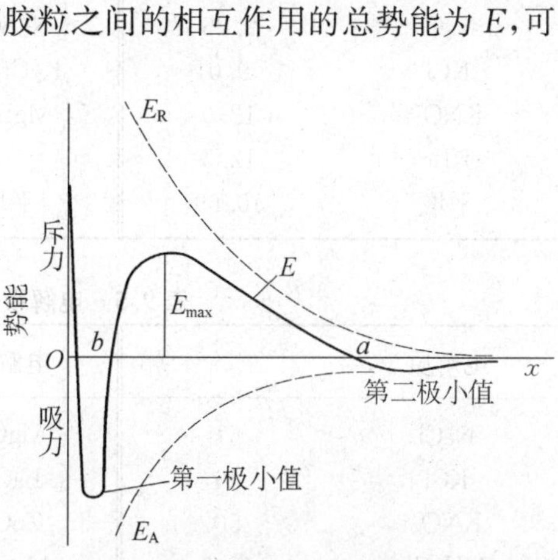

图 9.26 粒子间相互作用能与其距离的关系曲线

一定的势垒 E。若势垒足够高，则可以阻止离子相互接近，溶胶不会发生聚沉。这就是稳定的溶胶中粒子不相互聚结的原因，在这种情况下即使布朗运动使粒子相碰撞，但是当粒子接近到双电层重叠时即发生排斥作用使其离开，不会引起聚结。当然 E_R 也可能在所有距离上都小于 E_A。若是这样，则胶粒相互接近没有阻碍，溶胶很快聚沉。因此，势垒的大小是溶胶能否稳定的关键。除胶粒带电是溶胶稳定的主要因素外，溶剂化作用也是使溶胶稳定的重要原因。若水为分散介质，构成胶团双电层结构的全部离子都应当是水化的，在分散相离子的周围形成一个具有一定弹性的水化外壳。因布朗运动使一对胶团彼此靠近时，水化外壳因受挤压而变形，但每个胶团都力图恢复其原来的形状而又被弹开，由此可见，水化外壳的存在势必增加溶胶聚结的机械阻力，从而有利于溶胶的稳定性。

9.6.2 溶胶的聚沉

由图 9.26 总势能曲线图中的实线可知，当颗粒间距处于第二极小值时，能形成颗粒缔合体，但由于能量降低很少，缔合很弱，一般热运动或略加搅动即可拆散。当颗粒间距处于第一极小值时，形成稳定的缔合体，如果大量生成，产生聚沉，溶胶即被破坏。由于粒子的结合而使粒子的颗粒变大，分散相变为沉淀而析出的这个过程称为聚沉作用(coagulation)。为了使溶胶聚沉，可采用加热、加入电解质或适量的高分子化合物等方法。影响溶胶聚沉的因素较多，现仅讨论几个主要因素的影响。

1. 电解质的作用

少量电解质的存在对溶胶起稳定作用；过量的电解质的存在对溶胶起破坏作用(聚沉)。溶胶受电解质的影响非常敏感，通常用聚沉值来表示电解质的聚沉能力。所谓聚沉值是使一定量的溶胶在一定时间内完全聚沉所需电解质的最小浓度。某电解质的聚沉值越小，表明其聚沉能力越强。因此，将聚沉值的倒数定义为聚沉能力。电解质对溶胶的聚沉作用与所加电解质的性质、浓度有关，还与溶胶本身所吸附物质的电性有关。表 9.4 和表 9.5 列出了各种电解质对于 $Fe(OH)_3$ 和 As_2S_3 溶胶的聚沉值 c(mmol · L^{-1}溶胶)。

表 9.4　电解质对 $Fe(OH)_3$ 溶胶(带正电)的聚沉值

电解质	c	电解质	c	电解质	c
NaCl	9.25	K_2SO_4	0.205	$K_3[Fe(CN)_6]$	0.096
KCl	9.0	$K_2Cr_2O_7$	0.195		
KNO_3	12.0	$MgSO_4$	0.22		
KBr	12.5				
平均	10.69	平均	0.20	平均	0.096

表 9.5　电解质对 As_2S_3 溶胶(带负电)的聚沉值

电解质	c	电解质	c	电解质	c
NaCl	51	$MgCl_2$	0.72	$AlCl_3$	0.093
KCl	49	$BaCl_2$	0.69	$Al(NO_3)_3$	0.093
KNO_3	50	$ZnCl_2$	0.69	$Co(NO_3)_3$	0.080
NH_4Cl	42.5	$MgSO_4$	0.81	$Ce_2(SO_4)_3$	0.088
平均	48.25	平均	0.74	平均	0.088

根据一系列的实验结果，可以总结出如下一些实验规律：

(1) 所有电解质如达到足够浓度都能使溶胶聚沉。

(2) 聚沉能力主要决定于与胶粒带相反电荷的离子的价数。对于给定的溶胶，同价离子的聚沉能力相差不多。异电离子为一价、二价、三价的电解质，其聚沉值的比例大约为 100：1.6：0.14，亦即约为$(1/1)^6$：$(1/2)^6$：$(1/3)^6$，这表示聚沉值与异电离子价数的六次方成反比，此规则称为舒尔茨-哈代规则。

(3) 同价的正离子(如碱金属或碱土金属)对负电胶体的聚沉能力，随着离子水化半径减小而增加。如碱金属离子对负电胶体的聚沉能力为：

$$H^+ > Cs^+ > Rb^+ > NH_4^+ > K^+ > Na^+ > Li^+$$

这是因为正离子的水化能力很强，而且离子半径越小，水化能力越强，水化层越厚，被吸附的能力越小，使聚沉能力减弱。

而不同的一价阴离子所成钾盐对带正电的 Fe_2O_3 溶胶的聚沉能力，则有如下次序：

$$F^- > Cl^- > Br^- > NO_3^- > I^-$$

这种将带有相同电荷的离子，按聚沉能力大小排列的顺序，称为感胶离子序。

2. 混合电解质对憎液溶胶聚沉的影响

电解质的混合物对胶体的聚沉作用是十分复杂的。在某些情况下，混合物中的各种电解质可能发挥它的聚沉本领，而且它们的作用是可以相加和的。但是，在另外一些情况下，也会发生下列两种特殊现象。

(1) 离子对抗现象。即混合电解质的聚沉作用相互削弱。例如用 LiCl 和 $MgCl_2$ 来聚沉 As_2S_3 溶胶，假定单用 LiCl 时，聚沉值为 c_1，单用 $MgCl_2$ 时，聚沉值为 c_2。如果用 1/4 c_1 的 LiCl 和 3/4 c_2 的 $MgCl_2$ 进行实验，则并无聚沉现象发生，1/4 c_1 的 LiCl 必须和 2 c_2 的 $MgCl_2$ 配合才能使 As_2S_3溶胶发生聚沉，即两种离子的聚沉能力相互减弱了。

(2) 敏化作用。混合电解质的聚沉作用除有加和性与对抗性之外，有时也有相互加强的情况。这就是说，混合电解质所表现的聚沉本领，比使用个别电解质所表现的聚沉本领要大，在这样的情形中，一种离子敏化了另一种离子对胶粒的聚沉作用，这种现象称为敏化作用。例如向硅酸溶胶中加入少量的 KOH，可使聚沉硅酸所需的氯化钠的分量大大降低，或者说 KOH 降低了氯化钠的聚沉值。

综上所述，混合电解质所引起的聚沉颇为复杂，很多现象目前是无法解释的。其复杂的原因可能是由下面一系列的相互作用组合而成的：①电解质离子和胶体粒子间的相互作用；②离子间的相互作用；③胶体粒子之间的相互作用。

3. 溶胶相互聚沉

将两种电性相反的溶胶混合，能发生相互聚沉的作用。溶胶相互聚沉与电解质促使溶胶聚沉的不同之处在于其要求的浓度条件比较严格。只有其中一种溶胶的总电荷量恰能中和另一种溶胶的总电荷量时才能发生完全聚沉，否则只能发生部分聚沉，甚至不聚沉。我国自古以来沿用的明矾净水，两种不同牌号墨水混合会出现沉淀等都是溶胶相互聚沉的实例。

表 9.6 所示系用不同数量的氢氧化铁溶胶(正电性)和定量硫化亚砷溶胶(负电性)作用时观察到的情况。

表 9.6　氢氧化铁与硫化亚砷两种溶胶的相互聚沉

混合量/mL		观察记录	混合后粒子带电性
$Fe(OH)_3$ 溶胶	As_2S_3 溶胶		
9	1	无变化	+
8	2	放置适当时间后微带混浊	+
7	3	立即混浊，发生沉淀	+
5	5	立即沉淀，但不完全	+
3	7	几乎完全沉淀	不带电
2	8	立即沉淀，但不完全	−
1	9	立即沉淀，但不完全	−
0.2	9.8	只现混浊，但无沉淀	−

相互聚沉在现代污水处理与净化中有着广泛的应用。现在比较常用的混凝处理法就是利用这种原理的一种水处理技术。

天然水及废水中含有的悬浮性粒子及胶体粒子大多数是带负电的，为了使它们聚沉下来，可加入明矾，因为明矾水解的结果产生带正电的 $Al(OH)_3$ 溶胶，它和悬浮体粒子相互作用而聚沉。再加上 $Al(OH)_3$ 絮状物的吸附作用，使污物清除，达到净化的目的。

4. 高分子聚沉剂的应用

有机化合物的离子都具有很强的聚沉能力，这可能与其具有很强的吸附能力有关。表 9.7 列出了不同的一价阳离子所形成的氯化物对带负电的 As_2S_3 溶胶的聚沉值。

表 9.7　有机化合物的聚沉作用

电解质	聚沉值/(mol·m^{-3})	电解质	聚沉值/(mol·m^{-3})
KCl	49.5	$(C_2H_5)_2NH_2^+Cl^-$	9.96
氯化苯胺	2.5	$(C_2H_5)_3NH^+Cl^-$	2.79
氯化吗啡	0.4	$(C_2H_5)_4N^+Cl^-$	0.89
$(C_2H_5)NH_3^+Cl^-$	18.20		

此外，光的作用、强烈振荡、加热等也能使胶体溶液发生聚沉。

5. 混凝在水处理中的应用

在天然水和各种废水中，物质存在的形式有三种：离子状态、胶体状态和悬浮状态。一般认为，颗粒粒径小于 1 nm 的为溶解物质，颗粒粒径在 1～100 nm 的为胶体物质，颗粒粒径在 100 nm～1 mm 的为悬浮物质。其中悬浮物质是肉眼可见物，可以通过自然沉淀法进行去除；溶解物质在水中是以离子状态存在的，可以向水中加入药剂使之反应生成不溶于水的物质，然后用自然沉淀法去除；而胶体物质由于胶粒具有双电层结构而具有稳定性，不能用自然沉淀法去除，需要向水中投加药剂，使水中难以沉淀的胶体颗粒脱稳而互相聚合，增加至能自然沉淀的程度而去除。这种向水中加入药剂而使胶体脱稳形成沉淀的方法叫混凝法，所投加的药剂叫混凝剂。

传统的一级处理及二级处理废水处理工艺已难以适应当今的废水净化处理要求，处理后出水更不能满足回用水的水质要求，只能进一步附加传统的三级处理设备系统。因而它既需要庞大复杂的传统二级生化处理系统，也省略不了投资和运行费用都十分昂贵的传统三级过滤吸附处理系统，远远不能满足日益增长的环保市场对净化效率更高、处理出水水质更好、投资和运行费用更低的污水处理新技术及新装备的迫切需要。混凝是当今水处理工艺技术中一种可满足上述需求的富有潜力的污水处理技术，在印染废水、造纸废水、焦化废水、电镀废水、生活污水和餐饮废水的处理中有着广泛的应用。

常用的混凝剂有无机絮凝剂、有机高分子絮凝剂、生物絮凝剂等。无机絮凝剂主要产品有硫酸铝、聚合氯化铝、三氯化铁、硫酸亚铁和聚合硫酸铁、聚合氯化铝铁等。有机高分子絮凝剂以聚丙烯酰胺类产品为代表。生物絮凝剂是一类由微生物产生的具有絮凝能力的高分子有机物，主要有蛋白质、黏多糖、纤维素和核酸。

混凝剂在水处理中有以下几方面的作用。

(1) 压缩双电层与电荷的中和作用。加入电解质，使固体微粒表面形成的双电层有效厚度减小，彼此吸引形成凝聚；或者加入带不同电荷的固体微粒，使不同电荷的粒子由于静电吸引而凝聚。

(2) 高分子絮凝剂的吸附架桥作用。高分子絮凝剂的碳碳单键一般情况下是可以旋转的，再加上聚合度较大，即主链较长，在水介质中主链是弯曲的。在主链的各个部位吸附了很多固体颗粒，就像是为固体颗粒架了许多桥梁，让这些固体颗粒聚集起来形成大的颗粒。

(3) 絮体的网捕作用。有些混凝剂(如铝盐或铁盐)在水中形成高聚合度的多羟基化合物的絮体，在沉淀过程中可以吸附、卷带水中胶体颗粒共同沉淀，此过程称为絮凝剂的网捕。

9.7 乳状液和泡沫

9.7.1 乳状液的概念和类型

乳状液是指一种液体以液珠形式分散在与它不相混溶的另一种液体中而形成的不均匀的分散体系。液珠称分散相(内相或不连续相)；另一种液体是连成一片的，称分散介质(外相或连续相)。乳状液一般不透明，呈乳白色。液滴直径大多在 100 nm～10 μm，可用一般光学显微镜观察。乳状液可分水包油和油包水两种类型。水包油型可用油/水或 O/W 表示，油是分散相，水是连续相。油包水型可用水/油或 W/O 表示，水是分散相，油是连续相。乳状液中的“油”相指一切与水不相混溶的有机液体。牛奶、冰激凌、雪花膏、橡胶乳汁、原油乳状液等均属此种分散体系。乳状液在工业、农业、医药和日常生活中都有极广泛的应用。

9.7.2 乳化剂的作用与乳状液的形成

当直接把水和“油”共同振摇时，虽可以使其相互分散，但静置后很快又会分成两层，例如苯和水共同振摇时可得到白色的混合液体，但静置不久后又会分层。如果加入少量合成洗涤剂再摇动，就会得到较为稳定的乳白色液体，苯以很小的液珠分散在水中，形成乳状液。为了形成稳定的乳状液而必须添加的第三组分通常称为乳化剂(emulsifying agent)。乳化剂的作用在于使由机械分散所得的液滴不再相聚结。乳化剂的种类很多，可以是蛋白质、树胶、明胶、皂素、磷脂等天然产物，这类乳化剂能形成牢固的吸附膜或增加外相黏度，以阻止乳状液分层，但它们易水解和被微生物或细菌分解，且表面活性较低。乳化剂也可以是人工合成的表面活性剂，它们可以是阴离子型、阳离子型或非离子型。对于粒子较粗大的乳状液，也可以用具有亲水性的二氧化硅、蒙脱土及氢氧化物的粉末等作为制备 O/W 型乳状液的乳化剂，或者用憎水性的固体粉末如石墨、炭黑等作为制备 W/O 型乳状液的乳化剂。这是因为，如果乳化剂的亲水性大，则它更倾向于和水结合，因此在水“油”界面上的吸附膜是弯曲的，应当凸向水相而凹向"油"相，这样就使"油"成为不连续的分布而形成 O/W 型乳状液，如图 9.27(a)所示；如果乳化剂是憎水的，则情况刚好相反，吸附膜凹向水相，使水成为不连续的分布而成 W/O 型乳状液，如图 9.27(b)所示。从图 9.27(a)中可知，亲水性固体乳化剂与水所成接触角小于 90°，更多的固体部分将进入水中，把"油"分散成滴并在其界面上形成保护膜使油滴不能相互聚结。反之，如果设想形成了 W/O 型乳状液，如图 9.28(b)所示，则水滴表面仍有相当部分没有受到保护，因而就不会稳定地存在。

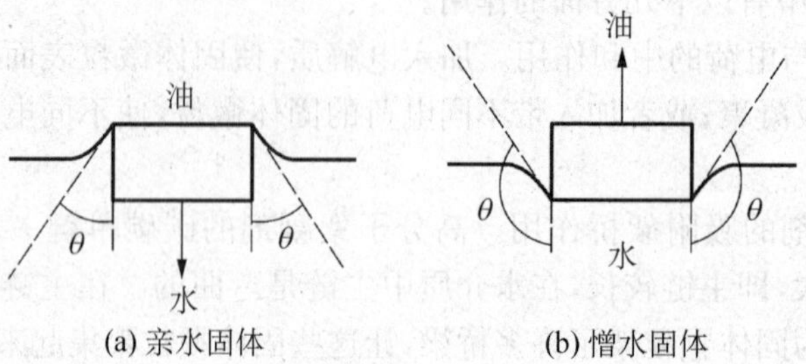

图 9.27　在水油界面上的固体粒子

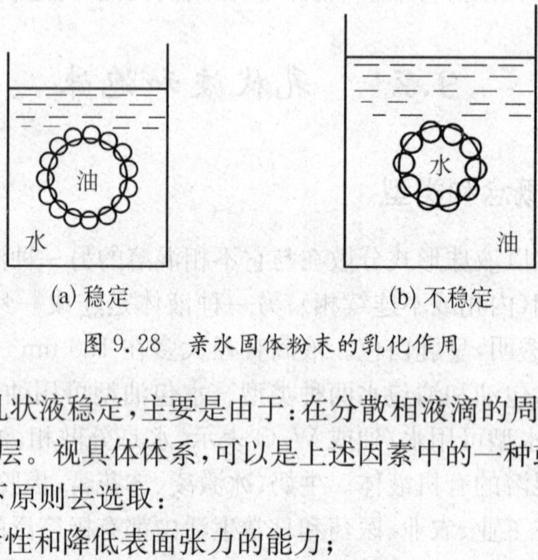

图 9.28　亲水固体粉末的乳化作用

乳化剂之所以能使乳状液稳定，主要是由于：在分散相液滴的周围形成坚固的保护膜；降低了界面张力；形成双电层。视具体体系，可以是上述因素中的一种或几种同时起作用。

乳化剂一般按照以下原则去选取：

(1) 有良好的表面活性和降低表面张力的能力；

(2) 乳化剂分子或其他添加物在界面上能形成紧密排列的凝聚膜，在膜中分子间的侧向相互作用强烈；

(3) 乳化剂的乳化性能与其和油相或水相的亲和力有关；

(4) 适当的外相黏度可以减小液滴的聚集速度；

(5) 乳化剂与被乳化物 HLB 值应相等或相近；

(6) 在有特殊用途时要选择无毒的乳化剂。

9.7.3 影响乳状液类型的因素

1. 表面活性剂作乳化剂的影响

如果用表面活性剂作乳化剂，则表面活性剂亲水、亲油能力的相对大小是决定乳状液类型的主要因素。如果表面活性剂的亲水能力强，则它在水中的溶解度比在油中的大，容易形成 O/W 型乳状液；反之，则易形成 W/O 型乳状液。一般称此为班克罗夫特规律。例如钠皂、钾皂和特温型非离子表面活性剂溶于水，是 O/W 型乳化剂。二价、三价金属皂和斯潘型非离子表面活性剂溶于油，是 W/O 型乳化剂。

亲水亲油平衡的英文缩写为 HLB，由 W・C・格里芬提出，表面活性剂的 HLB 值是它的亲水、亲油能力相对大小的衡量。HLB 值为 8～18 的表面活性剂的亲水性强，可作 O/W 型乳化剂。HLB 值为 3～6 的表面活性剂的亲油性强，可作 W/O 型乳化剂。HLB 值是表面活性剂的一个重要参数，一般通过实验测定，对某些个别类型的表面活性剂，现在也可通过公式计算。

非离子表面活性剂的亲水、亲油能力的大小除与分子中非极性基的大小和极性基中环氧乙烷链节数目有关外，还与温度有关。温度低于浊点（水溶液变浊时的温度）时，表面活性剂亲水性强和溶于水的是 O/W 型乳化剂。温度高于雾点（即油溶液的浊点）时，表面活性剂亲油性强和溶于油的是 W/O 型乳化剂。在浊点附近，乳状液存在一相转变温度（PIT）。用非离子表面活性剂作乳化剂形成的乳状液类型，决定于乳化温度是低于还是高于 PIT。

2. 固体粉末作乳化剂的影响

它由油、水两相在粉末表面互相接触时接触角 θ_w 和 θ_o 的大小决定。$0° < \theta_w < 90°$ 时，粉末大部分在水相，是 O/W 型乳化剂。$0° < \theta_o < 90°$ 时，粉末大部分在油相，是 W/O 型乳化剂。θ_w（或 θ_o）$= 0°$ 时，固体粉末完全浸入水相（或油相），无乳化剂的作用。

3. 相体积分数的影响

相体积分数一般指的是油、水两相在乳状液中所占体积百分数。若液滴是大小相同的圆球，从立体几何可以算出，圆球以最紧密的方式堆积时，圆球占总体积的 74.02%。W・奥斯特瓦尔德认为，如果乳状液内相的体积分数 m 超过 74.02%，将导致乳状液的变型或破坏。乳状液的类型与相体积分数有关，内相体积分数增加，有可能引起乳状液类型的变化，但其变型的位置与乳化剂的亲水、亲油能力有关，不一定在 74.02%处。因为乳状液的颗粒大小不均匀，如果乳化时采用往外相中加入内相的方式，则可制备内相体积分数大于 99%的乳状液。

9.7.4 乳状液类型的鉴定方法

乳状液是属于 O/W 型的还是属于 W/O 型的可以用下列方法进行鉴定。

1. 稀释法

取少量乳状液滴入水中或油中，若乳状液在水中能稀释，即为 O/W 型；在油中能稀释，即为 W/O 型。

2. 导电法

因为水导电性强于油，O/W 型乳状液的导电性能远好于 W/O 型乳状液，通过测电导可区别二者。但若乳状液中有离子型乳化剂，也有较好导电性。

3. 染色法

用溶于水中的少量色素和乳状液作用，如有色物质是连续扩散的，则是 O/W 型的；如果不是连续扩散的则为 W/O 型的。

9.7.5 乳状液的转化和破乳

乳状液的转化是指由 O/W 型乳状液变成 W/O 型乳状液或者相反的过程。这种转化通常是外加物质使乳化剂的性质改变而引起的，例如用钠皂可以形成 O/W 型的乳状液，但如果加入足量的氯化钙，则可以生成钙皂而使乳状液成为 W/O 型。又如当用氧化硅粉末作为乳化剂时，可形成 O/W 型的乳状液，但如果加入足够量的炭黑、钙皂或镁皂，则也可以形成 W/

O 型的乳状液。应该指出，在这些例子中，如果所生成或所加入的相反类型的乳化剂的量太少，则乳状液的类型亦不发生转化；如果用量适中，则两种相反类型的乳化剂同时起相反的效应，乳状液变得不稳定而被破坏。例如 15 cm^3 的煤油与 25 cm^3 的水用 0.8 g 碳粉作为乳化剂，可以得到 W/O 型乳状液，加入 0.1 g 二氧化硅粉末就可以破坏乳状液，若所加二氧化硅多于 0.1 g，则可生成 O/W 型乳状液。

使乳化状的液体结构破坏，以达到乳化液中各相分离开来的目的的过程就是破乳(deemulsification)。为破乳而加入的物质称为破乳剂(deemulsifier)。例如石油原油和橡胶类植物乳浆的脱水、牛奶中提取奶油、污水中除去油沫等都是破乳过程。破坏乳状液主要是破坏乳化剂的保护作用，最终使水、油两相分层析出。常用的破乳方法有以下几种。

1. 热处理

乳状液是热力学不稳定体系。虽然提高温度对于乳状液的双电层以及界面吸附没多少影响，但如果从热力学考虑，温度提高，界面分子的热运动加剧，界面黏度下降，界面膜分子排列松散，将有利于液珠的聚集。另外，温度的升高会降低外相的黏度，从而降低了乳状液的稳定性，故易发生破乳。加热可以作为破坏乳状液的一种手段，特别是对于以非离子表面活性剂稳定的 O/W 型原油乳状液，升温时乳状液的亲水性降低，温度升至相转变温度时，乳状液很快被破坏。反之，对于非离子表面活性剂稳定的 W/O 型乳状液，降温至相转变温度时，乳状液也将很快被破坏。热处理方法原理简单，适应性较强。

2. 化学破乳

化学破乳一般是加入一种或几种化学物质来改变乳状液的类型和界面性质，目的是降低界面膜的强度，或破坏界面膜的性质，从而使原油的乳状液不稳定而发生破乳。好的破乳剂应具有在油、水两相中较快的扩散速度和顶替原油界面膜的能力，使破乳速度较快，脱水率高。另外，一些性能很好的乳化剂在一定条件下也能变成很好的破乳剂。

3. 电处理

电沉降法主要用于 W/O 型乳状液，在电场的作用下，使作为内相的水珠凝结。乳化膜由带有额外电荷的极性分子所组成，它们易被干扰，但与水之间有吸引力。这些分子把水包在中间形成一个坚韧的膜壁。电场干扰这个膜壁，并引起其中分子的重新排列。分子的重新排列意味着膜的破裂，同时电场引起了邻近液滴的相互吸引，最后水滴聚结并因相对密度较大而沉降，达到脱水脱盐的目的。

4. 物理破乳

物理破乳的方法比较多，下面主要对几种最常用的方法进行简介。

(1) 过滤。将乳状液通过多孔性固体物质过滤，由于固体表面对乳化剂有很强的吸附作用，使乳化剂由油水界面转移至固液界面，从而导致乳状液的破坏。另外，当乳状液通过滤板时，滤板将界面膜刺破，使其内相聚结而破乳。又如有时可以利用油水两相对过滤物质的不同的润湿性，如果固体过滤物质能够被分散相所湿润，这种固体就可以作为液珠的场所，利用它可分离出已聚集的液体。

(2) 离心。离心分离法也可以很有效地分离乳状液。它是利用水油的密度不同，在离心力的作用下，促进排液过程而使乳状液被破坏。在离心破乳的过程中，对乳状液加热，使它的外相黏度降低，可加速排液过程，即加快了破乳。离心场越强，破乳效果越好。

(3) 超声。超声是常用的形成乳状液的一种搅拌手段，在使用强度不大的超声波时，又可发生破乳。与此相似，有时对乳状液轻微振荡或者搅拌也可以实现破乳。

5. 生物破乳

生物破乳是最近发展起来的一种新的破乳方法，主要在采油中研究较多，生物破乳剂具有绿色环保特征，但其最终能否工业应用主要取决于是否具有比化学破乳剂更高的性价比。随着人们对微生物破乳机理的进一步了解和更可靠、更普遍、更高效的生物处理系统的研制投建，相信生物破乳剂的大规模推广和应用指日可待。

9.7.6 乳状液在水处理中的应用

无论在工农业生产中或在生理现象中都能看到乳状液的广泛应用，尤其是乳状液膜技术是在废水处理领域研究相当活跃的一项技术。乳状液膜技术是于20世纪60年代末开发的新型分离技术，其传质分离过程模拟了生物膜的分离功能，能够反复回收利用膜相，具有效率高、选择性好、消耗低、反应条件温和等特点，并且特别适合于低浓度物质的富集和回收，故其问世以来一直受到广泛的重视和研究。

乳状液膜体系是利用表面活性剂将互不相溶的两液相制成乳液，然后将乳液分散在被处理的液相中而得到的多相体系，其中中间相将外部被处理相与内部接收相分隔开来，其形态犹如一层液体膜。根据处理对象的不同，液膜可以是水膜，也可以是油膜，例如处理重金属废水均采用油膜，因为重金属废水都是水溶液。

按膜相组成的不同，可分为两种类型的液膜，即不含流动载体的液膜和含流动载体的液膜。对于不含流动载体的液膜，选择性主要取决于金属离子在膜相中的溶解度，传质推动力来自膜两侧的浓度差；而对于含流动载体的液膜，选择性则取决于膜相中添加的流动载体，即依靠载体与被迁移的金属在膜两侧的选择性可逆反应，提高金属离子在膜相中的有效溶解度，其传质推动力来自膜两侧的化学位之差。

目前乳状液膜技术已在重金属废水、石油化工废水、含酚废水、含氨废水的处理中得到了较为广阔的应用。

9.7.7 泡沫的形成及其应用

由不溶性气体分散在液体或熔融固体中所形成的分散物系称为泡沫，其体积的线性大小在 10^{-5} cm 以上，其形状常因环境而异。例如肥皂泡沫、啤酒泡沫等都是气体分散在液体中的分散物系。又如泡沫塑料、泡沫橡胶、泡沫玻璃等都是气体分散在熔融固体中的分散物系，经冷却而得。这里我们只简单地讨论气体分散在液体中的分散系统。泡沫的基本性质与形成和乳状液极为相似，它们都是由两个相和界面吸附层的膜所构成。

1. 泡沫的形成与结构

泡沫是泡的聚集物，是一个复杂的分散体系，由于气体与液体的密度相差很大，故在液体中的气泡会很快上升至液面，形成以少量液体构成的液膜隔开气体的泡沫，因重力作用，液面上形成的泡沫逐渐分为两种结构形态：下面部分的气泡呈球状，分隔液体的量较多；上面部分的气泡为多面体状，分隔液体的量越到顶部越少，而且气泡越大。

气泡中各个气泡相交处（一般是三个气泡相交，此为最稳定的结构），液膜中交界处的压力小于其他各处的压力，液体会自动从交界处流向其他位置，这就是泡沫的排液过程之一。另一种排液过程是液体因重力而下流，使膜变薄，但这仅是液膜较厚时才比较显著。液膜薄到一定程度，则导致膜的破裂、泡沫破坏。

纯液体不能形成稳定的泡沫。能形成稳定泡沫的液体，必须有两个以上组分，表面活性剂溶液、蛋白质以及其他一些水溶性高分子溶液等容易产生稳定、持久的泡沫。起泡溶液不仅限于水溶液,非水溶液也常会产生稳定的泡沫。

表面活性剂生成泡沫的能力和其他一些性能(如润湿、洗涤性能)并无一定关系,起泡能力强的洗涤剂,未必去污能力就强,如一般非离子表面活性剂的起泡性能远不如普通肥皂,但其洗涤性能却比肥皂好,因此不能简单地以起泡能力作为表面活性剂好坏的唯一标志。

起泡性好的物质称为起泡剂,一般肥皂、洗衣粉中的表面活性剂(烷基苯磺酸钠、烷基硫酸钠等)均是起泡剂,但应注意,起泡性只是在一定条件下(搅拌、鼓气等)具有良好的起泡能力,形成的泡沫不一定持久。为了提高泡沫的持久性,常在表面活性剂配方中加入一些辅助表面活性剂,如在十二烷基苯磺酸钠或十二烷基硫酸钠中加入十二酰二乙醇胺,则可得到持久性良好的泡沫。十二烷基二甲基胺的氧化物也是增加泡沫稳定性、持久性的一种添加剂,其效率甚至超过十二酰二乙醇胺。此类增加泡沫稳定性的表面活性物质称为稳泡剂。

2. 泡沫的稳定性

泡沫的稳定性应与起泡力加以区别,起泡力是指泡沫形成的难易程度和生成泡沫量的多少,而稳定性则指生成泡沫的持久性——消泡之难易。这就是说,泡沫的稳定性就是指泡沫存在"寿命"的长短,当然,就其本质而言,泡沫是热力学上的不稳定体系,不可能是稳定的。泡沫的热力学不稳定性,源于破泡之后体系的液体总表面积大为减少,从而体系能量(自由能)降低甚多。

泡沫破坏的过程,主要是隔开液体的液膜由厚变薄,直至破裂的过程,因此,泡沫的稳定性主要决定于排液的快慢和液膜的强度。影响泡沫稳定性的主要原因,亦即影响液膜厚度和表面膜强度的因素,比较复杂。

3. 泡沫的应用

(1) 泡沫浮选。泡沫浮选是利用泡沫,把矿石中需要的成分与泥砂、黏土等物质分离,使有用矿物富集的过程。在此过程中,矿物的某种成分(一般是有用的矿物)附着在泡沫气泡上而浮于矿浆表面,其余成分则沉积于底部,有用的矿物随泡沫飘走,留下矿渣(偶尔也可使无用成分随泡沫飘走,留下有用的矿物)。浮选之前,先将矿石粉碎至一定大小,以利于随气泡漂浮。之后,加水制成矿浆,再加入浮选剂,以搅拌或其他方法通入空气,形成泡沫进行浮选。

大多数天然矿物的表面是亲水的,易为水润湿,必须加入某种试剂使其表面疏水,否则不能附着于气泡上漂浮。加入的这种试剂称为捕收剂,是浮选剂中的一种。浮选剂中还有起泡剂,它有利于矿浆形成泡沫,以作为浮选的分离手段。有时还加入调节剂,它可以对捕收剂起促进或抑制作用,以达到对混合矿物作选择性浮选的目的。调节剂实际上亦是捕收剂的一类,起改变矿物表面性质的作用。

常用的起泡剂有松油、甲酚类、醇类(中等相对分子质量者,一般是五碳至八碳醇)等。"重吡啶"(取自煤焦油,为吡啶、喹啉等及其衍生物的混合物,制成盐酸盐或硫酸盐)常用于浮选铜、铅、锌的硫化物矿,兼有捕收剂的作用。也常用"加工蓖麻油"(蓖麻油皂化、干馏而得的辛醇、辛酮类)作为起泡剂,代替松油。在泡沫浮选中,泡沫的稳定性要求不高,以便分离以后易于破坏,从而获得选出的矿物。可以看出,上述起泡剂的化学结构就是符合能形成稳定性不高的泡沫的要求的:疏水基不长(八个碳原子以下)或有分支及不饱和基团,形成的表面膜强度差,从而泡沫的稳定性不高。

捕收剂大致可分为含硫化合物和不含硫化合物两类。前者如黄药(黄原酸盐)、黑药(二硫代磷酸盐)及白药(二硫苯脲)等。不含硫的化合物中,有脂肪酸及其皂、长链烷基胺及其盐等。

含硫化合物用于金属硫化物矿的浮选，它使矿物表面变得疏水，于是矿粉易于随气泡浮起。非硫化物矿亦可先经硫化处理，然后再用含硫捕收剂浮选。如锌矿，可先用硫酸铜及硫化钠处理使其表面硫化，再用黄药浮选。不含硫的化合物则用于非硫化矿及非金属矿物(如贫铁矿、磷灰石、萤石、石英及长石等)的浮选。

如前所述，捕收剂的作用是改变矿物质点的表面性质，使之疏水。这主要是由于捕收剂强烈吸附于矿物表面，两亲分子的非极性基在表面作朝外的定向排列，形成了疏水层。

(2) 离子浮选。离子浮选和泡沫浮选都是利用泡沫来分离混合物，不同之处在于前者是液-气体系，而后者是液-固-气体系，有固体表面润湿的问题。

离子浮选的起泡剂为表面活性剂。表面活性离子在气-液界面上吸附，形成定向离子层，疏水链朝向气相。此离子层对相反电荷的离子(反离子)有电性引力；不同的反离子，吸引力亦不同。利用这种性质，可以将溶液中某些离子性的物质随所形成的泡沫分离出来。特别是对于浓度很稀、含量很少的物质，其他方法往往不易分离，而用离子浮选法可得好的结果。

对于含有少量金、银化合物的溶液，如加入少量阳离子表面活性剂，使之形成泡沫，经分离后发现泡沫中的金与银的比例较溶液中大得多。若用阴离子表面活性剂为起泡剂，可以把银离子富集于泡沫中，而与金离子分离。

离子浮选用于提取海水中的重要元素具有比较广阔的前景。

(3) 泡沫分离法。实际上，泡沫浮选和离子浮选都是泡沫分离的方法。此处介绍的泡沫分离法，是指体系(溶液)本身的表面活性物质的提纯与分离，比较典型的是表面活性剂的提纯，如十二烷基硫酸钠的商品或实验室合成的粗产品，其中往往含有少量十二醇及无机盐($NaCl$，Na_2SO_4)，无机盐可通过在有机溶剂中(乙醇、丁醇)重结晶除去，而十二醇则不易除去。将空气通入此不纯物水溶液，使之形成泡沫。十二醇比十二烷基硫酸钠更容易在溶液表面吸附，所以泡沫中十二醇含量比溶液中大得多。不断移去泡沫，剩余物即为相当纯净的十二烷基硫酸钠。

不同物质有不同的表面吸附能力，这是泡沫分离法的根据。应用泡沫分离法可以分离不同碳链长的表面活性剂混合物。链较长者表面吸附能力强，首先出现于泡沫中；以后，随链长减小而依次出现，这与固体的分级结晶及液体的分馏很相似，称之为泡沫分级分离。

泡沫分离法曾被用来提纯、分离酶蛋白，提纯了的酶表现出更高的生物活性。自甜菜制糖时，榨出糖液中的蛋白质、胶质等使糖不易结晶，妨碍糖的精制，利用泡沫分离，可除去抑制糖结晶的杂质，使糖的精制易于进行。

4. 消泡

有些泡沫可以通过加某些试剂与起泡剂发生化学反应而破坏，如以脂肪酸皂为起泡剂而形成的泡沫，可以加入强酸(如盐酸、硫酸)及钙、镁、铝盐等，形成不溶于水的脂肪酸及难溶的脂肪酸盐，于是泡沫被破坏，但是在工业生产中，由于存在腐蚀及堵塞管道的问题，很少应用此法。

工业中常用的消泡剂，都是容易在溶液表面铺展的有机液体，此种液体在溶液表面铺展时，会带走邻近表面的一层溶液，使液膜局部变薄，于是液膜破裂，泡沫破坏。一般情况下，消泡剂在表面上的铺展速度越快，则液膜变得越薄，消泡作用也就越强。一般能在表面铺展、起消泡作用的液体，其表面张力较低，易吸附于表面，使溶液表面局部的表面张力降低(即表面压增高)，于是铺展自此局部发生，同时表面下面一层液体也因表面吸附分子由高表面压区向低表面压区(即高表面张力)扩散而带走，致使液膜变薄，泡沫破坏。乙醚、异戊醇及 n-

$C_3F_7CH_2OH$ 等均属于此类消泡剂。由此看来，消泡作用的原因可能在于：一方面，易于铺展、吸附的消泡剂分子取代了起泡剂分子，形成强度较差的表面膜；另一方面，铺展过程中也同时带走了邻近表面层的部分溶液，使泡沫的液膜变薄，降低了泡沫的稳定性。

习 题

1. 何谓胶体系统？其主要特征是什么？

答案：略。

2. 20℃时，用电泳法测得 $Fe(OH)_3$溶胶中两电极的电势差为 150 V，10 min 内胶粒移动距离为 12 mm，电极间的距离为 30 cm。已知水的相对介电常数为 81，黏度为 10^{-3} Pa·s，$\varepsilon_0 = 8.854\times10^{-12}$ F·m^{-1}。试计算该溶胶的动电势。

答案：$\zeta = 55.8$ mV。

3. 已知水和玻璃界面的 ζ 电位为 -0.050 V，试问在 298 K 时，在直径为 1.0 mm，长为 1 m 的毛细管两端加 40 V 的电压，则介质水通过该毛细管的电渗速度为若干？设水的黏度为 0.001 kg·m^{-1}·s，介电常数 $\varepsilon = 8.89\times10^{-9}$ C·V^{-1}·m^{-1}。

答案：$u = 1.415\times10^{-6}$ m·s^{-1}。

4. 三个烧瓶中各装有 $Fe(OH)_3$ 溶胶 20×10^{-3} m^3，分别加入 NaCl，Na_2SO_4，Na_3PO_4 使其聚沉，最少需加的电解质数量为：(1) 1 mol·L^{-1}NaCl，21×10^{-3} m^3；(2) 0.01 mol·L^{-1}Na_2SO_4，125×10^{-3} m^3；(3) 0.01 mol·L^{-1}Na_3PO_4，7.4×10^{-3} m^3。试计算各电解质的聚沉值，并指出溶胶带电的符号。

答案：(1) 0.512 mol·L^{-1}；(2) 0.008 6 mol·L^{-1}；(3) 0.002 7 mol·L^{-1}。溶胶带正电。

5. 在以等体积的 0.008 mol·L^{-1}KI 溶液和 0.01 mol·L^{-1}$AgNO_3$ 溶液混合制得的 AgI 溶胶中取两份试样，分别加入 $MgSO_4$ 和 $K_3[Fe(CN)_6]$，问何者具有较大的聚沉能力？

答案：$K_3[Fe(CN)_6]$。

6. ζ 电势和电极电势有什么关系？如何得到 ζ 电势？它与胶体系统的稳定性有什么关系？

答案：略。

7. 在 286.7 K 时，水的相对介电常数 $\varepsilon = 82.5$，电导率 $\kappa = 1.16\times10^{-1}$ s·m^{-1}，黏度为 1.194×10^{-3} Pa·s，在此条件下以石英粉末做电渗实验，电流强度 $I = 4\times10^{-3}$ A，流过的液体体积为 8×10^{-5} L 时所需时间为 107.5 s，试计算 ζ 电势。

答案：35.33 mV。

8. 电解质均可使胶体聚沉，那么制豆腐时为什么不用成本低的食盐，而用卤水（氯化镁）和石膏呢？

答案：略。

9. 取一些江水和河水，在其中加些明矾搅拌几下，可使混水澄清，同时也能适当降低水的硬度，如何解释？

答案：略。

10. 在稀砷酸溶液中通入过量 H_2S 制备 As_2S_3 溶胶。(1)写出该胶团的结构式，注明紧密层和扩散层。(2)该胶粒的电泳方向应朝哪个极？(3)NaCl 和 $MgSO_4$ 两种电解质中哪一种对 As_2S_3 溶胶的聚沉能力更强？

答案：略。

11. 对于混合等体积浓度为 0.08 mol·kg^{-1}的 KI 和浓度为 0.1 mol·kg^{-1}的 $AgNO_3$ 溶液所得的溶胶，下述电解质何者的聚沉能力最强：(1) NaCl；(2) Na_2SO_4；(3) Na_3PO_4。

答案：Na_3PO_4。

12. 什么是乳状液？它有哪些类型？

答案：略。

13. 试解释：(1)江河入海处为什么常形成三角洲？(2)使用不同型号的墨水，为什么有时会使钢笔堵塞而写不出来？(3)重金属离子中毒的病人，为什么喝了牛奶可使症状减轻？请尽可能多地列举出日常生活中遇到的有关胶体的现象及其应用。

答案：略。

第10章

化学动力学基础

热力学讨论了化学反应的方向和限度，从而解决了化学反应的可能性问题。但实践经验告诉我们，在热力学上判断极有可能发生的化学反应，实际上却不一定发生。例如合成氨的反应：

$$3H_2(g) + N_2(g) = 2NH_3(g)$$

按热力学的结论，在标准状态下此反应是可以自发进行的，然而人们却无法在常温常压下合成氨。但这并不说明热力学的讨论是错误的，实际上豆科植物就能在常温常压下合成氨，只是目前还不能按工业化的方式实现，这说明化学反应还存在一个可行性问题。

因此，要全面了解化学反应的问题，就必须了解化学变化的反应途径——反应机理，必须引入时间变量。化学反应的速率和各种影响反应速率的因素就是本章化学动力学要研究的内容。

化学动力学的基本任务是研究各种因素，如浓度、温度、压力、介质及催化剂等对化学反应速率的影响，揭示化学反应的历程(或称机理)，并研究物质的结构和反应能力之间的关系。它的最终目的是控制化学反应过程，以满足生产和科学技术的需要。

化学动力学和化学热力学在实际应用中是相辅相成的。化学动力学不能改变反应的可能性，也不能改变反应的限度，一个化学反应只有当热力学判断它可能进行时，才有必要对它进行动力学的研究，以便使这种可能性成为现实，并使之按照需要的速率进行。如果一个化学反应在热力学上判断为不可能，那么就没有必要研究其速率问题。

近一百年来，化学动力学已经取得了惊人的进展。目前，从实验方面探索的领域越来越广泛，方法日趋完善，积累了丰富的成果。然而，从物质的内部结构了解反应能力的研究工作还很不深入，对各种动力学现象难于加以定量的解释。本章重点讨论宏观反应动力学规律。

10.1 化学反应的速率、速率方程式和反应级数

10.1.1 化学反应的速率

1. 化学反应速率的表示方法

描述化学反应的速率有几种不同的方法，现将它们的定义和彼此之间的关系进行简要叙

述。对于化学反应 $0 = \sum \nu_{\mathrm{B}} \mathrm{B}$，反应速率 v 被定义为：

$$v = \frac{\mathrm{d}\xi}{\mathrm{d}t} \tag{10.1}$$

式中：t 为反应时间；ξ 为反应进度。反应速率是反应进度随时间的变化率，根据反应进度定义：

$$\mathrm{d}\xi = \mathrm{d}n_{\mathrm{B}}/\nu_{\mathrm{B}} \tag{10.2}$$

将式(10.2)代入式(10.1)得到：

$$\xi = \nu_{\mathrm{B}}^{-1} \frac{\mathrm{d}n_{\mathrm{B}}}{\mathrm{d}t} \tag{10.3}$$

如果将化学方程式写成一般的计量式：

$$a\mathrm{A} + b\mathrm{B} =\!\!=\!\!= g\mathrm{G} + h\mathrm{H}$$

那么，此反应的反应速率可用任一反应物或任一产物的物质的量表示为：

$$\xi = \frac{\mathrm{d}\xi}{\mathrm{d}t} = -\frac{1}{a}\frac{\mathrm{d}n_{\mathrm{A}}}{\mathrm{d}t} = -\frac{1}{b}\frac{\mathrm{d}n_{\mathrm{B}}}{\mathrm{d}t} = \frac{1}{g}\frac{\mathrm{d}n_{\mathrm{G}}}{\mathrm{d}t} = \frac{1}{h}\frac{\mathrm{d}n_{\mathrm{H}}}{\mathrm{d}t} \tag{10.4}$$

由式(10.4)可以看出，对于化学反应 $0 = \sum \nu_{\mathrm{B}} \mathrm{B}$，在某一反应瞬时，反应速率有唯一确定的值，它与被选择来表示反应速率的物质无关。反应速率 ξ 的单位是 $\mathrm{mol} \cdot \mathrm{s}^{-1}$。

    IUPAC 物理化学部化学动力学委员会推荐用 v 表示基于浓度形式的反应速率，对于体积一定的密闭系统，化学反应 $0 = \sum \nu_{\mathrm{B}} \mathrm{B}$ 的反应速率为：

$$v = \frac{1}{\nu_{\mathrm{B}} V}(\mathrm{d}n_{\mathrm{B}}/\mathrm{d}t)$$

式中：V 为反应系统的体积。在定容的条件下：

$$\mathrm{d}n_{\mathrm{B}}/V = \mathrm{d}c_{\mathrm{B}}$$

因此：

$$v = \frac{1}{\nu_{\mathrm{B}}}\frac{\mathrm{d}c_{\mathrm{B}}}{\mathrm{d}t} \tag{10.5}$$

对于指定的反应计量方程式，在反应的某一瞬间 v 只有唯一确定的值，与选择的物质 B 无关。它的单位是 $\mathrm{mol} \cdot \mathrm{m}^{-3} \cdot \mathrm{s}^{-1}$。

2. 反应物的消耗速率和产物的生成速率

    对于定容条件下化学反应 $0 = \sum \nu_{\mathrm{B}} \mathrm{B}$，它的消耗速率 v_{r} 定义为：

$$v_{\mathrm{r}} = -\frac{1}{V}\frac{\mathrm{d}n_{\mathrm{r}}}{\mathrm{d}t} = \frac{-\mathrm{d}c_{\mathrm{r}}}{\mathrm{d}t} = \frac{-\mathrm{d}[\mathrm{r}]}{\mathrm{d}t} \tag{10.6}$$

式中：t 为时间；V 为反应系统的体积；n_{r} 为某反应物 r 的物质的量；c_{r} 或 $[\mathrm{r}]$ 为反应物物质的量浓度。

    上述反应的产物的生成速率 v_{p} 定义为：

$$v_p = \frac{1}{V}\frac{dn_p}{dt} = \frac{dc_p}{dt} = \frac{d[p]}{dt} \tag{10.7}$$

式中：n_p 为某产物 p 的物质的量；c_p 或[p]为产物 p 的物质的量浓度。无论是用消耗速率还是用生成速率表示，v_p 和 v_r 均为正值。

由消耗速率和生成速率的定义很容易看出，对一个指定反应，在某一反应瞬间，各种反应物的消耗速率、各产物的生成速率不一定相同，与所选择的物质有关，取决于方程式中各反应物及产物的化学计量数。例如，对于反应：

$$3H_2(g) + N_2(g) \longrightarrow 2NH_3(g)$$

在反应的任一瞬间每消耗掉一个 N_2 分子就同时要消耗掉三个 H_2分子。所以 $H_2(g)$的消耗速率应是 $N_2(g)$消耗速率的三倍，同理 $NH_3(g)$的生成速率则是 $N_2(g)$的消耗速率的两倍，即：

$$v(N_2) = \frac{v(H_2)}{3} = \frac{v(NH_3)}{2}$$

所以用消耗速率或生成速率表示反应速率时，必须指明是对哪种物质而言的。将反应速率、生成速率和消耗速率三者定义加以比较，不难得出：

$$\xi/V = v_r/(-\upsilon_r) = v_p/\upsilon_p \tag{10.8}$$

式中：υ_r，υ_p 分别为反应物和产物的化学计量数。消耗速率和生成速率的单位是 $mol \cdot m^{-3} \cdot s^{-1}$。

10.1.2 化学反应的速率方程式和反应级数

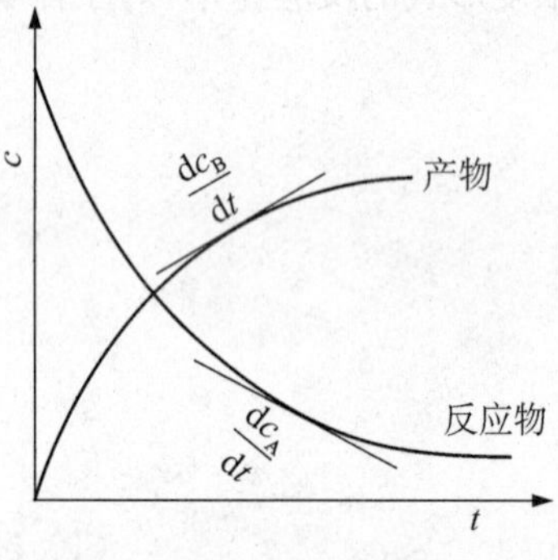

图 10.1 反应物和产物的浓度随时间的变化

在大多数反应系统中，反应物(或产物)的浓度随时间的变化往往不是直线关系。在反应开始时，反应物浓度大，反应速率较快，随着反应的进行，反应物浓度减小，反应速率也随之减慢，如图 10.1 所示。也就是说，反应速率随着反应过程中反应物(或产物)的浓度的变化而改变。曲线上某时刻的斜率即是此时刻 t 的反应速率。

在其他反应条件(如温度、催化剂等)不变的情况下，表示反应速率与浓度等参数之间的关系，或浓度等参数与时间关系的方程式称为化学反应的速率方程式或动力学方程式。所以，确定反应某一时刻的浓度是确定化学反应速率的关键。

一般来说，测定浓度的方法可分为以下两类。

一类是化学方法，如传统的定量分析法或较先进的仪器分析法，取样分析时要终止样品中的反应，具体有降温冻结法、酸碱中和法、试剂稀释法、加入阻化剂法等。

另一类是物理方法：选定反应物(或生成物)的某种物理性质对其进行监测，所选定的物理性质一般与反应物(或生成物)浓度呈线性关系，如质量、气体的体积(或总压)、折射率、电导率、旋光度、吸光度等。

对于反应速率较大的反应，常采用流动态法，即反应器装置采用连续式反应器(管式或槽式)，反应物连续地由反应器入口引入，而生成物从出口不断流出。

化学反应的速率方程式是确定反应历程的主要依据，在化学工程中，它又是设计合适反应器的重要依据，所以寻找化学反应的速率方程式是动力学研究的一个重要内容。

1. 基元反应的速率方程式

化学动力学的研究，特别是 20 世纪 20 年代以来对链反应的研究证明，人们所熟悉的很多化学反应，并不是按照化学反应计量方程式那样，由反应物经过单一的步骤直接转变为生成物，而是要经过一系列的步骤才能生成最终产物，例如 HCl 的气相合成反应，它的计量方程式为：

$$H_2(g) + Cl_2(g) \xlongequal{} 2HCl(g)$$

实验和理论分析已经证明，在此方程式中的两个 HCl 分子并非由一个 H_2 分子和一个 Cl_2 分子直接碰撞而成的，而是经过了以下一系列的反应步骤：

$$Cl_2 + M \xlongequal{} 2Cl + M \tag{10.9}$$

$$Cl + H_2 \xlongequal{} HCl + H \tag{10.10}$$

$$H + Cl_2 \xlongequal{} HCl + Cl \tag{10.11}$$

$$Cl + Cl + M \xlongequal{} Cl_2 + M \tag{10.12}$$

反应式中的 M 称为第三体，它可以是反应物分子、杂质分子或器壁分子，起着能量传递作用。反应(10.9)～(10.12)都是由反应物分子经过碰撞直接一步转变为产物的反应，这样单一的、实际进行的、直接的反应称为基元反应。由两个以上基元反应组成的反应则称为复合反应。组成复合反应的各个基元步骤的总和也就是该复合反应所经历的途径。上述 HCl 的合成反应就是一个复合反应，反应(10.9)～(10.12)是该反应的基元步骤，这些基元步骤就构成了 HCl 气相合成反应的历程。

基元反应中反应物的粒子(分子、原子、离子等)数目称为基元反应的反应分子数，根据分子数的多少可将基元反应分为三类：单分子反应、双分子反应和三分子反应。上述反应(10.9)～(10.11)均为双分子反应，而反应(10.12)则为三分子反应。绝大多数基元反应为双分子反应，目前尚未发现有分子数大于三的基元反应。

若基元反应为：

$$aA + bB \xlongequal{} gG + hH$$

则其速率方程式为：

$$v = kc_A^{\nu_A} c_B^{\nu_B} \tag{10.13}$$

式(10.13)表明，基元反应的反应速率与各反应物的物质的量浓度的幂的乘积成正比。其中各反应物的物质的量浓度的幂数就是反应式中各相应物质的化学计量数的绝对值。式中的 k 称为反应速率常(系)数。表示此速率方程式的经验规律称为质量作用定律。

基元反应中反应物的分子数，也是相应物质浓度的幂指数，称为这些反应组分的分级数，反应的总级数 n 为各分级数的代数和，反应的总级数可简称级数，其大小表示反应物浓度对反应速率的影响程度。级数越大，则反应速率受反应物浓度的影响越大。

基元反应是具有整数级数的反应，但应指出的是具有整数级数的反应并不一定就是基元反应。反应级数与反应的分子数是两个不同的概念。对于基元反应，反应级数与反应分子数相同。如单分子反应就是一级反应，对于复杂反应就不存在这么简单的关系。

2. 非基元反应的经验速率方程式

绝大多数化学反应是复合反应，它们的速率方程式不能直接由质量作用定律写出，必须通过实验确定反应速率与浓度之间的函数关系。在许多情况下，由实验所确定的经验速率方程式可以表示成(或近似表示成)如下的形式：

$$v = kc_A^{n_A} c_B^{n_B} c_Y^{n_Y} c_Z^{n_Z} \cdots \tag{10.14}$$

即反应速率与作用物质的量浓度的幂的乘积成正比。式(10.14)中的 c_A，c_B，…分别为参加反应的各物质(可能为反应物、产物或催化剂)的物质的量浓度，n_A，n_B，…分别为相应物质浓度的幂数。这些幂数并不一定和反应的化学计量数 a_A，b_B，…相等，也不一定是正整数，可以为分数、负数或零。幂数 n_A，n_B，…分别称为反应对物质 A，B，…的分级数，它们均由实验确定。所有分级数之和称为反应的总级数，一般用 n 表示：

$$n = n_A + n_B + n_Y + n_Z + \cdots \tag{10.15}$$

例如，由实验确定 HCl 气相合成反应的经验反应速率方程式为：

$$v = k[H_2][Cl_2]^{1/2} \tag{10.16}$$

上述 HCl(g)的生成反应，对 H_2(g)的分级数为 1，对 Cl_2(g)的分级数为 0.5，反应的总级数为 1.5，所以这个反应是 1.5 级反应。

经验速率方程式中的 k 是一个与浓度无关的比例系数，其数值等于各有关物质为单位浓度时的反应速率，称为速率系数。它的大小直接反映了反应的快慢程度。速率系数与化学反应有关，也随温度、溶剂和催化剂等因素而异，是化学动力学中一个重要物理量，体现了反应系统的速率特征。

有些反应历程比较复杂，它们的反应速率方程式并不具有如式(10.16)所示的简单形式。如 HBr 的气相生成反应：

$$H_2(g) + Br_2(g) = 2HBr(g)$$

其经验反应速率方程式为：

$$v = \frac{k[H_2][Br_2]^{1/2}}{1 + k'[HBr]/[Br_2]} \tag{10.17}$$

HCl(g)与 HBr(g)的生成反应的计量方程式相同，但后者较前者反应机理复杂得多，所以速率方程式也较复杂，不具有浓度幂的简单的乘积形式，因此对 HBr 的生成反应，无法计算反应总级数，也可以说无总级数。

10.1.3 简单级数反应的速率方程式

前面介绍过反应物分子在碰撞中相互作用直接转化为生成物分子的反应称为基元反应，基元反应是反应进行的真实步骤。由一个基元反应构成的化学反应称为简单反应。当反应级数是简单的正整数(或零)时，人们称之为具有简单级数的反应，下面讨论具有简单级数反应的动力学方程式及它们的特点。

1. 一级反应

凡是反应速率只与反应物浓度的一次方成正比的反应称为一级反应。常见的一级反应有放射性元素的蜕变、分子重排、五氧化二氮的分解等。一级反应的通式可表示为：

$$\upsilon_B B\cdots = \upsilon_Y Y + \upsilon_Z Z$$

一级反应速率方程式微分形式为：

$$\upsilon = \frac{dc_B}{\upsilon_B dt} = kc_B \tag{10.18}$$

式中：c_B 为反应物 B 在某一瞬时的浓度；k 为反应速率系数。将上式从 $t=0$ 到某一时刻 t 定积分：

$$\int_{c_{B(0)}}^{c_{B(t)}} \frac{dc_B}{c_B} = \int_0^t \upsilon_B k dt \tag{10.19}$$

$c_{B(0)}$ 与 $c_{B(t)}$ 分别为 $t=0$（即反应起始时刻）时和 t 时反应物 B 的浓度。积分结果为：

$$\ln \frac{c_{B(t)}}{c_{B(0)}} = \upsilon_B kt \tag{10.20}$$

若令 $\Delta c_{B(t)} = c_{B(0)} - c_{B(t)}$ 代表在 t 时刻反应物消耗掉的浓度，则式(10.20)可写成：

$$\ln \frac{c_{B(0)} - \Delta c_{B(t)}}{c_{B(0)}} = \upsilon_B kt \tag{10.21}$$

若令 x_B 代表时间 t 时原始反应物已反应掉的浓度与原始浓度的比值，即：

$$x_B = \frac{\Delta c_{B(t)}}{c_{B(0)}} \tag{10.22}$$

式(10.22)可写成：

$$\ln(1 - x_B) = \upsilon_B kt \tag{10.23}$$

式(10.20)、式(10.21)、式(10.23)都是一级反应动力学方程式的积分形式。

从一级反应的动力学方程式，可以看出，它具有如下几个特点。

(1) 式(10.20)可改写为：

$$\ln \frac{c_{B(t)}}{c^{\ominus}} = \upsilon_B kt + \ln \frac{c_{B(0)}}{c^{\ominus}} \tag{10.24}$$

从式(10.24)可以看出，如果用 $\ln \frac{c_{B(t)}}{c^{\ominus}}$ 对 t 作图，得到一条直线，如图 10.2 所示。它表明一级反应物的瞬时浓度的对数与时间成线性关系。该直线的斜率为 $\upsilon_B k$，截距为 $\ln \frac{c_{B(0)}}{c^{\ominus}}$。因此，可以用作图的方法判断某反应是否为一级反应，若是，还可以求得该反应的速率系数 k。

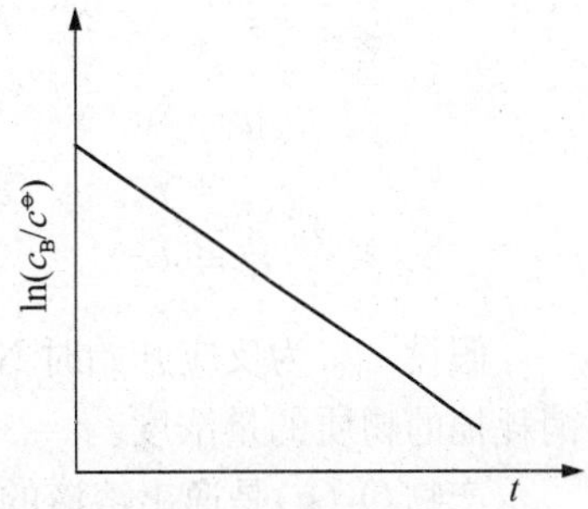

图 10.2　一级反应的直线关系

(2) 反应物消耗掉一半的时间称为反应的半衰期。在式(10.23)中令 $x_B = 1/2$，则可得：

$$t_{1/2} = \frac{-\ln 2}{\upsilon_B k} \tag{10.25}$$

一级反应的半衰期与速率系数及 υ_B 成反比，而与反应物的起始浓度无关。

同样可以证明：一级反应中反应物消耗掉任何百分数所需时间均与起始浓度无关；在一级反应中单位时间反应物浓度变化的百分数是相同的。

(3) 一级反应速率系数的量纲为时间$^{-1}$，其单位为 s^{-1} 或 min^{-1} 等。

一级反应很常见，许多热分解反应、分子重排反应、放射性元素的蜕变等都符合一级反应规律，许多化合物的水解反应在稀水溶液中进行时，也表现为一级反应(或假一级反应)，许多药物在生物体内的吸收、分布、代谢和排泄过程，也常近似地被看作一级反应。

在废水处理中，有的反应为一级反应。化学物质与水的反应，在水大量过剩的情况下，可以认为反应过程中水的浓度保持不变，近似地作为一级反应处理，称为准一级反应。有些实际上很复杂的化学反应，它的反应速率却十分近似于一级反应。例如有机物的生物氧化速率与尚待氧化的有机物浓度成正比，消毒杀菌时，微生物被消灭的速率与尚存活的微生物数目成正比，等等。这些都可以用一级反应动力学方程式处理。

【例题 1】 30℃时 $N_2O_5(g)$在 CCl_4 中的分解反应为：

$$N_2O_5(g) \longrightarrow N_2O_4(g) + \frac{1}{2}O_2(g)$$
$$\rightleftharpoons$$
$$2NO_2$$

已知此反应为一级反应，N_2O_4 和 NO_2 均溶于 CCl_4 中，只有 O_2 能逸出。用量气管测定不同时刻逸出的 O_2 的体积，得到如下数据：

$t\times10^{-2}$/s	0	24	48	72	120	168	∞
$V(O_2)/cm^3$	0	15.65	27.65	37.70	52.67	63.00	84.85

(1) 试计算此反应对 N_2O_5 的速率系数 k；

(2) 求此反应的半衰期。

〖解〗 题目给出的数据是产物(O_2)的体积随时间的变化，而前面推导的速率方程式都是描述反应物的物质的量浓度与反应时间的关系式，因此需要首先找出 $O_2(g)$的体积与反应物的物质的量浓度的关系，才能利用前面得到的速率方程式计算。

$$N_2O_5 \longrightarrow N_2O_4 + \frac{1}{2}O_2$$

$t=0$	$c_{B(0)}$	0
$t=t$	$c_{B(0)}-\Delta c_{B(t)}$	$n_{O_2(t)}$
$t=\infty$	0	$n_{O_2(\infty)}$

假设 $c_{B(0)}$ 为反应开始时 N_2O_5 在 CCl_4 中的物质的量浓度，$\Delta c_{B(t)}$ 为在反应某时刻 N_2O_5 被消耗掉的物质的量浓度。$t=\infty$ 时，此反应全部完成，所以 $c(N_2O_5, t=\infty)=0$。

产物 $O_2(g)$是逸出溶液的气体。假设溶液体积为 $V(sln)$，则当 $t=t$ 时，反应掉的 N_2O_5 的物质的量为 $\Delta n_{B(t)}=\Delta c_{B(t)}V(sln)$，则生成 $O_2(g)$ 的物质的量为 $n_{O_2(t)}=\frac{1}{2}\Delta n_{B(t)}$。

根据理想气体状态方程 $pV=nRT$，有：

$$V_{O_2(t)} = \frac{n_{O_2(t)}RT}{p} = \frac{\Delta n_{B(t)}RT}{2p} = \frac{\Delta c_{B(t)}V(\text{sln})RT}{2p} \tag{a}$$

同理可求出：
$$n_{O_2(\infty)} = \frac{1}{2}n_{B(0)} = \frac{1}{2}c_{B(0)}V(\text{sln})$$

$$V_{O_2(\infty)} = \frac{c_{B(0)}V(\text{sln})RT}{2p} \tag{b}$$

$V_{O_2(t)}$与$V_{O_2(\infty)}$分别为某时刻及全部反应完成时逸出的O_2(g)的体积。将(a)与(b)两式代入式(10.20)，得：

$$\ln\frac{V_{O_2(\infty)}}{V_{O_2(\infty)} - V_{O_2(t)}} = kt \tag{c}$$

将题给数据代入，计算得出下列数值：

$t\times10^{-2}$/s	0	24	48	72	120	168
$\ln[V_{O_2(\infty)} - V_{O_2(t)}]/\text{cm}^3$	4.44	4.24	4.05	3.85	3.47	3.08

将$\ln[V_{O_2(\infty)} - V_{O_2(t)}]$对$t$作图，得到一条直线，如下图所示：

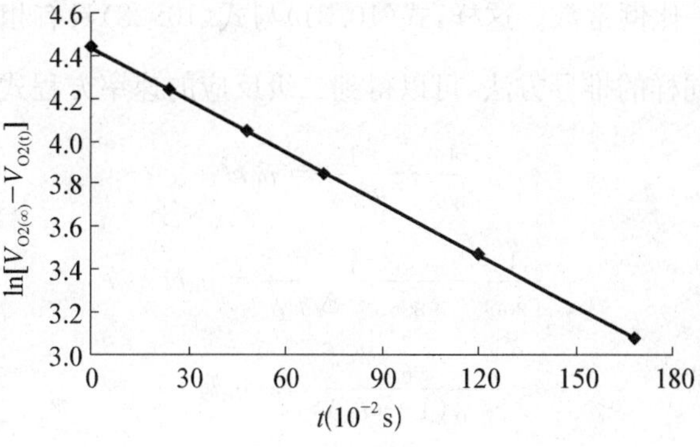

根据图中直线求得斜率，即k：　　$k = 8.16\times10^{-5}\ \text{s}^{-1}$

半衰期为：
$$t_{1/2} = \frac{\ln 2}{k} = \frac{0.6931}{8.16\times10^{-5}\ \text{s}^{-1}} = 8\,493\ \text{s}$$

2. 二级反应

化学反应中，反应总级数$n = 2$的反应称为二级反应。二级反应是一类常见的反应，溶液中的许多有机反应都符合二级反应规律，例如加成、取代和消除反应等。乙烯、丙烯的二聚作用，乙酸乙酯的皂化，碘化氢的热分解反应等都是二级反应。

二级反应的通式为：

$$-\upsilon_B = \cdots\upsilon_Y Y + \upsilon_Z Z \tag{10.26}$$

$$-\upsilon_A A - \upsilon_B B = \upsilon_Y Y + \upsilon_Z Z \tag{10.27}$$

如果反应物只有一种，如式(10.26)所示，则速率方程为：

$$v = \frac{dc_B}{\upsilon_B dt} = kc_B^2 \tag{10.28}$$

如果反应物为 A，B 两种，如式(10.27)所示，则速率方程为：

$$v = \frac{dc_A}{\upsilon_A dt} = \frac{dc_B}{\upsilon_B dt} = kc_A c_B \tag{10.29}$$

若 A 与 B 的初始浓度与其化学计量数成比例，即：

$$\frac{c_{A(0)}}{c_{B(0)}} = \frac{\upsilon_A}{\upsilon_B}$$

则反应每一瞬间二者浓度之比例始终保持不变，即：

$$\frac{c_{A(t)}}{c_{B(t)}} = \frac{\upsilon_A}{\upsilon_B}$$

$$c_A = \frac{\upsilon_A}{\upsilon_B} c_B \tag{10.30}$$

将式(10.30)代入式(10.29)得：

$$v = kc_B \frac{\upsilon_A}{\upsilon_B} c_B = k^* c_B^2 \tag{10.31}$$

式中：$k^* = k\frac{\upsilon_A}{\upsilon_B}$，仍为一比例常数。这样，式(10.31)与式(10.28)具有相同形式。

利用和一级反应同样的推导方法，可以得到二级反应的速率方程式的积分形式：

$$\frac{1}{c_{B(0)}} - \frac{1}{c_{B(t)}} = \upsilon_B kt \tag{10.32}$$

$$\frac{1}{c_{B(0)}} - \frac{1}{c_{B(0)} - \Delta c_{B(t)}} = \upsilon_B kt \tag{10.33}$$

$$\frac{x_B}{c_{B(0)}(1 - x_B)} = -\upsilon_B kt \tag{10.34}$$

式中：$c_{B(0)}$，$c_{B(t)}$，$\Delta c_{B(t)}$，x_B 代表的意义同前所述。

二级反应也有如下三个特点：

(1) $\frac{1}{c_B(t)}$ 与 t 成线性关系，斜率为 $-\upsilon_B k$。

(2) 半衰期：

$$t_{1/2} = \frac{1}{-\upsilon_B kc_{B(0)}} \tag{10.35}$$

二级反应半衰期不但与 $\upsilon_B k$ 有关，而且和反应物 B 的起始浓度有关，$t_{\frac{1}{2}}$ 与 $\upsilon_B k$ 和 $c_{B(0)}$ 成反比。

(3) k 的单位为 $m^3 \cdot mol^{-1} \cdot s^{-1}$。

根据以上特点，可以鉴别一个反应是否为二级反应。

【例题 2】 791 K 时在定容下乙醛的分解反应为：

$$CH_3CHO(g) = CH_4 + CO(g)$$

若乙醛的起始压力为 48.396 kPa，经过一定时间 t 后，容器内的总压力为 p，实验数据如下：

t/s	0	42	73	105	242	384	665
p/kPa	48.40	52.93	55.60	58.26	66.26	71.59	78.26

试证明该反应为二级反应，并求 k 值。

〖解〗

$$\begin{array}{llll} & CH_3CHO(g) = & CH_4 & + CO(g) \\ t=0 & c_{B(0)} & 0 & 0 \\ t=t & c_{B(0)}-\Delta c_{B(t)} & \Delta c_{B(t)} & \Delta c_{B(t)} \end{array}$$

乙醛的起始压力为 p_0，起始物质的量浓度为 $c_{B(0)}$，根据理想气体状态方程，有：

$$c_{B(0)} = \frac{p_0}{RT} \tag{a}$$

当反应进行到时刻 t 时，容器内总压力为 p，所有反应物质的总的物质的量浓度为 $c_{B(0)} + \Delta c_{B(t)}$，则有：

$$c_{B(0)} + \Delta c_{B(t)} = \frac{p}{RT} \tag{b}$$

将式(a)代入，解得：

$$\Delta c_{B(t)} = \frac{p-p_0}{RT} \tag{c}$$

将式(a)与式(c)代入式(10.33)，即可得到用容器内的压力表示的二级反应的速率方程式：

$$\frac{RT}{2p_0-p} - \frac{RT}{p_0} = kt \tag{d}$$

即：

$$\frac{1}{2p_0-p} - \frac{1}{p_0} = k't \tag{e}$$

$$k' = \frac{k}{RT}$$

或：

$$k' = \frac{1}{t}\frac{(p-p_0)}{p_0(2p_0-p)} \tag{f}$$

将实验数据代入，计算结果如下：

t/s	42	73	105	242	384	665
$k'\times10^5/(kPa)^{-1}\cdot s^{-1}$	5.04	4.91	5.06	5.01	4.89	5.02

求得 k' 为一常数，故可证明该反应为二级反应。k' 的平均值为 $4.98\times10^{-5}(kPa)^{-1}\cdot s^{-1}$。

3. 零级反应

反应速率与物质的浓度无关的化学反应称为零级反应。零级反应多为发生在固体催化剂表面的复相反应，在给定的气体或液体浓度下，催化剂表面的反应物质的浓度达到饱和，此时反应速率只与催化剂表面状态有关，而与反应物的浓度(或压力)无关。例如气体 NH_3 在钨丝或铂丝上的热分解反应：

$$2NH_3 = N_2 + 3H_2$$

零级反应速率方程式的微分形式为：

$$v = \frac{dc_B}{\upsilon_B dt} = kc_B^0 = k \tag{10.36}$$

将式(10.36)积分得出零级反应速率方程式的积分形式：

$$c_{B(t)} - c_{B(0)} = \upsilon_B kt \tag{10.37}$$

或：

$$\Delta c_{B(t)} = -\upsilon_B kt \tag{10.38}$$

零级反应的特点：

(1) 反应物的瞬时浓度 $c_{B(t)}$ 与 t 成线性关系，直线的斜率为 $\upsilon_B k$。

(2) 将 $\Delta c_{B(t)} = \frac{c_{B(0)}}{2}$ 代入式(10.38)得：

$$t_{1/2} = -\frac{c_{B(0)}}{2\upsilon_B k} \tag{10.39}$$

半衰期与反应物的起始浓度 $c_{B(0)}$ 成正比。

(3) k 的单位为 mol·m^{-3}·s^{-1}。

4. *n* 级反应

若 n 级反应产物的速率方程式为：

$$\frac{1}{\upsilon_B}\frac{dc_B}{dt} = kc_B^n \tag{10.40}$$

则：

$$\int_{c_{B(0)}}^{c_B} \frac{dc_B}{c_B^n} = \int_0^t \upsilon_B kt$$

当 $n \neq 1$ 时，积分结果为：

$$\frac{1}{n-1}\left(\frac{1}{c_{B(0)}^{n-1}} - \frac{1}{c_B^{n-1}}\right) = \upsilon_B kt \tag{10.41}$$

当 $t = t_{1/2}$ 时，$c_B = c_{B(0)}/2$，则上式为：

$$\frac{1}{n-1}\left(\frac{1}{c_{B(0)}^{n-1}} - \frac{2^{n-1}}{c_{B(0)}^{n-1}}\right) = \upsilon_B kt_{1/2}$$

$$t_{1/2} = \frac{1-2^{n-1}}{(n-1)\upsilon_B kc_{B(0)}^{n-1}} \tag{10.42}$$

式(10.40)、式(10.41)和式(10.42)为 n 级反应($n \neq 1$)速率方程式的微分式、积分式和半衰期公式，其特点为：

(1) $1/c_B^{n-1}$ 与 t 成线性关系。

(2) 反应的半衰期 $t_{1/2}$ 与 $c_{B(0)}^{n-1}$ 成反比。

(3) k 的单位为$(\mathrm{mol}\cdot\mathrm{m}^{-3})^{1-n}\cdot\mathrm{s}^{-1}$。

几种简单级数反应的速率方程及特征如表 10.1 所示。

表 10.1　简单级数反应的速率方程比较

n	微分速率方程	积分速率方程	$t_{1/2}$	线性关系	量纲
0	$-\mathrm{d}c/\mathrm{d}t=k$	$c_0-c=kt$	$t_{1/2}=c_0/2k$	c 与 t	[浓度]·[时间]$^{-1}$
1	$-\mathrm{d}c/\mathrm{d}t=kc$	$\ln c_0/c=kt$	$t_{1/2}=\ln 2/k$	$\ln c$ 与 t	[时间]$^{-1}$
2	$-\mathrm{d}c/\mathrm{d}t=kc^2$	$1/c-1/c_0=kt$	$t_{1/2}=1/kc_0$	$1/c$ 与 t	[浓度]$^{-1}$·[时间]$^{-1}$
3	$-\mathrm{d}c/\mathrm{d}t=kc^3$	$\frac{1}{c^2}-\frac{1}{c_0^2}=2kt$	$t_{1/2}=\frac{3}{2kc_0^2}$	$1/c^2$ 与 t	[浓度]$^{-2}$·[时间]$^{-1}$
n	$-\mathrm{d}c/\mathrm{d}t=kc^n$	$\frac{1}{n-1}\left(\frac{1}{c^{n-1}}-\frac{1}{c_0^{n-1}}\right)=kt$	$t_{1/2}=\frac{2^{n-1}-1}{(n-1)kc_0^{n-1}}$	$1/c^{n-1}$ 与 t	[浓度]$^{1-n}$·[时间]$^{-1}$

10.1.4　反应级数的实验确定

对于经验速率方程式可以写成下述形式的反应：

$$v=\frac{\mathrm{d}c_{\mathrm{B}}}{\upsilon_{\mathrm{B}}\mathrm{d}t}=kc_{\mathrm{A}}^{n}{}_{\mathrm{A}}c_{\mathrm{B}}^{n}{}_{\mathrm{B}}c_{\mathrm{Y}}^{n}{}_{\mathrm{Y}}\cdots$$

关键在于确定此反应的级数。反应级数确定了，速率方程式的具体表述形式也就确定了。下面，介绍几种常用的确定反应级数的方法。

1. 积分法(尝试法)

积分法是利用反应速率的积分式确定反应级数的方法。

上节对具有简单级数的反应的速率方程式的讨论中，总结出零级、一级、二级或 n 级反应的动力学方程式的积分形式都存在一个线性关系，因此，对一个未知级数的反应，可以将实验所测得的不同时刻的浓度分别代入这些速率方程式中，然后对 t 作图。如果 $\ln\frac{c_{\mathrm{B}(t)}}{[c]}-t$ 为一直线，则此反应为一级反应；如果 $1/c_{\mathrm{B}(t)}-t$ 为一直线，则此反应为二级反应。依此类推，这种方法就是积分法，或称尝试法。

也可以将实验数据代入各种级数的速率方程式中求出 k 值，如果代到哪个级数公式中所求得的 k 是一个常数，那么反应就是此级数的。上节中的例题 2 就是这种方法的一个实例。这种方法一般只能用于具有简单级数的反应，而且不够灵敏。

2. 微分法

微分法是利用反应速率公式的微分形式确定反应级数的方法。当各反应物的起始浓度的比例与其化学计量数比例相同时，或只有一种反应物时，速率方程式的微分式为：

$$v=\frac{\mathrm{d}c_{\mathrm{B}}}{\upsilon_{\mathrm{B}}\mathrm{d}t}=kc_{\mathrm{B}}^{n}$$

对上式取对数得：

$$\ln\{v/[v]\}=\ln\{k/[k]\}+n\ln\{c_{\mathrm{B}}/[c]\}\qquad(10.43)$$

式(10.43)说明，如果以 $\ln\{v/[v]\}$ 对 $\ln\{c_{\mathrm{B}}/[c]\}$ 作图，应得一直线，直线的斜率为 n，截距为 $\ln\{k/[k]\}$，具体方法是先由实验数据画出反应物浓度 c_{B} 随反应时间 t 而变化的 $c_{\mathrm{B}}-t$ 曲线，如图 10.3 所示。在此曲线上各不同的 c_{B} 处求出相应各点的斜率 $\mathrm{d}c_{\mathrm{B}}/\mathrm{d}t$，再将各对应的 c_{B} 和

$dc_B/\upsilon_B dt$ 取对数，画出 $\ln\{v/[v]\}-\ln\{c_B/[c]\}$ 直线，如图 10.4 所示，此直线的斜率即为反应级数 n。

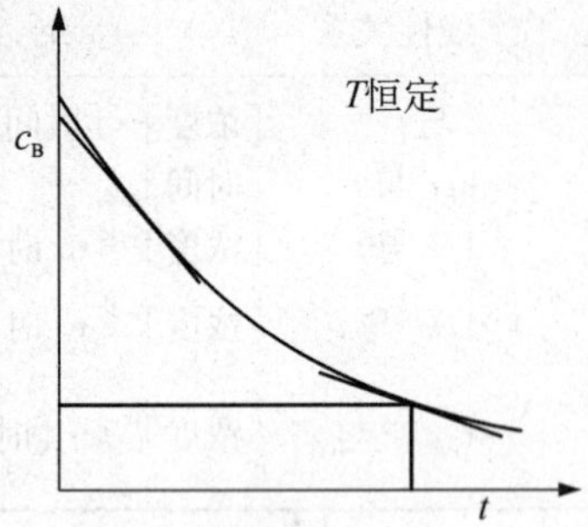

图 10.3 n 级反应的 c_B-t 曲线

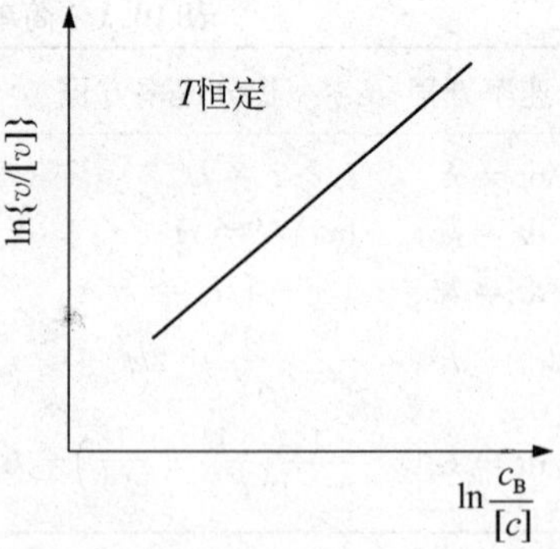

图 10.4 n 级反应的 $\ln\{v/[v]\}-\ln\{c_B/[c]\}$ 曲线

有的反应，其反应产物对反应速率有影响，为了排除这一干扰，在用微分法求反应级数时，常用初始浓度法，即在同一温度下进行若干个不同初始浓度的反应实验，由实验数据绘制出若干条 c_B-t 曲线，如图 10.5 所示。在每条曲线的初始浓度 $c_{B(0)}$ 处求出相应的 v_0 后，再绘制出 $\ln\{v_0/[v]\}-\ln\{c_{B(0)}/[c]\}$ 图，如图 10.6 所示，由此图中直线的斜率即可求得反应级数 n。

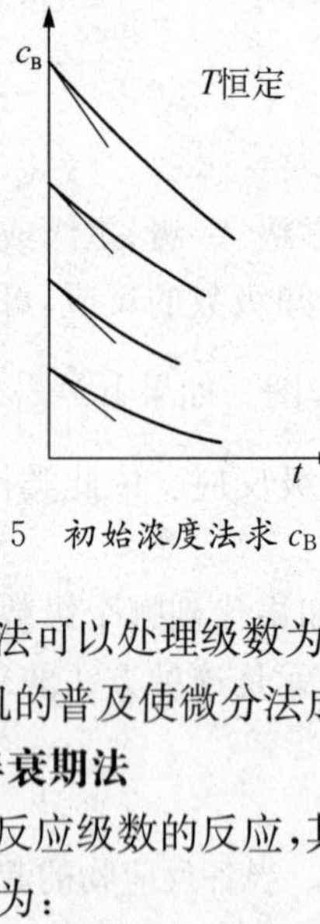

图 10.5 初始浓度法求 c_B-t 曲线

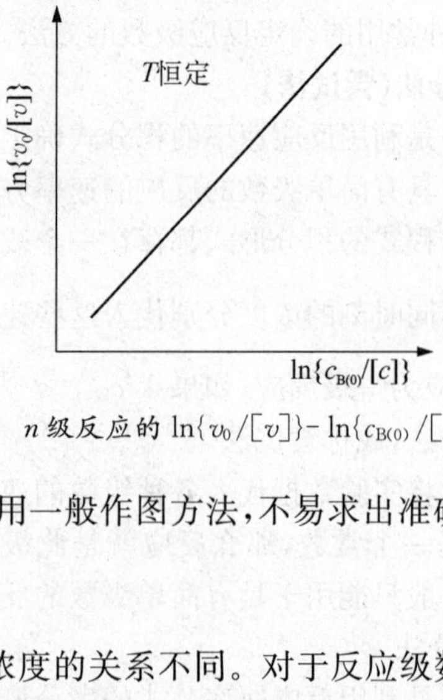

图 10.6 n 级反应的 $\ln\{v_0/[v]\}-\ln\{c_{B(0)}/[c]\}$ 曲线

微分法可以处理级数为整数或分数的反应，但用一般作图方法，不易求出准确的曲线斜率，计算机的普及使微分法成为常用方法。

3. 半衰期法

不同反应级数的反应，其半衰期与反应物初始浓度的关系不同。对于反应级数为 n 的反应，其 $t_{1/2}$ 为：

$$t_{1/2}=\frac{1-2^{n-1}}{(n-1)k\upsilon_B c_{B(0)}^{n-1}} \tag{10.44}$$

对一指定反应，上式除 $t_{1/2}$ 和 $c_{B(0)}$ 以外，其他均为常数，故上式可写为：

$$t_{1/2}=A/c_{B(0)}^{n-1} \tag{10.45}$$

由式(10.45)看出，对于一级反应，t 与 $c_{B(0)}$ 无关；对二级反应，$t_{1/2}-1/c_{B(0)}$ 为一直线；对于 n 级反应，式(10.45)可写为：

$$\ln t_{1/2}/[t]=\ln A-(n-1)\ln c_{B(0)}/[c] \tag{10.46}$$

如以 $\ln t_{1/2}/[t]$对 $\ln c_{B(0)}/[c]$作图，为一直线，由直线的斜率可求得反应级数 n。

对于反应速率方程为 $v=kc_A^{n}Ac_B^{n}Bc_C^{n}C\cdots$ 的反应，还可以用浓度过量法逐个确定 n_A，n_B 和 n_C 值。如要确定 n_A，则可让系统中 B，C 等物质大大过量，使反应前后它们的浓度变化很小，以至可以忽略，从而使其速率方程可写为 $v=k'c_A$，用上面介绍的积分、微分方法，可分别求出 n_A，n_B 和 n_C，从而可以求得总反应级数 n。

【例题 3】 硝基苯甲酸乙酯(B)在碱性溶液中发生水解，测得不同反应时间反应物 B 的浓度如下：

t/s	0	100	200	300	400	500	600	700	800
$c_B\times10^2$/mol·dm^{-3}	5.00	3.55	2.75	2.25	1.85	1.60	1.48	1.40	1.38

试根据半衰期法确定此反应的级数。

〖解〗 由实验数据画出此反应的 c_B-t 曲线，如下图(a)所示，在曲线上任取 a，b，c，d 四点，将各点的浓度分别当作初始浓度 $c_{B(0)}$，在 c_B-t 曲线上求出对应的半衰期 $t_{1/2}$。如所求的 $t_{1/2}$与 $c_{B(0)}$ 无关，则此反应为一级反应；如 $t_{1/2}$与 $c_{B(0)}^{-1}$ 成直线关系，则由式(10.45)可知，此反应为二级反应。所得数据如下：

	a	b	c	d
$c_{B(0)}$/mol·dm^{-3}	0.050	0.045	0.040	0.035
$c_{B(0)}^{-1}$/mol^{-1}·dm^3	20.0	22.2	25.0	28.5
$t_{1/2}$/s	250	270	290	320

由上列数据画出此反应的 c_B-t 图和 $t_{1/2}-c_{B(0)}^{-1}$ 图，如下图(a)和(b)所示。从图(b)看出，$c_{B(0)}^{-1}$与 $t_{1/2}$的关系为一直线，故此反应为二级反应。

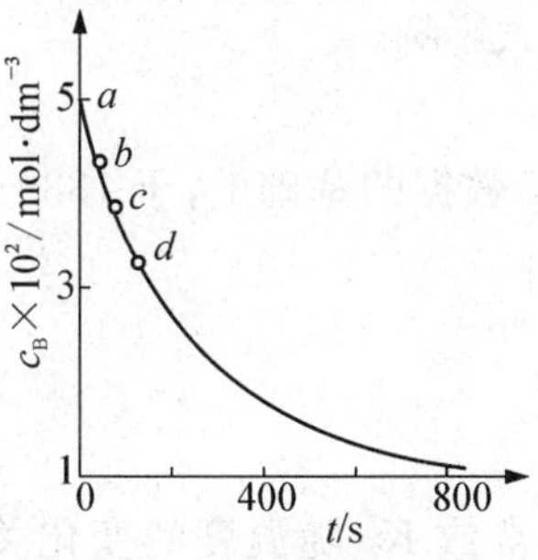

(a) c_B-t图

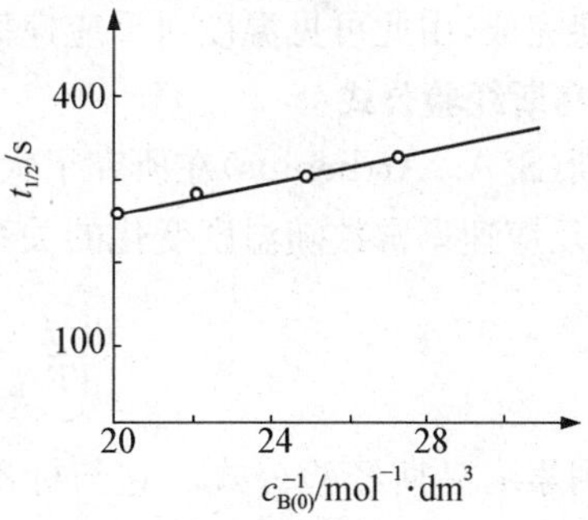

(b) $t_{1/2}$-$c_{B(0)}^{-1}$图

10.2 温度对反应速率的影响

温度是影响反应速率的重要因素，从实验中发现，温度对反应速率的影响大致分为五种类型，如图 10.7 所示。第一种类型是反应速率随温度升高而逐渐加快，它们之间有指数关系，这类反应最为常见；第二种类型属于爆炸极限型的反应，开始时温度影响不大，当达到一定温度

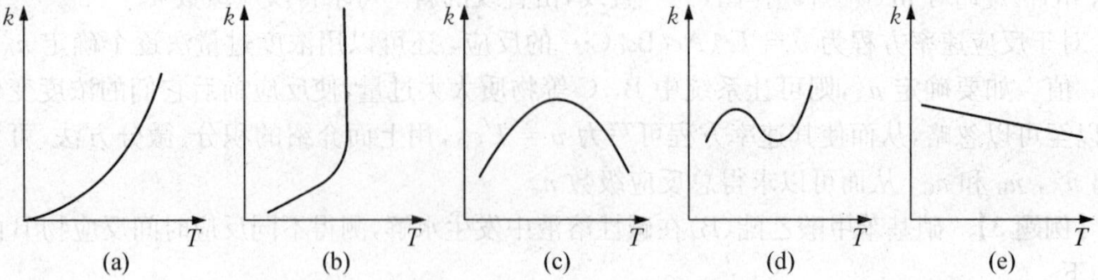

图 10.7 反应速率系数随温度变化的五种类型

(a) 一般反应 (b) 爆炸反应 (c) 催化加氢及酶反应

(d) 碳的氧化 (e) $2NO+O_2 \longrightarrow 2NO_2$

限度时,反应速率突然急剧增大,发生爆炸;第三种类型多为受吸附速率控制的多相催化反应(例如催化加氢等反应),在温度不高的情况下,反应速率随温度增加而加快,但达到某一温度以后如再升高温度,将使反应速率下降,这是由于高温影响催化剂的性能所致,酶催化的反应多属于这一类型;第四种类型是在碳的氧化反应中观察到的,当温度升高时可能有副反应发生而复杂化;第五种类型是反常的,温度升高,反应速率反而下降,如一氧化氮氧化成二氧化氮属于这一类型。由于第一种类型最为常见,因此下面主要讨论这种类型。

10.2.1 阿累尼乌斯方程

1. 范特荷夫经验规则

范特荷夫(J. H. Van't Hoff)根据实验事实总结出一条近似的经验规律:温度每升高 10 K,反应速率大约增加 2~4 倍,即:

$$\frac{k_{T+10}}{k_T} \approx 2 \sim 4 \quad 或 \quad \frac{k_{T+10n}}{k_T} \approx 2^n \sim 4^n \tag{10.47}$$

根据这个规律,一个在 473 K 时 1 秒钟内即可完成的反应,若将温度降到 273 K,少则 12 天,多则 3 万年才能完成,由此可见温度对反应速率的巨大影响。

2. 阿累尼乌斯经验公式

阿累尼乌斯(S. A. Arrhenius)在研究了大量实验数据的基础上,于 1889 年提出,对第一种类型的反应,反应速率常数随温度变化的关系式为:

$$\frac{\mathrm{d}\ln k}{\mathrm{d}T} = \frac{E_a}{RT^2} \tag{10.48}$$

这就是著名的阿累尼乌斯经验公式。它与标准平衡常数 $K^\ominus$ 随温度的变化关系有类似的形式。式中的 E_a 称为实验活化能(或阿氏活化能),一般可将它看作为与温度无关的常数,单位为$\mathrm{J \cdot mol^{-1}}$, R 为摩尔气体常数。

如果对式(10.48)求不定积分,则可得到:

$$\ln k = -\frac{E_a}{RT} + B \tag{10.49}$$

由式(10.49)可以看出,将 $\ln k$ 对 $1/T$ 作图,得到一条直线,从直线的斜率可求出 E_a 的数值,许多实验事实证明了这个结论(见图 10.8)。对式(10.48)求定积分可得:

$$\ln\frac{k_2}{k_1}=\frac{E_a}{R}\left(\frac{1}{T_1}-\frac{1}{T_2}\right)\qquad(10.50)$$

如果已经知道某一温度下反应的速率系数及 E_a 之值，就可利用式(10.50)求出其他温度下的 k 值。

式(10.49)也可以改写为：

$$k=\mathrm{A}e^{-E_a/RT}\qquad(10.51)$$

式中：A 称为指前因子，是一个与温度无关的常数。

式(10.48)、式(10.49)、式(10.50)和式(10.51)是阿累尼乌斯公式的几种不同的表达形式。阿累尼乌斯公式描述了反应的速率系数与温度的依赖关系。多数情况下，它适用于基元反应和速率方程式可以写成 $v=kc_A^{n_A}c_B^{n_B}\cdots$ 形式的复合反应。

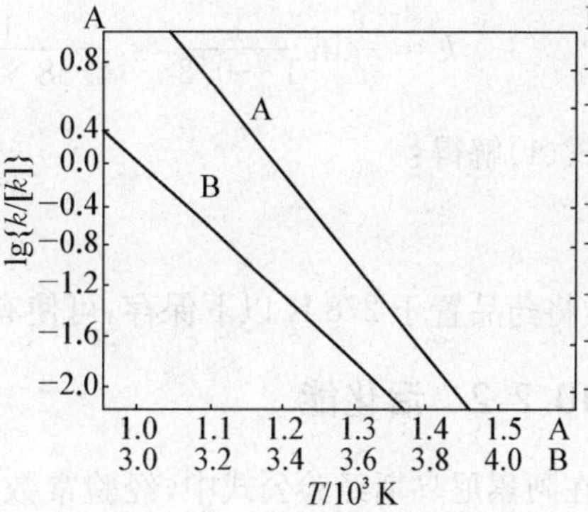

图 10.8　反应速率系数随温度的关系

A：CH_3CHO 的气相分解

B：$CO(CH_2COOH)_2$ 的液相分解

【例题 4】 某药品在保存过程中逐渐分解，若分解超过 30%，药品失效。现测得在 323 K，333 K，343 K 时，药品每小时分解的浓度的百分数分别为 0.07，0.16，0.35，且浓度改变不影响每小时分解的百分数。

(1) 试求出该药品分解的速率系数与温度的关系。

(2) 若将药品在 298 K 下保存，有效期为多长？

(3) 若欲使药品有效期达到 5 年以上，应在什么温度下保存？

〖解〗 根据“药品浓度变化不影响每小时分解的百分数”，可以判断此反应为一级反应。

(1) $\ln\dfrac{1}{1-x}=kt$

$$k=\frac{1}{t}\ln\frac{1}{1-x}$$

$$k(323\ \mathrm{K})=\frac{1}{1\ \mathrm{h}}\ln\frac{1}{1-7\times10^{-4}}=7.26\times10^{-4}\ \mathrm{h^{-1}}$$

$$k(333\ \mathrm{K})=\frac{1}{1\ \mathrm{h}}\ln\frac{1}{1-1.6\times10^{-3}}=1.60\times10^{-3}\ \mathrm{h^{-1}}$$

$$k(343\ \mathrm{K})=\frac{1}{1\ \mathrm{h}}\ln\frac{1}{1-3.5\times10^{-3}}=3.50\times10^{-3}\ \mathrm{h^{-1}}$$

用 $\ln(k/\mathrm{h^{-1}})$ 对 $1/T$ 作图，求得直线斜率为 -8.94×10^3，截距为 20.4。因此，该药品分解反应的 k-T 关系为：

$$\ln(k/\mathrm{h^{-1}})=-\frac{8\,940\ \mathrm{K}}{T}+20.4\qquad(1)$$

$$E_a=8.314\ \mathrm{J\cdot mol^{-1}\cdot K^{-1}}\times8\,940\ \mathrm{K}=74.3\ \mathrm{kJ\cdot mol^{-1}}$$

(2) 298 K 时，由式(1)求得 $k=6.77\times10^{-5}\ \mathrm{h^{-1}}$，则：

$$t=\frac{1}{k}\ln\frac{1}{1-0.3}=5\,268\ \mathrm{h}$$

(3) 5 年约相当于 4.38×10^4 h，则：

$$k = \frac{1}{t}\ln\frac{1}{1-0.3} = \frac{1}{4.38\times10^4\ \text{h}}\times\ln\frac{1}{1-0.3} = 8.14\times10^{-6}\ \text{h}^{-1}$$

代入式(1)解得：

$$T = 278\ \text{K}$$

所以，将药品置于 278 K 以下保存，可使有效期达到 5 年以上。

10.2.2 活化能

在阿累尼乌斯经验公式中，经验常数 E_a 和 A 称为反应的动力学参量。这两个参量的大小，对 k 有着极大的影响，尤其是 E_a 对 k 的影响更大。在化学动力学理论的发展中，重要工作之一就是求出不同反应的 E_a 及 A 的数值，并力图对其加以理论上的解释。

阿累尼乌斯最早提出他的经验公式时，认为 E_a，A 是与温度无关的常数。因此，按照这个观点，一个反应的 $\ln k$ 对 $1/T$ 作图应是一条直线关系，如图 10.8 所示。但是，后来在温度变化范围更大一些的精确实验中表明，许多反应，特别是溶液中的一些反应，其 $\ln k$ 与 $1/T$ 并非严格的直线关系。在这种情况下，常常用经过修正的三参数的阿累尼乌斯公式来描述 k 与 T 的关系：

$$k = A_0 T^n \mathrm{e}^{-E/RT} \tag{10.52}$$

式中：A_0，n，E 都是要由实验确定的经验常数。将式(10.52)取对数后进行微分得：

$$\frac{\mathrm{d}\ln k}{\mathrm{d}T} = \frac{n}{T} + \frac{E}{RT^2} = \frac{nRT+E}{RT^2} \tag{10.53}$$

比较式(10.48)和式(10.53)可得：$E_a = E + nRT$。对一般反应，n 值较小，故可忽略 E_a 与温度的关系。若考虑 E 与 T 的关系，可将活化能定义为：

$$E_a = RT^2\frac{\mathrm{d}\ln k}{\mathrm{d}T} \tag{10.54}$$

或：

$$E_a = -R\frac{\mathrm{d}\ln k}{\mathrm{d}(1/T)} \tag{10.55}$$

E_a 称为反应的阿累尼乌斯表观活化能或实验活化能。指前因子可表示为：

$$A = k\mathrm{e}^{E_a/RT} \tag{10.56}$$

因此，只要从实验中测得 k 与 T 的关系，不论 $\ln k$ 与 $1/T$ 是否是直线关系，均可由式(10.54)或式(10.55)或式(10.56)求出反应的阿累尼乌斯活化能及指前因子。

【例题 5】 反应 $2HI \longrightarrow H_2 + I_2$ 在 550～780 K 温度区间内的 k 与 T 的关系可表示为 $k = A_0 T^{16}\mathrm{e}^{-E/RT}$，式中 $A_0 = 9.13\times10^{-42}\ \text{mol}^{-1}\cdot\text{dm}^3\cdot\text{s}^{-1}\cdot\text{K}^{-16}$，$E = 99.5\ \text{kJ}\cdot\text{mol}^{-1}$，试求该反应的阿累尼乌斯活化能与指前因子。

〖**解**〗 将关系式两边取对数，得：

$$\ln k = \ln A_0 + 16\ln T - \frac{E}{RT}$$

根据式(10.54)～式(10.56)，$E_a = RT^2\dfrac{\mathrm{d}\ln k}{\mathrm{d}T}$

$$= RT^2\left(\frac{16}{T} + \frac{E}{RT^2}\right) = 16RT + E$$

$$A = k\mathrm{e}^{E_a/RT} = A_0 T^{16}\mathrm{e}^{-E/RT}\mathrm{e}^{E_a/RT} = A_0 T^{16}\mathrm{e}^{16}$$

$T = 550$ K 时：$E_a = 173\ \mathrm{kJ \cdot mol^{-1}}$，$A = 5.69 \times 10^9\ \mathrm{mol^{-1} \cdot dm^3 \cdot s^{-1}}$

$T = 780$ K 时：$E_a = 203\ \mathrm{kJ \cdot mol^{-1}}$，$A = 1.52 \times 10^{12}\ \mathrm{mol^{-1} \cdot dm^3 \cdot s^{-1}}$

由以上计算看出，对该反应的精确测定表明，E_a，A 均与温度有关。但当温度变化范围不大时，k 与 T 的关系仍可近似表示为：$k = A\mathrm{e}^{-E_a/RT}$，式中 A 与 E_a 可取该温度区间内的平均值。

10.2.3　基元反应活化能的物理意义

对于基元反应，E_a 具有较明确的物理意义。分子相互作用的首要条件是它们必须“接触”。虽然分子彼此碰撞的频率很高，但并不是所有的碰撞都是有效的，只有少数能量较高的分子（称为活化分子）碰撞后才能起作用，E_a 表征了反应分子能发生有效碰撞的能量要求。

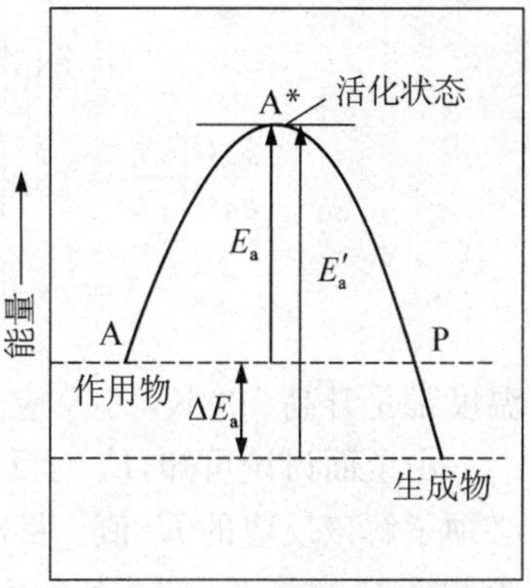

图 10.9　活化能

可以证明：　　　$E_a = E^* - E_r$

式中：E^* 为能发生反应的活化分子的平均能量；E_r 为普通分子的平均能量，其单位都是 $\mathrm{J \cdot mol^{-1}}$。$E_a$ 是这两个统计平均能量的差值，如图 10.9 所示。

设反应为：A ══ P，反应物 A 必须获得能量 E_a 变成活化状态 A^*，才能越过能垒变成生成物 P。同理，对逆反应，P 必须获得 E'_a 的能量才能越过能垒变成 A。活化分子的平均能量与普通分子的平均能量之差称为反应的活化能。这就是基元反应的活化能的物理意义。上述活化能与活化状态的概念和图示，对反应速率理论的发展起了很大的作用。

上述对 E_a 的物理意义的讨论，仅限于基元反应，对于复杂反应，由于反应不是一步直接碰撞完成的，因此总反应的 E_a 是各步基元反应 E_a 的综合表现，称为表观实验活化能。

E_a 对反应速率的影响，可以从下面两个方面体现出来。

第一，若两个反应的指前因子 A 数值相近，在相同温度下，反应速率主要由活化能数值决定。活化能越大，反应速率越小。通常化学反应的活化能大致在 40～400 $\mathrm{kJ \cdot mol^{-1}}$。若 $E_a < 40\ \mathrm{kJ \cdot mol^{-1}}$，则反应在室温下即可瞬时完成。若 $E_a > 100\ \mathrm{kJ \cdot mol^{-1}}$，则要适当加热，反应才能进行，$E_a$ 越大，要求的温度越高。因此，如果改变某一反应的反应途径或采用适当催化剂来降低实验活化能的数值，则反应速率便可大大提高。

【例题 6】　某反应测得其实验活化能为 250 $\mathrm{kJ \cdot mol^{-1}}$。采用某种催化剂使 E_a 降低 50 $\mathrm{kJ \cdot mol^{-1}}$，试计算在 300 K 时反应速率将会提高多少？

〖解〗　$$\frac{k'}{k} = \frac{A\mathrm{e}^{-E'_a/RT}}{A\mathrm{e}^{-E_a/RT}} = \mathrm{e}^{-(E'_a - E_a)/RT}$$

$$= \mathrm{e}^{50\,000\ \mathrm{J \cdot mol^{-1}}/8.314\ \mathrm{J \cdot mol^{-1} \cdot K^{-1}} \times 300\ \mathrm{K}} = 5 \times 10^8$$

即反应速率提高了 5 亿倍。

第二，当一个反应在不同的温度下进行时，有：

$$\frac{k_2}{k_1}=e^{\frac{E_a}{R}\left(\frac{1}{T_1}-\frac{1}{T_2}\right)} \tag{10.57}$$

由式(10.57)可以看到，k_2/k_1 是与 E_a 有关的，E_a 越大，k_2/k_1 越大，也就是说，活化能 E_a 越大，则反应速率对温度的变化越敏感。若几个反应同时发生，升高温度对活化能大的反应有利，即对于活化能不同的反应，当温度上升时，E_a 大的反应速率增加的倍数比 E_a 小的反应速率增加的倍数大。

【例题 7】 A 反应的 $E_a(A)=60\ \text{kJ}\cdot\text{mol}^{-1}$，B 反应的 $E_a(B)=150\ \text{kJ}\cdot\text{mol}^{-1}$，若两个反应温度均由 373 K 升到 473 K，两反应的 k 值各提高多少？

〖解〗

$$\frac{k_A(T_2)}{k_A(T_1)}=\exp\left[\frac{E_a(A)}{R}\left(\frac{1}{T_1}-\frac{1}{T_2}\right)\right]$$

$$=\exp\left[\frac{60\,000\ \text{J}\cdot\text{mol}^{-1}}{8.314\ \text{J}\cdot\text{mol}^{-1}\cdot\text{K}^{-1}}\left(\frac{1}{373\ \text{K}}-\frac{1}{473\ \text{K}}\right)\right]\approx 60$$

$$\frac{k_B(T_2)}{k_B(T_1)}=\exp\left[\frac{E_a(B)}{R}\left(\frac{1}{T_1}-\frac{1}{T_2}\right)\right]$$

$$=\exp\left[\frac{150\,000\ \text{J}\cdot\text{mol}^{-1}}{8.314\ \text{J}\cdot\text{mol}^{-1}\cdot\text{K}^{-1}}\left(\frac{1}{373\ \text{K}}-\frac{1}{473\ \text{K}}\right)\right]=2.8\times 10^4$$

温度都是升高 100 K，A 反应的速率只提高了 60 倍，而 B 反应的速率则提高了近 3 万倍。

由上面讨论可知，E_a 对反应速率有着巨大的影响。因此，研究一个化学反应的动力学，就必须了解该反应的 E_a 值。目前，主要是通过实验测定 E_a。虽然也有一些从理论上或根据经验估算 E_a 的方法，但不甚准确，只能作为参考。

对阿累尼乌斯公式进行不定积分，不定积分式为：

$$\ln k=-\frac{E_a}{RT}+B$$

根据实验，求出不同温度下的 k 值，然后以 $\ln\{k/[k]\}$ 对 $1/T$ 作图，从直线斜率就可求得 E_a。

也可以根据：

$$\ln\frac{k_2}{k_1}=\frac{E_a}{R}\left(\frac{1}{T_1}-\frac{1}{T_2}\right)$$

从两个温度下的 k 值直接计算 E_a，但此法不如作图法准确。

10.3 反应速率理论简介

前面介绍了反应速率的基本概念和规律，这些理论已经比较成熟，现在从分子运动和分子结构等微观概念出发，在理论上研究化学反应速率。本节简要介绍碰撞理论和过渡状态理论。与热力学的经典理论相比，动力学理论发展较迟。先后形成的碰撞理论、过渡状态理论都是 20 世纪后建立起来的，尚有明显不足之处。

两种理论的共同点是：首先选定一个微观模型，用气体分子运动论(碰撞理论)或量子力学(过渡状态理论)的方法，并经过统计平均，导出宏观动力学中速率系数的计算公式。由于所采用模型的局限性，计算值与实验值不能完全吻合，还必须引入一些校正因子，使理论的应用受到一定的限制。

10.3.1　碰撞理论

碰撞理论是在气体分子运动论的基础上，并接受了阿累尼乌斯关于活化能和活化分子的概念而发展起来的，主要假设为：

(1) 分子可以看成是刚性球体，无内部结构和相互作用；

(2) 反应物分子必须通过碰撞才能发生反应；

(3) 反应物分子之间的碰撞并非每一次都能引起反应。只有当碰撞的一瞬间，两个分子的连心线上相对平动能超过某一定值 ε_c 时，才能发生反应。这种碰撞称为有效碰撞，ε_c 称为临界能或阈能，若用反应进度单位表示时，则为 E_c。

(4) 在反应过程中，反应分子的速率分布始终遵守麦克斯韦-玻尔兹曼分布。

根据上述假设，对于双分子气相反应：

$$\mathrm{A+B=\!=\!=P}$$

若在单位时间、单位体积内，A，B 分子之间碰撞的次数(称为碰撞频率)为 Z_{AB}，其中有效碰撞所占的分数为 q，则在单位时间、单位体积内反应掉的分子数为：

$$-\frac{\mathrm{d}N_{\mathrm{A}}}{\mathrm{d}t}=Z_{\mathrm{AB}}q$$

式中：N_{A}为反应系统中单位体积内分子 A 的个数。因为 $N_{\mathrm{A}}/(LV)=c_{\mathrm{A}}$($L$ 为阿伏伽德罗常数)，所以上式又可写成：

$$-\frac{\mathrm{d}c_{\mathrm{A}}}{\mathrm{d}t}=\frac{Z_{\mathrm{AB}}q}{L} \tag{10.58}$$

由式(10.58)可知，只要设法求得 $Z_{\mathrm{AB}}q$，即可计算出反应物 A 的消耗速率。

根据气体分子运动论，可以推导出：

$$Z_{\mathrm{AB}}=d_{\mathrm{AB}}^2L^2\left(\frac{8\pi RT}{\mu}\right)^{1/2}c_{\mathrm{A}}c_{\mathrm{B}} \tag{10.59}$$

式中：d_{AB}称为 A，B 分子的有效碰撞。有：

$$d_{\mathrm{AB}}=\frac{1}{2}(d_{\mathrm{A}}+d_{\mathrm{B}})$$

d_{A}，d_{B} 分别为分子 A，B 的直径。μ 称为折合质量：

$$\mu=\frac{m_{\mathrm{A}}m_{\mathrm{B}}}{m_{\mathrm{A}}+m_{\mathrm{B}}}$$

m_{A}，m_{B} 分别为分子 A，B 的质量。

根据式(10.59)可以计算出，在常温常压下 Z_{AB}约为 $10^{28}\ \mathrm{m^{-3}\cdot s^{-1}}$。如果每一次碰撞均能引起反应，则反应速率是非常快的，瞬间即可完成，然而实验表明，一般的气相反应的速率都远远小于这个数值，从而证明只有部分碰撞，即有效碰撞才能引起反应。

根据玻尔兹曼分布定律可以推导出，在分子碰撞的瞬间，分子连心线上相对平动能不小于 ε_c 的分子所占的分数，即有效碰撞的分数 q 为：

$$q = e^{-\varepsilon_C/kT}$$

或：

$$q = e^{-E_C/RT} \tag{10.60}$$

将式(10.59)、式(10.60)代入式(10.58)可得：

$$-\frac{dc_A}{dt} = d_{AB}^2 L\left(\frac{8\pi RT}{\mu}\right)^{1/2} e^{-E_C/RT} c_A c_B \tag{10.61}$$

这就是根据简单碰撞理论推导出的计算双分子反应速率的公式。对于基元反应，根据质量作用定律，其速率方程式为：

$$v = -\frac{dc_A}{dt} = kc_A c_B \tag{10.62}$$

比较式(10.61)与式(10.62)，得：

$$k = d_{AB}^2 L\left(\frac{8\pi RT}{\mu}\right)^{1/2} e^{-E_C/RT} \tag{10.63}$$

将此式与阿累尼乌斯公式相对照，并利用活化能的定义 $E_a = RT^2 d\ln\{k/[k]\}/dT$，可得到：

$$E_a = E_c + \frac{1}{2}RT$$

在常温并且 E_a 不太小的情况下，$E_c \gg \frac{1}{2}RT$，因此 $E_a \approx E_c$。虽然 E_a 与 E_c 数值近似相等，但二者在物理意义上是完全不同的。

对于许多反应，用碰撞理论算出的反应速率常数要比实验值大，如有的溶液中的反应，计算结果比实验值大 $10^5 \sim 10^6$ 倍。为了解决这一问题，在计算时又引入了一个校正因子 p，将式(10.63)写为：

$$k = pd_{AB}^2 L\left(\frac{8\pi RT}{\mu}\right)^{1/2} e^{-E_c/RT} \tag{10.64}$$

式中：p 称为几率因子，又称方位因子。p 的数值可以从 1 变动到 10^{-9}，p 包含有减少分子有效碰撞的所有因素，如：

(1) 对于某些复杂分子，虽已活化，但只有在某一定的方向碰撞才能发生反应，因而降低了反应速率。

(2) 分子在碰撞过程中，能量的传递需要一定的时间，如果碰撞延续时间不够长，能量来不及传递，则不能引起反应。

(3) 分子碰撞后虽获得足够的能量，但在分子内部传递能量使弱键断裂，也需要一定时间。如在这一时间内这一活化分子又与其他分子碰撞，可能使此活化分子失去部分能量，成为不活化的分子。

(4) 有的复杂分子，如在需断裂的化学键附近有较大的原子团，由于空间效应，也将影响反应速率。

基于上述种种原因，引入校正因子 p，但 p 的数值为什么变化幅度这样大，目前还无满意的解释，因而使得 p 的物理意义不十分明确。

碰撞理论的优点：碰撞理论为我们描述了一幅虽然粗糙但十分明确的反应图像，在反应速率理论的发展中起了很大作用；对阿累尼乌斯公式中的指数项、指前因子和阈能都提出了较明确的物理意义，认为指数项相当于有效碰撞分数，指前因子 A 相当于碰撞频率；它解释了一部分实验事实，理论所计算的速率系数 k 值与较简单的反应的实验值相符。

碰撞理论的缺点：模型过于简单，所以要引入概率因子，且概率因子的值很难具体计算。阈能还必须从实验活化能求得，所以碰撞理论还是半经验的。

10.3.2　过渡状态理论

过渡状态理论是 1935 年由艾林(Eyring)和波兰尼(Polany)等人在统计热力学和量子力学的基础上提出来的。他们认为由反应物分子变成生成物分子，中间一定要经过一个过渡状态，而形成这个过渡状态必须吸取一定的活化能，这个过渡状态就称为活化络合物，所以又称为活化络合物理论。

根据该理论，只要知道分子的振动频率、质量、核间距等基本物性，就能计算反应的速率系数，所以又称为绝对反应速率理论(absolute rate theory)。

1. 过渡状态理论要点

(1) 化学反应分子不是只通过简单的碰撞就变成产物，而是要经过一个中间过渡状态，形成活化络合物。如反应：

$$A + BC \longrightarrow AB + C$$

在反应过程中，B—C 键逐渐减弱，A—B 键逐渐形成，中间经过一过渡状态，形成活化络合物 $[A\cdots B\cdots C]^{\neq}$，故上述反应过程可写成：

$$A + B—C = [A\cdots B\cdots C]^{\neq} = A—B + C$$

(2) 活化络合物很不稳定，一方面能与反应物很快建立热力学平衡，同时也能进一步分解为产物。

(3) 反应分子相互接近和碰撞到发生反应的全过程中，系统的势能将随之而发生相应的变化。

(4) 过渡状态理论进一步假设活化络合物分解为产物的一步进行得很慢，这一反应步骤控制了整个反应的反应速率。

根据以上假设，在反应过程中，单原子分子 A 向双原子分子 BC 不断接近，直到生成产物 AB 与 C。原子 A, B, C 之间的距离 r_{AB}，r_{BC}，r_{AC} 在不断变化，从而使得整个反应系统的势能也在不断改变。用量子力学理论可以近似计算并绘制反应系统的势能随原子间距离而变化的图像(势能面图)。图 10.10 是描述反应过程中，三个粒子系统的势能变化的示意图。从图中可以看到，由于旧键断裂需要能量，在从反应物转化成产物的过程中，必须获得一些能量，才能越过反应过程中的能垒形成活化络化物，再转化成产物。图中的 E 为活化络合物与反应物均处于基态时的势能差。

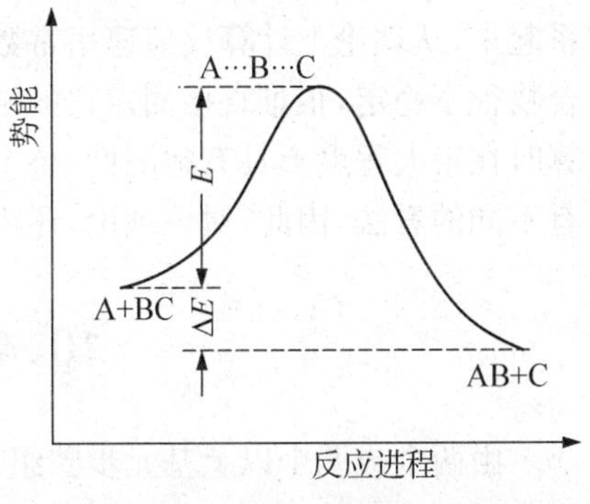

图 10.10　势能与反应进程的关系

2. 速率常数基本方程式

如以 $M^{\neq}$ 表示反应过程中的活化络合物，由过渡状态理论要点可知，反应速率与活化络合物的浓度 $c_{M}^{\neq}$ 成正比，对于反应：$A+BC \rightleftharpoons M^{\neq} \longrightarrow AB+C$，其速率实际上为活化络合物 $c_{M}^{\neq}$ 的断键时间，断键时间为断键频率的倒数，断键频率也就是一维振子的振动频率。根据量子力学对一维振子的计算结果，结合振动自由度能量均分原理，由统计热力学的原理可以导出：

$$\frac{dc_{AB}}{dt}=\frac{k_B T}{h}c_{M}^{\neq} \tag{10.65}$$

式中：k_B 为玻尔兹曼常数；h 为普朗克常数。

因活化络合物与反应物很容易达到平衡，则有：

$$K^{\neq}=\frac{c_{M}^{\neq}}{c_A c_{BC}} \tag{10.66}$$

式中：$K^{\neq}$ 为平衡常数。将 $c_{M}^{\neq}=K^{\neq}c_A c_{BC}$ 代入式(10.65)得：

$$\frac{dc_{AB}}{dt}=\frac{k_B T}{h}K^{\neq}c_A c_{BC} \tag{10.67}$$

上述反应为双分子反应，其速率方程为：

$$\frac{dc_{AB}}{dt}=kc_A c_{BC} \tag{10.68}$$

式中：k 为反应速率常数。对比式(10.67)和式(10.68)得：

$$k=\frac{k_B T}{h}K^{\neq} \tag{10.69}$$

式(10.69)即为过渡状态理论速率常数的基本公式。只要 $K^{\neq}$ 已知，则可求得反应速率常数 k。由反应物和活化络合物的结构参数，利用统计热力学的原理，原则上可以求得平衡常数 $K^{\neq}$。因此，只要知道有关分子的结构参数，不做动力学实验即可求得反应速率常数，故过渡状态理论又称为绝对反应速率理论。

过渡状态理论利用统计热力学和量子力学的原理，将反应物质的微观结构与反应速率联系起来，从理论上计算反应速率常数，这比碰撞理论是前进了一步，但在实际应用时，因活化络合物很不稳定，很难直接测定它的结构参数，多用类比方法，假设一个可能的结构进行计算，计算时在很大程度上具有猜测性，整个计算过程很复杂。对于过渡状态理论中有的基本假设，也有不同的看法，因此，对该理论，还需要进一步深入研究、探讨。

10.4 典型的复合反应

由两个或两个以上基元步骤组成的反应称为复合反应。典型复合反应有三种基本类型：对峙反应、平行反应和连串反应，下面对这几种典型的复合反应进行讨论。

10.4.1 对峙反应

正、逆方向都能进行的反应叫作对峙反应或称可逆反应。下面讨论一个正、逆两方向都是一级的反应：

$$A \underset{k_{-1}}{\overset{k_1}{\rightleftharpoons}} B \tag{10.70}$$

k_1，k_{-1}分别为正向反应与逆向反应的速率常数，设 A 的起始浓度为 $c_{A(0)}$，B 的起始浓度为 0，$\Delta c_A = c_{A(0)} - c_A$ 为经过一段反应时间后，反应物 A 所消耗掉的浓度，即：

$$A \underset{k_{-1}}{\overset{k_1}{\rightleftharpoons}} B$$

$$\begin{array}{lll} t = 0 & c_{A(0)} & 0 \\ t = t & c_A = c_{A(0)} - \Delta c_A & c_B = \Delta c_A \\ t = t_e & c_{A(e)} = c_{A(0)} - \Delta c_{A(e)} & c_{B(e)} = \Delta c_{A(e)} \end{array}$$

式中：$c_{A(e)}$，$c_{B(e)}$，$\Delta c_{A(e)}$ 分别代表反应达到平衡时，A，B 的浓度和 A 消耗掉的浓度。

$$-dc_A/dt = k_1 c_A - k_{-1} c_B$$

或：

$$\begin{aligned} d\Delta c_A/dt &= k_1(c_{A(0)} - \Delta c_A) - k_{-1}\Delta c_A \\ &= k_1 c_{A(0)} - (k_1 + k_{-1})\Delta c_A \end{aligned}$$

将上式积分：

$$\int_0^{\Delta c_A} \frac{d\Delta c_A}{k_1 c_{A(0)} - (k_1 + k_{-1})\Delta c_A} = \int_0^t dt$$

得：

$$\ln \frac{k_1 c_{A(0)}}{k_1 c_{A(0)} - (k_1 + k_{-1})\Delta c_A} = (k_1 + k_{-1})t \tag{10.71}$$

式(10.71)是 1－1 级对峙反应的动力学方程式。当对峙反应达到化学平衡时：

$$\frac{dc_A}{dt} = 0$$

即：

$$k_1 c_{A(e)} = k_{-1} c_{B(e)} \tag{10.72}$$

或：

$$k_1 c_{A(0)} = (k_1 + k_{-1})\Delta c_{A(e)} \tag{10.73}$$

且：

$$\Delta c_{A(e)} = c_{B(e)}$$

将式(10.72)代入式(10.71)得：

$$\ln \frac{\Delta c_{A(e)}}{\Delta c_{A(e)} - \Delta c_A} = (k_1 + k_{-1})t \tag{10.74}$$

此(10.74)方程式与一级反应速率方程式 $\ln \dfrac{\Delta c_{A(0)}}{\Delta c_{A(0)} - \Delta c_A} = kt$ 有类似的形式。

由式(10.72)得到：

$$\frac{k_1}{k_{-1}} = \frac{\Delta c_{A(e)}}{c_{A(0)} - c_{A(e)}} = \frac{c_{B(e)}}{c_{A(e)}} = K_c \tag{10.75}$$

K_c 称为经验平衡常数。

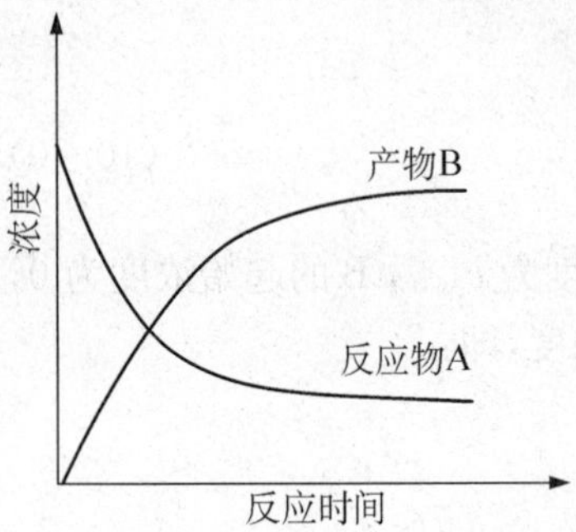

图 10.11 对峙反应中反应物和产物的浓度与反应时间的关系

若将 A 和 B 的浓度对时间作图,可得图 10.11。由图可看出,物质 A 的浓度随反应时间的增加不可能降低到零,而物质 B 的浓度亦不能增加到物质 A 的起始浓度 $c_{A(0)}$,经过足够长的时间,反应物和产物都分别趋近于它们的平衡浓度,达到平衡状态。这是对峙反应的动力学特征。

10.4.2 平行反应

反应物同时进行几个不同的独立的反应,生成不同产物的反应称为平行反应。这类反应在有机化学中是屡见不鲜的。在天然水和水质控制中也常遇到此类反应。平行反应中,通常把生成物量最多的反应称为主反应,其他的称为副反应。例如氯苯的氯化,可同时得到对位和邻位二氯苯两种产物,反应式如下:

$$C_6H_5Cl \begin{array}{c} \xrightarrow{k_1} C_6H_4Cl_2(对位) + HCl \\ \xrightarrow{k_2} C_6H_4Cl_2(邻位) + HCl \end{array}$$

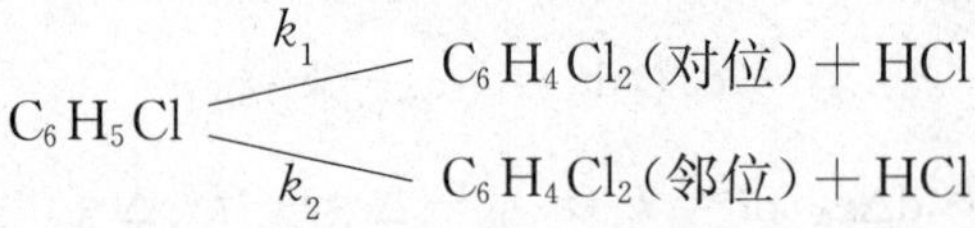

设有一个由两个一级反应组成的平行反应,其反应方程式如下:

$$A \begin{array}{c} \xrightarrow{k_1} B \\ \xrightarrow{k_2} D \end{array}$$

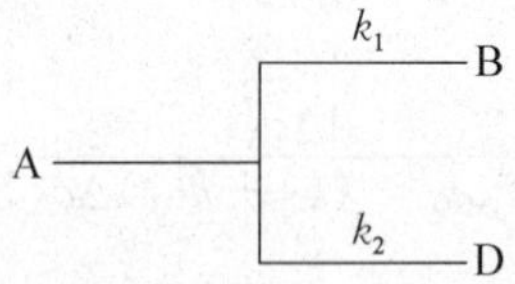

k_1,k_2 分别为两个平行反应的消耗速率常数。这两个平行反应的速率方程式分别为:

$$v_1 = \frac{dc_B}{dt} = k_1 c_A \tag{10.76}$$

$$v_2 = \frac{dc_D}{dt} = k_2 c_A \tag{10.77}$$

显然,由于两个反应是同时进行的,因此总反应的消耗速率 v_r(即反应物 A 消耗的总速率)应等于两个反应消耗速率之和,即:

$$v_r = \frac{-dc_A}{dt} = v_1 + v_2 = (k_1 + k_2)c_A \tag{10.78}$$

将上式定积分,得:

$$-\int_{c_{A(0)}}^{c_A} \frac{dc_A}{c_A} = \int_0^t (k_1 + k_2) dt$$

得:

$$\ln \frac{c_{A(0)}}{c_A} = (k_1 + k_2)t \tag{10.79}$$

式(10.78)与式(10.79)分别为一级平行反应速率方程式的微分式和积分式,其形式与简单的一级反应完全相同,只是总反应的消耗速率系数为组成平行反应的各独立反应的速率常数之和。

若将式(10.76)和式(10.77)两式相除,可得:

$$\frac{\mathrm{d}c_B}{\mathrm{d}c_D} = \frac{k_1}{k_2}$$

或：

$$k_2 \mathrm{d}c_B = k_1 \mathrm{d}c_D$$

对此式积分（$t = 0$ 时，$c_{B(0)} = 0$，$c_{D(0)} = 0$）：

$$\int_0^{c_B} k_2 \mathrm{d}c_B = \int_0^{c_D} k_1 \mathrm{d}c_D$$

得：

$$k_2 c_B = k_1 c_D$$

即：

$$\frac{c_B}{c_D} = \frac{k_1}{k_2} \tag{10.80}$$

式(10.80)表明，级数相同的平行反应，在反应的任一时刻，各反应的产物浓度之比保持一个常数，即为各反应的速率常数之比，如图 10.12 所示。这也是平行反应的特点。

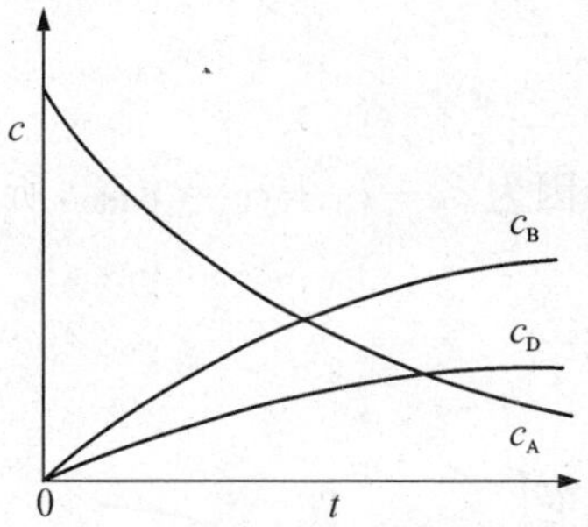

图 10.12　平行反应中浓度随反应时间的变化

在实际生产中，总是希望提高主产物在反应产物混合物中的比例，式(10.80)指出了改变产品组成的途径，即改变平行反应的速率常数 k 的比值。

由阿累尼乌斯公式，可以得到：

$$\frac{k_1}{k_2} = \frac{A_1 \mathrm{e}^{-E_1/RT}}{A_2 \mathrm{e}^{-E_2/RT}} = \frac{A_1}{A_2} \mathrm{e}^{-(E_1-E_2)/RT} \tag{10.81}$$

因此，可以利用改变反应活化能或改变温度的方法来调节产物的比例。前者可通过选择适当的催化剂来实现，后者靠调节反应温度来实现。

10.4.3　连串反应

许多化学反应是经过连续几步完成的，前一步的生成物是下一步的反应物，如此连续进行，这种反应就称为连串反应。例如用氯胺法进行水消毒处理时，连续发生下述反应：

$$NH_3 + HOCl \longrightarrow NH_2Cl + H_2O$$
$$NH_2Cl + HOCl \longrightarrow NHCl_2 + H_2O$$
$$NHCl + HOCl \longrightarrow NCl_3 + H_2O$$

给水及废水处理中有关生物氧化过程，河流水体自净化过程中的耗氧和溶氧过程，含氮有机物的亚硝化和硝化过程等都可看作连串反应。污水处理设备中微生物的生长和衰亡，有机物在缺氧条件下的逐步分解等，有时也应用连串反应动力学方程式加以描述。

假设一个连串反应由两个连续的一级反应构成，即：

$$A \xrightarrow{k_1} B \xrightarrow{k_2} C$$

$$\begin{array}{cccc} t=0 & c_{A(0)} & 0 & 0 \\ t=t & c_A & c_B & c_C \end{array}$$

$c_{A(0)}$ 为反应物 A 的起始浓度，c_A，c_B，c_C 分别为 A，B，C 在反应某一时刻 t 的浓度。各物质的消耗或生成速率可写成：

$$-\frac{dc_A}{dt}=k_1c_A \tag{10.82}$$

$$\frac{dc_B}{dt}=k_1c_A-k_2c_B \tag{10.83}$$

$$\frac{dc_C}{dt}=k_2c_B \tag{10.84}$$

由式(10.82)得到：

$$c_A=c_{A(0)}e^{-k_1t} \tag{10.85}$$

代入式(10.83)积分可得：

$$c_B=\frac{k_1c_{A(0)}}{k_2-k_1}(e^{-k_1t}-e^{-k_2t}) \tag{10.86}$$

因为 $c_A+c_B+c_C=c_{A(0)}$，所以 $c_C=c_{A(0)}-c_A-c_B$，得：

$$c_C=c_{A(0)}\left[1-\frac{k_2e^{-k_1t}}{k_2-k_1}+\frac{k_1e^{-k_2t}}{k_2-k_1}\right] \tag{10.87}$$

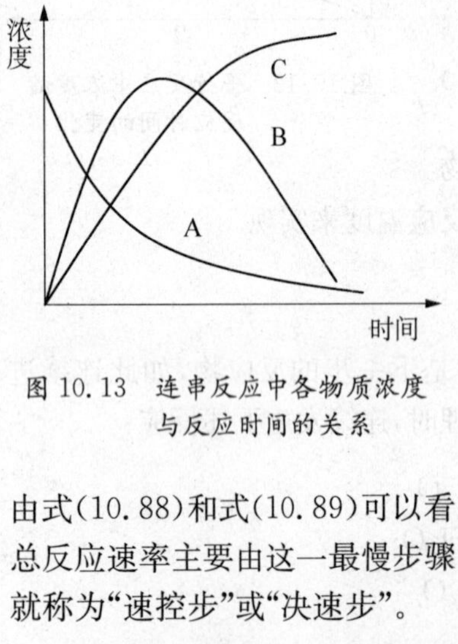

图 10.13　连串反应中各物质浓度与反应时间的关系

图 10.13 表示反应过程中 A，B，C 三种物质的浓度变化曲线。随着反应的进行，反应物 A 的浓度不断减小，产物 C 的浓度不断增加，而中间产物 B 的浓度先升后降，有一个最大值。

在上述连串反应中，若 $k_1 \gg k_2$，则式(10.87)可简化为：

$$c_C=c_{A(0)}(1+e^{-k_2t}) \tag{10.88}$$

若 $k_1 \ll k_2$，则式(10.87)可简化为：

$$c_C=c_{A(0)}(1-e^{k_1t}) \tag{10.89}$$

由式(10.88)和式(10.89)可以看出，如果连串反应中有一步反应的速率比其他步骤慢得多，则总反应速率主要由这一最慢步骤的速率决定，这个原理称为“瓶颈原则”。这一最慢步骤通常就称为“速控步”或“决速步”。

10.4.4　复合反应的近似处理方法

从上面的几个典型复合反应可以看出，它们的速率方程式比较复杂，如果增加反应物、产物的组元数，增加反应步骤，则其速率方程式复杂程度急剧增加，求解反应过程中各组元的浓度将是十分困难的，甚至是不可行的。在动力学研究中，往往要对反应机理进行研究并求出各组分的浓度，假设的反应机理是否正确，其首要判据是根据机理推导的速率方程是否与实验相符。若相符则机理可能正确，否则机理肯定不正确。对于一些复合反应，我们可分别用平衡态近似法和稳态近似法进行处理，可以简便地求出各组元浓度的近似值。

1. 速控步与假设平衡近似法

若反应物和中间产物可很快建立平衡，而中间产物变为产物很慢，则可应用平衡态近似法处理。例如反应：

$$H^+ + HNO_2 + C_6H_5NH_2 \xrightarrow{Br^- \text{催化}} C_6H_5N_2^+ + 2H_2O$$

它的反应历程为：

(1) $H^+ + HNO_2 \underset{k_{-1}}{\overset{k_1}{\rightleftharpoons}} H_2NO_2^+$　　快速达到平衡

(2) $H_2NO_2^+ + Br^- \xrightarrow{k_2} ONBr + H_2O$　　慢

(3) $ONBr + C_6H_5NH_2 \xrightarrow{k_3} C_6H_5N_2^+ + H_2O + Br^-$　　快

在反应过程中，反应(1)为快速对峙反应，它的产物为反应(2)的反应物 $H_2NO_2^+$，由于对峙反应速率很快，可以假设它们在反应过程中始终处于化学平衡，则可得到：

$$\frac{c(H_2NO_2^+)}{c(H^+)c(HNO_2)} = \frac{k_1}{k_2} = K_c$$

$$c(H_2NO_2^+) = K_c c(H^+)c(HNO_2)$$

式中：K_c 为反应(1)的经验平衡常数。

因为反应(2)速率很慢，它为速控步，故上述总反应生成速率为：

$$\frac{dc(C_6H_5N_2^+)}{dt} = k_2c(H_2NO_2^+) = k_2K_cc(H^+)c(HNO_2)$$

反应(3)为快反应，对总反应生成速率无影响。

从上面的讨论可以看出，在一个具有对峙反应和速控步的连串反应中，总反应速率仅决定于速控步及它以前的平衡反应，与速控步以下各快速反应步骤无关。在化学动力学中称此近似为速控步与假设平衡近似法或平衡态近似法。

2. 稳态近似法

若中间产物非常活泼(如自由基)，一旦生成将立即变为反应物或产物，其浓度保持极低的稳定值，可以用稳态近似法处理。例如对于连串反应：

$$A \xrightarrow{k_1} B \xrightarrow{k_2} C$$

若中间产物 B 很活泼，迅速反应为物质 C，即 $k_2 \gg k_1$，则在反应系统中，基本上无物质 B 的积累，在整个反应过程中，中间产物 B 的浓度 c_B 很小。反应过程中各物质的浓度 c_A，c_B，c_C 与反应时间 t 的关系如图 10.14 所示。

在较长的时间内，$c_B - t$ 曲线为一条靠近横坐标的平的曲线，中间产物 B 的浓度 c_B 很小，可近似地认为此曲线的斜率为零，即：

$$\frac{dc_B}{dt} = 0$$

c_B 不随反应时间 t 变化，近似地处于稳态(或称定态)，因此可以利用稳态近似法处理该动力学方程(稳态近似法)。例如在上述反应中，当 $k_1 \ll k_2$ 时，按稳态近似法处理，则：

$$\frac{dc_B}{dt} = k_1c_A - k_2c_B = 0$$

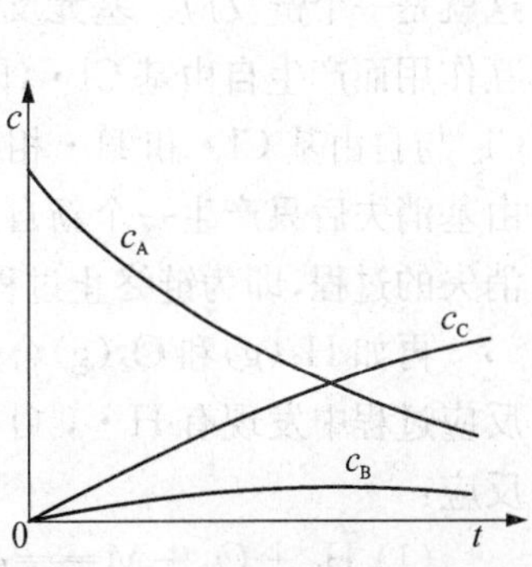

图 10.14　一级连串反应反应物、产物浓度与时间的关系($k_2 \gg k_1$)

$$c_B = \frac{k_1}{k_2} c_A$$

用该式求 c_B，比用式(10.83)简单方便得多。通常中间产物为自由原子或自由基时，它们的反应能力很强，在一定的反应阶段内，可以近似地认为它们处于稳态，可采用稳态近似法处理。

这里需要指出的是基元反应的活化能具有明确的物理意义，而复合反应的活化能则意义不明。

10.4.5 链反应

在化学反应中有类反应一旦引发，就可以发生一系列的连串反应，使反应自动进行下去，这类反应称为连锁反应，简称链反应。如高分子化合物的合成、燃料燃烧、石油的裂解等皆为链反应。对链反应的发现和研究使化学动力学进入一个新的发展阶段。

链反应一般包括下列三个基本步骤：

(1) 链的开始(或链的引发)。即由反应物分子生成自由基的反应。由于在这一步反应过程中需要使化学键断裂，因此具有较高的活化能。

(2) 链的传递(或增长)。即自由基与分子相互作用的交替过程，这是链反应中最活泼的过程。如果在链传递的过程中每一个自由基参加反应后只生成一个新的自由基，则称为直链反应；若一个自由基参加反应后生成两个或两个以上新的自由基，则称为支链反应。支链反应由于自由基的数目急剧增加，使反应速率越来越快，最终导致爆炸。

由于自由基比较活泼，所以链传递过程中的反应的活化能一般较低。

(3) 链的终止。当自由基在反应中消失时，链就终止了。链终止反应的活化能一般为零或很小。

例如 HCl(g)的合成反应 $H_2(g) + Cl_2(g) \longrightarrow 2HCl(g)$，经研究其反应历程如下：

(1) $Cl_2 + M \xrightarrow{k_1} 2Cl\cdot + M$

(2) $Cl\cdot + H_2 \xrightarrow{k_2} HCl + H\cdot$

(3) $H\cdot + Cl_2 \xrightarrow{k_3} HCl + Cl\cdot$

(4) $2Cl\cdot + M \xrightarrow{k_4} Cl_2 + M$

这就是一个链反应。基元反应(1)是由 Cl_2(g)分子和其他粒子 M(M 可以是器壁或光子等)相互作用而产生自由基 $Cl\cdot$，因此这是链的引发步骤。基元反应(2)，(3)是反应物分子 H_2 和 Cl_2 与自由基 $Cl\cdot$ 和 $H\cdot$ 相互作用的过程，这是链传递过程。由于在每一基元反应中，一个自由基消失后只产生一个新自由基，因此这是一个直链反应。基元反应(4)则是自由基相互作用消失的过程，即为链终止过程。M 是将链终止反应释放出的能转移走的其他分子或器壁。

再如 H_2(g)和 O_2(g)合成 H_2O(g)的反应。该反应的历程至今尚没有一致的结论，但在反应过程中发现有 $H\cdot$，$O\cdot$，$OH\cdot$ 等自由基参加，因此推测该反应可能包含下面的基元反应：

(1) $H_2 + O_2 + M \longrightarrow \cdot HO_2 + H\cdot + M$　　链引发

(2) $\cdot HO_2 + H_2 \longrightarrow H_2O + OH\cdot$　　链传递

(3) $OH\cdot + H_2 \longrightarrow H_2O + H\cdot$

(4) $H\cdot + O_2 = OH\cdot + O\cdot$　　链传递

(5) $O\cdot + H_2 = OH\cdot + H\cdot$

(6) $2H\cdot + M = H_2 + M$　　链终止

(7) $H\cdot + OH\cdot + M = H_2O + M$

链的引发还可能有其他方式，如 $H_2 = 2H\cdot$，$H_2 + O_2 = 2OH\cdot$ 等。上述反应是一个链反应，但在链传递过程的基元反应(4)和(5)中，每一个自由基反应后，产生两个自由基，因此这是一个支链反应。由于基元反应(4)和(5)的存在，使反应系统中自由基的数目越来越多，反应速率越来越快，最后导致爆炸。链反应的爆炸与温度和压力有密切关系，爆炸存在一个爆炸限和爆炸区，具体如图 10.15 所示。从图中可以看出：

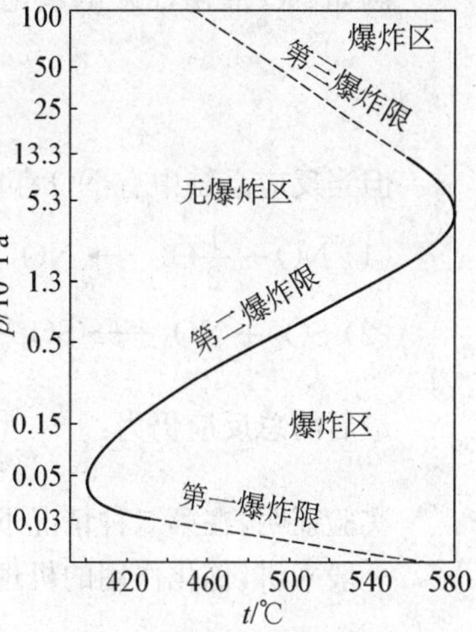

图 10.15　爆炸限和爆炸区

(1) 在压力较低时，分子之间的碰撞不剧烈，自由基向器壁扩散速度快并在器壁销毁，不爆炸，容器越小越不爆炸。

(2) 在压力较高时，分子碰撞加剧，自由基在气相销毁的速率增加，也不爆炸。压力越高越不爆炸。

(3) 只有在压力适中时，销毁速度低于生成速度才发生爆炸。

(4) 第二爆炸限随温度的升高而增加，是因为温度越高自由基生成速度越快，为增加销毁速度应相应提高压力。

由于支链反应中的自由基一变二、二变四，数目急剧增加，反应速率迅速加快，最后形成的这类爆炸称为支链爆炸。还有一类爆炸是当强烈的放热反应在有限的空间进行时，由于放出的热不能及时传递到环境而引起反应系统温度急剧升高，温度升高又促使反应速率加快，单位时间内放出的热更多，这样恶性循环，最后使反应速率迅速增大到无法控制的地步而引起爆炸，这类爆炸称为热爆炸。

10.5　催化剂对化学反应的影响

10.5.1　催化剂及其机理简介

催化剂在现代化学工业中的作用是毋庸赘述的。据有人统计，现代化学工业中 90%以上的反应要用催化剂。在水处理中，许多液相反应及生物处理过程也要用到各种固体催化剂及生物催化剂——酶。

概括地说，催化是改变化学反应速率的一种作用。化学反应系统中，加入少量其他组分，引起反应速率的显著变化，而且该组分的数量及化学性质没有改变，称这类作用为催化作用，产生这种作用的物质为催化剂。

催化反应通常可以分为均相催化和多相催化，前者中催化剂和反应物质处于同一相，如均为气态或液态，后者中催化剂和反应物处于不同的相，反应在相界面上进行。工业上许多重要的催化反应，如 $NH_3(g)$ 的合成、氨的氧化、SO_2 的氧化等都是气态反应物质在固体催化剂表面的多相催化反应。水处理中的催化反应，如用锰砂作催化剂除去地下水中的铁质的反应等，是液态反应物在固体催化剂表面反应的液-固催化反应。

经研究表明，催化剂能加快反应速率，主要是因为催化剂参加了反应，改变了反应历程，从而降低了反应的表观活化能的缘故。

例如 NO 催化 SO_2 的氧化反应，当 SO_2 被直接氧化时，反应为：

$$SO_2 + \frac{1}{2}O_2 \longrightarrow SO_3$$

但当反应系统中有 NO 存在时，反应分为两步：

(1) $NO + \frac{1}{2}O_2 \longrightarrow NO_2$

(2) $SO_2 + NO_2 \longrightarrow SO_3 + NO$

最后的总反应仍为： $SO_2 + \frac{1}{2}O_2 \longrightarrow SO_3$

实验证明，在第二种情况下反应速率大大地加快了。

一般来讲，催化作用的机理可概括如下。某反应在未使用催化剂时的非催化反应为：

$$A + B \longrightarrow AB$$

该反应的活化能为 E_a。加入催化剂 K 后，该反应的催化机理为催化剂 K 首先与反应物反应生成一个不稳定的中间物 AK，然后 AK 分解，催化剂还原，得到最终产物 AB，其机理为：

(1) $A + K \underset{k_{-1}}{\overset{k_1}{\rightleftharpoons}} AK$

(2) $AK + B \xrightarrow{k_2} AB + K$

假设第二步为决速步，利用平衡假设法得到该反应速率方程式为：

$$\frac{d[AB]}{dt} = k_2 \frac{k_1}{k_{-1}}[A][B][K] = k[A][B][K] \tag{10.90}$$

式中：$k = k_2 \frac{k_1}{k_{-1}}$，为催化反应的速率系数。如果 k，k_1，k_{-1}，k_2 都符合阿累尼乌斯公式，可推导出催化反应的表观活化能 E_a：

$$E_a = E_{a,2} + E_{a,1} - E_{a,-1} \tag{10.91}$$

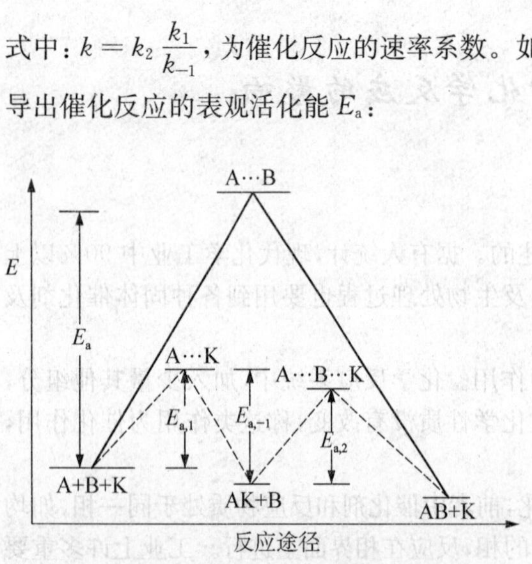

图 10.16 催化剂改变活化能及反应历程

该反应的能峰如图 10.16 所示。如果 $E_{a,1}$，$E_{a,-1}$，$E_{a,2}$ 均大大小于 E_a，即在有催化剂存在情况下，反应活化能大大降低，从而使反应速率加快。

由式(10.90)可知，由于催化剂参加了反应，因此催化反应的速率也与催化剂的浓度有关。在给定催化剂浓度的情况下，式(10.90)可写作：

$$\frac{d[AB]}{dt} = k'[A][B] \tag{10.92}$$

式中：$k' = k[\text{K}]$，称为表观速率系数，它的值不仅与温度和催化剂的性质有关，还和催化剂的浓度有关。因此，可以得出结论：

① 催化作用是一种化学作用，催化剂本身参加了化学反应，但因为催化剂在形成产物的同时又得到再生，所以在反应之后没有损耗。

② 化学反应在催化作用下进行与在非催化作用下进行其总反应是相同的，但两种情况下的反应机理不同，催化剂的加入为反应开辟了一条新的途径。

③ 由于在反应过程中催化剂参加了反应，因此催化剂的浓度对反应速率是有影响的，但由于在反应过程中催化剂的损耗与再生是同时进行的，因此在反应过程中其浓度基本维持不变，在推导速率方程式时可作为常数处理，但此时速率方程式中的速率系数 k 与催化剂及其浓度有关。

催化反应具有如下几个主要特征：

(1) 催化剂参与反应，改变了反应途径，降低了反应的活化能，其物理性质往往改变，但是催化剂在反应前后数量及化学性质均不改变。

(2) 催化剂不能改变反应的方向和限度。反应的方向决定于 ΔG，$\Delta G > 0$ 的反应不能发生($W' = 0$)，不必寻找催化剂。反应的限度决定于 K，而催化剂以同样的倍数增大 k_+，k_- ($K = k_+/k_-$)，因而催化剂只能缩短到达平衡的时间而不能改变 K。

正如前面所讨论过的，对一个对峙反应来说，$K_c = k_1/k_{-1}$。由于加入催化剂不能改变平衡常数 K_c 的值，所以催化剂必然使正反应速率系数 k_1 与逆反应速率系数 k_{-1} 增加的倍数相同，也就是说，催化剂对正、逆向反应有同样的加速作用。这个性质为寻找催化剂的研究工作提供了很大的方便，若某些反应正反应的条件比较苛刻，可以从逆反应出发寻找它的催化剂。

(3) 催化剂具有特殊的选择性。对一些反应来说，选择不同的催化剂可以催化其中不同的反应，例如 523 K 时乙烯氧化可以进行以下三个平行反应(1)，(2)，(3)。若使用 Ag 催化剂，则只催化反应(1)，从而使产物中主要得到环氧乙烷；若使用 Pd 催化剂，则只加速反应(2)，从而使反应产物中主要得到乙醛。因此，在工业上利用催化剂的选择性，可以提高某种产品的产率。

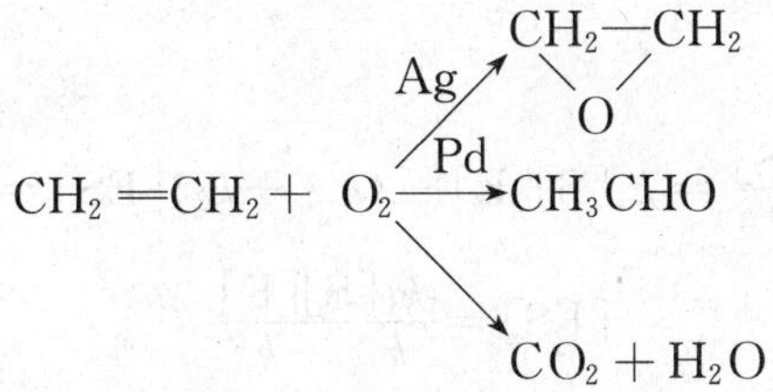

$$
\text{CH}_2{=}\text{CH}_2 + \text{O}_2 \begin{array}{l} \xrightarrow{\text{Ag}} \underset{\text{O}}{\text{CH}_2{-}\text{CH}_2} \qquad\qquad (1) \\[2mm] \xrightarrow{\text{Pd}} \text{CH}_3\text{CHO} \qquad\qquad\quad (2) \\[2mm] \searrow\ \text{CO}_2 + \text{H}_2\text{O} \qquad\quad (3) \end{array}
$$

(4) 在催化剂内加入少量杂质常可以强烈地影响催化剂的作用。有些物质本身没有活性或者活性很小，但加入到催化剂中后，能大大提高催化剂的活性、选择性、寿命或稳定性，例如在合成氨反应中，Fe 催化剂中加入少量 Al_2O_3 就可大大提高 Fe 催化剂的活性，延长其寿命，这种物质称为助催化剂。

也有某些物质，当少量加入到催化反应系统中之后，可使催化剂的活性和选择性大大减小甚至消失，这时称为催化剂中毒，这些物质就称为毒物。不同的催化剂有不同的毒物。在使用某种催化剂时，一定要事先了解催化剂的毒物。若反应系统中存在毒物则必须预先除去，以避免催化剂中毒失效。

10.5.2　催化剂在环境工程中的应用

催化剂在现代环境工程中有着十分广泛的应用，最为实用的生物处理法及高级氧化处理法都与催化剂息息相关。

1. 在生物处理中的应用

目前，在工业用水的净化处理中，生物处理法是应用最广的一种方法。生物处理法就是利用自然界中存在着的许多微生物氧化分解污水中的有机物或某些无机物。实践证明，微生物对有机物的氧化分解作用远远超过一般的化学氧化作用。大部分生物氧化反应可以在比化学氧化低得多的温度下进行，有些有机物化学氧化速率慢得令人难以察觉，利用生物氧化却可以顺利进行。因此，生物处理法具有处理有害物质效率高、运行费用低等优点，目前已成为污水处理的一种重要方法。

微生物对有机物的氧化分解作用主要是依靠酶的生物催化来完成的。酶是生物细胞制造和分泌的一种物质，它具有蛋白质的特性，相对分子质量可从一万到数百万，最小的酶也是由约 100 个氨基酸组合而成的，所以结构十分复杂。酶的种类很多，至今已发现约 700 多种。酶的作用有很明确的专属性，每种酶专门催化一种反应或一类相似的反应。酶的活性极高，约为一般酸、碱催化剂的 $10^8\sim10^{11}$ 倍。生物体内发生的所有化学反应几乎都与酶的催化有关。

酶可以分为两大类。一类叫作外酶，它可以透过细胞壁，对细胞外的物质的分解起催化作用（大多是水解作用）。按照它们分解的对象不同，可分别称为淀粉酶、蛋白酶、脂肪酶等。另一类叫内酶，它不能透过细胞壁，只在细胞内对吸收进来的物质在细胞内进行的氧化还原反应起催化作用。

酶催化作用的机理比较复杂，其中有代表性是 Michaelis 等人提出的一个简单的机理，他们认为，酶（用 E 代表）先与底物（即反应物，用 S 代表）结合生成一个中间络合物 ES，然后进一步反应生成产物 P 并释放出酶：

$$(1)\ \mathrm{S}+\mathrm{E}\underset{k_{-1}}{\overset{k_1}{\rightleftharpoons}}\mathrm{ES}$$

$$(2)\ \mathrm{ES}\xrightarrow{k_2}\mathrm{P}+\mathrm{E}$$

利用稳态处理法：

$$\frac{\mathrm{d}[\mathrm{ES}]}{\mathrm{d}t}=k_1[\mathrm{S}][\mathrm{E}]-(k_{-1}+k_2)[\mathrm{ES}]=0$$

$$[\mathrm{ES}]=\frac{k_1[\mathrm{S}][\mathrm{E}]}{k_{-1}+k_2} \tag{10.93}$$

假设酶的初始浓度为$[\mathrm{E}]_0$，则达到稳态时，游离状态的酶为：

$$[\mathrm{E}]=[\mathrm{E}]_0-[\mathrm{ES}] \tag{10.94}$$

代入式(10.93)得：

$$[\mathrm{ES}]=\frac{k_1[\mathrm{E}]_0[\mathrm{S}]}{k_1[\mathrm{S}]+(k_{-1}+k_1)}=\frac{[\mathrm{E}]_0[\mathrm{S}]}{[\mathrm{S}]+\dfrac{k_{-1}+k_1}{k_1}} \tag{10.95}$$

令 $k_\mathrm{M}=\dfrac{k_{-1}+k_1}{k_1}$，称为 Michaelis 常数，式(10.95)成为：

$$[ES]=\frac{[E]_0[S]}{[S]+k_M} \tag{10.96}$$

总反应产物的生成速率为：

$$v_P=\frac{d[P]}{dt}=k_2[ES]=\frac{k_2[E]_0[S]}{[S]+k_M} \tag{10.97}$$

这就是酶催化反应的速率方程式。图 10.17 是实验得到的酶催化反应速率与底物浓度[S]的关系曲线。

根据式(10.97)，当 $[S]\gg k_M$ 时，$\frac{d[P]}{dt}\approx k_2[E]_0$，即反应速率与底物浓度无关，仅取决于酶的初始浓度；当$[S]\ll k_M$ 时，$\frac{d[P]}{dt}\approx\frac{k_2}{k_M}[E]_0[S]$，即在$[E]_0$ 一定的情况下，反应速率与[S]成线性关系。上述结论与实验曲线是符合的。

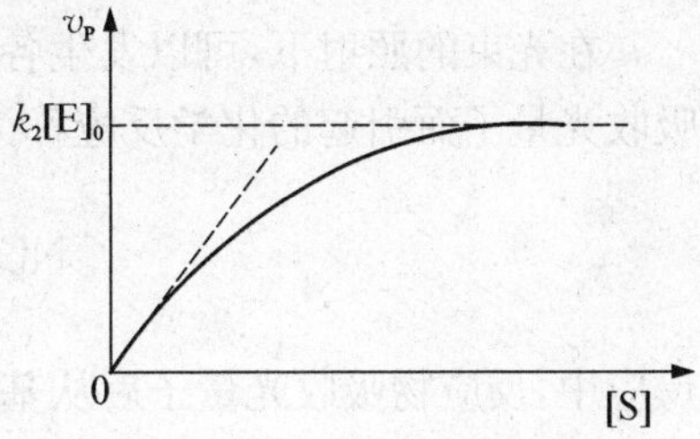

图 10.17　酶催化反应速率与底物浓度的关系

2. 在化学处理中的应用

对于一些难降解的有机废水，以化学氧化和催化氧化法为主的高级氧化技术是一种比较有效的处理新工艺。高级氧化技术（advanced oxidation process，AOPs）是 20 世纪 70 年代发展起来的处理难降解有机污染物的新技术，它的特点是通过反应产生活性极强的羟基自由基，将废水中难降解的有机污染物氧化降解成无毒或低毒的小分子物质，甚至直接矿化为二氧化碳和水，达到无害化目的。目前的高级氧化技术主要有催化湿式氧化、超临界催化氧化、光化学催化氧化、催化臭氧氧化及催化过氧化氢氧化等。

这些技术由于催化剂的加入，可能会大大缩短处理的时间，提高处理效果，或使得原来苛刻的处理条件变得温和，同时使得在没有催化剂的条件下不能有效降解的污染物得到降解。例如湿式氧化法（wet air oxidation，WAO）最早由美国沙尔沃化学公司的齐默尔曼（F. J. Zimmermann）在 1944 年研究提出，故也称齐默尔曼法，是国际上广泛采用的高浓度难降解有机废水处理技术。它是在高温（125～320℃）和高压（0.5～20 MPa）条件下，以纯氧或空气中的氧气为氧化剂（现在也有使用其他氧化剂的，如臭氧、过氧化氢等），在液相中将有机污染物氧化为 CO_2 和 H_2O 等无机物或小分子有机物的化学过程。

传统的湿式氧化法，操作条件比较苛刻，对设备要求高，投资费用大，难以被一般企业接受，对某些有机物如多氯联苯、氨氮化合物处理效果不理想，而且在湿式氧化过程中可能会产生某些毒性更强的中间产物，使其在技术和经济上存在很大问题，因此，推广和应用受到限制。催化湿式氧化技术（catalysis wet air oxidation，CWAO）就是为了解决这些问题而发展起来的，由于催化剂的加入，CWAO 能够在比 WAO 更低的温度压力下、在更短的时间内，更高效地将有毒有害难降解有机物完全转化为 H_2O，CO_2，N_2 及其他无机物或部分氧化为易生物降解的物质。

10.6　光化学概要

10.6.1　光化学

1. 光与光化学反应

光是一种电磁辐射，辐射的波长为 λ，波数 $\sigma=1/\lambda$，其频率 $\nu=c/\lambda$（$c=2.997\times10^8\ \mathrm{m\cdot s^{-1}}$，

为真空中的光速)。光具有波粒二象性,光束可视为光量子流。光量子简称光子,是基本粒子之一,是辐射能的最小单位,稳定、不带电,静止质量等于零。一个光子的能量 $\varepsilon = h\nu = hc/\lambda$ (h 为普朗克常量)。1 mol 光量子的能量为:

$$E_m = Lh\nu$$

式中:L 为阿伏伽德罗常数。

在光束的照射下,可以发生各种化学变化(如染料褪色、胶片感光、光合作用等),这种由于吸收光量子而引起的化学反应称为光化学反应。例如:

$$NO_2 \xrightarrow{h\nu} NO_2^* \longrightarrow NO + \frac{1}{2}O_2$$

反应中,反应物吸收光量子后从基态跃迁到激发态(电子和振动激发态用"∗"表示,如 NO_2^*),然后再导致各种化学和物理过程的发生。通常我们把第一步吸收光量子的过程称作初级过程,相继发生的其他过程称为次级过程。

对光化学反应有效的是可见光及紫外光。红外辐射能激发分子的转动和振动,但不能产生电子的激发态。X 射线则可产生核或分子内层深部电子的跃迁,这不属于光化学范畴,而属于辐射化学。

以前讨论的化学反应中,活化能靠分子热运动的相互碰撞来积聚,故称为热化学反应或黑暗反应。热化学反应中分子的能量服从玻耳兹曼分布规律,其反应速率对温度十分敏感;而光化学反应的速率与光的强度有关,可用一定波长的单色光来控制其反应速率。

2. 光化学基本定律及量子效率

(1) 光化学基本定律。光化学有两条基本定律。光化学第一定律是在 1818 年由格罗杜斯(Grotthuss)和德拉波(Draper)提出的:只有被系统吸收的光才可能产生光化学反应,不被吸收的光(透过的光和反射的光)则不能引起光化学反应。光化学第二定律是在 1908—1912 年由爱因斯坦(Einstein)和斯塔克(Stark)提出的:在初级过程中,一个光量子活化一个分子。

(2) 光化学的量子效率。为了衡量一个光量子引致指定物理或化学过程的效率,在光化学中定义了量子效率 Φ:

$$\Phi = \frac{\text{发生反应的分子数}}{\text{吸收的分子数}}$$

多数光化学反应的量子效率不等于 1。$\Phi > 1$ 是由于在初级过程中虽然只活化了一个反应物分子,但活化后的分子还可以进行次级过程。如反应 $2HI \longrightarrow H_2 + I_2$ 中,初级过程是:

$$HI + h\nu \longrightarrow H + I$$

次级过程则为:

$$H + HI \longrightarrow H_2 + I$$

$$I + I \longrightarrow I_2$$

总的效果是每个光量子分解了两个 HI 分子,故 $\Phi = 2$。

又如反应 $H_2 + Cl_2 \longrightarrow 2HCl$ 中,初级过程是:

$$Cl_2 + h\nu \longrightarrow Cl_2^*$$

Cl_2^* 表示激发态分子。而次级过程则是链反应:

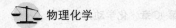

$$Cl_2^* + H_2 \longrightarrow HCl + HCl^* \quad (\text{链传递})$$

$$HCl^* + Cl_2 \longrightarrow HCl + Cl_2^* \quad (\text{链传递})$$

$$Cl_2^* \longrightarrow Cl_2 + h\nu \quad (\text{链终止})$$

$$Cl_2^* + M \longrightarrow Cl_2 + M \quad (\text{链终止})$$

因此，Φ 可以大到 10^6。

$\Phi<1$ 的光化学反应中，当分子在初级过程吸收光量子之后，处于激发态的高能分子有一部分还未来得及反应便发生分子内的物理过程或分子间的传能过程而失去活性。

量子效率 Φ 是光化学反应中一个很重要的物理量，可以说它是研究光化学反应机理的敲门砖，可为光化学反应动力学提供许多信息。

3. 分子的光物理过程与分子的光化学过程

(1) 分子的光物理过程。在光化学反应的初级过程中，反应物分子吸收光量子后由基态被激发至激发态，在接着发生的次级过程中，可能有一部分激发态分子还来不及发生化学反应便失活而回到了基态，分子的失活可能又将能量以光的形式释放出来，或与周围分子碰撞而把能量传走，这即是分子的光物理过程。

(2) 分子的光化学过程。处于电子激发态的分子的能量很高，在发生分子光物理过程的同时，亦可有一部分分子发生分子的光化学过程。光化学过程包括光解离、光重排、光异构化、光聚合或加成、在光作用下植物的光合作用以及光敏反应，等等。

10.6.2　光化学反应的作用与光化学污染

光化学反应可引起化合、分解、电离、氧化还原等过程。主要可分为两类：一类是光合作用，如绿色植物使二氧化碳和水在日光照射下合成碳水化合物；另一类是光分解作用，如高层大气中分子氧吸收紫外线分解为原子氧，染料在空气中的褪色，胶片的感光作用等。

由于光化学作用形成的光化学烟雾是造成大气污染的重要来源。光化学烟雾是由于大气中物质吸收了来自太阳的辐射能量（光子）发生了光化学反应，使污染物成为毒性更大的物质（叫作二次污染物）。例如二氧化氮（NO_2）在阳光照射下，吸收紫外线（波长 290～430 nm）而分解为一氧化氮（NO）和原子态氧（O，三重态），由此开始了链反应，导致了与其他有机烃化合物的一系列反应而最终生成了有毒产物，如过氧乙酰硝酸酯（PAN）等。

大气中的 N_2，O_2 和 O_3 能选择性吸收太阳辐射中的高能量光子（短波辐射）而引起分子解离：

$$N_2 + h\nu \longrightarrow N + N \quad \lambda < 120\ \text{nm}$$

$$O_2 + h\nu \longrightarrow O + O \quad \lambda < 240\ \text{nm}$$

$$O_3 + h\nu \longrightarrow O_2 + O \quad \lambda = 220 \sim 290\ \text{nm}$$

显然，太阳辐射的高能量部分，即波长小于 290 nm 的光子因被 O_2，O_3，N_2 吸收而不能到达地面。大于 800 nm 的长波辐射（红外线部分）几乎完全被大气中的水蒸气和 CO_2 所吸收。因此只有波长为 300～800 nm 的可见光波不被吸收，透过大气到达地面。

大气的低层污染物 NO_2，SO_2，烷基亚硝酸（RONO），醛，酮和烷基过氧化物（ROOR′）等也可发生光化学反应：

$$NO_2 + h\nu \longrightarrow NO\cdot + O$$

$$HNO_2(HONO) + h\nu \longrightarrow NO + HO\cdot$$

$$RONO + h\nu \longrightarrow NO\cdot + RO\cdot$$

$$CH_2O + h\nu \longrightarrow H\cdot + HCO$$

$$ROOR' + h\nu \longrightarrow RO\cdot + R'O\cdot$$

上述光化学反应中的光吸收一般在 300～400 nm。这些反应与反应物的光吸收特性、吸收光的波长等因素有关。应该指出，光化学反应大多比较复杂，往往包含着一系列过程。上述过程中形成的激发分子解离为两个以上的分子、原子或自由基，使大气中的污染物发生了转化或迁移。

习　题

1. 在过氧化氢酶的催化下，发生以下分解反应：

$$H_2O_2(l) = H_2O(l) + 1/2O_2(g)$$

反应进行 5 min 后，测得 H_2O_2 浓度降低 3.0×10^{-3} mol·dm^{-3}，试计算 H_2O_2 的分解速率和 O_2 的生成速率。

答案：6×10^{-4} mol·dm^{-3}·min^{-1}，3×10^{-4} mol·dm^{-3}·min^{-1}。

2. 根据实验，NO 和 Cl_2 的反应：

$$2NO(g) + Cl_2(g) \longrightarrow 2NOCl(g)$$

满足质量作用定律。

(1) 写出该反应的反应速率方程式。

(2) 该反应的总级数是多少？

(3) 其他条件不变，如果将容器的体积增加至原来的 2 倍，反应速率如何变化？

(4) 如果容器的体积不变而将 NO 的浓度增加至原来的 3 倍，反应速率又将如何变化？

答案：(1) $v = kc_{NO}^2c_{Cl_2}$；(2) 3；(3) 变为原来的 1/8 倍；(4) 变为原来的 9 倍。

3. A 和 B 的浓度分别为 0.15 mol·dm^{-3}和 0.03 mol·dm^{-3}，$k=0.005$，根据速率方程表达式：

$$v = kc_Ac_B^2$$

计算该反应的反应速率。

答案：6.75×10^{-7} mol·dm^{-3}·s^{-1}。

4. 某反应 A⟶B，当反应物 A 的浓度 $c_A = 0.200$ mol·L^{-1} 时，反应速率为 0.005 mol·L^{-1}·s^{-1}。试计算在下列情况下，反应速率常数各为多少：(1) 反应对 A 是零级；(2) 反应对 A 是一级。

答案：(1) 0.005 mol·dm^{-3}·s^{-1}；(2) 0.025 s^{-1}。

5. 有零级反应 A ⟶ B＋C，已知 A 的起始浓度为 0.36 mol·L^{-1}，完全分解用了 1.0 h，试求该反应以 s^{-1}为时间单位表示的速率常数。

答案：1.0×10^{-4} mol·dm^{-3}·s^{-1}。

6. 有一级反应 A ⟶ B＋C，已知 A 的起始浓度为 0.50 mol·L^{-1}，速率常数 $k = 5.3\times10^{-3}$ s^{-1}，试求：(1) 反应进行 3 min 后，A 物质的浓度；(2) 该反应的半衰期。

答案：(1) 0.19 mol·dm^{-3}；(2) 138.64 s。

7. 乙烷裂解制取乙烯反应如下：

$$C_2H_6 \longrightarrow C_2H_4 + H_2$$

已知 800℃时的反应速率常数 $k = 3.43\ s^{-1}$。问当乙烷转化率为 50%，75%时分别需要多少时间？

答案：0.20 s，0.40 s。

8. 气态乙醛三聚物的分解反应为一级反应：$(CH_3CHO)_3 \longrightarrow 3CH_3CHO$，在 519 K 时的速率常数为 $3.05\times10^{-4}\ s^{-1}$。

(1) 求此反应的 $t_{1/10}$；

(2) 实验测得三聚乙醛起始压力为 4.65 kPa，它在 519 K，15 min 后的压力是多少？

答案：(1) 7.55×10^3 s；(2) 3.53 kPa。

9. 65℃时，在气相中 N_2O_5 分解的速率系(常)数为 $0.292\ min^{-1}$，活化能为 $103.34\ kJ\cdot mol^{-1}$，求 80℃时的 k 和 $t_{1/2}$。

答案：$1.392\ min^{-1}$，0.498 min。

10. 环氧乙烷分解反应为一级反应，已知在 380℃时，半衰期为 63 min，$E_a = 217.67\ kJ\cdot mol^{-1}$，试求在 450℃时分解 75%的环氧乙烷需要多少时间？

答案：2.60 min。

11. 某反应在 40℃时的速率是在 20℃时的 13.8 倍，计算该反应的活化能。

答案：$100\ kJ\cdot mol^{-1}$。

12. 甲酸在金表面上的分解反应在温度为 140℃和 185℃时的速率常数分别为 $5.5\times10^{-4}\ s^{-1}$ 及 $9.2\times10^{-2}\ s^{-1}$，试求该反应的活化能。

答案：$E_a = 179\ kJ\cdot mol^{-1}$。

13. 某反应在 15.05℃时的反应速率常数为 $34.40\times10^{-3}\ dm^3\cdot mol^{-1}\cdot s^{-1}$，在 40.13℃时的反应速率常数为 $189.9\times10^{-3}\ dm^3\cdot mol^{-1}\cdot s^{-1}$。求反应的活化能，并计算 25.00℃时的反应速率常数。

答案：$51.2\ kJ\cdot mol^{-1}$，$70.1\times10^{-3}\ dm^3\cdot mol^{-1}\cdot s^{-1}$。

14. 反应 $2NO + 2H_2 \Longrightarrow N_2 + 2H_2O$ 在 273 K 时反应速率常数为 0.042，在 500 K 时反应速率常数为 0.624，试计算该反应在 298 K 时的速率常数。

答案：0.069。

15. 反应 $H_2(g) + I_2(g) \longrightarrow 2HI(g)$ 在 302℃ 时的 $k = 2.45\times10^{-4}\ dm^3\cdot mol^{-1}\cdot s^{-1}$，在 508℃ 时 $k = 0.950\ dm^3\cdot mol^{-1}\cdot s^{-1}$，试计算该反应的活化能 E_a 与指前因子(参量)k_0，并求 400℃时的 k。

答案：$E_a = 149.8\ kJ\cdot mol^{-1}$，$k_0 = 9.93\times10^9\ dm^3\cdot mol^{-1}\cdot s^{-1}$；400℃ 时 $k = 0.0234\ dm^3\cdot mol^{-1}\cdot s^{-1}$。

16. 在 28℃时鲜牛奶大约 4 h 变酸，在 5℃冰箱中可保持 48 h。假定牛奶变酸反应速率与变酸时间成反比，求牛奶变酸反应的活化能。

答案：$75\ kJ\cdot mol^{-1}$。

17. 已知反应：

① $2N_2O_5(g) \Longrightarrow 4NO_2(g) + O_2(g)$　　$E_a = 103.3\ kJ\cdot mol^{-1}$

② $C_2H_5Cl(g) \Longrightarrow C_2H_4(g) + HCl(g)$　　$E_a = 246.9\ kJ\cdot mol^{-1}$

(1) 将反应温度由 300 K 上升到 310 K，上述二反应的速率各增大多少倍？说明为什么？

(2) 将反应②的温度由 700 K 上升到 710 K，反应的速率又增大多少倍？与①比较说明了什么？

答案：(1) ①增大 3.8 倍，②增大 24.4 倍，说明反应的活化能越大，温度的变化对反应速率的影响就越大。

(2) 1.8 倍，说明温度较低时升高温度，对反应速率的影响较大，而温度较高时升高温度，对反应速率的影响较小。

18. 氧化乙烯的热分解反应为一级反应，已知在 651 K 时，分解 50%所需时间为 363 min，活化能 $E_a = 217.6\ kJ\cdot mol^{-1}$，试求如果在 120 min 内分解 75%，温度应控制在多少 K？

答案：682 K。

19. 有恒容气相反应 A(g)$\longrightarrow$D(g)，已知该反应的速率常数 k 与温度 T 有关系：

$$\ln k(\mathrm{s}^{-1}) = 24.00 - 9\,622/T(\mathrm{K})$$

(1) 确定该反应级数；

(2) 计算该反应的活化能；

(3) 若使 A 在 10 分钟内转化 90%，反应应控制在多少度？

答案：(1)1 级；(2)80.00 kJ · mol^{-1}；(3)325.5 K。

20. 已知某一级反应的 $\Delta_r H^\ominus(298\ \mathrm{K}) = 0.08\ \mathrm{kJ \cdot mol^{-1}}$，$E_a$(正) $= 180\ \mathrm{J \cdot mol^{-1}}$，设 $A = 1$，试计算该逆反应在 300 K 时的 k 为多少？

答案：0.9 s^{-1}。

21. 通过实验可知，在高温时，CO_2 气体与焦炭中的碳反应的方程式为 $CO_2 + C = 2CO$，该反应的活化能为 160.2 kJ · mol^{-1}。试计算反应温度由 900 K 升高到 1 000 K 时，反应速率常数的变化率为多少？

答案：$k_2(1\,000)/k_1(900) = 8.5$。

22. 在不加催化剂时，H_2O_2 的分解反应 $H_2O_2(l) = H_2O(l) + 1/2O_2(g)$ 的活化能为 75.00 kJ · mol^{-1}。当以铁为催化剂时，该反应的活化能降到 54.00 kJ · mol^{-1}。试计算在 25℃时，此两种条件下，该反应速率的比值。

答案：4 778。

23. 设有二级反应 2A$\longrightarrow$P，设 A 的初始浓度为 1.0 mol · L^{-1}。通过实验测得不同温度下不同时刻的 A 的转化率如下表所示，试计算该反应在不同温度下的反应速率常数、反应活化能及频率因子。

温度	30 min	60 min
100℃	0.35	0.67
200℃	0.51	0.86

答案：$k(100℃) = 0.049\,7\ \mathrm{L \cdot mol^{-1} \cdot min^{-1}}$，$k(200℃) = 0.170\ \mathrm{L \cdot mol^{-1} \cdot min^{-1}}$，$E_a = 18.2\ \mathrm{kJ \cdot mol^{-1}}$，$A = 17.4\ \mathrm{L \cdot mol^{-1} \cdot min^{-1}}$。

24. 在等温恒容间歇式反应器中进行以下反应。反应开始时 A 和 B 的浓度均为 2 kmol · m^{-3}，目标产物为 P，试计算反应时间为 3 h 时 A 的转化率。

$$\mathrm{A + B \longrightarrow P} \quad r_P(\mathrm{kmol \cdot m^{-3} \cdot h^{-1}}) = 2c_A$$

$$\mathrm{2A \longrightarrow Q} \quad r_Q(\mathrm{kmol \cdot m^{-3} \cdot h^{-1}}) = 0.5c_A^2$$

答案：$x_A = 99.88\%$。

25. 对于由以下反应(1)和(2)构成的复杂反应，试给出反应组分 A，B，Q，P 的反应速率 $-r_A$，$-r_B$，r_Q，r_P 与反应(1)和(2)的反应速度 r_1 和 r_2 的关系。

(1) A + 2B = Q

(2) A + Q = P

答案：$-r_A = r_1 + r_2$，$-r_B = 2r_1$，$r_Q = r_1 - r_2$，$r_P = r_2$。

26. 在不同温度下测得的某污染物催化分解反应的速率常数 k 如下表所示，求出反应的活化能和频率因子。

温度/K	413.2	433.2	453.2	473.2	493.2
k/mol · g^{-1} · h^{-1}	2.0	4.8	6.9	13.8	25.8

答案：$E_a = 5.2 \times 10^4\ \mathrm{kJ \cdot kmol^{-1}}$，$k_0 = 8.36 \times 10^4\ \mathrm{mol \cdot g^{-1} \cdot h^{-1}}$。

References

参考文献

[1] 张平民. 工科大学化学[M]. 长沙:湖南教育出版社,2002.

[2] 傅献彩,沈文霞,姚天扬. 物理化学(第四版)[M]. 北京:高等教育出版社,1990.

[3] 印永嘉,奚正楷,张树永. 物理化学简明教程(第四版)[M]. 北京:高等教育出版社,2007.

[4] 孙世刚. 物理化学[M]. 厦门:厦门大学出版社,2008.

[5] 肖衍繁. 物理化学(环境类)[M]. 天津:天津大学出版社,2005.

[6] 沈文霞. 物理化学核心教程(第二版)[M]. 北京:科学出版社,2009.

[7] 朱传征,褚莹,许海涵. 物理化学(第二版)[M]. 北京:科学出版社,2008.

[8] 万洪文,詹正坤. 物理化学(第二版)[M]. 北京:高等教育出版社,2010.

[9] 〔德〕卡尔·H·哈曼,〔美〕安德鲁·哈姆内特,〔德〕沃尔夫·菲尔施蒂希. 电化学[M]. 北京:化学工业出版社,2010.

[10] 石国乐,张凤英. 给水排水物理化学(第二版)[M]. 北京:中国建筑工业出版社,1997.

[11] 张玉军. 物理化学[M]. 北京:化学工业出版社,2008.

[12] 〔英〕阿特金斯(Peter Atkins),〔美〕葆拉(Julio de Paula). Atkins 物理化学(第 7 版影印版)[M]. 北京:高等教育出版社,2006.

图书在版编目(CIP)数据

物理化学/李元高主编. —上海:复旦大学出版社,2013.7
ISBN 978-7-309-09814-3

Ⅰ.物… Ⅱ.李… Ⅲ.物理化学-高等学校-教材 Ⅳ.064

中国版本图书馆 CIP 数据核字(2013)第 137566 号

物理化学
李元高　主编
责任编辑/张如意

复旦大学出版社有限公司出版发行
上海市国权路 579 号　邮编:200433
网址:fupnet@ fudanpress. com　http://www. fudanpress. com
门市零售:86-21-65642857　团体订购:86-21-65118853
外埠邮购:86-21-65109143
江苏省句容市排印厂

开本 787×1092　1/16　印张 19　字数 462 千
2013 年 7 月第 1 版第 1 次印刷

ISBN 978-7-309-09814-3/O · 519
定价: 40.00 元